장하석의 과학, 철학을 만나다

Science Meets Philosophy

장하석의 과학, 철학을 만나다

Science Meets Philosophy

장하석 지음

지식플러스

서문

과학과 철학은 만나야 한다

현대사회에서 과학이 갖는 중요성은 아마 누구도 부인하지 않을 것입니다. 그러나 과학이란 정말 무엇이고, 과학지식이 왜 훌륭하고 믿을 수 있는가에 대해 천천히 깊이 생각해보는 사람은 많지 않습니다. 혹시 관심이 있다 해도 바쁜 일상생활에 시달리다 보면 그런 데 마음을 쓸 여유가 없고, 학생들도 성적 올리고 스펙 쌓는 공부에 집중하느라 다른 생각은 많이 하지 못합니다. 혹시 시간과 마음의 여유를 낼 수 있다 해도 생각을 도와줄 수 있는 적당한 가이드가 없을 것입니다.

이 책은 '생각하고 싶어하는 일반 대중과 학생들을 위한 과학철학 입문서'입니다. 제가 영국 런던 대학과 케임브리지 대학에서 20년간 학부생들을 대상으로 한 교양과목으로 과학철학을 강의하면서 모았던 생각들을 한국 사회의 감각에 맞도록 재정비했습니다. 영어로 하던 강의를 한국어로 다시 풀다 보니 저 역시 새로이 깨달은 점들도 있습니다. 기초적인 내용이지만 과학이나 인문학 여러 분야의 학자들에게도 유익한 논의를 제공할 수 있기를 희망합니다.

과학철학 개론서는 이미 국내외에 여러 권이 나와 있습니다. 외국에서 가장 잘 알려진 차머스Alan Chalmers의 『과학이란 무엇인가?』도 번역판이 출간되어 있고, 국내 학자들이 만들어낸 훌륭한 자료도 여기저기 보입니다. 그러나 입문서를 봐도 난해하게 느껴지는 경우가 많고, 사실은 그리 어려운 내용이 아닌 대목에서도 일반 독자들은 허덕이는 것 같습니다. 이 책을 집필하며 그런 상황을 극복하려 최선을 다했습니다. 집안 식구들이나 친구들과 이야기하는 기분으로, 모든 것을 직설적으로 풀어서 설명하려고 노력했습니다. 저는 한국어가 모국어지만 고등학교 때부터 쭉 외국에서 공부하고 활동했기 때문에, 한국 학계에서 쓰는 전문용어나 학자들의 상투적인 표현방식은 알지도 못한다는 이상한 이점도 있습니다.

과학철학이란? 글자 그대로 과학과 철학이 만나는 마당입니다. 그런데 그런 만남이 왜 필요할까요? 과학과 철학이 각각 중요한 것은 맞지만 서로 별 상관은 없는 학문이라고 생각하는 사람들이 많을 것입니다. 그러나 그 둘은 만날 수 있고, 또 만나야만 합니다. 과학철학에서는 과학지식의 본질을 철학적으로 생각해보고, 또 과학적 문제들을 과학자들이 스스로 보는 것과 조금 다른 여러 가지 시각으로 조명해보기도 합니다. 이런 두 가지 방식으로 과학과 철학이 만나는 것입니다.

그런데 과학은 과학자들이 잘 알아서 하면 되지, 그에 대해 철학자들이 왈가왈부하는 것이 무슨 의미가 있을까요? 이런 의문에 대한 해답은 이 책을 읽어보면 알게 될 것입니다. 훌륭한 과학자들도 제대로 대답하기 힘들어하는 과학에 대한 질문을, 우리 문외한들이 던져볼 수 있습니다.

- 과학은 어떻게 해서 그토록 훌륭한 성과를 얻을 수 있는가? 과학적 방법이란 무엇인가?
- '과학적'이라는 것은 과연 어떤 의미인가? 과학적인 것이 비과학적인 것보다 훌륭한가? 왜?
- 과학이론은 자주 바뀌는데, 현재 과학자들이 자신 있게 하는 말도 나중에는 변하는 것 아닌가? 변하지 않는다는 보장이 있는가?
- 과학적으로 증명되었다는 것은 어떤 의미인가? 비전문가들은 과학자들의 말을 무조건 믿고 그대로 따르는 것이 좋은가? 그렇지 않다면 누구의 말을 따라야 하는가?
- 새로운 사실을 발견하고, 새로운 이론을 지어내는 그 과학적 창조력의 기반은 무엇인가? 그런 창조력을 살려주는 특별한 교육방법이 있는가?

한번 던지기 시작하면 질문이 꼬리에 꼬리를 물고 계속 떠오릅니다. 또 이런 질문은 상당히 추상적이지만, 과학의 내용을 구체적으로 들여다보면 그에 대한 흥미롭고도 어려운 질문들이 많이 떠오릅니다.

과학철학은 이런 식의 질문들을 던지면서, 과학지식의 본질뿐만 아니라 과학이 갖는 사회적 의미와 중요성을 생각하는 학문입니다. 과학자들이 이런 철학적인 문제에 너무 신경을 쓴다면 과학연구 자체에 집중하지 못할 수도 있습니다. 그래서 과학철학이라는 분야가 따로 나온 것이고, 지적 분업이 이루어지는 것입니다.

이 책에서는 과학철학의 주요 주제 몇 가지를 뽑아서 차근차근 설명하겠습니다. 교과서 식으로 모든 주제를 의무적으로 다루기보다는, 제가 가장 중요시하는 몇 가지를 뽑아서 조금 깊이 있게 이야기할 것입니다. 또 그런 철학적 논의가 너무 추상적으로 헛돌지 않도록 구체적인 과학적 사례를 통해서 전개합니다. 그러나 거기 필요한 과학의 내용 역시 다 설명하면서 나아갈 것이니, 독자 여러분이 과학에 대한 대단한 사전지식을 가질 필요는 없습니다. 이런 특이한 방법으로 과학 자체를 배워보는 것도 재미있고 유익할 것입니다.

이 책의 내용은 2014년 봄에 EBS 특별기획 〈장하석의 과학, 철학을 만나다〉라는 제목으로 방영되었던 열두 차례의 강연에 기반을 두고 있습니다. 많은 시청자들이 큰 호응을 해주었고 강연을 녹화할 때부터 각계각층의 많은 청중이 참석하여 뜨거운 반응을 보여주었습니다. 그때 과학을 하지 않는 사람도 과학을 알고자 하는 욕구가 우리 사회에도 강하게 형성되어 있다는 사실을 새삼스레 느꼈습니다.

과학을 안다는 것은 어떤 의미일까요? 어떤 사실이나 공식 같은 세세한 내용을 기억하는 것이 과학을 아는 것은 아닙니다. 아무리 교육을 잘 받고 공부를 열심히 해도 그런 지식은 자기 전문 분야로 굳어지지 않는 한, 몇 년만 지나면 다 잊힙니다.

과학을 제대로 배웠다고 할 때 남는 것은, 과학적 탐구를 해본 경험이고 그 경험에서 익힌 과학적 사고방식과 과학지식의 본질에 대한 이해입니다. 과학의 그런 차원을 이해하고 있는 사람이야말로 우리 사회에서 과학이 갖는 의미를 제대로 평가할 수 있고, 어떻게 과학을 지원해야만 최고의 문화적·사회적·기술적 효과를 얻을 수 있겠다는 판단도 내릴 수 있습니다. 그런데 과학교육을 보면 진정한 탐구의 경험은 대부분 주지 못하고 있습니다. 우리나라가 좀 심하기는 하지만 세계적으로 공통된 현상입니다. 어렵기만 하고 무의미한 과학교육에 적응하지 못한 이들이 학교를 졸업하고 간직하고 있는 것은 과학에 대한 공포와 혐오뿐입니다.

첨단 현대과학은 사실 문외한이 들여다보기에는 너무 어렵습니다. 그러나 과학의 내용 자체를 전혀 경험하지 못하고서 과학의 본질을 알 수는 없습니다. 그래서 과학사가 중요한 것입니다. 옛날에 했던 과학은 많은 경우 일반 사람도 조금만 노력하면 이해할 수 있고, 또 그 주제들은 일상생활과도 잘 연결됩니다. 일단 들어가면 아주 재미있습니다. 자연은 아무리 하찮은 것 같은 구석도 변화무쌍하면서도 미묘한 규칙성이 있다는 것을 알게 됩니다. 그리고 옛날에 나온 과학이 이제 다 쓸모없어진 것은 아니라는 점도 깨달을 수 있습니다. 그렇게 쉬운 내용으로 과학을 경험하고 나면, 어려운 현대과학을 보아도 전문가들이 왜 이런 주제를 이런 방식으로 연구하고자 하는가, 그 정도의 감각은 얻을 수 있습니다. 그러한 감각을 가진 사람은 과학의 가치를 독자적으로 판단할 수 있고, 또 한편으로 과학을 인류의 위대한 문화적 업적으로 여겨 아끼고 사랑할 수 있습니다.

그런 과정에서 또한 비판적 시각이 양성되는데, 이 비판적 시각이 바로 철학의 핵심입니다. 과학철학에서 가장 중요한 것은 지식의 본질을 이야기하는 인식론epistemology입니다. '과학자들은 자신들이 별 희한한 내용을 다 안다고 하는데, 어떻게 해서 그런 것을 정말 알 수 있고, 어떤 방식의 추론과 논증을 거쳐 거기에 다들 동의하게 되는가.' '보잘것없는 존재인 인간이 우주의 본질을 꿰뚫어 보려는 작업을 벌이는데, 어떻게 그에 성공할 수 있는가. 또 약간의 성공으로 오만해지지 않으려면 어떤 점을 조심해야 하는가.' 이는 생각 있는 과학자와 철학자와 일반인 들이 다 같이 생각해보아야 할 문제들입니다.

이 책은 단순한 개론서가 아닙니다. 제가 가지고 있는 과학에 대한 조금 독특한 시각을 통해 과학철학자들이 흔히 하는 논의를 재해석하고 새로이 종합한 결과물입니다. 그러니 학술적인 이야기를 단순히 대중화한 것은 아닙니다.

제가 보는 과학철학의 핵심은 다원주의입니다. 정치적·문화적·종교적 다원주의는 현대 자유민주사회의 기반입니다. 어떤 지도자나 정당이 아무리 훌륭해도 견제세력 없이 하나만 남으면 한계성이 드러나고, 결국은 부패와 독재로 빠져듭니다. 성숙한 사회에서는 여러 가지 다른 믿음과 생활방식을 가진 집단들이 서로를 용납하고 서로에게 배우며 잘 살아갑니다. 그런데 유독 과학에 대해서는 이런 다원주의적 사고를 적용하는 사람들이 많지 않습니다. 대개들 과학적 진리는 하나고, 그 진리를 추구하는 길도 오로지 하나라고 생각합니다. 저는 과학도 다원주의적 태도를 가지면 더 성숙할 수 있고 효과적으로 발전할 수 있다는 관점을 가지고 있습니다. 또 과학의 역사를 잘 들여다보면 실제로 다원주의가 과학의 발전에 많은 기여를 해왔다는 것이 보입니다.

이런 생각의 저변에는 과학에 대한 인본주의 사상이 깔려 있습니다. 인간의 감각기관이나 인간이 만든 기구로 하는 관측부터, 인간이 만든 수학으로 추론하고 인간의 직관을 만족시키는 설명을 해주는 이론까지, 과학연구의 모든 과정은 그 대목 하나하나가 모두 인간적입니다. 그렇기 때문에 과학은 인간을 초월하는 진리의 추구가 아니라 인간들이 인간적으로 자연을 깨쳐나가는 문화적 과정입니다. 그렇게 본다면 과학은 자연 앞에서 겸허해집니다. 조그마한 우리들이 가지고 있는 신체적·정신적·사회적 한계를 생각해보면, 우리가 이루어내는 과학적 성공담은 더 놀라운 것으로 여겨져 아끼게 되고, 우리가 조금만 더 있으면 자연의 가장 깊은 신비를 간단하게 해명하리라는 식의 오만은 삼가게 됩니다.

이 책의 1부(1장-6장)에서는 과학지식의 본질에 대한 일반론을 다루고, 과학철학계의 거장들이 내놓았던 여러 가지 아이디어를 소개합니다. '도대체 과학이란 무엇인가? 과학지식의 기반은 관측이라고들 하는데 인간이 하는 관측은 믿을 수 있는 것인가? 또 그 관측을 가지고 이론을 증명할 수 있는가? 과학지식은 꾸준히 축적되는가, 아니면 혁명적으로 개편되기도 하는가? 과학적 진리란 무엇이고, 우리가 과연 얻을 수 있는 것인가? 과학은 정확히 어떤 의미에서 진보하는 것인가?' 등에 대해 살펴볼 것입니다.

조금 추상적인 뼈대 위에 2부(7장-10장)에서는 과학사의 기초적인 내용으로 살을 붙입니다. '산소는 어떻게 발견했으며 왜 산소라고 하는가? 물은 1기압일 때 항상 100도에서 끓는가? 물분자가 H_2O라는 것을 어떻게 아는가? 우리가 항상 쓰는 건전지는 어떻게 발명했으며, 거기서 어떻게 전기가 발생되는가?'를 알아볼 것입니다. 교과서에 나오는 정답에 의지하지 않고, 정말 옛날 과학자들이 탐구했던 길을 따라가며 이런 의문을 해결하는 과정에서 우리 나름의 생각도 커질 것입니다.

이렇게 과학탐구의 경험을 제공한 뒤, 3부(11장-12장)에서 모든 내용을 종합합니다. 과학지식을 창조하는 과정과 창의력을 발휘할 수 있는 교육 이야기, 그리고 과학에서 왜 다원주의가 필요하고 유용한지에 대한 논의를 펼칩니다.

철학과 역사를 통해 보는 흥미진진한 과학의 마당으로, 여러분을 초대합니다.

차례

PART 2 과학철학에 실천적 감각 더하기

일/ 러/ 두/ 기

다음은 저자의 의견에 따라 외래어표기법 대신 원어 발음에 가깝도록 표기하였다.

- Bentham 벤땀
- De Luc 들룩
- Medawar 메다와
- Norfolk 노폭
- Cavendish 캐븐디쉬
- Eddington 에딩튼
- Neurath 노이랏
- Schrödinger 슈뢰딩어
- Dalton 돌튼
- Lavoisier 라봐지에
- Newton 뉴튼
- well-being 웰비잉

PART 1

과학지식의 본질을 찾아서

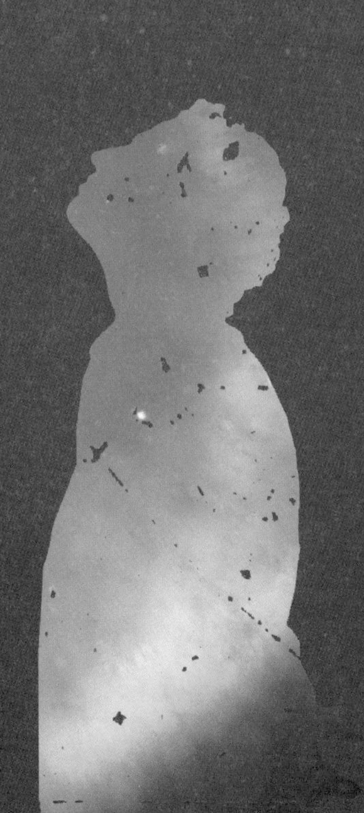

인류는 과학을 통해서 자연에 대한 엄청난 지식을 얻고 있습니다. 그러나 과학이 도대체 무엇이기에 어떤 방법으로 그렇게 좋은 성과를 얻을 수 있는가를 진지하게 묻는다면, 대답하기는 쉽지 않습니다.

이 책의 1부에서는 철학의 인식론적 관점에서 과학이 어떻게 지식을 얻어내는가에 대한 여러 가지 의문을 던져봅니다. 인식론이란 지식의 본질을 이야기하는 철학 분야입니다. 철학자들은 대개 비전문가들이 따라가기 힘든 추상적 논의를 하지만, 그 근본적 질문은 간단합니다—우리는 어떻게 지식을 얻을 수 있는 것인가? 특히 현대과학은 옛날 사람들이 전혀 몰랐던 것들을 다 알아내는데, 무슨 특별한 비결이 있어서일까요?

인식론에서 가장 먼저 극복해야 할 것은, 아무것도 알 수 없다고 주장하는 회의론skepticism입니다. 우리가 안다고 자신하는 내용을 하나하나 잘 뜯어보면 사실 의심할 여지가 많다는 것을 느낄 수 있습니다. 자기 눈으로 봤다고 고집하는 것도 잘못 본 것일 수 있고, 확실히 기억한다고 생각하는 일도 기록을 찾아보면 아닌 경우가 창피할 정도로 많습니다. 일상생활 수준에서의 지식도 그렇게 의심이 되지만, 과학지식을 생각해보면 사실 의심의 여지는 더 많습니다. 정밀한 과학적 관측이란 복잡한 측정기기를 통해 이루어지는데, 그 기기가 제대로 작동한다는 보장은 또 어디 있습니까? 또, 과학이론을 보면 전혀 관측이 불가능한 내용을 많이 다루는데 어떻게 그에 대해 확실성을 가질 수 있을까요?

1장에서 과학의 본질이 무엇인가 하는 일반적인 논의를 한 후, 2장과 3장에서는 모든 이론적·실험적 지식을 의심케 하는 여러 가지 요인들을 고려할 것입니다. 4장에서는 과학혁명을 논의하며 아무리 멋진 과학이론도 언제 뒤집어질지 모른다는 우려를 해볼 것입니다. 이렇게 회의적인 의심을 심각하게 해보고 그것을 어떻게 극복할 수 있는가 하는 고민을 하다 보면 과학방법론이 무엇인지 자연히 보이기 시작합니다. 그러한 감각을 기반으로 5, 6장에서는 과학이 정말 우리에게 진리를 가져다줄 수 있는가, 또 그렇지 않다면 과학의 진보란 어떤 의미인가 하는 질문을 던져봅니다.

사람 일이 다 그렇듯이, 학문도 혼자 할 수 없습니다. 여러 학자들의 의견과 아이디어는 끊임없이 교류되며, 자기가 모르는 사이에도 남에게 깊은 영향을 받습니다. 제가 하는 과학철학 논의도 지금까지 수백 년에 걸쳐 여러 훌륭한 학자들이 전개했던 생각을 기반으로 한 것입니다. 그 수많은 인물들과 사상을 다 이야기할 수는 없지만, 그래도 근래 과학철학계의 가장 굵직한 인물들과 그들 사이에 벌어졌던 논쟁들을 소개하면서 논의를 전개할 것입니다.

1장에서는 과학과 비과학을 구분하는 '구획문제', 2장에서는 관측 자체가 이론의 영향을 받는다는 '이론적재성'의 문제, 4장에서는 과학혁명의 본질에 관한 논의, 5장에서는 과학이 진리를 추구하고 획득하는가에 대한 '실재론' 논쟁, 6장에서는 '과학이 어떤 형식으로 진보하는가' 하는 질문을 소개합니다. 그런 과정에서 많은 철학자들을 거명하겠지만, 이 책의 첫 부분에서는 단 두 명을 비교적 자세히 소개하면서 그들의 상반적 관점을 통해 우리 논의의 축을 잡겠습니다. 바로 포퍼Karl Popper와 쿤Thomas Kuhn입니다. 그들이 1960년대에 벌였던 과학방법론 논쟁을 다시 따라가보면 많은 것을 얻을 수 있습니다.

1장

과학이란 무엇인가

과학은 정말 그리도 훌륭한가

과학철학에서 가장 먼저 던지는 질문은 '과학이란 무엇인가' 하는 것입니다.* 그런데 그 저변에 깔린 더 중요한 질문이 있습니다. 과학이라는 것이 뭐가 그리 잘나고 훌륭하냐는 것이지요. 현대사회에서 과학과 과학자는 대단한 권위를 누리고 있고, 적어도 자기 전문 분야에 대해서는 확실한 신뢰를 받습니다. 무엇이든 '과학적'이라고 하면 칭송이 되고, '비과학적'이라고 하면 비난이 됩니다. '과학'과 '비과학'은 중립적인 평가가 결코 아닙니다. 과학이 대체 뭐기에 그렇게 높은 가치를 부여하는 것일까요?

한국에서 이 논의를 하고자 하면, 유럽이나 미국 등에서 할 때와는 또 다른 의미와

* 철학자들은 항상 모든 것을 정의하기를 좋아한다. 그래서 과학 역시 정의부터 하려고 든다. 과학과 비과학의 경계를 나누는 문제를 과학철학에서는 구획문제demarcation problem 라고 지칭한다.

재미를 느낍니다. 왜냐하면 과학이란 우리나라에서 생긴 학문이 아니라 외국에서 들여온 것이고, 또 길게 보면 들여온 지 얼마 되지도 않았기 때문입니다. 그러면 뭐가 그렇게 훌륭해서 수입을 했느냐는 질문을 던져볼 수 있겠습니다. 그냥 수입한 정도가 아닙니다. 의무교육에 포함시켜서 초등학교 1학년 때부터 모든 국민에게 과학을 가르치지요. 의무교육이 말은 좋지만, 자신이 알아서 선택할 능력도 권력도 없는 아이들에게 싫어도 배우라고 국가가 강요한다는 뜻입니다. 이건 잘 생각해보면 엄청난 일입니다. 한 100년 전까지만 해도 우리 조상들은 과학이라는 말을 들어본 적도 없었지만 잘만 살았는데, 왜 지금은 모든 국민이 과학을 배워야 한다고 생각할까요?

이렇게 이야기하면 곧바로 반론이 나올 것입니다. 우리 조상들이 과학 없이도 잘살았던 것이 아니라 과학을 몰랐기 때문에 가난하고 낙후된 생활을 했고, 결국은 과학문명의 힘을 가진 서양을 좇는 종속적 관계를 갖게 되었고, 우리보다 먼저 서양과학을 들여온 일본에게 지배도 받았던 것 아니냐는 것이지요. 그나마 해방 후에 정신을 차리고 과학을 열심히 배웠기 때문에 놀라운 경제발전도 이루고 이제 선진국 대열에도 끼게 되지 않았느냐 하고 말합니다.

외국에서도 과학교육이 왜 필요하고 과학연구에 왜 투자해야 하는가 하는 논쟁이 벌어지면, 항상 경제발전 이야기가 나옵니다. 또 원자폭탄이나 인터넷, 유전공학, 우주탐험 등 과학이 없을 때는 상상도 못했던 경이로운 혜택을 과학 덕분에 누리고 살 수 있다고 말합니다. 그런데 사람들(특히 대부분의 정치인들)이 그런 맥락에서 생각하는 것은 과학이 아니라 기술입니다. 물론 많은 경우, 기술은 과학을 응용한 결과이긴 하지만 과학 자체와는 다릅니다. 기술 때문에 과학을 해야 한다고 주장하다 보면 순수과학의 의미와 중요성은 실종되어버립니다. 과학의 문화적 가치도 파악하지 못하게 되지요. 그리고 정말 기술적 응용을 위해 과학이 필요하다면 소수의 전문가만 과학을 알면 됩니다. 기술적 전문가가 될 사람들을 국가대표가 될 운동선수 양성하듯 어려서부터 뽑아서 잘 훈련시키고, 그 사람들이 알아서 좋은 기술을 발달시켜 우리 생활을 윤택하게 해주면 됩니다. 과학교육을 한답시고 온 국민을 미적분이나 유기화학 등으로 고문할 필요는 없는 것입니다.

과학에는 특유한 방법이 있는가

기술적 응용을 떠나서 생각한다면 도대체 과학이란 뭐가 그렇게 잘난 것일까요? 대개들 과학은 우리에게 탄탄한 기반이 있는 확실한 지식을 준다고 생각합니다. 과학자가 천재라서가 아니라, 과학 연구에는 특유한 방법이 있기 때문에 그 방법을 따라가면 어느 정도 재주 있는 사람은 그러한 성과를 올릴 수 있다고 봅니다. 그러면 그 과학적 방법이란 무엇이냐고 물어봐야 하는데, 이에 대해 보통 사람들은 물론이고 과학자들조차도 명확한 답을 잘 내주지 못합니다. 이에 대해 영국의 생리학자 메다와Peter Medawar는 이런 재미있는 말을 했습니다.

"과학자에게 과학방법론에 대해 물어보라. 아마 그는 엄숙하면서도 도피성을 띤 표정을 보일 것이다. 엄숙한 것은 자기가 의견을 표현해야겠다는 것을 느끼기 때문이고, 그러나 사실 정리된 의견이 없다는 것을 어떻게 하면 감출 수 있을까를 궁리하느라 겸연쩍어지는 것이다."[1]

메다와는 면역학 연구로 1960년 노벨 생리-의학상까지 탄 아주 훌륭한 과학자였고 철학적인 책도 많이 썼는데, 과학방법론을 정의하기가 힘들다는 것을 확실하게 인식하고 있었습니다. 사실 과학철학을 한다는 사람들도 갑자기 과학을 정의해보라고 하면 당황합니다. 쉬운 문제가 아니고, 천천히 잘 생각해볼 가치가 있습니다.

우리는 보통 과학지식은 관측이나 실험으로 얻은 사실로 증명된 것이라고 생각합니다. 여기서 '증명되었다'는 것이 중요합니다. 아무 이론이나 그럴듯하게 지어낼 수는 있지만, 그런다고 해서 다 과학이 되지는 않습니다. 우리가 과학이라고 할 때는 근거 없는 이론이 아니라 사실로서 검증된 탄탄한 이론을 말하는 것이지요. 그런데 이 증명이 간단하지가 않습니다. 이 주제는 2장에서 더 자세히 다룰 테지만 일단 짤막하게 생각해봅시다. 수학에서 어떤 명제를 증명했다고 하면, 그것은 영원히 유효하고 그 증명된 명제는 어떤 일이 있어도 바뀌거나 폐기되지 않습니다. 그런데 과학이론은 자꾸 바뀌고 한때 확실하다고 했던 이론도 폐기되곤 합니다. 그러면 원래부터 증명된 것이 아니라는 말입니다.

그러나 완벽한 증명은 안 되었다 해도 과학적으로 검증된 것은 뭔가 믿을 만하고 다르다고 하고 싶은데, 과연 그 다른 점은 무엇일까요? 우리가 과학적이라고 말하는 것과 비과학적이라고 하는 것의 차이를 생각해봅시다. 비과학적인 것의 가장 좋은 예로 미신이 있습니다(우리나라는 '철학원'이 많아서 잘 모르는 외국 사람이 보면 참 수준 높은 문화라고 할지도 모릅니다). 저희 아버지, 어머니도 점쟁이에게 자주 가십니다. 그런데 무식한 분들이라 그런 것이 아니고 최고의 현대적 교육을 받으신 분들인데도 그렇습니다. 저는 어려서부터 과학을 무척 사랑했고 초등학교 1학년 때부터 "커서 뭐 될래?" 하면 과학자라고 대답했습니다. 그래서 저는 부모님이 점을 보러 다니는 게 싫고 이해되지 않았습니다. 그걸 왜 믿느냐고 여쭤보면, 물론 엉터리 점쟁이는 믿을 수 없지만 잘 보는 사람은 우리가 알 수 없는 능력이 있고 뭘 좀 맞춘다고 하셨습니다. 그러면 저는 그런 신통력 같은 것은 과학적으로 믿을 수 없다고 주장했고, 부모님께서는 제 강경한 태도가 도리어 독단적이라고 지적하셨습니다. 왜 과학적인 것만 믿어야 하느냐는 질문도 던져주셨습니다. 또한 아버지는 오히려 그것이 과학적일 수도 있다고 하셨습니다. 왜냐하면 옛날 사람들이 사주나 관상, 손금 등을 관찰해서 '이렇게 생긴 사람은 이런 식으로 산다'는 통계자료를 모아놓은 것이 바로 점 아니겠느냐 하는 뜻이지요. 그 말을 듣고 보니, 옛날 사람들이 뭐 그렇게 체계적으로 했겠느냐는 의심은 들었지만 또 절대 그러지 않았을 거라는 자신도 없었습니다.

그런데 1950년대에 서양식 점성술을 통계적으로 시험한 사람이 있습니다. 바로 프랑스의 고클랭Michel Gauquelin인데, 그는 '화성

효과'라는 것을 탐지했다고 주장했습니다. 유럽에서는 화성을 전쟁의 신 마르스의 이름을 따서 Mars라고 불렀는데, 조사를 해보니 성공한 운동선수나 군인 들 중 화성이 떠오를 때 출생한 사람이 많았다는 것입니다. 그리 대단한 결과는 아니지만 아주 의미 없는 이야기는 아닙니다. 더 중요한 것은 고클랭의 연구방법이 좀 주먹구구식이기는 했지만 아주 과학적이 아니라고는 단언하기 힘들고, 적어도 과학적 방법으로 그런 연구를 하는 것이 불가능하다고 우길 수는 없습니다.[2] 즉 점성술이 옳다, 그르다 하는 문제가 아니라 천체의 위치가 인간의 인생에 영향을 미친다는 생각이 왜 비과학적인지 확실하게 이야기하기 힘들다는 것입니다. '과학적'이라는 것과 '옳다'는 것은 다른 이야기이기 때문입니다.

예를 들어 우리가 지금은 **뉴튼***역학이 틀렸다고 하지만, 그렇다고 해서 뉴튼이 비과학적이었다고 말하지는 않습니다. 또 노스트라다무스의 예언이 설사 맞아떨어진다고 해도 그것을 과학적이라고 하지는 않을 것입니다. 복잡한 문제입니다. 저도 아버지와 토론하고 나서 점쟁이를 믿게 된 건 아니지만, 제가 왜 점술이 비과학적이고 좋지 않다고 그토록 강하게 느끼는지는 석연치 않게 되었습니다(이렇게 모르는 사이에 과학철학 교육을 받으며 자랐던 것 같습니다).

아마 미신을 믿는 사람은 점차 없어질 것입니다. 그 반면 별로 없

* **뉴튼** 요즘 자료를 보면 Newton의 외래어 표기가 '뉴턴'으로 돼 있다. 옛날에는 '뉴튼'이라고 무난하게 표기했었는데, 왜 이렇게 바꾸었는지 모르겠다. 아주 굳어지기 전에 다시 고쳐지기를 희망한다. 영어의 'on'을 무조건 '언'으로 표기해야 한다는 것은 잘못된 발상이다. 미국의 존슨Lyndon B. Johnson을 '존선'이라고 하지는 않지 않는가. Newton이나 이후 등장하는 Eddington과 Dalton 같은 경우, 물론 정확히 '으'도 아니지만 거기에 가깝다.

어질 기미가 없는 비과학적인 것이 있는데, 바로 종교입니다. 과학과 종교의 관계를 제대로 이야기하자면 너무 길고 심오하지만, 일단 대강 생각해보도록 합시다. 과학과 종교는 공통적으로 인간에게 어떤 세계관을 부여해주는 역할을 합니다. 이 우주가 어떻게 생겨났고, 어떤 원리에 의해서 움직이며, 그 속에서 인간의 위치는 어떠한지를 설명해줍니다. 그런 심오한 진리를 다루면서 서로의 생각이 다를 경우 종교와 과학은 부딪히기도 하고, 다른 종교끼리도 서로 싸우고 죽이기도 합니다. 갈릴레오Galileo Galilei의 유명한 예가 있지요. 지구가 태양 주위를 돈다는 지동설과 태양과 모든 천체가 지구 주위를 돈다는 천동설 간에 다툼이 일어났을 때, 갈릴레오는 가톨릭교회에서 지지하는 천동설을 반대하고 코페르니쿠스Nicolas Copernicus를 따라 지동설을 주장했다가 1633년에 로마 교황청에 불려가 이단 심판을 받고 가택연금을 당했습니다. 지동설을 더 이상 설파하지 않겠다는 약속을 하고 더 큰 화는 모면했습니다. 그보다 심한 예가 있는데 갈릴레오 이전에 브루노Giordano Bruno라는 사람이 있었습니다. 이 사람은 지동설을 포기하지 않았을 뿐더러 다른 이단적인 견해도 굽히지 않고 계속 주장하다가 결국 1600년에 화형을 당했습니다. 로마에 가면 그가 화형당했던 바로 그 장소에 브루노의 동상이 있습니다.

▶ 그림 1-1 브루노 동상 © Ettore Ferrari at Wikimedia.org

포퍼: 반증주의와 비판적 사고

과학과 종교가 서로 다른 내용을 주장했다는 것만으로 이렇게 심한 싸움을 한 것일까요? 과학은 옳고, 종교는 틀렸다는 것인가요? 그렇게 간단하게 보기도 힘듭니다. 첫째, 교회가 옹호했던 천동설도, 유명한 프톨레마이오스Klaudios Ptolemaios를 비롯한 많은 천문학자들이 대를 이어서 연구해놓은 과학이론이었습니다. 천동설이 틀렸다고 해도 과학이 아니었다고 매도할 수는 없고, 가톨릭 신부들 중에도 특히 예수회 쪽에는 훌륭한 과학자들이 있었습니다. 반면 코페르니쿠스의 이론도 현대적 관점에서 보면 구태의연한 점이 많고(행성의 궤도를 원형으로만 해석하려 들었다는 점 등), 결국은 확실히 폐기되었습니다.

많은 과학철학자들은 여기서 중요한 것은 내용의 차이가 아니라 방법론의 차이라고 말합니다. 그 대표적 인물이 바로 포퍼입니다. 포퍼가 말하는 과학의 정수는 비판정신이고, 그 정신은 모든 이론을 사정없이 시험하는 것으로 표현됩니다. 그렇게 해서 나온 결과와 비교해 이론이 사실과 맞지 않으면, 아무리 멋진 이론이라도 아깝지만 버리는 것입니다. 종교는 그렇지 않습니다. 신이 정말 있는지를 감히 시험해서는 안 됩니다. 그리고 교리에 의해 세상의 모든 일을 설명할 수 있습니다. 예를 들어, 간절히 기도드렸던 일이 이루어진다면 하느님께서 기도를 들어주셨다고 감사드릴 것입니다. 그러나 그 일이 이루어지지 않으면 그 역시 하느님의 뜻이고, 자신의 믿음이 부족해서라든지 하느님께서 자신을 시험하기 위해 시련을 내리셨다든지 하는 식의 해석이 나옵니다. 어떤 일이 일어나건 간에 독실한 신자는 하느님은 존재하고 자애로운 분이라는 믿음을 유지합니다.

포퍼는 그런 식의 믿음이 꼭 틀린 것은 아니지만 과학적이지는 못하다고 본 것입니다. 과학은 뭔가 새로운 것을 계속 배워나가는 과정이기 때문에 가지고 있던 이론을 포기하고 더 좋은 새로운 이론을 얻는 것은 중요하고 유익한 일입니다. 반면 종교적 교리는 불변하며, 신앙이란 어떤 일이 있어도 (정말 죽인다고 해도) 믿음을 절대 포기하지 않는다는 의미입니다. 포퍼는 그런 경건하고 독단적인 태도를 과학적 태도의 정반대로 보았습니다.

포퍼의 철학은 탁상공론이 아니라 자신이 살아온 경험에 뿌리박힌 것입니다. 그는 오스트리아 비인Wien(비엔나Vienna)에서 1902년에 태어나서 독일, 오스트리아-헝가리가 1차세계대전에 패배한 후 맞은 극심한 혼란기에 학창시절을 보냈습니다. 자신들의 문명에 대단한 자부심을 가졌던 이 독일계 사람들은 당연히 자기들이 이겼어야 했는데 패전한 것이 이해되지 않았고, 그러면서 그때까지 믿고 있던 모든 체계가 무너져버리는 상태에 빠졌습니다. 그 혼란기에 사회를 새로이 이해하고 바로잡겠다는 여러 가지 사회과학이나 심리학 이론이 제시되었는데, 어떤 것을 믿어야 할지 젊은 포퍼는 많은 고민에 사로잡혔습니

▲ 그림 1-2 청년기의 포퍼
from Sotheby's 경매 카탈로그

다. 한때 공산주의에 몰입하기도 했으나 금방 환멸을 느끼고 탈당했습니다.

마르크스주의자, 프로이트주의자, 인종주의자 등등 모두들 자신이 신봉하는 이론으로 세상의 모든 일을 설명할 수 있고, 또 자신들의 설명이 과학적이라고 주장했습니다. 마르크스주의자들은 경제발전은 일정한 단계를 거치며 이루어지고 그에 따라서 정치제도나 사회·문화의 형태도 결정된다고 주장했고, 또 그것을 마르크스Karl Marx의 이론이 아주 과학적으로 해석해냈다고 믿었습니다. 프로이트Sigmund Freud와 그가 창시한 정신분석학을 따르는 사람들은 억압된 성욕으로 인간의 모든 행동이 다 해석되는 것처럼 이야기했습니다. 또 인종주의자들은 모든 것이 다 유태인들의 잘못이다, 유태인만 없애면 비뚤어진 사회를 바로잡을 수 있다고 주장했습니다. 각 인종의 본질에 대한 상세한 이론을 세우고 체형과 얼굴 모양까지 정확히 측정해가면서, 인종이론이 훌륭한 과학이라고 주장한 학자들도 있었지요.

당시 프로이트는 비엔나에 살고 있었고, 또 지금은 거의 잊혔지만 그 시기 프로이트와 쌍벽을 이루었던 아들러Alfred Adler 역시 비엔나에 있었습니다. 포퍼는 이 아들러 밑에서 잠시 조수로 일하기도 했습니다. 아들러의 '개인심리학individual psychology'에서 가장 중요한 원칙은 '모든 개인은 자신의 우월함을 유지하고 주장하는 것에 최고의 가치를 둔다'는 것이었습니다. 아들러 이론만 가지면 심리학에서 설명하지 못할 것이 없었습니다. 포퍼가 이를 좀 조롱하기 위해 만들어낸 이야기가 있습니다. 예를 들어, 어떤 사람이 강가에 서 있다가 물에 빠진 사람을 보고 구하러 뛰어들었다고 합시다. 그러면 아들러 파의 심리학자는 '아, 이 사람은 영웅적 행동을 함으로써 자신의 우월함을 보여주려고 했던 것이다'라는 해석을 하면서 '역시 아들러 이론이 맞아' 하고 만족합니다. 그런데 이 사람이 물에 뛰어들지 않았다면? 그러면 즉시 '이 사람은 우월해지고 싶음에도 불구하고 **열등감 콤플렉스***에 사로잡혀 무력해졌어' 하는 진단을 내립니다. 또 아들러 이론이 맞았습니다. 그러니까 어떤 일이 일어나더라도 아들러의 이론으로 문제없이 설명할 수 있고, 그 설명을 잘함으로써 이 이론이 증명되었다고 주장할 수 있습니다. 포퍼는 아들러가 이런 식으로 만나보지도 않은 환자에 대해 자신 있는 진단을 내리면서 엉터리로 자신의 이론을 '검증'하는 것을 보고 실망해서 그 밑을 떠났다고 회고합니다. 결국, 뭐든지 설명할 수 있는 이론은 종교처럼 독단적이거나 음모설처럼 사람을 홀리는 비과학적인 것이라고 포퍼는 판단했습니다.

* **열등감 콤플렉스** 우리가 흔히 말하는 '콤플렉스'는 원래 아들러가 지어낸 열등감 콤플렉스inferiority complex에서 나왔다. 이는 아들러의 개인심리학에서 중요한 개념이었다.

이렇게 실망을 거듭하던 당시, 포퍼는 1919년에 비엔나를 방문한 아인슈타인Albert Einstein의 강연을 듣고 반했습니다.[3] 아인슈타인은 자신이 1916년에 발표했던 일반상대성이론에 의하면 무거운 물체 근처를 지나가는 빛은 중력에 의해 경로가 휠 것이라고 예측했습니다. 그런데 이것은 생각해보면 참 이상한 이야기입니다. 빛은 질량이 없기 때문에 중력의 영향을 받지 않아야 할 텐데 어떻게 중력 때문에 가는 길이 휠 수 있을까요? 상대성이론에 의하면,

무거운 물체가 있으면 그 주위의 시공space-time 자체가 휘어버리고, 빛은 그 휜 시공 내에서 가장 짧은 거리로 가기 때문에 빛의 경로도 휜다는 것입니다. 아인슈타인은 말이 안 되는 것 같은 이론을 내세우면서 그 이론이 옳다면 어떤 관측사실이 나오리라는 확실한 예측을 하였고, 그 예측을 확인함으로써 명확히 시험할 수 있는 계기를 만들어주었습니다.

그런데 빛이 휜다는 것을 어떻게 검증할 수 있을까요? 그림 1-3에서 볼 수 있듯 방법이 한 가지 있습니다. 태양 근처에 있는 것처럼 보이는 별을 생각해봅시다. 그 별은 사실 태양 근처에 있는 것이

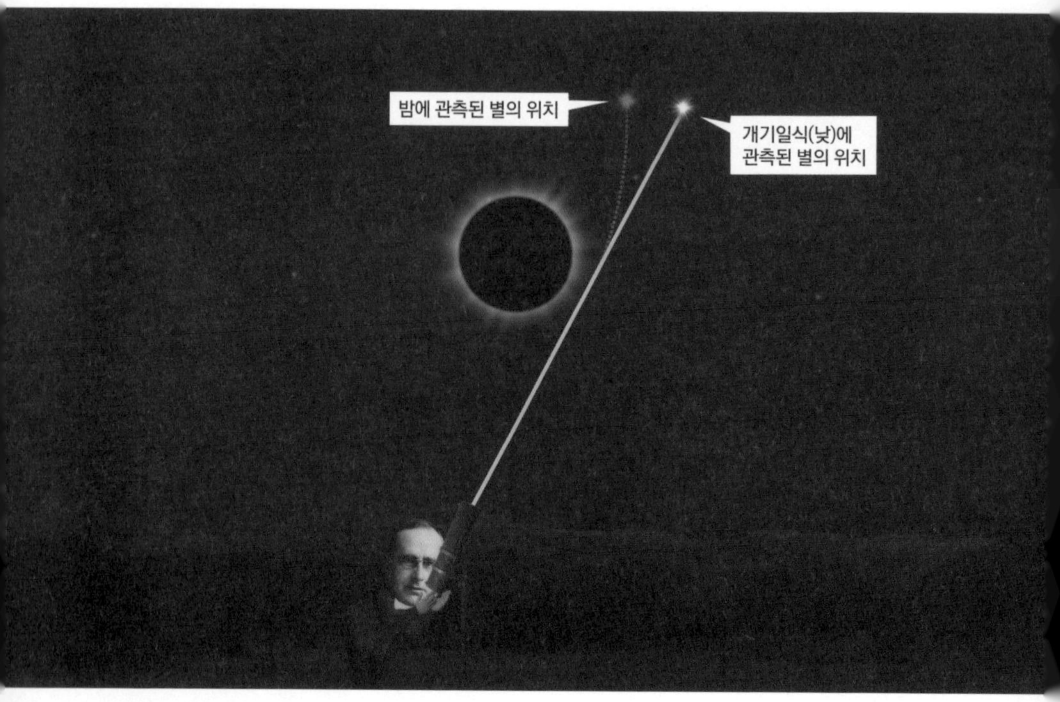

▲ **그림 1-3** 태양 근처에서 휘어지는 광선 © CH. Bom

아니라 엄청나게 멀리 있고, 다만 우리가 지구에서 볼 때 태양과 아주 비슷한 방향에 있을 뿐입니다. 그 별에서 나온 빛이 태양 옆을 지나오면서 휘어질 것입니다. 그러면 원래 오던 방향과 약간 다르게 돌아서 관측자의 눈에 들어올 텐데, 우리 눈과 뇌에서는 빛은 직진하는 것으로 그냥 해석해버리게 되어 있습니다. 그래서 별의 위치가 왜곡되어 보일 것입니다. 그렇다면 태양 근처에 보이는 별들의 위치를 기록하는 사진을 찍고 또 태양이 없는 한밤중에 그 똑같은 별들의 사진을 찍어서 두 사진을 대조하면, 그 별들 간의 상대적 위치가 태양 때문에 달라졌다는 것이 확인되리라고 예측했습니다. 그런데 태양 바로 옆에 있는 별을 어떻게 봅니까, 대낮에? 이 대목에서 영국의 천문학자 에딩튼Arthur Eddington이 기발한 생각을 해냈습니다. 개기일식이 일어나기를 기다리자는 것이었습니다. 태양이 달에 가려서 깜깜해졌을 때는 그 옆의 별들을 볼 수 있지요. 그래서 1919년에 개기일식이 일어났을 때 에딩튼은 당시 포르투갈의 식민지였던 서아프리카 프린시페Príncipe 섬에 가서 이것을 관측했는데 아인슈타인의 예측대로 결과가 나왔다는 것입니다.[4] 이 사건이 신문에 대서특필되면서 아인슈타인은 일약 세계적 유명인사가 되었고 비엔나에 와서도 이 상대성이론과 개기일식 관측에 관한 내용으로 강연을 했던 것입니다.

그때 포퍼는 아인슈타인이 아들러 같은 인물들과 달리 자기 이론을 당당하게 엄격한 시험대 위에 올려놓는 모습을 보고 반했던 것입니다. 시험해서 예측대로 나오지 않으면 그 이론은 틀린 것으로 밝혀질 것이고, 그러면 미련 없이 포기하겠다는 태도 말입니다.

포퍼는 그런 위험을 각오하고 틀리기 쉬울 듯한 예측을 끌어내서 이론을 엄격하게 시험하는 것이 진정한 과학적 태도라는 것을 깨달았습니다.

그런 경험을 통해 포퍼는 '반증주의' 철학이론을 세웁니다. 포퍼가 말하는 반증falsification은 경험적 증거로 이론이 틀렸다는 것을 보여준다는 의미입니다. 어떤 이론에 기반을 두고 예측했는데, 관측이나 실험을 해보니 결과가 예측과 달리 나오는 상황을 말하는 것이지요. 그럴 경우 당연히 이론이 틀렸다고 인정할 수밖에 없지 않습니까? 이렇게 간단하고도 피할 수 없어 보이는 반증의 논리를 포퍼는 과학의 가장 기본으로 보았고, 또 인간이 자연으로부터 뭔가를 확실히 배우는 방법은 반증뿐이라고 주장했습니다. 2장에서 자세히 논의하겠지만, 이론을 증명하는 것은 불가능합니다. 지금까지는 아주 잘 맞아떨어졌다고 해도, 앞으로 나올 관측이나 실험 결과도 만족시킨다는 보장이 없지요. 그래서 포퍼는 확실한 것은 반증밖에 없다고 했고, 또 반증을 통해 잘못된 이론을 버리고 계속해서 새로운 이론을 만들어내는 것이 과학이 진보하는 기본형식이라고 했습니다. 과학은 끝없는 '추측과 반증'의 과정이라고 했는데, 여기서 추측이란 확실하지 않은 가설을 제의한다는 의미입니다.

더 폭넓게 이야기하자면 포퍼는 과학적 태도란 곧 비판적 태도라고 했습니다. 종교나 정신분석이나 정치적 이데올로기 등을 추종하는 사람들은 자기 생각에 대해서 비판적이지 못하기 때문에 항상 똑같은 주장만 되풀이할 뿐, 발전과 향상이 없습니다. 포퍼는 항상 자신들의 이론으로 모든 것을 설명할 수 있다고 자기 도취에 빠지는 것은 과학이 아니면서 과학인 척하는 사이비과학 pseudoscience이라고 신랄히 공격했습니다. 반면 진정한 과학자들은 항상 이론을 비판적으로 시험하기 때문에, 계속 뭔가를 배울 수 있습니다. 그래서 포퍼는 '비판은 이성적 사고의 피와 살'이라고 했습니다.

쿤: 패러다임을 따라가는 정상과학

그런데 대개의 과학자들은 포퍼가 가졌던 이상적 이미지처럼 비판적이지 못한 것 같습니다. 서로 남은 잘 비판하는데 자기비판은 그렇게 잘하지 못합니다. 실제 과학연구가 이루어지는 과정을 잘 살펴보면 포퍼의 생각과는 정반대의 독단성을 보이는 경우가 많습니다. 이를테면 진화론자들은 창조론자들이 그들의 이론을 포기하지 않는다고 질책하지만 자신들은 과연 다윈Charles Darwin의 자연선택원칙을 포기할 의사가 있을까요? 잘 모르겠습니다. 생물학뿐 아니라 물리학에서는 더 심합니다. 예를 들어 상대성이론을 의심한다면 물리학계에서는 거의 정신병자 취급을 받을 수 있습니다.

근래에 이탈리아의 어떤 물리학자들이 빛의 속도보다 빨리 움직이는 중성미자neutrino를 검출했다는 실험결과를 발표했습니다. 그런데 상대성이론에서는 '어떤 물체도 광속을 넘는 속도로 운동할 수 없다'는 것이 중요한 원칙이기 때문에 대부분의 물리학자들은

▲ 그림 1-4 토머스 쿤 © Jesse Schust

이 실험이 뭔가 잘못되었을 것이라 추측했습니다. 그중 영국 대중과학계에서 잘 알려진 물리학자인 알-칼릴리Jim Al-Khalili라는 사람은 그 실험결과가 제대로 된 사실로 판명된다면, TV 생방송에 나와서 자기 팬티를 먹겠다는 괴상한 장담을 하기도 했습니다.[5] 이것은 포퍼가 말하는 과학적인 태도는 아닌 것 같습니다. 아인슈타인 역시 포퍼가 가졌던 이미지와 달리, 개기일식 관측결과가 어떻게 나오든 상관없이 자기 이론이 옳다고 굳게 믿었다고 합니다.[6]

그런데 이런 식의 독단성이 과학자의 전형적인 모습이고 또 과학에 필요한 태도라고 주장한 사람이 있습니다. 포퍼보다도 더 유명한 쿤입니다. 쿤이 누군지 모른다 해도 그 사람이 퍼트려놓은 패러다임paradigm이라는 말은 들어보았을 겁니다. 이 말은 쿤이 1962년에 처음 출간한 책 『과학혁명의 구조』에서 사용되었습니다. 원래는 문법에서 나오는 용어고, 그 맥락에서는 '범례' 또는 더 알아듣기 쉬운 '어형 변화표'로 번역됩니다. 예를 들어 그림 1-5는 말한다는 뜻의 단어 'parler'를 통해 프랑스어 제1형 동사의 현재시제 인칭변화를 보여주는데, 다른 모든 제1형 동사를 쓸 때 이를 보고 따라 할 수 있습니다.

	주어	제1형 동사의 변화
1인칭	je	parle
2인칭	tu	parles
3인칭	il	parle
1인칭 복수형	nous	parlons
2인칭 복수형	vous	parlez
3인칭 복수형	ils	parlent

▲ 그림 1-5 문법의 패러다임의 한 예

쿤은 과학에서도 이런 식으로 누가 정말 멋진 연구성과를 한 가지 올리면 다들 그것을 본받아서 모방하고 그 과정에서 어떤 과학적 전통이 생겨난다고 은유적으로 말한 것입니다. 그런데 쿤은 '패러다임'이라는 말을 너무 느슨하게 사용해서 처음에 규범이 되는 본보기도 패러다임이라고 했고, 그것을 따라가다가 생기는 전통도 패러다임이라고 했습니다. 이는 쿤 자신도 인정한 실수입니다. 그래서 많은 혼란이 생겨났는데, 이 패러다임이라는 말이 이제는 너무 퍼져버려서 그런 중의성을 이해하고 그냥 쓰는 수밖에 없습니다.

그렇게 하나의 전통이 확립되면 과학자들은 그것을 충실히 따라갑니다. 기초적인 논의와 논란은 다 접어두고, 세부적인 문제들을 자신들 패러다임의 특이한 사고방식으로 깊이 파고들기 시작합니다. 그러면서 난해하고 정밀한 전문적 지식을 쌓습니다. 이런 식으로 이루어지는 과학연구 활동을 쿤은 '정상과학normal science'이라고 지칭했습니다. 가끔 혁명적인 일이 일어날 때만 빼고, 과학이 정상

▲ 그림 1-6 뉴튼
ⓒ Godfrey Kneller at Wikimedia.org

적으로 돌아갈 때는 이렇게 어떤 패러다임을 전제로 하고 그 기반 위에서 연구가 이루어진다는 말입니다(과학혁명에 대해서는 4장에서 자세히 논의합니다).

한 가지 예를 들어서 정상과학이 무엇인지를 더 설명해보겠습니다. 유명한 뉴튼Isaac Newton에서 비롯된 뉴튼역학의 이야기입니다. 이 전통은 17세기말에 뉴튼이 올린 훌륭한 성과를 기반으로 하고 있습니다. 뉴튼의 가장 큰 업적은 태양계 안의 행성들이 어떻게 움직이는가를 엄청나게 정밀하게 수학적으로 풀어낸 것입니다. 그것을 보고 사람들이 '대단하다, 그럼 우리도 뉴튼 식으로 과학을 해보자!' 했습니다. 그렇게 해서 '뉴튼 식'으로 과학을 하는 것이 '뉴튼역학 패러다임'이 되었다는 이야기죠(요즘 유행어로 하면, '강남스타일' 대신 '뉴튼스타일'이 되겠습니다).

뉴튼을 따라 하는 뉴튼 식 물리학의 방식은, 모든 물체가 질량만 있고 부피는 없는 점과 같은 입자들이 모여서 이루어졌다는 가정에서부터 시작합니다. 그다음에는 뉴튼의 중력법칙과 운동법칙을 적용해 그런 입자들이 운동하는 궤도를 계산합니다.* 이때 뉴튼이 이 계산을 할 목적으로 발명한 수학체계, 즉 미적분을 사용합니다. 계산은 정밀히 하되, 깊은 원인을 찾는 질문은 하지 않습니다(서로 연결되어 있지도 않은 입자들이 서로를 끌어당기는 중력의 메커니즘은 과연 어떤 것일까 하는 등등). 이러한 특이한 스타일로 물리학과 천문학을 이끌면서 뉴튼은 훌륭한 과학의 전통을 수립했습니다. 너도 나도 뉴튼스타일로 과학을 하는 사람들이 모여 공동체를 형성함으로써 그 패러다임을 유지하고 발전시키는 사회적 기반이 마련되었고, 그 당시 설립된 런던의 왕립학회도 이에 한몫을 했습니다. 이 뉴튼 역학의 역사는 패러다임이란 과연 어떤 것이고 어떻게 해서 생겨나고 발전하는지를 보여주는 좋은 예입니다.

쿤은 정상적인 과학연구의 목적은 기존의 패러다임을 비판하는 것이 아니라 그 패러다임의 틀 안에서 새로운 것을 밝혀내는 것이라고 했습니다. 과학사에서 또 한 가지 예를 들어서 설명해보겠습니다. 그림 1-7은 화학공부를 조금이라도 한 사람이라면 모두 기억할 화학원소의 주기율표입니다. 1860년대에 러시아의 멘델레예프Dmitri Mendeleev가 만들어내서 지금까지 화학에서 필수품으로 쓰이고 있지요.

그런데 그림 1-8에서 보듯 멘델레예프가 처음 내놓았던 주기율표는 정확히 이런 모양이 아니었습니다. 전혀 다르게 보이는 이유는 가로와 세로가 바뀌어서이지만, 그 외에도 자세히 보면 재미

---

* 뉴튼은 처음에 운동의 제1, 2, 3법칙을 세웠고, 그중 가장 중요한 2법칙은 얼마만큼의 힘을 받았을 때 물체의 움직임이 얼마나 가속되는지를 말해준다($F=ma$로 표현되고, 여기서 F는 힘, m은 질량, a는 가속도). 또 한편으로 '만유인력의 법칙'이라고도 일컫는 뉴튼의 중력법칙은 두 개의 물체 간에 얼마나 큰 중력이 작용하는지를 알려준다($F=Gm_1m_2/r^2$으로 표현되고, 여기서 m_1과 m_2는 두 물체의 질량이고 r은 그간의 거리, G는 상수). 이 두 법칙을 결합하면 여러 물체들이 어떻게 서로 끌어당기며 운동하는지 정확하게 계산해낼 수 있다.

표준주기율표

Periodic Table of the Elements

표기법:

원자 번호
기호
원소명(국문)
원소명(영문)
표준 원자량

1	2	3	4	5	6	7	8	9	10	11	12	13	14	15	16	17	18
1 **H** 수소 hydrogen [1.007; 1.009]																	2 **He** 헬륨 helium 4.003
3 **Li** 리튬 lithium [6.938; 6.997]	4 **Be** 베릴륨 beryllium 9.012											5 **B** 붕소 boron [10.80; 10.83]	6 **C** 탄소 carbon [12.00; 12.02]	7 **N** 질소 nitrogen [14.00; 14.01]	8 **O** 산소 oxygen [15.99; 16.00]	9 **F** 플루오린 fluorine 19.00	10 **Ne** 네온 neon 20.18
11 **Na** 소듐 sodium 22.99	12 **Mg** 마그네슘 magnesium 24.31											13 **Al** 알루미늄 aluminium 26.98	14 **Si** 규소 silicon [28.08; 28.09]	15 **P** 인 phosphorus 30.97	16 **S** 황 sulfur [32.05; 32.08]	17 **Cl** 염소 chlorine [35.44; 35.46]	18 **Ar** 아르곤 argon 39.95
19 **K** 포타슘 potassium 39.10	20 **Ca** 칼슘 calcium 40.08	21 **Sc** 스칸듐 scandium 44.96	22 **Ti** 타이타늄 titanium 47.87	23 **V** 바나듐 vanadium 50.94	24 **Cr** 크로뮴 chromium 52.00	25 **Mn** 망가니즈 manganese 54.94	26 **Fe** 철 iron 55.85	27 **Co** 코발트 cobalt 58.93	28 **Ni** 니켈 nickel 58.69	29 **Cu** 구리 copper 63.55	30 **Zn** 아연 zinc 65.38(2)	31 **Ga** 갈륨 gallium 69.72	32 **Ge** 저마늄 germanium 72.63	33 **As** 비소 arsenic 74.92	34 **Se** 셀레늄 selenium 78.96(3)	35 **Br** 브로민 bromine 79.90	36 **Kr** 크립톤 krypton 83.80
37 **Rb** 루비듐 rubidium 85.47	38 **Sr** 스트론튬 strontium 87.62	39 **Y** 이트륨 yttrium 88.91	40 **Zr** 지르코늄 zirconium 91.22	41 **Nb** 나이오븀 niobium 92.91	42 **Mo** 몰리브데넘 molybdenum 95.96(2)	43 **Tc** 테크네튬 technetium	44 **Ru** 루테늄 ruthenium 101.1	45 **Rh** 로듐 rhodium 102.9	46 **Pd** 팔라듐 palladium 106.4	47 **Ag** 은 silver 107.9	48 **Cd** 카드뮴 cadmium 112.4	49 **In** 인듐 indium 114.8	50 **Sn** 주석 tin 118.7	51 **Sb** 안티모니 antimony 121.8	52 **Te** 텔루륨 tellurium 127.6	53 **I** 아이오딘 iodine 126.9	54 **Xe** 제논 xenon 131.3
55 **Cs** 세슘 caesium 132.9	56 **Ba** 바륨 barium 137.3	57-71 란타넘족 lanthanoids	72 **Hf** 하프늄 hafnium 178.5	73 **Ta** 탄탈럼 tantalum 180.9	74 **W** 텅스텐 tungsten 183.8	75 **Re** 레늄 rhenium 186.2	76 **Os** 오스뮴 osmium 190.2	77 **Ir** 이리듐 iridium 192.2	78 **Pt** 백금 platinum 195.1	79 **Au** 금 gold 197.0	80 **Hg** 수은 mercury 200.6	81 **Tl** 탈륨 thallium [204.3; 204.4]	82 **Pb** 납 lead 207.2	83 **Bi** 비스무트 bismuth 209.0	84 **Po** 폴로늄 polonium	85 **At** 아스타틴 astatine	86 **Rn** 라돈 radon
87 **Fr** 프랑슘 francium	88 **Ra** 라듐 radium	89-103 악티늄족 actinoids	104 **Rf** 러더포듐 rutherfordium	105 **Db** 더브늄 dubnium	106 **Sg** 시보귬 seaborgium	107 **Bh** 보륨 bohrium	108 **Hs** 하슘 hassium	109 **Mt** 마이트너륨 meitnerium	110 **Ds** 다름슈타튬 darmstadtium	111 **Rg** 뢴트게늄 roentgenium	112 **Cn** 코페르니슘 copernicium		114 **Fl** 플레로븀 flerovium		116 **Lv** 리버모륨 livermorium		

57 **La** 란타넘 lanthanum 138.9	58 **Ce** 세륨 cerium 140.1	59 **Pr** 프라세오디뮴 praseodymium 140.9	60 **Nd** 네오디뮴 neodymium 144.2	61 **Pm** 프로메튬 promethium	62 **Sm** 사마륨 samarium 150.4	63 **Eu** 유로퓸 europium 152.0	64 **Gd** 가돌리늄 gadolinium 157.3	65 **Tb** 터븀 terbium 158.9	66 **Dy** 디스프로슘 dysprosium 162.5	67 **Ho** 홀뮴 holmium 164.9	68 **Er** 어븀 erbium 167.3	69 **Tm** 툴륨 thulium 168.9	70 **Yb** 이터븀 ytterbium 173.1	71 **Lu** 루테튬 lutetium 175.0
89 **Ac** 악티늄 actinium	90 **Th** 토륨 thorium 232.0	91 **Pa** 프로트악티늄 protactinium 231.0	92 **U** 우라늄 uranium 238.0	93 **Np** 넵투늄 neptunium	94 **Pu** 플루토늄 plutonium	95 **Am** 아메리슘 americium	96 **Cm** 퀴륨 curium	97 **Bk** 버클륨 berkelium	98 **Cf** 캘리포늄 californium	99 **Es** 아인슈타이늄 einsteinium	100 **Fm** 페르뮴 fermium	101 **Md** 멘델레븀 mendelevium	102 **No** 노벨륨 nobelium	103 **Lr** 로렌슘 lawrencium

▲ 그림 1–7 화학원소의 주기율표

있는 것이 많습니다. 첫째, 여기저기 물음표가 있습니다. 멘델레예프가 주기율표를 처음 만들 때, 원자량(원자의 질량) 순서대로 원소들을 한 줄로 배열한 후에, 그것을 토막 쳐서 여러 줄로 만들었습니다. 그 토막 친 줄들을 화학적 성질이 비슷한 원소들이 같은 가로줄에(현대식 표에서는 같은 세로줄에) 쭉 놓이도록 배열했던 것입니다. 예를 들어 두 번째 세로줄에 있는 'C 12'는 원자량이 12인 탄

ОПЫТЪ СИСТЕМЫ ЭЛЕМЕНТОВЪ.

ОСНОВАННОЙ НА ИХЪ АТОМНОМЪ ВѢСѢ И ХИМИЧЕСКОМЪ СХОДСТВѢ.

			Ti=50	Zr=90	?=180.
			V=51	Nb=94	Ta=182.
			Cr=52	Mo=96	W=186.
			Mn=55	Rh=104,4	Pt=197,4.
			Fe=56	Rn=104,4	Ir=198.
			Ni=Co=59	Pl=106,6	Os=199.
H=1			Cu=63,4	Ag=108	Hg=200.
	Be=9,4	Mg=24	Zn=65,2	Cd=112	
	B=11	Al=27,4	?=68	Ur=116	Au=197?
	C=12	Si=28	?=70	Sn=118	
	N=14	P=31	As=75	Sb=122	Bi=210?
	O=16	S=32	Se=79,4	Te=128?	
	F=19	Cl=35,5	Br=80	I=127	
Li=7	Na=23	K=39	Rb=85,4	Cs=133	Tl=204.
		Ca=40	Sr=87,6	Ba=137	Pb=207.
		?=45	Ce=92		
		?Er=56	La=94		
		?Yt=60	Di=95		
		?In=75,6	Th=118?		

Д. Менделѣевъ

▲ 그림 1-8 멘델레예프가 처음 제작했던 주기율표 ⓒ Mendeleyev at Wikimedia.org

* 지구상의 생물이 탄소원자를 기반으로 하는 유기분자로 이루어진 것을 볼 때, 외계에 생명체가 있다면 실리콘을 기반으로 할 수 있다는 억측을 하기도 한다.

소를 나타내고, 그 바로 옆에 배치한 'Si 28'은 원자량이 28인 실리콘 입니다. 탄소와 실리콘은 화학적으로 비슷한 성질이 많습니다.* 그런데 그런 식으로 배열을 하고 보니까 빈 구멍들이 있었던 것입니다. 멘델레예프의 주기율표를 다시 보면, 실리콘의 오른쪽 옆에 물음표가 있고, 그 원자량은 70으로 표시되어 있습니다. 무슨 이야기냐면, 주기율표의 구성에 따르면 성질은 실리콘과 비슷하면서 그보다 좀 무거운 원자량 70쯤 되는 원소가 있어야 하는데 알려진 것이 없다는 것입니다! 이를 보고 '주기율'의 법칙이 그럴듯하지만 항상 적용되지는 않는다고 생각할 수도 있었을 텐데 멘델레예프는 그 반대로, 내 이론이 맞고 그런 미지의 원소가 있을 테니 찾아보아야 한다고 주장했습니다. 그런데 찾아보니까 그 예측된 원소가 정말로 나왔습니다. 그렇게 발견되어 주기율표의 빈자리로 들어간 것이 바로 게르마늄(Ge)입니다. 둘 다 반도체 공업에서 많이 쓰이는 데서 알 수 있듯 실리콘과 게르마늄은 성질이 비슷합니다. 게르마늄의 원자량은 72.63으로, 멘델레예프가 원래 예측했던 것과 크게 다르지 않습니다. 이런 식으로 패러다임을 정해놓고 따라가기 시작하면 무엇을 새로 발견할 수 있을지를 패러다임 자체가 지시해주는 경우가 많습니다.

그런데 또 그 반대 현상이 참 재미있습니다. 패러다임이 지시해주지 않은 발견은 우연히 다가온다 해도 받아들이기가 힘들다는 것입니다. 다시 주기율표로 돌아가서 현대식 주기율표 맨 오른쪽 세로줄에 있는 것은 멘델레예프가 처음 주기율표를 만들었을 때는 하나도 알려지지 않았던 원소들이고 원래 주기율표에는 그 줄 자체가 없었습니다. 그런데 1894년에 그 줄의 세 번째 자리에 있는 아르곤(Ar)이, 공기에 섞여 있는 희소한 기체로 발견되었습니다. 그때 멘델레예프는 굉장히 당혹해했습니다. '이 원소를 어디다 끼워 넣느냐?' 자기 이론체계에 발 들여놓을 자리가 없는 그것은 화학원소일 수 없다고 주장했습니다. 아르곤의 원자량은 약 40이므로 이는 원자가 아니라 질소원자 세 개가 모여 이루어진 분자일 것이라는 억측까지 내놓았습니다(질소의 원자량은 약 14이므로, 세 개를 모으면 42로 40과 비슷해집니다). 그렇게 저항을 하다가 나중에 아르곤과 비슷한 성질인데 원자량이 다른 제논(Xe)이나 라돈(Rn) 등의 원소들이 발견되면서 '아, 그러면 아예 한 줄을 새로 만들어서 붙이면 되겠구나'** 해서 주기율 패러다임을 지키면서 문제를 멋지게 해결했습니다.[7]

** 이 원소들은 '고귀하셔서' 다른 원소와 거의 아무런 화학반응을 하지 않는다는 뜻으로 nable gas, 우리말로는 '불활성 가스'라고 칭한다.

퍼즐 풀기

모든 현상을 기존의 패러다임을 기반으로 해석해내는 것은 정상과학의 중요한 과업입니다. 예상된 것을 찾아내는 작업이나 예상치 않게 발견된 것을 틀에 끼워 맞추는 것이나, 모두 퍼즐을 푸는 것과 같은 작업이고 그것이 정상과학의 본업이라고 쿤은 강조했습니다. 퍼즐은 자기 멋대로가 아니라 규칙에 따라서 풀어야 하고, 기존의 패러다임이 그런 규칙도 마련해준다고 했습니다. 정상과학은 처음 성공해서 보여준 패러다임의 잠재력과 가능성을 실현하는 작업입니다. 어떤 패러다임이 처음 새로 나왔을 때는 아직 이룩해 놓은 업적은 별로 없고, 성공할 수 있다는 약속은 많습니다. 그 약속을 실현하는 것이 정상과학자의 임무입니다. 그런데 그 작업은 대개 수월하지가 않고 계속 막히기도 하고 일이 꼬이기도 합니다. 그러나 정상과학자들은 끈질기게 자기들의 패러다임을 포기하지 않고 기지를 발휘해서 문제를 해결해나갑니다. 쿤은 그런 사례들을 많이 보고 나서, 정상과학 연구의 대부분은 그렇게 새 패러다임이 멋지게 벌려놓은 일의 뒤치다꺼리일 뿐이라고 했습니다.[8]

저는 대학교 들어가기 바로 전 방학 때 『과학혁명의 구조』를 읽었습니다. 중3 때부터 이론물리학을 너무나 사랑했고 '나도 아인슈타인이나 적어도 파인만Richard Feynman 정도의 큰 이론을 내놓는 학자가 되겠다'고 야심(환상)을 키우던 시절에, '과학혁명'이라는 문구에 끌렸던 것입니다. 그런데 책을 읽으면서 잘 납득이 가지 않았고 실망했습니다. '과학을 뭐 이따위로 시시하게 말하나. 내가 하는 과학은 그렇지 않을 거야.' 그렇게 생각하고 책을 덮은 후, 꿈에도 그리던 **캘리포니아 이공대학**California Institute of Technology, Caltech* 으로 물리학을 공부하러 갔습니다.

* **캘리포니아 이공대학** 과학과 공학에 미친 외골수들이 모인 학교로, 인기 시트콤인 〈빅뱅이론The Big Bang Theory〉의 무대이다. 1년에 학부생을 총 200명밖에 받지 않는 조그마한 학교지만, 이 학교의 역대 졸업생과 교수진 중 서른한 명이나 노벨상을 수상했다.

그런데 대학교 4학년 때 과학철학을 교양과목으로 들으면서 다시 쿤의 책을 읽었는데 그때는 '이 사람 말이 맞았구나. 과학이란 정말 그래!' 하고 감탄했습니다. 대학에 들어갈 때부터 제 머릿속은 신기한 현대물리학에 대한 질문으로 꽉 차 있었습니다. '상대성 이론에서 시간과 공간은 절대적이지 않고 관측자의 운동상태에 좌우된다는데 그게 정말 어떤 의미인가? 양자역학에서는 물질이 입자인 동시에 파동이라는데 그게 과연 가능한 이야기인가? 우주가 어느 한순간 빅뱅으로 생겨났다면 그 바로 전에는 어떤 상태였을까?' 등등. 그런데 그런 종류의 의문을 참을성 있게 들어준 교수님들도 가끔 계셨지만, 대부분은 학부생 주제에 철학적인 소리 지껄이지 말고 숙제나 하라는 반응을 보이셨습니다. 저는 세계 최고라는 이 대학에서 왜 이럴까 하는 반감을 느꼈었는데 쿤의 해석에 의하면 이러한 반응은 정상과학의 훈련과정에서 아주 당연한 것이었고 저학년 때부터 제대로 강훈련을 시키는 최고의 대학이었기 때문에 도리어 더욱 그랬을 것입니다.

쿤은 과학을 모르는 철학자가 아니었습니다. 하버드 대학에서 물리학 박사학위까지 받으면서 자신이 나중에 '정상과학'이라고 이름 붙인 현상을 상당히 많이 경험했고, 그다음에는 세세한 과학사를 다년간 연구했기 때문에 과학연구의 방식이 여러 시대를 거치며 어떻게 변해왔는가에 대해 폭넓은 역사적 이해도 가지고 있었습니다. 절대 과학에 대해 헛소리를 한 것은 아니지요. 쿤이 이야기한 대로 정상과학적인 교육을 충분히 받은 후에야 과학에서 창조적인 작업도 할 수 있는 것인데, 결국 저는 그 틀에 짜인 훈련

그림 1-9 태양계 도해 © Harman Smith and Laura Generosa at Wikimedia.org

을 다 거치기가 너무 싫어서 정상과학을 떠났고 철학과로 대학원을 가서 과학철학 박사학위를 받았습니다. 쿤의 말대로 과학의 심장부에는 비판적이지 못한 독단성이 있고 또 그것이 필요하다는 것을 인정하면서도 저는 그 사실에 굉장히 실망했던 것입니다.

정상과학에서 다루는 퍼즐이 어떤 것인지 조금 더 깊이 생각해봅시다. 과학사에서 유명한 예를 또 하나 들어보겠습니다. 우리 태양계의 여덟 번째 행성이 해왕성Neptune이라는 것은 독자들도 잘 알겠지만, 이 해왕성이 처음에 어떻게 발견되었는지는 잘 모를 것입니다. 18세기까지만 해도 사람들은 육안으로 보이는 수, 금, 지, 화, 목, 토까지밖에 몰랐습니다.

그러다가 1781년에 영국의 허셜William Herschel이 망원경으로 하늘을 관측하던 중 천왕성을 발견했습니다. 그런데 천왕성을 발견한 것까지는 좋은데, 그 후에 천문학자들이 다년간 정확한 관측을 해보니 그 궤도가 이상했습니다. 이상하다는 것은 뉴튼의 이론대로 움직이지 않았다는 이야기입니다. 그렇다면 이 뉴튼스타일의 천문학자들이 천왕성의 존재로 뉴튼이론이 반증되었다고 결론지은 후 뉴튼이론을 버리고 다른 이론을 찾았을까요? 절대 그러지 않았습니다. 뉴튼역학은 조금 과장해서 말하자면 그때까지 인류 역사상 가장 훌륭한 과학이론이었습니다. 그런 최고의 이론을 새로 발견된 행성 하나가 조금 궤도를 벗어났다고 해서 성급히 폐기한다는 것은 말이 안 됩니다. 그래서 천문학자들은 쿤이 이야기했듯 퍼즐을 푸는 작업을 시작했습니다. 뉴튼역학이 틀릴 리 없는데 왜 이런 비정상적인 일이 일어날까? 혹시 천왕성이 어떤 혜성과 충돌해서 궤도를 이탈한 것 아닌가? 천왕성의 궤도 주변에 기체 같은 것이 있어서 행성의 움직임을 방해할 수도 있지 않을까? 아니면 잘 보이지는 않지만 천왕성에 딸린 커다란 위성이 있어서 그 중력의 영향을 받는 것인가? 이런 식의 여러 가지 **임시방편적 가설**ad hoc hypothesis*이 나왔습니다. 그런 가설들이야 마음만 먹으면 얼마든지 만들어낼 수 있고 그렇게 해서 뉴튼의 패러다임을 포기하지 않고 유지해나갔습니다.

그러던 중 영국의 애덤스John Couch Adams와 프랑스의 르베리에U. J. J. Le Verrier가 거의 동시에 좋은 아이디어를 냈습니다. 천왕성 너머에 지금까지 발견되지 않은 행성이 또

* **임시방편적 가설** 여기서 'ad hoc'은 '이것에 대응해서'라는 의미의 라틴어 구절이다. 미리 정해진 어떤 원칙에 따라 일을 처리하는 것이 아니라, 일어나는 상황에 따라 그때그때 대응책을 정한다는 의미이다.

하나 있다면, 그 행성과 천왕성 사이의 조그만 인력으로 천왕성의 궤도가 좀 흔들리지 않겠냐는 것이었습니다. 그렇게 가정하면, 천왕성의 궤도를 관측된 만큼 흔들려면 그 미지의 행성이 어느 정도의 질량을 가지고 있고 어떤 궤도로 움직이고 있어야 하는지를 뉴튼역학 자체를 이용해 추론해낼 수 있습니다. 그렇게 해서 그 미지의 행성이 어느 날 몇 시에 어떤 위치에 있을 것이라는 예측을 끌어냈고 독일의 갈레J. G. Galle라는 천문학자가 르베리에의 예측대로 망원경으로 보니까 정말 그때까지 몰랐던 행성이 거기 있었습니다. 그런 곡절을 겪고 1846년에 발견된 새로운 행성이 해왕성입니다.

아주 멋진 일화입니다. 뉴튼역학이 실패했다는 증거처럼 보였던 것을 뉴튼학파의 과학자들은 끈질기게 연구해서 뉴튼역학 패러다임의 화려한 승리로 돌려놓았습니다. 그 사람들이 쉽게 포기했다면 덧없이 훌륭한 이론만 폐기하고 해왕성을 발견할 기회도 놓

월리엄 허셜 William Herschel, 1738-1822

독일 태생으로 원래는 음악가로 영국 궁정에 들어갔다가 나중에는 과학자로 더 명성을 날렸습니다. 자신이 손수 렌즈를 갈아서 만든 망원경으로 집에서 밤에 잠을 안 자고 천체를 관측하는 아마추어 천문학자였습니다. 그 자택은 영국의 서부 바스Bath에 조그마한 박물관으로 보존되어 있습니다. 허셜은 천왕성의 발견으로 엄청나게 유명해졌고, 또 20년 후에는 태양광선 안에 숨어 있는 적외선을 발견하기도 했습니다. 아마 그때 노벨상이 있었다면 두 번은 받았을 것입니다.

▲ 그림 1-10 월리엄 허셜

Ⓒ wikimedia.org

쳤을 것입니다. 그런데 이 19세기 천문학자들의 업적을 다시 잘 살펴보면 뉴튼역학을 무조건 신봉하면서 틀렸다는 증거가 나와도 임시방편적 가설을 동원해 그 이론을 독단적으로 보호한 것 아닙니까? 바로 포퍼가 사이비과학이라고 신랄하게 공격했던 정신분석이나 마르크스주의 등과 무엇이 다른가요?

결과론이긴 하지만 한 가지 중요한 다른 점은, 뉴튼역학을 방어하는 과정에서 새로운 발견을 했다는 것입니다. 해왕성의 존재는 처음에는 임시방편적으로 만든 가설로 시작되었지만 관측을 통해 확인됨으로써 사실이 되었고, 그럼으로써 실제로 지식을 늘릴 수 있었습니다. 포퍼도 해왕성의 발견 같은 사례를 보면서 이론을 고수하는 끈질김이 긍정적인 결과를 낳을 수도 있다고 동의했습니다. 그러나 항상 그렇게 해서는 안 된다는 입장을 고수했습니다. 어느 한계까지는 끈질기게 버티는 것이 좋고 어느 시점에 가서는 포기해야 하는지의 문제는, 모든 과학적 이론이 그렇듯이 추측할 수 있을 뿐이라고 얼버무렸습니다.* 언제는 임시방편적 가설을 세워도 괜찮고 언제는 안 되는지, 그에 대한 명쾌한 해답은 아무도 내려주지 못하고 있는 것 같습니다.**

* 해왕성의 발견과 비슷한 사례는 많다. 예를 들어 중성미자도 원래 에너지 보존법칙을 포기하지 않으려는 몸부림 속에서 나온 아이디어였다.[9]

** 포퍼와 쿤의 철학에서 좋은 점만 따오려는 시도를 했던 헝가리 태생 철학자 라카토쉬Imre Lakatos는 어떤 방법을 쓰든 중심적 가정을 방어하는 것은 과학적 연구 프로그램의 본질이라고 인정한 후, 그러나 그 과정에서 새로운 사실을 발견해 진보해야 한다고 주장했다.[10]

과학: 전통과 비판 사이

포퍼는 끈질김의 미덕을 일부 인정하면서도 쿤의 정상과학 개념을 혐오했습니다. 두 사람의 첨예한 의견대립으로 1960, 1970년대 과학철학계는 떠들썩했고 1965년에 포퍼와 그 주변사람들은 쿤을 초청해 런던 대학에서 학회를 열고 직접 만나 논쟁을 벌였습니다. 그 학회에서 논문을 발표했던 파이어아벤트Paul Feyerabend는 어떤 패러다임을 받아들인 후 비판의식 없이 거기서 나오는 퍼즐을 푸는 것이 과학이라면 체계적인 신학이나 어떤 특정한 학파의 철학도 다 과학으로 인정할 수밖에 없다고 주장했습니다. 또 파이어아벤트는 워낙 짓궂은 사람이라 기존의 패러다임에 순종하면서 조직적으로 작업하는 정상과학자들의 행태는 마치 조직폭력단과 별로 다를 것도 없다며 쿤을 조롱했습니다.[11]

포퍼 자신도 이 학회에서 논문을 발표했는데 그 제목은 「정상과학과 그 위험성」이었습니다. 그 논문에서 포퍼는 과학자들이 실제로 쿤이 말하는 정상과학을 실행할 때도 있지만 그것은 과학의 진보를 저해할 뿐 아니라 우리 문명 자체를 위협하는 일이라고 기염을 토했습니다.[12] 너무 과장된 비판 같지만 이해할 수는 있습니다. 미국에서 편히 자란 쿤과 달리 패전 후의 혼란 속에 자라난 포퍼는 항상 사회가 붕괴될 수 있다는 위협을 생생히 느끼고 있었고, 1930년대 후반에는 망명길에까지 올랐습니다. 포퍼는 유태인이었고(쿤도 그랬지만), 오스트리아가 나치 통치를 받게 되자 신변에 위협을 느끼고 피신했던 것입니다. 그런 뼈저린 경험을 기반으로 포퍼는 사람들이 권위에 맞서 저항하지 않으면 전체주의 이데올로기가 사회를 지배할 큰 위험이 있다고 두려워했습니다. 그 맥락에서 과학과 과학자는 비판적 정신을 보여줌으로써 사회를 선도해야 할 의무가 있다고 믿었습니다. 20세기 초중반에는 포퍼뿐 아니라 다른 많은 유럽의 지식인들이 그런 관점을 가지고 있었습니다. 포퍼는 이렇듯 과학을 자유사회의 보루로 보았기 때문에 쿤의 정상과학 개념은 과학의 사회적 가치를 철저히 저버린 것이라고 반박한 것입니다.

쿤은 이 의견에 동의하지 못했습니다. 쿤도 과학을 사랑했고 과학지식이 훌륭하다고 분명히 믿었지만, 아무래도 포퍼가 원하는 것처럼 과학이 자유주의를 보호하는 정치적 역할을 해줄 수는 없다고 본 것입니다. 쿤은 1965년에 열렸던 그 학회에서 포퍼의 견해를 거꾸로 세워보면 비판적 논의를 정지하는 것이 바로 과학의 시작임을 알 수 있다고 선언했습니다.[13] 포퍼는 소크라테스 이전 고대 그리스의 철학 전통을 과학의 시초로 보았습니다. 그때 여러 학파들이 나와서 서로 자기 나름대로 자연에 대한 가설을 내세웠고, 그에 대한 비판적 토의가 왕성하게 이루어졌습니다. 그런 와중에 데모크리토스Democritos의 원자론도 나오고 엠페도클레스Empedocles의 4원소설, 진화론과 비슷한 아낙시만더Anaximander의 생물학이론, 또 여러 가지 우주론도 나왔습니다. 그런데 쿤은 그런 상황을 과학의 시초가 아니라 과학이 제대로 시작되기 이전의 상태로 보았습니다. 왜냐하면 그렇게 다들 의견이 분분해서 뚜렷한 패러다임이 형성되지 않으면, 의지를 모아서 같은 주제를 같은 식으로 함께 연구하는 전문적 과학활동은 생겨날 수 없다는 것입니다. 그래서 쿤은 그렇게 기본적 동의가 없는 것은 철학일 뿐이지 과학은 못 된다고 했습니다. 철학자들은 서로 비판만 했지, 함께하는 건설적인 연구가 거의 없다고 볼 수도 있습니다. 그래서 쿤은 그런 비판적 논의를 포기해야만 과학이 생긴다고 주장했던 것입니다.

또 『과학혁명의 구조』에서 쿤은 이미 이런 충격적인 발언을 했습니다. "정상과학은 패러다임이 미리 만들어놓은 비교적 경직된 상자 안에 자연을 처넣으려는 노력이다."[14] 포퍼가 보고 화가 났을 만도 한 말이지요. 자연을 인간의 선입견에 맞게 처넣다니! 자연이 보여주는 대로 따라가며 이론을 만들어야 한다는 것이 포퍼 철학의 가장 근본적인 원칙이고 과학적 태도인데, 쿤의 주장은 정반대였습니다. 우리가 가지고 있는 패러다임에서 먼저 틀을 잡고 자연을 어떻게 하면 그 틀에 더 잘 집어넣을 수 있는가를 연구하는 것이 정상과학입니다. 그리고 쿤은 그런 독단적이면서 체계적인 노력을 통해 정상과학은 정체하는 것이 아니라 더욱 빠르고 확실한 발전을 한다고 주장했습니다.

이 논쟁에서 확실한 결론은 나지 않았습니다. 포퍼 철학과 쿤 철학 간의 근본적 갈등을 어떻게 해소할 수 있을까에 대해 저는 동시에 몇 가지의 패러다임을 유지하면 된다는 다원주의적 견해를 가지고 있는데, 이에 대해서는 12장에서 자세히 논의할 것입니다. 그 논의를 벌이기에는 아직 이르고, 과학의 본질에 관해 먼저 생각해 볼 것들이 아직 많이 남아 있습니다.

1장 요약

- 기술적 응용만 고려하면 과학의 문화적 가치를 이해할 수 없다.
- 포퍼의 '반증주의'에 의하면 자신이 선호하는 이론도 거침없이 시험하며 관측과 어긋날 경우 단호히 폐기하는 것이 과학적 태도이다.
- 과학의 정수인 비판적 정신은 진보적 사회의 기반이기도 하다.
- 쿤은 과학의 본질을 기존 패러다임이 정해준 틀 안에서 퍼즐을 푸는 식의 연구를 하는 것이라 보았다. 그러한 활동을 '정상과학'이라 했다.

2장
지식의 한계

1장에서는 '과학이란 무엇인가, 과학적이라는 것은 어떤 의미인가, 또 과학적인 것이 뭐가 그리 훌륭한 것인가' 등의 질문을 던져 보았습니다. 유명한 과학철학자 포퍼와 쿤의 견해도 들어봤지만, 의문만 더 깊어졌을 뿐 시원한 해답은 얻지 못했습니다. 철학논의라는 것이 그렇습니다. 그러나 여기서 중요한 것은 참을성입니다. 금방 간단한 답이 나오지 않는다고 해서 지레 포기하지 않고, 생각할 가치가 있는 문제라면 힘들고 혼동되더라도 끈질기게 생각해보아야 합니다.

데카르트의 인식론적 절망

이제 과학이론을 증명할 수 있는가 하는 문제를 더 깊이 살펴보도록 하겠습니다. 현대 서양철학의 시조라는 프랑스의 데카르트René Descartes에서부터 시작해봅시다.

이 데카르트가 **『제1철학에 대한 명상』*** 이라는 책을 냈는데, 인간이 가진 지식을 완전히 새로 이루겠다는 엄청난 야심작이었습니다. 그 시대까지 물려받은 지식은 다 확실한 것이 없으니 전부 쓸어 없애버리고, 다시 잘 생각해서 확실한 것만 골라서 지식의 토대로 삼은 후 재출발하자고 주장했지요. 이 조그만 책자의 출간은 그때까지 뭔가를 안다고 뻐기던 모든 인신론적 권위에 도전하는 배짱을 보여준 대단한 사건이었습니다. 성경의 권위, 성직자의 권위, 철학자의 권위, 고전의 권위, 전통적으로 전해 내려오는 관념의 권위……, 이 모든 것을 거부하고 새로 시작하자는 뜻이었습니다. 그런데 그러면 도대체 무엇을 믿을 수 있을까요? 무엇이 확실할까요?

* **『제1철학에 대한 명상』** 원제는 라틴어로 『Meditationes de prima philosophia』이고, 『제1철학의 성찰』이라고 번역되기도 한다. 국내에는 주로 『성찰』이라는 제목으로 출간되어 있다.

'적어도 내 자신이 직접 뚜렷이 경험한 것은 확실하게 믿을 수 있지 않을까?' 데카르트의 명상은 처음에 이 생각에서 출발했습니다. 그러나 그 즉시 자신이 그에 대한 반론을 펼칩니다. 사람들은 무엇인가를 잘못 보는 경우도 많고, 환각이나 환상도 겪습니다. 또 데카르트는 거기서 한 걸음 더 나아간 걱정을 합니다. '우리가 너무나도 확실하게 느끼는 경험을 하고 있다고 해도 그것이 꿈일

▲ 그림 2-1 데카르트
ⓒ Frans Hals at Wikimedia.org

수도 있지 않은가?' 그래서 이렇게 이야기합니다. '내가 지금 이 책을 쓰는데 내 방에 앉아서 벽난로에 불을 잘 지펴놓고 편안하게 책상에 앉아서 끄적거리고 있다. 그런데 내가 이렇게 앉아서 글을 쓰는 꿈을 꾼 적도 있지 않은가? 또 그 꿈을 꾸고 있을 때는 그게 현실이라고 생각했고, 꿈에서 깨어난 후에야 '아, 그게 꿈이었구나!' 알아차렸다. 그러면 이 글을 쓰고 있는 지금 현재도 꿈이 아니라고 어떻게 자신할 수 있는가?'*

이렇게 경험은 거짓일 수 있으니까 데카르트는 다음과 같이 생각해보았습니다. '그보다는 이성적 판단을 지식의 확실한 기반으로 삼으면 어떨까? 예를 들어서 수학이나 논리의 명제라면 확실하지 않겠는가?' 이렇게 감각보다 이성의 판단이 월등하다는 관점은 철학의 **합리주의**** 입장입니다. 그런데 이 걱정의 명수 데카르트는 거기에도 안심하지 못했습니다. '내가 혹시 제정신이 아니라면 내가 하는 2+2=4라는 산수를 믿을 수 있을까? 신이 원하신다면 내 머릿속에 엉뚱한 생각을 얼마든지 집어넣으실 수 있을 텐데. 그렇다면 내가 그런 생각을 말이 안 된다고 느끼는 대신 당연하다고 느끼지 않을까? 신이야 그런 장난을 하실 리 없다고 해도, 어떤 사악한 악마가 나를 기만하는 것은 충분히 가능하지 않은가?'

그렇게까지 의심을 한 다음, 그 시점에서 나온 것이 바로 그 유

* 학생 시절 철학을 배우며 형(장하준 교수)에게 이 이야기를 했더니, 그건 옛날에 중국의 장자가 이미 다 한 이야기라고 했다. 장자가 하루는 자기가 나비가 되어 날아다니는 꿈을 꾸고 나서, 그러면 혹시 장자라는 인물이 나비가 꾸는 꿈속에 나오는 사람에 불과하지 않은가 하고 물었다는 것이다. 물론 장자가 거기서 유도해낸 교훈은 데카르트의 그것과는 다른 내용이었지만.

** **합리주의** 영어로 rationalism인데, '이성주의'로 번역되기도 한다.

명한 '나는 생각한다, 고로 나는 존재한다'는 말입니다. 이것은 괜히 멋져 보이려고 해본 말이 아니라 아무것도 확실하게 알 수 있는 게 없다는 인식론적 절망에서 나온 말입니다. '내가 모든 일에 다 속더라도 속아서 틀린 생각을 하는 그 주체인 나는 존재한다, 그것은 확실하지 않은가' 그 말입니다. 그렇게 해서 데카르트는 의심 없이 믿을 수 있는 명제를 겨우 하나 건졌습니다: 나는 존재한다. 그런데 그걸 알아서 뭘 하겠습니까? 그걸 기초로 한들 아무 다른 지식도 세울 수 없습니다. '그래, 너 존재해. 잘났어' 하는 반응이나 끌어내지 않을까요?

이 시점 이후 데카르트 철학의 발전과정은 미묘하고 복잡합니다. 결론만 말하자면, 결국 데카르트는 신은 자애롭고 선하시기 때문에 인간을 속이지 않는다고 믿음으로써 이러한 인식론적 절망에서 벗어났습니다. 그런 신이 버티고 계신다면 우리가 명확히 갖는 생각은 옳은 것이라 간주할 수 있다는 것입니다. 그런데 모든 것을 그토록 잘 의심하던 데카르트가 그러한 신이 존재한다는 것은 어떻게 확신할 수 있었을까요? 신의 존재를 증명해기 위해 데카르트는 더 옛날부터 있던 궤변에 가까운 허망한 논법을 되풀이했습니다. '신은 절대적으로 완벽하다. 그런데 존재하는 것이 존재하지 않는 것보다 더 완벽하다. 고로 신은 존재한다.' 그러니까 천박하게 이야기하자면 '존재하지도 않는 그런 시시한 것은 신이라고 할 수도 없다' 그런 말입니다.***

*** 데카르트는 다음과 같은 또 다른 방식으로 신의 존재를 '증명'했다: 신이라는 완벽한 존재의 개념 자체를 완벽하지 못한 인간이 만들었을 수는 없으므로, 완벽하신 신께서 심어주신 것일 수밖에 없다. 그러므로 완벽의 개념을 심어주신 그 완벽한 신이 존재하는 것이 틀림없다.

이것은 제가 느끼기에는 과학적인 지식의 토대를 마련해주기는커녕, 합리주의 철학의 한계를 극명하게 내보이는 예일 뿐입니다. 후대의 철학자 칸트Immanuel Kant는 합리주의 철학의 이러한 과잉을 방지하기 위해 그 유명한 책 『순수이성비판』을 썼습니다. 이 제목을 대개들 별 생각 없이 외워대는데, 이는 글자 그대로 순수한 이성만으로 무엇을 알아내겠다는 시도를 비판한 것입니다. 신의 존재와 본성 등 인간의 경험을 넘어서는 주제를 이성적 추론으로 알아내려고 하는 시도는 덧없다는 경고입니다.

철학에 대한 깊은 논쟁은 제쳐놓고, 데카르트 이후 많은 과학자들은 합리주의에서 등을 돌리고 경험주의 철학에 입각하여 실제로 이루어지는 관측을 기반으로 과학지식을 쌓아나갔습니다. 극단적이고 회의적인 의심은 피했고, 데카르트 자신조차 과학연구를 할 때는 그런 의심을 접어두곤 했습니다. 그래서 갈릴레오, 뉴튼, 보일Robert Boyle, 하비William Harvey 등의 훌륭한 사람들이 17세기에 소위 '**과학대혁명**'*을 이루어내었습니다. 자기들의 과학은 영국의 철학자 베이컨Francis Bacon의 귀납주의inductivism를 따른다고 이야기했는데, 이는 과학이란 결국 '사실을 기반으로 한 지식'이라는 관점이었습니다. 베이컨은 과학을 하려면 모든 선입관을 버리고 직접 경험해서 모은 관측사실에서 시

* **과학대혁명** 대략 코페르니쿠스의 지동설 발표부터 뉴튼의 중력이론이 정립되기까지의 발달과정을 영어로 흔히 'the Scientific Revolution'이라고 하는데 그냥 '과학혁명'보다는 더 강한 의미이다. 과학 내의 여기저기에서 계속 일어나는 혁명이 아니라, 과학 그 자체를 창조해낸 대사건이라는 의미이고 그래서 'a' scientific revolution이 아니라 'the' Scientific Revolution(대문자로)이라고 한다.

작하여, 그것들을 일반화하여 이론을 만들어야 한다고 주장했습니다. 그렇게 일반화하는 과정을 귀납적 추론induction이라고 합니다.

그런데 주의 깊게 생각할 필요가 있습니다. 경험주의가 완벽하고 객관적인 지식을 가져다주는 것은 아닙니다. 데카르트가 이미 이야기했듯이 인간의 관측 자체가 불완전하고 확실히 믿을 수 없기 때문입니다. 경험을 전달해주는 인간의 감각 자체부터가 염려 없이 믿을 수 있는 정보원은 아닙니다. 어떻게 해서 관측을 기반으로 과학지식을 쌓을 수 있느냐는 질문은 아직 그대로 남아 있는 것입니다. 관측 자체가 객관적 사실을 그대로 전달해주지 않는다는 것은 과학철학에서 아주 심각한 문제입니다. 그 문제를 우선 조금 일상적인 방향으로 돌려서 접근해보도록 하겠습니다.

달 속의 토끼

저는 옥토끼가 달나라에서 떡방아를 찧는다는 이야기를 들으며 한국에서 자랐지만 도대체 웬 토끼가 달에 있다고 하는지 이해하지 못했습니다. 그냥 밑도 끝도 없이 나온 전설이겠거니 하고 무시해버렸고 그에 대해 누구에게 물어보지도 않았습니다. 그런데 다 커서 미국 유학까지 간 이후 어느 날 보름달을 쳐다보는데 갑자기 토끼 모양이 보였습니다. 그 후로는 서양 사람들에게 그 토끼 이야기를 많이 해줍니다. 알아보고 재미있어 하는 사람도 있고 아무리 봐도 도저히 안 보인다는 사람도 있습니다.

▲ 그림 2-2 옥토끼 그림 © Wikimedia.org

▲ 그림 2-3 보름달 © 장하석

▲ 그림 2-4 보름달 표면에 보이는 옥토끼 © Wikimedia.org

한중일 3국에 다 달나라 토끼 이야기가 있고, 인도 불교설화에도 나옵니다. 멕시코 등에도 있다고 합니다. 아즈텍 신화에 의하면 케찰코아틀Quetzalcoatl이라는 신이 있었습니다(깃털이 난 뱀 모양입니다). 이 신이 광야를 헤매면서 굉장히 굶주렸는데 그때 토끼 한 마리가 나타나서 자기 자신을 신의 음식으로 바쳤답니다. 그래서 케찰코아틀께서 너무 감동해서 모든 동물이 보고 귀감으로 삼을 수 있도록 달에 토끼 모양을 찍어주었다고 합니다.

그런데 달나라 토끼가 과학적 관측과 무슨 상관이 있을까요? 토끼가 보이지 않는 사람들도 그림 2-3에 명백히 보이듯 달 표면에 어떤 무늬가 있다는 것은 누구나 동의할 것 같지만, 사실은 간단한 문제가 아닙니다. 16세기 이전 유럽의 천문학자들은 고대 그리스의 아리스토텔레스 때부터 내려온 이론에 따라 모든 천체, 그러니까 달을 비롯한 모든 행성은 완벽한 구형이고, 그러므로 표면에 들쑥날쑥한 흠집 하나도 있을 수 없다고 했습니다. 그러나 17세기 초반에 자신이 만든 망원경으로 달을 본 갈릴레오는 그 표면에 산도 있고 분화구나 바다처럼 생긴 부분도 있는 등 완벽한 구형이 아니라고 발표했습니다. 코페르니쿠스의 지동설을 지지하면서 구식 천문학을 타파하고자 노력했던 갈릴레오는 이러한 달 관측결과를 아리스토텔레스 이론에 맞서는 무기로 썼는데, 그때 많은 사람들은 갈릴레오의 말을 믿지 않았습니다. 오랜 세월 동안 신봉해온 아리스토텔레스의 이론이 더 믿음직하지, 누가 어디서 갑자기 발명해낸 이상한 관측기구를 통해 보여준 모습이 진정이라고 믿을 수 있겠느냐는 것이었습니다. 그래서 아예 그런 허튼수작에 참여하지 않겠다며 망원경을 들여다보기를 거부한 사람들도 있었다고 합니다.

이것은 참 재미있는 과학사의 한 일화입니다. 그런데 저는 달이 완벽하다고 생각했던 옛날 유럽 사람들이 달을 쳐다봤을 때 우리한테 토끼 모양으로 보이는 그 무늬를 지각하기는 했을까 하는 것이 항상 궁금했습니다. 어떻게 그림 2-3의 달 모양을 보고서 흠집 없이 완벽하다고 생각할 수 있었을까요? 얼룩은 졌지만 그래도 모양은 완벽하다고 생각했을지, 아니면 전혀 보지도 못했는지. 두 가지 가능성 다 조금 이해하기 힘듭니다.* 어느 쪽이었는지 우리가 확실히 알 수는 없겠지만 어찌 되었든 철학적인 요지는 '이론의 힘'에 있습니다.

* 달의 모양에 대한 갈릴레오의 결론을 피하기 위해 콜롬베Lodovico delle Colombe는 다음과 같은 기발한 제안을 해냈다: 갈릴레오가 망원경으로 본 울퉁불퉁한 표면 위에는 완벽하게 밋밋하고 투명한 구형의 표면이 있다. 그러므로 갈릴레오가 보여준 산과 분화구 등은 달의 내부구조일 뿐이다.
그런데 이런 콜롬베 같은 사람은 망원경이 나오기 전에 달을 바라보며 얼룩덜룩한 무늬를 보기는 했을까?

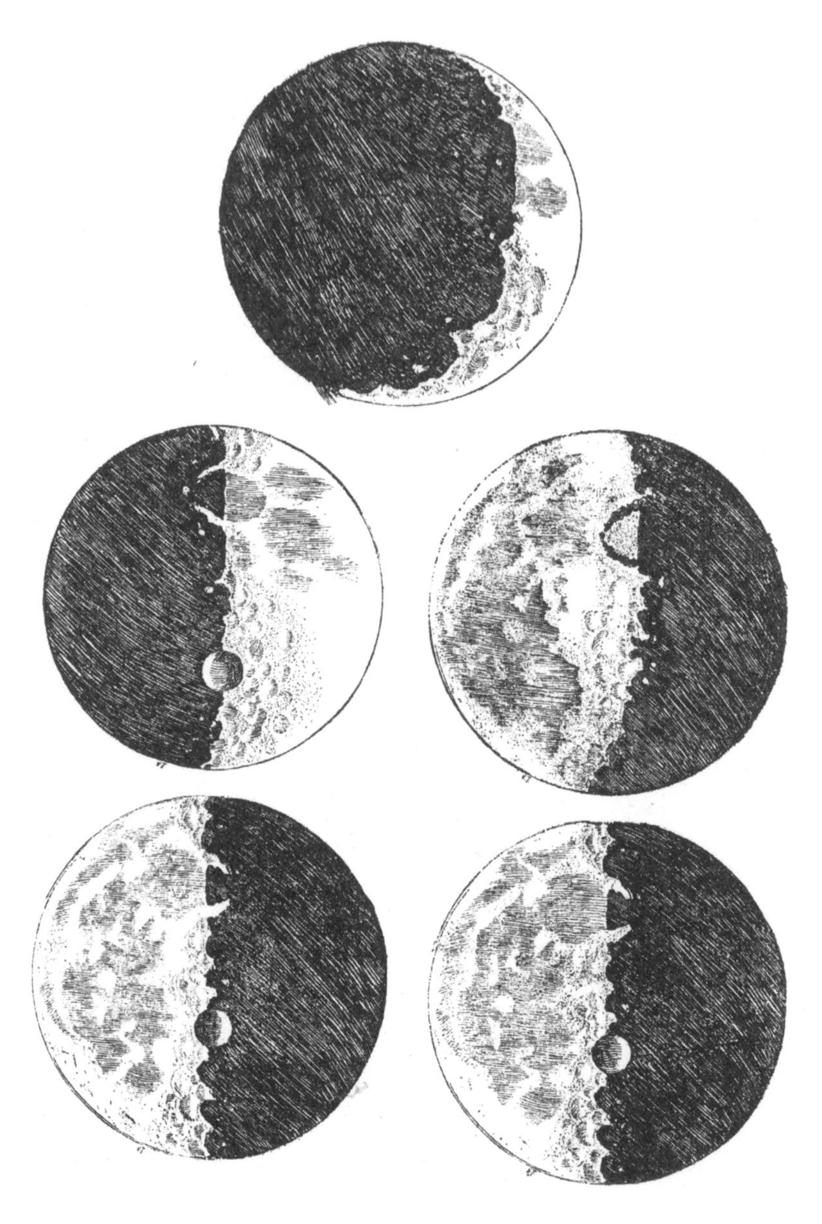

▲ **그림 2-5** 갈릴레오가 망원경으로 보고 그린 달의 스케치 © Galileo at Wikimedia.org

경험되는 관측 자체를 바꾸어버리든지, 적어도 관측내용의 해석을 좌지우지할 수 있는 힘 말이지요.

관측의 이론적재성: 관측은 이론의 영향을 받는다

관측이 이론의 영향을 받는다는 것을 과학철학계의 전문용어로는 '관측의 이론적재성the theory-ladenness of observation'이라고 합니다. 선박이나 화물차가 물건을 적재하고 다니듯이, 관측이 이론을 항상 싣고 다닌다는 비유를 사용한 용어입니다. 더 직설적으로 '이론의존성theory-dependence'이라고도 하는데 왠지 적재성이라는 용어가 더 굳어져 사용되고 있습니다.

우리가 이론적재성을 논의하기 전에 더 일반적으로 생각해보아야 할 점은 인간의 지각perception 자체가 우리가 처한 상황에 좌우된다는 것입니다.[1] 바로 코앞에 있는 것이 안 보일 수도 있습니다. 아니, 코앞에 있는 것은 제쳐놓고 자기 코도 사람은 보지 못합니다. 오른쪽 눈을 감으면 시야의 오른쪽 아랫부분에 이상한 것이 보이는 데 그것이 자기 코입니다. 또 왼쪽 눈을 감으면 시야 왼쪽 아랫부분에 그것이 보입니다. 그러니까 자기 코가 항상 시야에 들어와 있기는 한데, 그것이 계속 보이면 유용하지도 않고 걸리적거리니까 뇌에서 알아서 편집해서 우리 의식에는 들어오지 않게 하는 것입니다. 그와 비슷하게, 안경을 오래 쓴 사람은 시야에 안경테가 들어와 있다는 것을 모를 것입니다. 이것도 신경 써서 둘러보면 사실은 항상 보이고 있다는 사실을 알 수 있습니다. 안경을 처음 쓴 사람은 테가 보이기 때문에 불편해합니다. 후각에도 비슷한 장치가 있어서, 어떤 한 가지 냄새를 한참 맡으면 더 이상 그 냄새를 느끼지 못합니다(그래서 화장실에 오래 앉아 있던 사람은 별 문제가 없는데 그다음에 바로 들어간 사람은 아주 혼이 나지요).

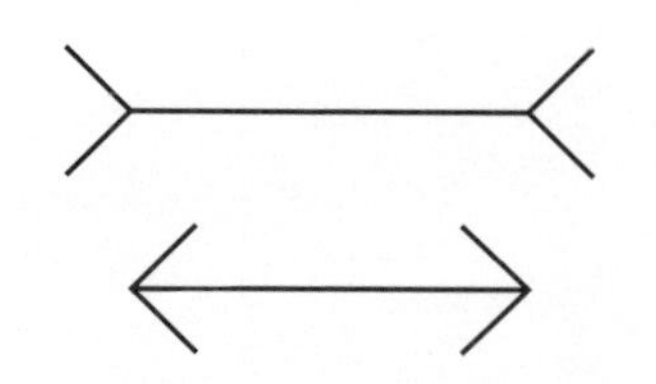

▲ 그림 2-6 뮐러-라이어 환상

* 뮐러-라이어 환상의 원인이 무엇인가에 대해서는 논란이 많다. 특히 이를 경험하지 않는 사람들도 있기 때문에, 문화적 영향 때문은 아닌가 하는 억측이 많은데 설득력 있게 확인된 이론은 없는 듯하다.

착시(또는 시각적 환상optical illusion) 역시 아주 잘 알려진 현상입니다. 예를 들어 그림 2-6의 '뮐러-라이어Müller-Lyre 환상'이 있습니다. 이 평행선 두 개는 사실 길이가 같은데, 그 주변에 화살표 모양으로 다른 선을 추가해 그어놓은 결과, 위쪽 것이 훨씬 길어 보입니다. 이것을 아무리 자를 이용해 같은 길이라고 증명한들 눈과 뇌의 협력으로 인해 위쪽 것이 더 길게 보이는 것입니다.*

여러 가지로 감각 자체가 현실에 대한 정보를 그대로 객관적으로 전해준다고 보기는 힘들겠습니다. 이것이 경험주의 인식론의 가장 근본적인 문제라고 해도 과언이 아닙니다. 인간이나 모든 동물이 가지고 있는 감각기관의 주목적은 실상을 그대로 반영하는 것이 아니라고 보는 것이 타당합니다. 진화론적으로 보자면 감각기관의 목적도 궁극적으로는 우리의 생존을 돕는 것이고, 그러기 위해서는 정확한 정보를 전달하는 것도 중요하지만 그것을 효율적으로 또 그 동물이 사용하기 쉬운 형태로 전달하는 것도 중요합니다. 과학지식의 근본인 경험 또는 관측은 이렇듯 불가피할 정도로 인간적입니다.

지금까지의 이야기에는 어떤 뚜렷한 이론이 개입되지 않았지만, 이제 보다 확실하게 이론적이라 할 수 있는 전제들이 관측에 영향을 주는 경우를 고려해보겠습니다. 관측의 이론적재성에는 다음과 같은 네 가지 원인이 있다고 봅니다.

첫째로, 선입관이 지각 자체에 영향을 줄 수 있습니다. 그것을 보여주는 여러 가지 심리학 실험이 있는데 한 가지는 쿤이 『과학혁명의 구조』에서 언급하여 유명해졌습니다. 이 실험에서 실험자는 피실험자들에게 이상한 모양의 트럼프 카드를 아주 짧은 시간 동안 보여주고 무슨 카드였냐고 묻습니다. 예를 들어서 무늬는 하트 모양인데 검정색으로 된 카드를 보여줍니다. 그러면 사람들은 이것을 무의식적으로 정상적 무늬로 해석하여 빨간 하트나 검은 스페이드로 별 문제를 느끼지 않고 접수합니다. 그러나 보여주는 시간을 좀 더 늘리면 '어, 이상한데. 뭔지 모르겠어' 하는 반응이 나오기 시작하고, 충분한 시간을 주면 비로소 평범한 카드가 아니라는 것을 알아차립니다.[2] 이보다 더 재미있는 예로, 미국의 심리학자 에임스Adelbert Ames, Jr.는 사람들을 어두운 방에 넣어놓고 고무로 만든 공을 보여주는 실험을 합니다. 그러고 나서 그 공에 바람을 더 넣어 부풀리면, 대부분의 사람들은 그 공이 커진다고 감지하지 않고 자신에게 더 가까이 온다고 감지합니다. 운동할 때 쓰는 공은 대개 이리저리 날아다니기는 하되, 크기는 변하지 않는 물건이

* **게슈탈트 심리학** 전체로서의 형태, 모양이라는 뜻의 독일어 '게슈탈트'를 사용해 전체는 부분의 합 이상이며, 인간은 어떤 대상을 개별적 부분의 조합이 아닌 전체로 인식하는 존재라고 주장하는 심리학파이다. 인간이 지각된 내용을 어떻게 하나의 전체로 통합하고 분리된 자극을 의미 있는 유형으로 통합하는지를 연구한다.

라는 관념이 박혀 있기 때문입니다.[3] 이런 실험은 인간의 지각 자체가 우리가 가지고 있는 고정관념을 통해 형성되고 또 수정된다는 것을 보여줍니다.

둘째로, 똑같이 감지한 것도 이론적 배경이 다른 사람들은 서로 다르게 해석합니다. 이것을 쿤은 **게슈탈트**Gestalt **심리학***에서 나온 몇 가지 사례를 들어 설명했습니다. 그림 2-7은 철학자 비트겐슈타인Ludwig Wittgenstein도 즐겨 언급했던 '오리-토끼duck-rabbit'입니다. 이 그림을 왼쪽을 바라보고 있는 길쭉한 부리를 한 오리머리로 볼 수도 있고, 오른쪽을 바라보고 귀가 뒤로 쭉 빠진 토끼 머리로 볼 수도 있습니다. 이것을 오리로 보느냐 토끼로 보느냐는 자기 마음인데, 한 번에 두 가지 다 볼 수는 없습니다. 오리였다, 토끼였다, 오리였다, 토끼였다 하는데 객관적으로 정답은 없습니다(사실은 오리도 아니고, 토끼도 아니고 누가 그냥 그럴듯한 모양

▲ **그림 2-7** 오리-토끼 ©『Fliegende Blätter』(1892년 10월 23일) at Wikimedia.org

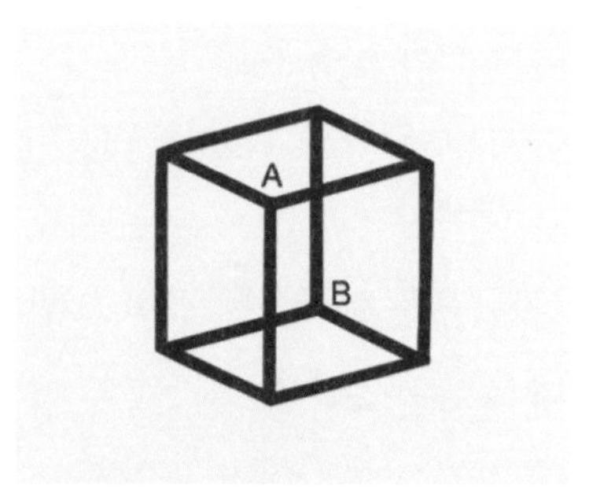

▲ **그림 2-8** 네커 큐브

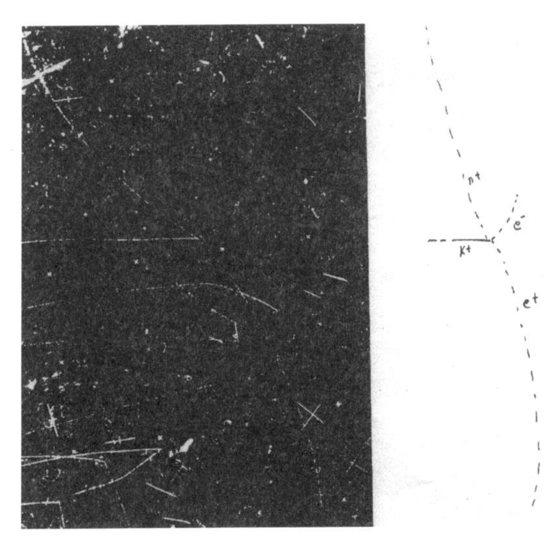

▲ 그림 2-9 거품상자에서 본 소립자의 궤적과 그 해석 © David Cline (via Peter Galison)

으로 줄을 그어놓은 것이지요). 또 비슷한 예로 그림 2-8의 네커 큐브 Necker cube(정육면체)가 있습니다. 이 그림에서 A로 표시된 점이 우리 쪽으로 튀어나온 것으로 볼 수도 있고, 아니면 B로 표시된 점이 우리 쪽으로 튀어나온 것으로 볼 수도 있습니다.

이론적인 해석을 완전히 뺀 관측이란 드뭅니다. 일상생활에서도 그렇지만 현대과학에서는 훨씬 더합니다. 그림 2-9는 입자물리학에서 사용하는 거품상자bubble chamber에서 관측된 여러 소립자들이 반응을 하면서 남겨놓은 궤적입니다. 그 오른쪽에 있는 그림은, 이론을 아는 물리학자들이 그중에서 중요한 선만 깨끗하게 뽑아서 해석해준 그림입니다. 미국의 물리학자 데이비드 클라인David Cline이 처음 제대로 해석을 내렸는데, K중간자가 붕괴해서 π중간자와 전자, 양전자로 변하는 과정이라고 하였습니다. 문외한들이 아무리 들여다봐도 절대 그렇게 안 보입니다. 엄청난 수준의 해석이 들어간 것이지요.

셋째로, 관측결과의 해석까지 가지 않아도, 어떤 실험기구에 의존해서 하는 관측이라면 그 기구의 작동원리 안에 이미 이론이 들어가 있습니다. 현대과학에서 사용하는 실험기구는 대개 엄청나게 복잡한 이론을 기반으로 하고 있습니다. 전자 현미경이나 전파 망원경이라든지, 또 요즘 일반인들에게도 친숙해진 의학 진단기술인 MRI, CT 스캔, PET 스캔 등 생각해보십시오. 그 기구의 작동이론이 틀리다면 그것을 이용한 관측의 결과를 어떻게 믿겠습니까? 사실 우리가 그러한 기구를 철석같이 신용하는 것도 좀 생각해보면 겸연쩍은 일이지요. 그 원리는 알지도 못하면서 결과를 덥석 믿습니다(그것이 바로 과학의 권위입니다). 또 그렇게 복잡하고 현대적인 관측기구만 그런 것도 아닙니다. 예를 들어 3장에서 더 자세히 논의할 온도계처럼 간단한 기구도 이론에 기반을 둔 것입니다. 그보다 더 간단한 예도 있습니다. 광학의 기본법칙을 응용한 거울이라는 도구가 없다면 사람은 자기 얼굴도 볼 수 없습니다. 남의 얼굴은 다 볼 수 있지만! 거울로 자기 얼굴을 본다는 것조차 과학이론에 기반을 둔 실험기구를 쓰는 것이라고 생각하면 참 정말로 우리가 뭘 어떻게 확실히 알 수 있는가, 막막해집니다.

넷째로, 이론적 해석이나 이론적 기구에 의지하는 것을 제쳐놓고라도 많은 경우 우리는 이론에 맞지 않는 관측사실은 아예 받아들이지 않고 거부합니다. 텔레파시로 누가 뭘 알아냈다든지, 인도에서 승려들이 앉아서 명상을 하다가 공중으로 붕 떠오른다든지, 음식도 물도 전혀 먹지 않고 숨만 쉬면서 살아가는 사람이 있다든지, 갑자기 몸 자체에서 불꽃이 터져 나오면서 사람이 타 죽었다든지…… 그런 현상이 여기저기서 굉장히 많이 보고되는데, 이렇게 기본 과학이론에 어긋나는 것을 그냥 믿을 수는 없습니다. 1장에서 말했던, 중성미자가 광속보다 빠르면 자기 팬티를 먹겠다고 말한 물리학자도, 실험결과가 이론과 맞지 않았기 때문에 거부한 것뿐입니다. 이렇게 이론적으로 경험을 걸러내는 과정이 없으면 관측과 환각도 구분할 수 없고, 무엇이 제대로 된 관측인지 알 수도 없을 것입니다.* 포퍼도 이런 논의를 했습니다. 가장 간단한 예로, 우리가 여기 물 한 컵이 있다는 관측을 했다고 합시다. 포퍼는 그 단순한 관측에도 이론이 들어가 있다고 주장했습니다. 이 물을 오늘 밤에 밖에 놔둔다고 생각해봅시다. 밤새 기온이 영하 10도(별도의 표기가 없으면 이후 온도는 모두 섭씨입니다)까지 내려갔는데 아침에 나가보니 이것이 안 얼어 있다면 '아, 그게 물이 아니었네' 하고 관측을 수정합니다. 영하 10도인데 얼지 않으면 물이 아니지요. 그러니까 우리가 '물'이라고 할 때는 여러 가지 이론적 함의가 들어 있다는 것입니다: 0도면 얼고 100도면 끓고, 먹어도 죽지 않고 등등. 포퍼는 우리가 아무리 관측한 사실이라고 우기는 것도 이론이 포함된 가설일 수밖에 없고, 그러므로 나중에 폐기될 수도 있다고 지적했습니다.[4] 그러면 정말 관측을 어떻게 믿을 수 있는가, 점점 걱정이 깊어집니다.

* 그리고 우리가 받아들이는 관측결과는 (과학에서나 일상생활에서나) 대부분 남들이 경험한 것이기 때문에, 어떤 증인들을 믿을 수 있는가 하는 문제도 대두된다.

귀납의 문제

이렇게 관측은 잘 생각해보면 참 복잡하고 골치 아픈 것입니다. 그러니까 누가 과학지식은 관측에 기반을 두기 때문에 100퍼센트 믿을 수 있다고 이야기한다면 믿지 마십시오. 그러나 그런 모든 문제를 제쳐놓고, 믿을 만한 관측결과를 많이 모았다고 가정합시다. 그래도 문제가 다 해결된 것은 아닙니다. 이제 시작된 것뿐입니다. 관측결과가 아무리 확실해도, 그것을 증거로 하여 과학이론을 증명할 수는 없기 때문입니다. 이는 1장에서 논의했던 포퍼의 반증주의와 잘 통하는 이야기고, 철학자들이 오랜 세월 동안 고민해온 '귀납의 문제the problem of induction'와도 바로 통합니다.

개개의 경험을 많이 모아서 일반화하는 귀납적 추론에 대해 다시 생각해봅시다. 아주 간단한 예를 들자면, 매일 아침 해가 동쪽에서 뜬다고 이야기할 수 있는 것은, 우리가 수많은 날 아침이 되면 동쪽에서 해가 뜨는 것을 본 경험을 기반으로 합니다. 그런데 귀납적 추론은 그 결과를 보장해주지 못합니다. 아무리 오랜 세월 매일 해가 동쪽에서 뜨는 것을 보았어도, 내일 아침에 또 동쪽에서 떠오르리라는 보장은 없습니다. 물론 그러리라고 생각하고 살지만, 그러지 않을 수 없다고 논리적으로 증명되는 것은 아닙니다(그렇기 때문에, 정말 이상한 일이 생기면 해가 서쪽에서 뜨겠다는 감탄이 논리적으로 허용되는 것입니다). 포퍼는 이 귀납의 문제를 들어서, 자신의 반증주의 철학이 타당하고 귀납주의는 증명할 수 없는 것을 증명하려는 무모한 철학이라고 비난했습니다. 이것은 좀 뼈가 있는 이야기였습니다. 17세기의 과학대혁명을 주도했던 많은 사람들이 신봉했던 귀납주의가 과학을 뒷받침해줄 수 없는 헛된 철학이라고 포퍼는 비판했던 것입니다.

경험을 바탕으로 일반적인 이론을 증명할 수 없다는 것은 논리적으로는 너무나 분명합니다. 가장 간단한 일반적 명제를 생각해 봅시다. '모든 A는 다 B다'와 같은 형식으로. 철학자들이 손쉽게 들기 좋아하는 예인데, '백조는 다 하얗다'는 명제를 증명하고자 한다면 어떻게 해야 할까요? 돌아다니면서 마주치는 백조마다 검사를 해서 하얗다는 것을 확인합니다. 그렇게 흰 백조를 몇 천, 몇 만, 몇 십만 마리씩 관측하여 계속 증거를 쌓아갑니다. 그러면 어느 지점까지 가야 확신할 수 있을까요? 아무리 가도 확신할 수 없습니다. 그다음에 만나는 백조가 무슨 색일지에 대한 보장은 아무것도 없습니다.

또, 사실 검은 백조가 있습니다. 이 검은 백조의 역사는 정말 귀납의 문제를 생생히 보여주는 좋은 실례입니다. 원래 유럽에는 검은 백조가 없었습니다. 그래서 사람들은 백조는 다 하얗다고 생각했습니다. 그런데 네덜란드의 탐험가 플라밍Willem de Vlamingh이 1679년에 호주에 가서 검은 백조를 보았다고 합니다. 귀국해서 그 신기한 이야기를 하니까 사람들이 잘 믿지 않았습니다. 결국 나중에 파견된 탐험대가 이 검은

▲ 그림 2-10 검은 백조 ⓒ Dick Daniels at Wikimedia.org

백조를 잡아 박제를 해서 돌아온 다음에야 백조는 다 하얗다는 일반론이 확실히 깨졌습니다.

해가 매일 아침 동쪽에서 뜨는 것조차도 북극이나 남극에 가면 그렇지 않습니다. 6개월 내내 밤이고 6개월 내내 낮이기 때문에, 방향은 둘째 치고 매일 아침 해가 뜨지도 않습니다. 또 정확히 북극점이나 남극점에 서면 동서남북의 개념 자체가 파괴되어버립니다. 북극점에서는 지구상의 어느 방향이나 다 남쪽입니다. 동은 뭐고 서는 뭔지 구분이 안 되고, 북도 실종됩니다. 머리 위(북극성을 향해 가는 방향)가 북쪽이고 발밑(남극을 향해 가는 방향)이 남쪽이라고 다시 생각할 수도 있겠습니다. 그러나 그렇게 남북을 잡아놓고 나면 평소에 생각하던 동서의 개념은 전혀 무의미해집니다. 이렇듯 해가 동쪽에서 뜬다는 개념 자체가 성립이 안 되는 상황이 우리 지구상에 있는 북극점에만 가도 벌어집니다. 해가 매일 아침 동쪽에서 뜬다는 것은 북극에 가보지 못한 사람들이나 하는 이야기입니다. 이런 것을 보면 우리 인간의 일상생활이 얼마나 한정돼 있고, 우리의 상상력은 얼마나 제한되어 있습니까? 과학연구를 하다 보면 정말 상상하지 못했던 현상들을 많이 만나게 됩니다. 이런 경우를 보면 귀납의 문제는 할 일 없는 철학자들의 탁상공론만은 아닙니다.

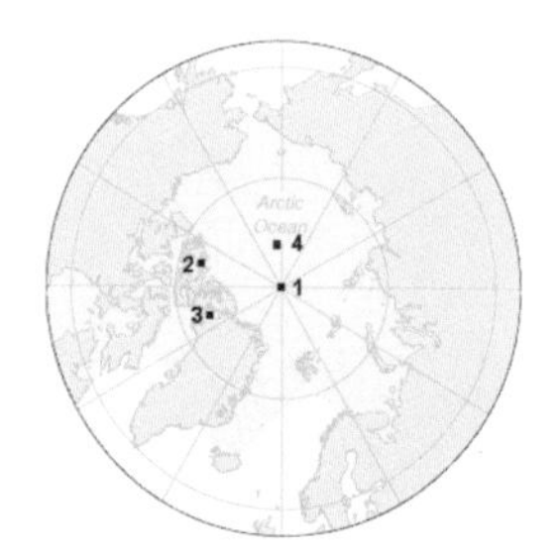

▲ 그림 2-11 북극에서 보면 지구상의 모든 방향이 남쪽이다
ⓒ wikimedia.org

생각해보면 실생활에서도 귀납의 문제는

많이 나타납니다. 전해내려오는 이야기 중 또 다른 네덜란드 탐험가에 대한 것이 있는데,[5] 이 사람이 태국에 가서 유럽의 풍물과 자연에 대한 여러 가지 신기한 이야기를 전해 그 나라 왕의 총애를 받게 되었습니다. 그런데 하루는 '네덜란드에서는 겨울이 되면 강이나 호수의 물이 아주 단단한 고체로 변해서 그 위를 걸어 다니고 스케이트를 타고 마차도 다닐 수 있다'고 하니까 왕께서 '이 말 저 말 다 들어주니까 그런 터무니없는 거짓말까지 하는 사기꾼 같은 놈'이라고 노발대발을 했다는 것입니다. 얼음을 본 적 없는 사람이라면 물이 어떻게 그렇게 딱딱하게 굳을 수 있는지 상상할 수 없는 것도 이해는 되지만, 이 태국 왕은 '러셀의 닭'과 같은 사람이었다고 할 수 있습니다. 닭 이야기는 영국의 철학자 러셀Bertrand Russell이 귀납의 문제를 간단명료하게 표현한 철학적 우화인데,[6] 좀 풀어서 이야기해보면 이렇습니다. 너무나 똑똑한 철학적인 닭이 한 마리 있었는데, '나는 귀납주의에 따라 관측을 많이 한 후 일반화시켜 지식을 얻겠다'고 결심했습니다. 이 닭이 관측한 결과 농부가 매일 자기한테 모이를 주었습니다. 아주 오랫동안 성실히 관찰해서 날씨가 어땠건 무슨 요일이건 무슨 행사가 있는 날이건 아무튼 매일 농부가 모이를 준다는 것을 확인하고, 마침내 닭은 결론을 내렸습니다: 농부는 매일 나한테 모이를 준다. 그런데 그 바로 그다음 날이 농부가 와서 모이는 주지 않고 닭의 목을 비틀었습니다.

닭 머리가 기껏해야 그 정도 아니겠는가 하고 웃을 수 있지만, 인간도 살다 보면 자신이 자주 경험하는 일에 버릇이 들어 방심하기 마련이고, 그것이 귀납적 추론의 근본입니다. 살다 보면 우리는 전혀 경험해보지 못한 새로운 일들도 종종 당합니다. 그런 일은 없을 것이라는 전제를 가지고 살아가지만, 보장은 없습니다. 우리가 앉아 있는 의자가 갑자기 부서질 수도 있고, 차로 한강을 잘 건너가고 있는데 다리가 무너져버릴 수도 있습니다. 1945년 8월에 히로시마에서 살고 있던 사람들을 상상해봅시다. 자신들에게 그런 엄청난 일이 벌어지리라고 생각한 사람이 과연 있을까요? 그런데 사람은 그런 위험을 다 생각하면서는 살 수가 없습니다. 지진이 잘 나는 동네에서도 땅은 흔들리지 않을 것이라는 전제를 가지고 걸어 다니는 것입니다. 저도 사실 대학과 대학원을 다 캘리포니아에서 다녔는데 조금 큰 지진도 두 번 경험했습니다. 그러고 나서도 일시적 충격에서 벗어난 이후에는 땅은 굳게 버티고 있다는 전제를 가지고 다시 계속 살았습니다. 그런 귀납적인 추론에 의지하지 못한다면 우리는 회의론적인 의심에 사로잡혀 마비가 되어서 아무 행동도 할 수 없게 됩니다. 포퍼도 이것은 인정해야 할 부분입니다. 초인적인 존재라면 귀납적인 사고를 피할 수 있을지 모르겠지만, 인간에게는 어쩔 수 없이 필요하지 않은가 생각합니다.

18세기 스코틀랜드의 철학자 흄David Hume은 귀납적 사고는 논리적으로는 정당화되지 않지만 우리가 버릴 수도 없고 어쩔 수도 없는 인생의 관습이라고 했습니다. 과학에서도 그렇습니다. 뉴튼은 자신의 중력법칙을 태양계 내의 관측결과로 검증한 후, 그 법칙을 전 우주에 일반화해서 '만유인력의 법칙'이라 하였습니다. 그러고 나서 그런 엄청난 일반화를 한 것이 좀 찔렸는지, 일반화하지 않아야 할 별다른 이유가 없는 한 일반화하는 것이 과학방법론의 원칙이라고 선언했습니다.

그러면 위대한 과학자 뉴튼과 위대한 철학자 흄이 우리의 걱정을 다 해결해준 것인가요? 그렇지 않습니다. 귀납법이 타당한가 하는 질문을 제쳐놓고 인간은 귀납적으로 살 수밖에 없다고 인정할 수는 있습니다. 그러나 그런다고 해도 구체적 상황에서의 정보를 어떤 방향으로 일반화시킬지에 대한 답은 얻을 수 없습니다. 이것은 '일반화하는 것이 정당한가' 하는 회의론의 문제가 아니라, '일반화를 어떻게 할 것인가' 하는 아주 현실적인 과학방법론의 문제입니다.

백조 이야기로 돌아가봅시다. 세계 탐험을 나가기 전의 유럽 사람들이 하얀 백조를 많이 본 자신들의 경험에서 어떤 결론을 끌어냈어야 옳았을까요? 정말 관측에 충실한 결론을 내리려면 '유럽에서 근래 수천 년간 인간의 눈에 띄인 백조는 다 하얗다' 정도가 될 텐데 그것은 별 의미도 없고 쓸모도 없는 '이론'이 될 것입니다. '지구 북반구 태생의 백조는 다 하얗다' 정도의 결론을 내려야 의미가 있는데, 이건 좀 무리한 주문인 것 같습니다. 미래에 어떤 관측이 나올지 미리 알아맞히라는 말이나 마찬가지이기 때문입니다. 그렇기 때문에 이제 틀렸다는 것을 알지만 그냥 '백조는 다 하얗다'는 것이 그중 제일 나은 결론이 아니었을까 생각합니다. 다만 그렇게 귀납적으로 추론한 내용을 결론으로 여기지 말고, 계속 시험해봐야 할 가설로 간주하면 됩니다. 포퍼도 동의할 것입니다. 이것은 아주 논리정연한데, 그러면 결국 우리는 확실한 것은 아무것도 얻을 수 없고, 오직 가설만 얻을 수 있다는 말인가요?*

* 이 시점에서 확실성을 추구하는 것은 부질없는 짓이지만, 관측을 계속해나감으로써 가설에 부여할 수 있는 확률을 높일 수는 있다는 것이 요즘 과학철학계의 주된 생각이다. 특히 베이스주의Bayesianism의 추종자들이 많다.[7]

귀납의 방향을 어떻게 정할 것인가

앞으로 어떤 일이 벌어질지 잘 모르는 상태에서 귀납적 추론을 해나가려면, 어떤 종류의 규칙성이 의미 있게 일반화될 수 있는지부터 고려해야 합니다. 이 문제를 과학사에서 추려낸 세 가지 예를 들어 좀 더 설명해보겠습니다.

행성의 배열거리를 밝힌 보데의 법칙

보데Johann Elert Bode라는 지금은 거의 잊힌 독일의 천문학자가 있습니다. 보데는 1772년에 25세의 젊은 나이에, 태양계를 지배하는 오묘한 법칙을 발견했다고 발표했습니다. 이 보데의 법칙은 아주 괴상하고 간단한 공식으로 모든 행성들이 태양에서 얼마나 떨어져 있는지를 나타낸 것입니다. 그림 2-12에서 '계산'이라고 표기된 줄을 보면 4, 7, 10, 16……이라는 숫자가 나옵니다. 이 숫자들의 계산은 그 윗줄에 나온 0, 3, 6, 12……라는 간단한 수열에서 시작됩니다. 이것은 처음에 0, 그다음에 3을 두고, 그다음부터는

	4	4	4	4	4
	0	3	6	12	24
Calculated 계산	4	7	10	16	28
Planet 행성	Mercury 수성	Venus 금성	Earth 지구	Mars 화성	(Asteroids) 소행성
Observed 관찰	3.9	7.2	10	15.2	Ceres 27.7
	4	4	4	4	4
	48	96	192	384	768
Calculated 계산	52	100	196	388	772
Planet 행성	Jupiter 목성	Saturn 토성	(Uranus) 천왕성	(Neptune) 해왕성	(Pluto) 명왕성
Observed 관찰	52.0	95.4	191.9	300.7	395

▲ 그림 2-12 보데의 법칙을 보여주는 표

계속 두 배씩 늘려서 6, 12, 24…… 하는 식으로 나갑니다. 거기다가 왜 그런지는 모르지만 4를 더하기만 하면 됩니다. 그렇게 해서 4, 7, 10, 16……이라는 수열이 나오는데 이것이 이 행성들과 태양의 거리를 기가 막히게 표현해줍니다. '관찰'이라고 되어 있는 줄과 비교해보면 쉽게 알 수 있습니다. 태양-지구 거리를 10으로 표현하면, 그에 비례해서 수성은 태양에서 3.9만큼 떨어져 있고, 금성은 7.2, 화성은 15.2만큼 떨어져 있습니다. 그런데 보데의 법칙으로 계산한 숫자 4, 7, 16과 상당히 잘 맞아떨어집니다. 그다음에 거리 28에 행성이 하나 있어야 되는데 그것은 일단 넘어가고, 그다음에 목성의 거리가 52로 계산 값과 정확히 맞고, 토성도 관찰값 95.4, 계산 값 100으로 아주 틀리지 않았습니다. 그래서 보데는 자신이 대단한 법칙을 발견했다고 생각했는데 남들은 그리 심각하게 받아들이지 않았습니다. 데이터가 겨우 여섯 점밖에 없는 상황에서 그걸 다 맞추는 '법칙'은 마음만 먹으면 얼마든지 숫자놀음으로 만들어낼 수 있겠지요.

그런데 일이 재미있어진 것은 보데가 이 법칙을 발표한 지 약

10년 후, 1장에서 말했듯 1781년에 허셜이 천왕성을 발견했을 때였습니다. 보데의 법칙에 따르면 토성 다음에 행성이 있다면 태양에서부터 거리가 196일 것으로 예측할 수 있는데, 천왕성의 궤도를 관측해보니 그 거리가 191.9로 훌륭하게 맞아떨어졌던 것입니다. 이렇게 생각지도 않던 예언에 성공하고 나니 보데의 법칙에 대한 관심이 부쩍 높아졌습니다. 천왕성Uranus이라는 이름도 보데가 지었는데, 허셜이 제안했던 이름을 제치고 공용되었습니다. 보데는 신이 나서 그러면 자신의 법칙이 맞는 것이니 잘 찾아보면 거리가 28인 곳에도 행성이 있을 것이라고 낙관했습니다. 1장에서 살펴보았듯 멘델레예프가 실리콘보다 더 무겁고 그와 비슷한 원소가 있어야 한다며 주기율표에 빈자리를 남겨놓은 것과 비슷한 사고방식이었지요. 그런데 기가 막힌 것은 그로부터 20년 후 1801년에 화성과 목성 사이에서 소행성 세레스Ceres가 발견되었는데, 그 거리가 또 보데의 계산과 딱 맞아떨어진 것입니다. 그 후로 그 주변에 많은 다른 작은 행성들이 발견되어 소행성대asteroid belt라고 칭하게 되었는데, 아마 원래 그 자리에 보통 크기의 행성이 있었는데 어떤 이유로 인해 파괴되었고 그 조각들이 원래 행성의 궤도 근처에서 아직 돌고 있는 것이 아닌가 추측들을 합니다. 그렇게 보면 또 보데가 맞는 것 같습니다. 그런데 해왕성과 명왕성이 발견되었을 때는 보데의 법칙이 전혀 맞지 않았고, 그 후로 인기를 잃었습니다. (그런데 여기서 제가 한 가지 재미로 제안하자면, 명왕성의 거리는 보데가 예측했던 여덟 번째 행성의 거리와 잘 맞는다는 것입니다. 그러면 원래 명왕성이 여덟 번째 행성이고, 해왕성은 나중에 다른 곳에서 옮겨 들어온 것이 아닌가 하는 억측을 해볼 수도 있겠습니다.)

어쨌든, 아무리 생각해봐도 좀 묘한 케이스입니다. 이 괴상한 법칙이 어찌 이리 잘 맞을까요? 그런데 현대과학에서는 이 법칙이 잘 맞아떨어진 것은 우연한 일이라고 해석하고 무시합니다. 옛날 천문학에서는 행성들이 태양에서 얼마나 떨어져 있는지가 중요한 과학적 문제였지만 이제는 누가 별 신경을 쓰지도 않고 또 별다른 규칙성이 있을 수 없는 내용이라고 생각합니다. 행성의 배열 거리가 어떤 법칙을 따라야 할 이론적인 이유를 찾을 수 없기 때문입니다. 그러니까 표면적으로 어떤 규칙성이 보이더라도 그것은 우연일 뿐이고 더 이상 일반화하려고 노력할 가치가 없다는 것입니다.

발머 시리즈와 보어의 원자모델

그런데 우리가 그런 이론적인 판단을 자신할 수 있을까요? 이에 대한 경고가 될 수 있는 재미있는 예가 있습니다. 먼저 발머 시리즈Balmer series입니다. 모든 원자는 빛을 흡수하기도 하고 방출하기도 하는데, 그 흡수와 방출은 특정한 파장wavelength을 가진 빛으로만 이루어집니다. 그 특정 파장들은 화학원소마다 달라서, 말하자면 지문처럼 각각 특유한 스펙트럼spectrum을 가지고 있습니다. 스펙트럼은 원래 광학에서 태양빛을 프리즘에 통과시켜 여러 가지 색의 빛으로 분리되어 퍼지게 한 데서 유래합니다.

색이 다르면 빛의 파장도 다르고, 그 파장에 따라 프리즘에서 굴절되는 각도가 달라지기 때문에 여러 가지 색이 모여 있던 무색의

▲ **그림 2-13** 프리즘으로 만드는 스펙트럼 ⓒ Suidroot at Wikimedia.org

* **나노미터** 1나노미터는 1미터의 10억분의 1을 나타내는 길이다.

** 여기서 λ는 파장을 나타내고, B는 상수로 값이 3.6450682×10^{-7}m이며, n은 3, 4, 5……로 나아간다.

태양광선은 무지개처럼 퍼집니다. 그래서 태양빛뿐 아니라 모든 곳에서 나오는 빛을 같은 방법으로 파장에 따라 분리해서 스펙트럼을 만들 수 있습니다. 수소원자에서 나오는 빛을 분리하면 많은 선이 나오는데 그림 2-14는 그중 여섯 개만 뽑아놓은 것입니다. (맨 왼쪽에 있는 것은 자외선이라 육안으로 보이지는 않습니다.)

그 여섯 개 선을 나타내는 빛의 파장은 656.3, 486.1, 434.1, 410.2, 397.0, 388.9**나노미터***입니다. 별 의미 없이 나열된 숫자들 같은데, 발머Johann Jakob Balmer는 규칙성을 간파하고 간단한 공식으로 이렇게 표현했습니다: $\lambda = Bn^2/(n^2-4)$.** 꼭 보데의 법칙과 비슷한 사례입니다. 관측된 파장의 데이터가 발머의 공식에 딱 들어맞기는 하지만, 거기에 왜 규칙성이 있어야 하는지 이유가 보이지 않습니다. 발머는 잘 알려진 학자도 아니었고 물리학 박사학위를 취득하기는 했지만 일생 대학 교수도 못하고 여학교 선생을 하면서 스위스의 조용한 소도시에서 살았습니다. 발머 시리즈를 1885년에 60살이 돼서야 발표했는데, 대개 이론물리학이나 수학 같은 분야

▲ **그림 2-14** 발머 시리즈 ⓒ Jan Homann at wikimedia.org

에서는 젊어서 성과를 내기 때문에 이 역시 좀 특이한 일이었습니다. 발머는 이상한 숫자놀음이나 한다고 무시를 당했습니다. 그런데 이 상황을 바꾸어놓은 두 가지 재미있는 일이 일어났습니다.

우선, 다른 사람들이 비슷한 규칙성을 가진 다른 시리즈들을 또 찾아냈습니다. 그러고 나서 덴마크의 물리학자 보어Niels Bohr는 그런 법칙들을 1913년에 발표한 자신의 원자구조 이론의 기반으로 삼았습니다. 보어의 이론에 의하면 원자의 중심에는 핵이 있고 그 주위를 전자들이 도는데, 아무 궤도에서나 돌지 못하고 양자이론에 따라 일정한 궤도만이 허용됩니다. 그 궤도마다 전자가 갖는 특정한 양의 에너지가 있습니다. 보어의 이론에서 해석하기를, 전자가 궤도 간을 이동하면서 원자가 빛을 흡수하고 방출한다고 하였습니다. 원자 속의 전자가 더 높은 궤도로 뛰어오르기 위해 빛을 흡수해서 에너지를 받거나, 아니면 더 낮은 궤도로 뛰어내리면서 에너지를 빛으로 방출한다는 것입니다. 이때 흡수, 방출되는 빛은 양자물리학에서 말하는 광자photon의 형태인데, 그 광자가 갖는 에너지는 주파수에 비례하고 파장에 반비례합니다(파장이 짧을수록 주파수는 높고, 에너지는 많습니다).

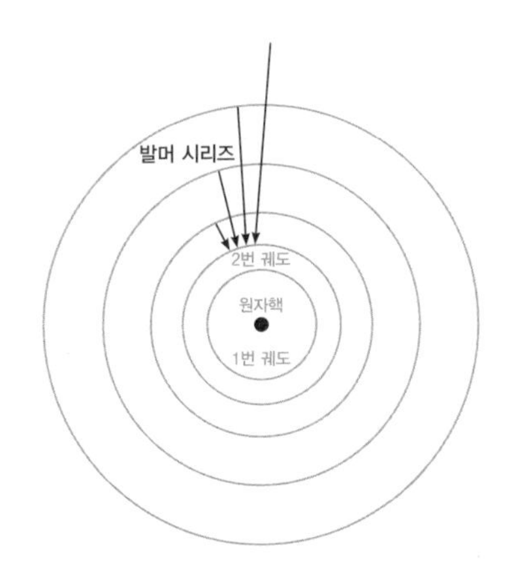

▲ 그림 2-15 보어의 원자모델과 발머 시리즈

보어 이론에 의하면 전자의 궤도들은 규칙성 있게 배열되어 있고, 그렇기 때문에 그 궤도 간의 이동에 필요한 에너지의 양에도 규칙성이 있습니다. 그래서 각 화학원소마다 특징적인 스펙트럼에 포함된 빛의 파장들도 발머 시리즈에서처럼 규칙성을 갖습니다. 발머 시리즈는 수소원자에 있는 전자들이 3번부터 8번까지의 더 높은 궤도 들에서 2번 궤도로 뛰어내려 오면서 방출하는 에너지를 나타내는 것이라고 보어는 해석했습니다. 그래서 아무도 중요하게 생각하지 않던 발머 시리즈가, 하루아침에 양자역학의 관측적 기초로 각광을 받게 되었습니다. 보데의 법칙도 어떤 새로운 이론을 배경으로 한다면 언젠가 빛을 볼 수 있지 않을까요? 영원히 빛을 보지 못한다고 우리가 장담할 수 있을까요? 과학의 미래는 예측하기 힘듭니다.

케플러의 조수 이론

세 번째는 현대물리학을 떠나서 좀 더 친근한 예로 조수tide, 즉 바다의 밀물과 썰물에 관한 이야기입니다. 도대체 바닷물이 왜 이렇게 들어왔다 나갔다 하는 걸까요? 조수의 원인에 관한 논란은 옛적부터 많았습니다. 화학적인 이론도 있었고, 바닷속에 무슨 거대한 동물이 있어서 숨을 쉬기 때문이라는 이론까지 있었다고 합니다. 그런데 행성의 궤도가 원형이 아니고 타원형이라고 밝혀냈던 독일의 유명한 천문학자 케플러Johannes Kepler가 1609년에 조수의 원인은 달이라고 주장했습니다. 이론적 이유가 강했지만, 기본적으로 달의 위치가 밀물과 썰물이 일어나는 시간대와 연결되는 규칙성을 근거로 한 것이었겠지요. 달이 조수의 원인이라는 것은 뉴튼 이후 현대과학에서 하는 이야기고, '정확한 이론은 내지 못했지만 케플러는 역시 훌륭한 천문학자라 남다른 선견지명이 있었다'고들 생각합니다.

그런데 동시대 천문학의 거장 갈릴레오는 케플러의 조수 이론에 반대했습니다. 달이 어떻게 바닷물을 끌어들일 수 있느냐는 것이었습니다. 아직 뉴튼 식의 중력 개념도 없을 때였기 때문에 '도대체 케플러는 머나먼 곳에 있는 달이 어떻게 지구에 있는 바닷물을 끌어들일 수 있다고 생각하는가' 하며 석연치 않아했습니다. 그래서 갈릴레오는 달의 영향이라는 것은 말이 안 되고, 달의 위치와 조수 사이에 규칙성이 있다고 해도 그건 우연의 일치일 뿐이라고 판단했습니다. 또한 갈릴레오는 케플러를 불신했습니다. 코페르니쿠스의 지동설을 옹호하는 과학적 동지였지만, 갈릴레오가 볼 때 케플러는 신비주의에 빠진 사람이었습니다. 사실 케플러가 태양이 우주의 중심이고 다른 모든 행성들이 그 주위를 돈다고 생각한 것도 거의 태양을 숭배하다시피 하는 신화적 관념에 기반을 두고 있었고, 태양은 자력 같은 신비한 힘이 있어서 행성들을 끌고 있다고 했습니다. 케플러는 나중에 보데가 한 것처럼 숫자놀음 식으로 태양과 각 행성 간의 거리에 대해서도 심각하게 연구했습니다. 또한 케플러는 행성마다 특유의 음악이 있다고 했고, 그런 생각으로 『세계의 하모니The Harmony of the World』라는 책도 쓰고 그 우주 음악을 악보에 정확히 기록했습니다.

갈릴레오는 그러한 케플러의 성향을 잘 알고, 과학을 그렇게 해서는 안 된다고 배격했던 것입니다. 그러면 갈릴레오 자신은 어떻게 조수를 설명했을까요? 기발한 이론이 있었습니다. 지구가 돌면서 바닷물이 출렁거리는 것이라고 했습니다. 지구가 자전을 하면서 또 태양 주위를 공전하니까 그 두 가지 운동이 복합되면서 물이 이리저리로 쓸려 다닌다는 이론이었습다. 그런데 여기에는 한 가지 문제가 있습니다. 갈릴레오 이론에 의하면 하루에 밀물, 썰물이 한 번씩밖에 안 나옵니다. 관찰해보면 하루에 두 번씩이라는 것이 너무나 분명한데요.

갈릴레오는 왜 이렇게 희망 없어 보이는 조수 이론에 집착했을까요? 그것을 지동설을 옹호하는 데 썼기 때문입니다. 바닷물이 이렇게 막 왔다 갔다 하는데, 지구 자체가 움직이는 것이 아니라면 달의 인력이라든지 그런 이상한 이론을 동원해야만 설명이 된다는 것이었습니다. 그러니 지구가 움직이지 않는다고 우길 수 없지요. 이 논리가 퍼지면 지동설이 힘을 얻을까 봐 교황청에서도 상당히 경계했다고 합니다. 그래서 갈릴레오는 자신의 조수 이론에 집착했고, 케플러가 말하는 달 이야기는 쓸데없이 주의를 산만하게 하는 잡소리라고 보았을 것입니다.

아무리 경험적으로 관측내용에서 규칙을 뽑아낸다고 해도, 그것이 과연 더 확장해서 이론적으로 일반화할 가치가 있는지의 여부에 대한 판단은 결국 이론에 의지할 수밖에 없다는 것을 여기서 또 다시 느끼게 됩니다. 그런데 그 이론이 옳다는 건 또 어떻게 알 수 있습니까? 이론을 시험하려면 경험적인 규칙성에 의지해 확인하는 것 외에는 별 방법이 없습니다. 그러면 순환논리에 빠져버릴 것 같고, 또 근거 없이 뭔가를 믿어야 하는 상황이 벌어지고 말 듯합니다. 그러면 처음에 데카르트 철학을 논의하며 살펴보았던 인식론적 절망에 빠져버리지 않을까요? 3장에서는 그래도 과학지식이 어떻게 딛고 올라갈 만한 근거를 가질 수 있는가에 대한 논의를 시작합니다.

2장 요약

- 인간의 경험이란 본질적으로 객관성이 결여되어 있다.
- '관측의 이론적재성'은 경험주의 인식론에 큰 문제를 제기한다. 지각 자체가 이론의 영향을 받기도 하고, 똑같이 감지한 내용도 이론적 배경에 따라 달리 해석된다.
- 관측을 믿을 수 있다고 하더라도, '귀납의 문제'는 관측에서 이론을 끌어내는 과정을 안전하지 못하게 한다.

3장

자연의 수량화

1, 2장에서는 인간이 획득할 수 있는 지식의 한계에 대해 많은 이야기를 하였습니다. 이제부터는 '과학이 그러한 한계를 어떻게 극복하고 지식을 얻어가고 있는가' 하는 좀 더 낙관적인 관점에서 논의를 시작하겠습니다. 제일 먼저, 측정이라는 주제를 생각해봅시다. 측정은 현대과학의 본질을 논할 때 빠질 수 없는 내용입니다. 뭐니 뭐니 해도 과학지식이 결국 관측을 기반으로 한다면 측정의 중요성은 명백합니다. 2장에서 관측결과를 정말 믿을 수 있는가에 대해서 여러 가지 의심을 제기했는데, 정확히 측정한 결과라면 그러한 문제가 없을 것으로 생각할 수도 있습니다.* 간단히 말하면 관측을 정밀하게 하는 것이 측정이고, 측정을 성공적으로 해낸다는 것은 관측의 인식론적인 한계

* '이론이란 항상 불확실하지만 측정결과는 수치로 딱 나오면 확실하지 않은가', 예를 들어 지구 온난화의 정확한 원인에 대해서는 어느 정도 논박의 여지가 있을지 몰라도 '온난화가 되고 있다는 그 자체는 측정된 결과이므로 의심할 수 없는 것 아닌가' 하는 뜻이다.

를 어느 정도 훌륭하게 극복하고 있다는 뜻입니다. 그런데 대개들 과학적 데이터는 당연히 숫자로 나온다고 생각하는데, 자연의 상태를 숫자로 표현하는 것은 사실 굉장히 어렵고 그렇게 해내는 것은 과학의 대단한 업적이라는 것을 깨달아야 합니다.

과학에서 측정의 중요성

과학에서 측정의 중요성을 강조한 사람 중에 영국 스코틀랜드의 유명한 물리학자 켈빈 경Lord Kelvin이 있는데, 그는 이렇게 말했습니다. "내가 늘 말하지만, 우리가 논의하는 내용을 측정해서 숫자로 표시할 수 있다면, 뭔가를 아는 것이다. 그렇지 못하다면 우리의 지식은 변변치 못하고 만족스럽지 못하다. 어떤 주제이건 간에 측정하지 못하고 논하는 것은 지식의 시작은 될지 몰라도, 과학적이 되려면 아직 한참 먼 것이다."[1]

켈빈이 마음에 두었던 이상적인 과학지식의 모습은 어떤 것일까요? 수리물리학의 관점에서 최고의 과학이론이란 정확한 수학적 공식으로 이루어진 것입니다. 이러한 이론을 가지면 자연을 수학적으로 아주 정밀하게 기술하고 이해할 수 있습니다. 수리물리학의 창시자라 볼 수 있는 뉴튼은 자신의 역작에 『자연철학의 수학적 원리Mathematical Principles of Natural Philosophy』라는 제목을 붙였는데, 이는 데카르트의 역작 『철학의 원리』의 제목을 도전적으로 수정한 느낌입니다. 과학이 되고자 열망하는 경제학 등 다른 학문들도 수학적

이론을 정립하려는 노력을 많이 해왔습니다. 그런데 아무리 훌륭한 수학적 이론을 세워봐야, 측정이 안 되면 말짱 헛일입니다. 공식에 나오는 변수의 값은 측정을 통해 알 수 있습니다. 측정이 받쳐주지 않는 수학적 이론은 그저 수학일 뿐이지 실증적 과학이 될 수는 없습니다.

수학공식으로 이루어진 이론이 없는 훌륭한 과학도 있을 것입니다. 하지만 그런 과학에서도 측정은 꼭 필요합니다. 예를 들어서 어떤 화학물질에 독성이 있다고 할 때, 어느 정도 양까지는 괜찮고 어느 정도부터는 위험한지를 측정치로 나타내주어야 합니다. 1장에서 말했던 스펙트럼을 써서 화학원소를 검출하고자 하면, 그 빛의 파장을 정확히 측정해주어야 합니다. 공학에서도 관련된 모든 물체와 물질의 성질을 정확히 측정해주지 않으면 일이 되지 않는

켈빈 경 Lord Kelvin, 1824-1907

▲ 그림 3-1 켈빈 경
© Wikimedia.org

원래 이름은 윌리엄 톰슨William Thomson인데 나중에 과학과 기술에 기여한 업적을 인정받아 작위를 받으면서 켈빈 경이 되었습니다. 원래 귀족이 아니었기 때문에 그때 '켈빈'이라는 이름을 자신이 직접 지었는데, 글라스고우에 있는 조그만 강의 이름에서 따온 것이라고 합니다. 만 10세에 글라스고우 대학에 진학했고, 불과 22세의 나이에 그 학교 석좌교수가 되어 그 자리를 무려 53년간 역임했습니다. 최신의 수학을 물리학에 도입하여 특히 전자기학과 열역학 분야에서 많은 업적을 올렸습니다. 물리학에서 잘 알려진 절대온도 개념을 1848년에 처음 만들었고, 그래서 지금까지도 절대온도를 읽을 때 '몇 도 켈빈'이라고 합니다. 영국과 미국 간에 전보를 보내기 위해 대서양 바닥에 전선을 까는 큰 사업의 시작도 켈빈의 조언이 결정적이었습니다.

다는 것은 자명합니다. 전혀 수학과 관계없을 것 같은 자연사를 연구하더라도, 화석의 연대를 측정하는 것이 중요합니다. 하다못해 사학이나 정치학에서도 통계자료를 모아야만 정확한 분석이 가능한 경우가 많은데, 통계자료란 결국 다 측정에 기반을 둔 것일 수밖에 없습니다. 모든 종류의 과학적 지식을 정확하게 표현하고, 엄격하게 검증하고자 한다면 측정은 빠질 수 없습니다.

현대과학에서는 정말 엄청나게 정밀한 측정을 합니다. 환경문제를 논의할 때 많이 나오는 단위 ppm을 예로 들어봅시다. 흔히 대기 중에 아황산가스가 몇 ppm이라는 등의 이야기를 하지요. ppm이란 영어로 parts per million, 즉 100만분의 1을 뜻하는데 그것을 정확하게 측정해내고 있습니다. 물리학에서는 빛이 초속 2억 9,979만 2,458미터의 속도로 전파된다고 의심 없이 말합니다. 그 측정가가 항상 똑같다는 데 얼마나 자신이 있었으면, 물리학자들은 광속을 아예 그 숫자로 정의해버렸습니다. 이보다 더 정밀한 측정량도 있습니다. 미세구조상수fine structure constant는 전자가 지닌 전하의 양과 플랑크 상수와 빛의 속도, 세 가지를 기반으로 하는데 그 값이 137.035999074분의 1입니다. 그걸 대강 137.036분의 1 정도로 좀 올려서 정하면 안 될까요? 절대 안 된다는 대답이 돌아옵니다. 정말 현대과학에서는 정밀한 측정을 참 중요시하고, 어떻게 보면 그것에 비이성적으로 집착하고 있습니다.

현대사회는 측정의 사회

우리 현대인들은 켈빈이 누군지도 모르는 사람조차 켈빈의 말을 참 깊이 새겨들으며 살고 있는 것 같습니다. 과학뿐 아니라 일상생활에서도 현대인은 모든 것을 측정하려 듭니다. 시간, 길이, 무게, 온도 등의 기본 물리량뿐 아니라 경제·사회 생활의 여러 면을 나타내는 주가지수, 인플레지수, 평균수명, 출산율, 이혼율, 하다못해 야구선수의 타율까지 숫자, 또 숫자입니다. 이렇게 숫자들은 정말 여러 가지 방면에서 끊임없이 우리를 공격하듯 쏟아져 나옵니다.

수학에 취미가 없다는 사람들도 숫자를 좋아하며, 아주 쓸데없는 것도 정밀하게 열심히 측정합니다. 예를 들어서 모든 사람의 키를 1센티미터 단위로 정확히 알아서 무슨 소용이 있습니까? 왜 체중계는 0.1킬로그램까지 나옵니까? 시간은 시, 분까지만 알면 되지, 일상생활에 쓰는 시계에 초침은 왜 있습니까? 스포츠에 관심 있는 분들은 자메이카의 우사인 볼트Usain Bolt 선수가 100미터를 9.72초에 뛰었다는 기록을 알 것입니다. 인간들은 왜 그걸 0.01초까지 재서 기록으로 보관하는 것일까요? 누가 100미터를 몇 초에 뛰는지 왜 알아야 하고 그 중요성은 무엇일까요? 아마 팔자걸음을 하고 다니던 우리 조선시대 양반들 같으면 해괴망측한 행태라고 전혀 이해하지 못하겠지요. 왜 점잖은 사람을 숨넘어가도록 뛰게 하고, 학교에서 그 시간을 재서 사람마다 너는 100미터 몇 초라고 명단을 만들어놓는 것일까요(저는 사실 이게 참 싫었습니다. 18, 19초까지 나왔기 때문에)? 아마 외계인들이 우리의 이런 모습을 본다면 인간은 정말 이상한 종족이라고 생각할지도 모릅니다.

생각해보면, 현대인들은 수량적으로 표현될 수 없을 만한 것도 숫자로 나타내려 합니다. 한국에서도 요새는 그러는지 모르겠는데, 영국이나 미국에서는 통증을 느껴서 병원에 가면 종종 1부터 10까지의 척도scale에서 그 아픈 강도가 얼마냐고 묻습니다. 그러면 저는 그걸 무슨 기준으로 판단하라는 것인지 몰라서 항상 그냥 5나 6이라고 이야기하고 맙니다. 하다못해 행복까지도 수량화하고 있습니다. 근래에 많이 알려진 부탄의 '행복지수'가 그 예입니다. 히말라야 산맥에 있는 조그만 나라 부탄, 거기서는 국왕의 지시로 우리가 항상 말하는 국민총생산Gross National Product, GNP 대신 국민총행복Gross National Happiness, GNH이라는 지수를 만들었습니다. 항상 GNH를 보면서 국가정책을 경제성장이 아니라 국민의 행복을 위해 수립한다고 합니다. 그런데 행복의 정도를 어떻게 측정할까요? 아주 복잡한 설문조사를 통해서 한다고 합니다. GNH는 부탄에서만 쓰지만, 근래 여러 사회과학 분야에서 웰비잉well-being의 정도를 측정하려는 시도가 벌어지고 있습니다. UN에서는 인간개발지수Human Development Index, HDI를 얼마 전부터 사용해오고 있습니다. 국민소득, 평균수명, 교육수준을 합쳐서 정말 이 사회가 얼마나 발달했는가를 종합적인 하나의 숫자로 도출해내는 것입니다.

과학적 업적으로서의 수량화

그런데 측정이 왜 철학적으로 관심을 끌 만한 주제일까요? 현대인들은 측정광일 뿐만 아니라 자연이 수량화되어 있다는 것을 아무 생각도 없이 받아들이기 때문입니다. 여기서 철학자가 해줄 말은, 자연을 무작정 관찰하면 숫자가 보이지 않는다는 것입니다. 숫자는 인간이 힘을 써서 가져다 붙이는 것이고(물론 제멋대로 붙일 수는 없지만), 자연 자체에 숫자가 이미 포함되어 있지는 않습니다. 저는 과학이 자연에 숫자를 갖다 붙이는 '수량화quantification' 과정에 주의를 환기시키고자 하는데, 그 목적은 수량화가 당연한 것도 아니고 쉬운 것도 아님을 강조하기 위해서입니다.

우리가 매일 몇 도 몇 도 하면서 주워섬기는 온도도 원래는 차갑다, 뜨겁다 하는 질적인 개념이었지 수량으로 정의되어 있지 않았습니다. 직접 경험하는 온도는 느낌이지, 숫자가 아닙니다. 여기에 반론을 제기할 수도 있겠지요. 나는 지금 한 22도쯤 된다고 느낀다든지 하는 식으로 말입니다. 그러나 그것은 온도계를 항상 보고 거기 나온 숫자와 자신의 느낌을 연관 짓는 경험이 풍부한 사람이나 하는 말이지, 덥고 추운 것 자체가 숫자로 느껴지는 것은 아닙니다. 아리스토텔레스 철학에서도 '뜨겁다', '차갑다'는 '습하다', '건조하다'와 함께 가장 중요한 성질이었는데 정량적인 개념은 절대 아니었습니다. 그러다가 유럽의 과학자들이 1600년경에 온도계를 발명했고, 아주 오랜 세월에 걸쳐 이론적인 연구를 한 결과 19세기 후반에 가서야 온도 개념을 수량적으로 제대로 정립해냈습니다.

그 수량화된 개념을 한국 등에서는 나중에 별 생각 없이 수입했던 것 같습니다.

과학의 역사를 거슬러 올라갈수록, 정말 우리가 상식적으로 수량이라고 여기는 것들이 처음에는 수량이 아니었고, 어떤 식으로 수량화되었는지 그 과정이 명확히 보입니다. 예를 들어서 속도는 당연히 수량이라고 생각하는데, 중세 유럽의 물리학자들은 속도가 수량이냐 아니냐를 두고 많은 논란을 벌였습니다. 우리가 감각만으로 물체의 운동을 관찰할 때, 빠르다거나 느리다고 느끼는 것은 질적인 개념이지 양적인 개념이 아닙니다(스피드건이 나오기 전에 투수가 던지는 야구공이나 테니스 선수의 서브를 보는 관객의 경험을 생각해보십시오). 측정방법을 떠나서 개념의 정의 자체를 본다면 우리 현대인의 생각으로는 그냥 지나간 거리를 지나가는 데 걸린 시간으로 나누면 속도가 나오지 않느냐 하는데, 이 중세의 물리학자들은 거리와 시간이 서로 전혀 다른 양인데 그중 하나로 다른 하나를 '나눈다'는 것을 굉장히 부자연스럽고 의미 없는 일로 여겼습니다.[2] 고대 그리스나 이집트 때부터 기하학을 하면서 '길이와 길이 간의 비율이 얼마인가' 등은 잘 생각했는데, 길이와 시간처럼 서로 전혀 다른 성질의 수량 간에 비율을 낸다는 것은 전혀 이해할 수 없는 일이었던 것입니다. 그래서 그 유명한 갈릴레오도 속도나 가속도 같은 개념을 어떻게 수학적으로 다룰 것인가에 대해 고민을 많이 했습니다.

물리학을 떠나서 아주 더 일상적인 수량의 예로, 돈에 대해 생각해봅시다. 우리가 정말 매일 숫자로 명시하는 돈이라는 것도 어떤 물건이나 서비스에 대해 느끼는 가치를 수량으로 표현한 것 아닙니까? 옛날에는 돈 없이 물물교환을 했다고 하지만 물물교환도 암묵적으로는 아주 기본적인 수량화를 기반으로 한 것이라고 볼 수도 있습니다. '이거랑 저거랑 가치가 같으니까 우리 바꾸자' 합니다. 아니면 '저 사람이 가진 것이 내가 가진 것보다 좋은데, 바꿀 용의가 있다면 바꾸는 것이 내게 이익이다'라고 서로 그렇게 생각할 수도 있겠지요. 어찌되었건, 그 거래라는 행위를 통해서 원하고 귀하게 여기는 질적인 감정을 '가치'라든가 더 나아가 금전적인 수량으로 변환한 것입니다. 그런데 그냥 '얼마예요?' 하고 우리가 돈을 지불할 때는 그런 수량화 과정은 생각지도 않습니다.

정말 일상생활에 쓰이는 모든 숫자들을 잘 뜯어보면 처음부터 숫자인 것은 거의 없습니다. 마지막 한 가지 예로 '강우량'을 생각해봅시다. 한국인들은 학교에서 세종대왕이 얼마나 훌륭하신 분인지를 배웁니다. 저도 많이 들으며 자랐습니다. 세종대왕의 업적 중 우리가 자랑스럽게 여기는 측우기 발명이 있습니다. 저도 막연하게 '야, 세종대왕이 측우기를 발명하셨으니까 역시 훌륭하다' 생각했는데 어느 날 갑자기 배반감이 들었습니다. 측우기라는 게 깡통에다가 그냥 자 하나 대놓은 것 아닙니까? '다른 나라에서는 몇 천 년 전부터 피라미드를 지었는데, 우리는 이게 무슨 대단한 발명이라고……' 하며 실망했었는데, 나중에 철학공부를 하면서 '깡통에 자를 붙였다는 것이 중요한 게 아니라 비가 얼마나 왔는가를 측정할 생각을 했다는 것 자체가 중요하다'는 것을 또 다시 깨달았습니다. 또 그 측우기를 표준적으로 만들어 전국에 보내서 통계자료를 수집하도록 했다는 사실이 중요하지요. 그냥 '아, 오늘 비 많이 왔어' 하는 생각에 멈추지 않고, '그럼 과연 얼마나 왔는지 수량화 해보자' 하는 생각을 처음으로 했다는 것이 과학적인 업적이었습니다.

이런 수량화에 반대하는 사람들도 꽤 있었습니다. 예를 들어서 20세기 초에 아주 유명했던 프랑스의 철학자 베르그송Henri Bergson은 시간을 수량화하는 것을 굉장히 싫어했습니다. 시간의 진정한 의미는 우리가 경험하면서 형성되는 삶 그 자체이고, 그 시간을 거리처럼 수직선에 놓고 토막을 쳐서 몇 분, 몇 초 하는 것은 형이상학적으로 크게 잘못된 일이라고 베르그송은 한탄했습니다. 시간을 그렇게 천박하게 조작한다는 이유로 베르그송은 아인슈타인의 상대성이론에도 반기를 들었고, 아인슈타인과 유명한 논쟁을 벌이기도 했습니다.[3] 국내에서도 인기 있던 미하엘 엔데Michael Ende의 소설 『모모』를 보면 시간을 그렇게 수량화해서 '아껴야 한다'는 강박관념에 사로잡힌 현대인들의 모습을 슬퍼하고 있으며, 그런 식으로 시간을 양적으로 다룰 때 인생의 진정한 의미는 퇴색된다고 말합니다.[4] 좋건 싫건 간에, 수량화는 과학이 여러 세기에 걸쳐 힘겹게 이루어놓은 일입니다. 우리 현대인들은 그 역사도 모르고 당연히 여기고 있는데, 그것이 대단한 업적이라는 것을 가끔이나마 생각하고 넘어갈 필요가 있다고 봅니다.

기준을 창조하는 어려움: 온도계의 예

자연현상에 숫자를 갖다 붙이는 일이 어떻게 이루어지는지, 한 가지 사례를 통해 더 차근차근 생각해봅시다. 뭐가 몇 개인지 하나, 둘, 셋, 넷…… 세는 것은 간단하고 별 문제가 없습니다. 그런데 우리가 과학에서 측정하는 수량은 대개 그렇게 셀 수 없는 것들, 즉 문법에서 말하는 불가산명사들입니다. 온도에 대해 다시 생각해봅시다. 이 방의 온도가 지금 17도라고 할 때, 뭐가 도대체 열일곱 개라는 말인가요?

그것은 온도계 속에 든 액체가 0이라고 표시된 곳에서부터 눈금 열일곱 개가 지난 점까지 올라갔다는 것이지요. 이렇게 하나하나 생각하면서 그림 3-2만 자세히 봐도 이제 측정이 왜 철학적 문제가 되는지 확실히 알아차릴 수 있을 것입니다. 첫째로 그 0점을 어떻게 잡았나, 또 '1도'를 정의하는 눈금 사이의 크기는 어떻게 정했나, 또 이 유리관에 넣은 액체의 팽창이 온도를 정확히 나타내준다고 어떻게 알 수 있나……. 이렇게 측정기준의 정립에 대한 의문이 등장합니다. 뭐든지 성공적으로 수량화를 했다고 하면, 그것은 그에 대한 측정기준을 설득력 있게 정하고 유지할 수 있다는 이야기입니다.

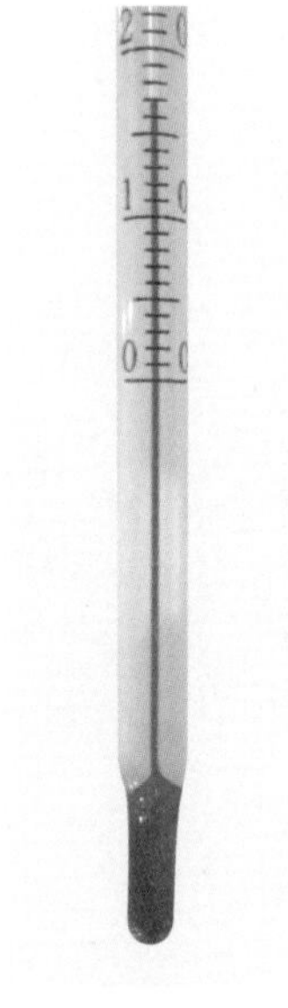

▲ 그림 3-2 온도계
ⓒ 장하석

그러면 0도가 어떤 점인지부터 살펴봅시다. 일상적으로 쓰는 섭씨Celsius 온도계의 0도란 물이 어는 온도인데, 물이 항상 같은 온도에서 언다는 것을 어떻게 알 수 있을까요? 우리 현대인들은 온도계가 있으니까 압니다. 가게에서 온도계 하나 사가지고, 얼고 있는 물에 꽂아보면 됩니다. 그런데 온도계가 아직 없던 시절에, 이 어는점을 고정점으로 잡아서 온도계를 만들고자 했던 사람들의 입장에서 생각해보면 참으로 난처합니다. 인간의 감각으로 만져보고서 0도와 영상1도, 영하1도를 구분하기란 불가능합니다. 너무 차가워서 손이 어는 것처럼 시리다는 느낌밖에 없을 것입니다. 그러나 이렇게 해볼 수는 있겠지요. 유리관에 어떤 액체를 넣어서 여기저기 물이 얼고 있는 곳에 찔러봅니다. 숫자는 아직 붙이지 않은 상태에서요. 그렇게 했을 때 액체가 항상 같은 점까지 올라온다면 '아, 아직 숫자로 표현은 안 되었지만 물은 항상 같은 온도에서 어는구나' 하고 알아차릴 수 있겠지요.

그런데 몇 가지 문제가 있습니다. 첫째로, 사실 실험을 해보면 그렇지도 않습니다. 왜냐하면 초냉각supercooling이라는 현상이 있기 때문입니다. 이는 순수한 물이 0도보다 더 낮은 온도에서 얼지 않고 있는 경우를 말합니다. 거기에 조그마한 얼음조각을 넣는다든지, 또 조금 흔든다든지 하면 갑자기 얼어버리면서, 온도가 0도로 올라갑니다. 이런 현상은 파렌하이트Daniel Gabriel Fahrenheit가 1720년경에 상세히 기술했는데, 이를 다들 알고 나니 이 빙점을 고정점으로 쓰기가 정말 곤란해졌습니다.

방금 말한 것처럼 초냉각을 방지하는 방법은 있습니다. 그러나 더 근본적인 인식론적 문제가 남아 있습니다. 우리는 온도계 속에 있는 액체의 부피가 변하지 않으면 온도도 변하지 않는다고 가정하고 있는데, 그런 보장은 또 어디 있습니까? 왜 액체의 부피가 꼭 그렇게 온도를 확실히 나타내준다고 생각하지요? 괴상한 액체도 있습니다. 예를 들어 물은 영상 4도에서 가장 부피가 작습니다. 그래서 0도에서 4도 사이에서는 온도가 올라가면 부피가 줄어듭니다. 왜 그런지는 상당히 복잡한 이야기입니다(섭씨 100도의 표준으로 삼았던 비등점도 빙점과 마찬가지로 불확실했습니다. 이에 대해서는 9장에서 자세히 논의합니다).

이렇게 기본적인 철학적 문제를 인식하고 나면, 온도계의 고정점에 대한 복잡한 역사를 잘 이해할 수 있습니다. 고정성을 보장할 수 없었기 때문에, 온갖 그럴듯한 고정점들이 많이 제안되었고 그 제안에 따라 여러 가지 다양한 종류의 온도계가 만들어졌습니다. 제가 그 역사를 연구하면서 30여 가지의 고정점을 모았었는데 그림 3-3에 가장 재미있는 것 몇 가지만 수록했습니다.

아주 초기에는 '여름철에 가장 더운 날씨'와 '겨울철에 가장 심한 추위'를 고정점으로 한 온도계도 있었습니다. 어느 동네에서? 자기 동네죠, 물론. 거기에 비하면 프랑스의 달랑세Joachim Dalencé가 제작했던 온도계는 훨씬 발전한 것입니다. 이 사람의 높은 고정점은 버터가 녹는 점이었습니다. 글쎄, 대강은 일정하겠지만 버터의 정확한 성분에 따라 달라지겠지요. 또 달랑세의 낮은 고정점은 깊은 지하실의 온도였습니다! 무슨 소리냐 하겠지만, 사실 땅속 깊이 들어가면 온도의 일교차와 연교차가 적어집니다. 혹시 제주도의 만장굴 같은 데 가보았다면 그 속이 여름에 가면 아주 시원하고 겨울에는 따뜻하게 느껴진다는 것을 알 것입니다. 그래서 깊은 동굴

제안자	연도	고정점
피렌체 실험 아카데미 Accademia del Cimento	1640년경	여름철에 가장 더운 날씨, 겨울철에 가장 추운 날씨
달랑세	1688년	물이 어는 점, 버터가 녹는 점; 또는 얼음의 온도, 깊은 지하실의 온도
뉴튼	1701년	눈이 녹는 점, 혈온blood heat
파렌하이트	1720년경	얼음/물/소금 혼합물, 얼음/물 혼합물, 건강한 사람의 체온
파울러John Fowler	1727년경	물이 어는 점, 가만히 있는 손이 견딜 수 있는 가장 뜨거운 물의 온도

▲ 그림 3-3 옛날에 제안되었던 몇 가지 고정점들

이나 지하실의 온도는 상온이라고 가정하고 그것을 고정점으로 잡은 사람들도 꽤 있었습니다. 그중에 가장 유명한 장소는 프랑스 파리에 있는 국립 천문학관측소의 지하실 와인 저장고였습니다.

그다음에 뉴튼은 눈이 녹는 점과 '혈온'을 고정점으로 썼습니다. 뉴튼은 건강한 인체의 체온은 항상 같다고 믿었던 것입니다. 우리는 그렇지 않다는 것을 알지요. 그러나 그것은 우리가 약국에 가서 체온계를 사다가 꽂아봐서 아는 것이고, 뉴튼 시대에는 아직 체온계가 없었습니다.

또 아까 초냉각과 관련해서 이야기했던, 네덜란드에서 활동했던 독일 사람 파렌하이트가 있습니다. 이 사람이 바로 '화씨'*입니다. 파렌하이트는 세 개의 고정점을 썼습니다. 중간 고정점

* 한편 '섭씨'는 스웨덴의 천문학자 셀시우스Anders Celsius를 지칭하는 말이다. 아마 중국 사람들이 만들어낸 표기법이라 짐작된다.

은 얼음과 물을 섞은 것, 즉 빙점이었고, 아래 고정점은 얼음과 물과 소금의 혼합물이었습니다(소금을 섞으면 물의 빙점이 확 내려가기 때문입니다). 위쪽 고정점은 뉴튼처럼 건강한 몸의 온도로 정했습니다. 그런데 아래 고정점은 0도, 순수한 물의 빙점은 32도, 체온은 98도로 정했습니다. 왜 그런 불편한 숫자를 사용했는지는 역사적 자료가 불충분해서 확실히 알 길이 없습니다. 이 파렌하이트라는 사람은 우리가 보통 말하는 과학자가 아니라 장인이었습니다. 실험기구를 판매해서 먹고사는 사업가였기 때문에, 제조법을 비밀로 지켰고 정확히 기록해놓지도 않았습니다.

이렇듯 과학자들이 온도계의 고정점에 동의하기까지는 참으로 오랜 세월이 걸렸고, 많은 싸움을 거쳤습니다. 기준이 없는 상태에서 기준을 만들어나가는 일이란 그럴 수밖에 없습니다. 그 과정에서 여러 가지 고정점 후보들을 내세우고 정당화하고자 할 때 할 수 있는 말은 오로지 '온도가 변하지 않는 것 같다'는 것뿐이었지요. 그러니까 초기 온도계의 정확성을 평가할 수 있는 경험적 기준이라고는 대충 인간의 감각과 맞아떨어진다는 것뿐이었습니다. 그런데 문제는 그 기본적인 기준을 만족시키는 후보가 굉장히 많았다는 것입니다.

감각에 의한 기준만으로는 더 이상 발전할 수 없는 막다른 골목에 이른 것입니다. 그런데 중요한 것은 또 다른 기준들이 있었다는 것입니다. 우선 필요한 것이 **일관성**consistency*입니다. 일관성을 요구할 때는 가장 먼저 '감각

* **일관성** 이는 과학지식의 발전에 아주 커다란 역할을 했다. 이에 대해서는 나중에 정합성이라는 더 폭넓은 개념 하에 추가로 철학적 해석을 하도록 하겠다.

자체의 수정'이라는 중요한 일이 발생합니다. 옛날부터 전해지는 실험이 있습니다. 뜨거운 물, 차가운 물, 미지근한 물 세 바가지를 마련합니다. 처음에 한 손은 뜨거운 물에, 한 손은 차가운 물에 넣고, 한 30초 있습니다. 그다음에 양손을 다 미지근한 물에 넣으면, 뜨거운 물에 들어가 있던 손에서는 시원하게 느껴지고, 차가운 물에 들어가 있던 손에서는 따뜻하게 느껴집니다. 같은 물인데도 말이지요(이 실험은 집에서도 손쉽게 해 볼 수 있습니다. 목욕하면서 그 비슷한 경험을 이미 해본 독자들도 있을 것입니다). 이 간단하고도 재미있는 실험은 인간의 감각은 일관성이 없기 때문에 믿을 수 없다는 것을 보여줍니다. 같은 한 바가지 물을 두고 시원하다, 따뜻하다 하면서 다른 판단이 나오니까 믿을 수 없다는 것이지요. 아무리 대충 만든 온도계라도 이 체감보다는 일관성이 있습니다. 그래서 체감을 버리고 온도계를 쓰게 된 것입니다. 일관성 다음으로 중요한 기준은 **정밀성**precision **입니다. 이 기준으로 봐도 대부분의 온도계는 체감보다 우월합니다. 체감이 아주 예민한 사람도 있기는 하지만, 우리 몸이 가장 민감한 섭씨 10~40도 사이를 벗어나면 적어도 2, 3도 차이는 나야 확실히 감지가 됩니다. 그 반면 온도계는 아무리 엉터리라도 1도 차이만 나도 확실히 구분합니다.

** **정밀성** 정밀성과 정확성accuracy은 구분할 필요가 있다. 정확성은 측정결과가 진짜로 옳게 나온다는 의미이고, 정밀성은 옳고 그름을 떠나서 되풀이한 측정결과가 일관성 있게 서로 일치한다는 의미이다. 일관성과 정밀성이 결국 하나라는 것은 5장을 참조하기 바란다.

고정점의 이야기는 일단 이만하고, '1도'를 정의하는 눈금을 어

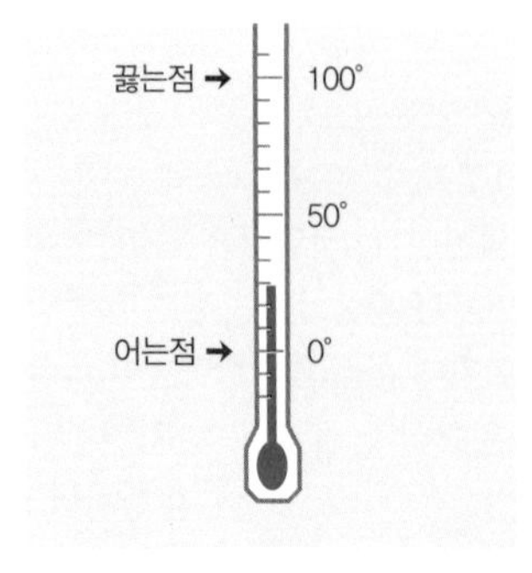

▲ 그림 3-4 간단한 온도계 만들기

떻게 그었는가에 대해 생각해봅시다. 그림 3-4처럼 상식적으로 온도계를 만들 때는 유리관에 액체를 넣은 후, 고정점부터 표시합니다. 예를 들어서 얼고 있는 물에 온도계를 넣었을 때 액체가 어디까지 올라오는가를 표시해서 그것을 0도로 하고(빙점), 그다음에 물이 끓는점을 표시해서 100도로 하고(비등점), 거기에 눈금을 긋습니다. 그런 다음에 0도와 100도 눈금 사이의 거리를 딱 반으로 나눠서 50도로 정하고, 그런 식으로 균등하게 눈금을 긋는다면 눈금 하나씩 올라갈 때마다 온도가 정말로 딱 1도씩 올라간다고 가정하는 것입니다. 그런데 정말 그럴까요? 사실 요즘 과학자들에게 물어보면 온도계에 넣는 모든 물질은 불규칙적으로 팽창한다고 합니다. 그런데 그건 또 어떻게 알아냈을까요?

간단한 이야기가 아닌데 한 가지 확실한 것은 이런 방식으로 여러 가지 액체를 써서 온도계를 만들었을 때, 0도와 100도가 똑같

수은	알코올	물
0(℃)	0	0
25	22	5
50	44	26
75	70	57
100	100	100

▲ 그림 3-5 라메가 보여준 온도계의 비교 데이터 [5]

이 나오도록 만들더라도 그 중간에서는 서로 상당히 차이가 나더라는 것입니다. 그림 3-5는 1836년에 라메Gabriel Lamé가 출간한 물리학 교과서에서 뽑은 데이터입니다. 이 책은 프랑스 혁명기에 국가에서 설립하여 지금까지도 이공계에서 아주 알아주는 대학인 에콜폴리테크니크École Polytechnique에서 공식 교재로 채택되었던 책입니다. 수은, 에틸알코올, 물, 세 가지로 채운 온도계를 비교했는데 물은 말할 것도 없고 알코올과 수은 사이에도 0도와 100도 사이 중간 부분에서 섭씨 6도 차이가 나버리더라는 것입니다. 온도계가 일상 온도에서 서로 6도나 차이 나면 아무 쓸모가 없습니다. 그냥 손을 넣어보는 것이 나을 것입니다(요즘 팔리는 온도계는 그것을 다 수정한 것입니다). 그래서 이 문제는 철학자들이나 하는 쓸데없는 근심이 아니라, 19세기까지도 과학자들과 기술자들을 괴롭혔던 아주 실용적인 문제입니다.

좀 더 철학적으로 이야기해보면 이렇습니다. 이렇게 단순한 온도계를 만들어서 온도를 측정할 때도 우리는 어떤 자연법칙에 의존합니다—액체가 팽창하는 양과 온도가 증가하는 양이 정비례한다는. 그런데 그 법칙이 옳다는 것을 어떻게 압니까? 이 법칙을 실험으로 검증하고자 하면, 고약한 순환논리에 빠져들게 됩니다. 그림 3-6처럼 온도와 액체의 부피 간 상관관계를 나타내는 그래프는 우리가 가정하는 법칙이 옳다면 직선이 될 것입니다. 그 법칙을 공식으로 써본다면 V=aT+b가 됩니다(여기서 V는 부피, T는 온도, a와 b는 상수). 그런데 이를 실험으로 확인하려 들면 그 즉시 불가능하다는 것을 깨닫게 됩니다. V를 재는 것은 문제가 아닌데, T는 어

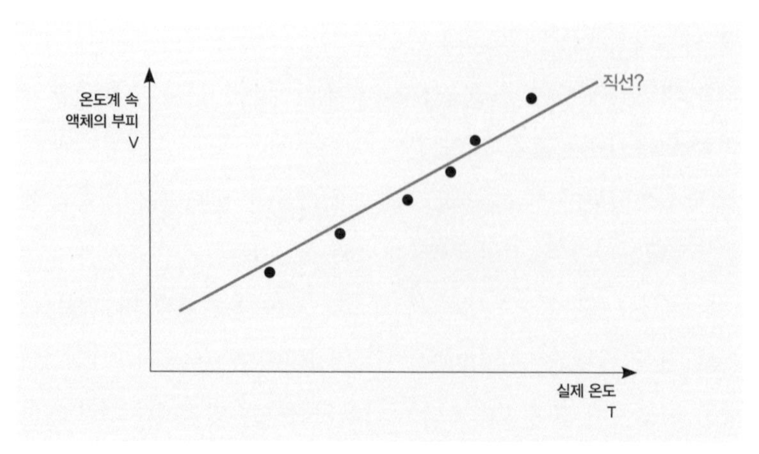

▲ 그림 3-6 온도계의 정확성을 실험으로 검증하려는 시도

떻게 잽니까? T는 온도인데, 아직 온도계도 없는 사람들이 어떻게 온도를 재는 실험을 할 수가 있을까요?

이 문제를 가지고 고민하다가 저는 결국 온도계에 대한 책을 한 권 썼습니다. 처음에는 그냥 철학적으로 생각을 해봤는데 정말 아무 해답이 보이지 않았습니다. 그런데 위에서 말했듯 요즘 과학자들에게 물어보면 이 문제는 해결된 것으로 간주합니다. 수은이나 알코올이 온도에 따라 어떻게 팽창하는지 정확히 안다고 이야기하거든요. 그런데 그걸 처음에 어떻게 알아냈는지 물어보면 대답을 잘 못합니다. 지금 과학자들이 그런 식으로 '안다'고 하는 것은 옛날 과학자들이 알아냈다는 뜻입니다. 그래서 저는 과학사를 들여다보기 시작했습니다. 요즘 사람들은 기억하지 못하는 그 지식의 근원을 찾아내기 위해서. 그런데 그 내용이 굉장히 복잡했습니다. 온도계에 넣는 액체가 정말 균일하게 팽창하느냐는 문제를 가지고 유럽 전역에서 내로라하는 과학자들이 150년간을 싸웠습니다. 그러고 나서도 딱 부러진 결론을 내지도 못했습니다. 그 과정을 다 파헤치다 보니 또 거기에 연관된 다른 재미있는 주제들도 보였고, 결국 연구결과가 책 한 권의 분량이 되어버린 것입니다. 그렇게 해서 쓴 책이 근래에 번역되어 나온 『온도계의 철학』입니다. 거기에는 어려운 내용도 조금 있지만 모두 이런 아주 단순한 의문에서 시작된 것입니다.

저는 이 작업을 하면서 아주 쉬운 과학을 파헤치는 데 맛을 들였습니다. 원래 물리학을 공부하다가 박사를 철학으로 했다고 말한 바 있는데, 그때 박사논문 주제가 양자역학에서 실행되는 측정에 관한 것이었습니다. 그런데 양자역학 철학을 하다 보니 남들에게

용어 설명

법칙의존 측정의 문제

온도계의 검증에서 나타나는 문제를 더 일반화해서, 저는 좀 거창하게 '법칙의존 측정의 문제the problem of nomic measurement'라고 불렀습니다. 우리가 어떤 x라는 미지의 양을 측정하고자 하는데, x가 직접 관측이 안 됩니다(온도도 수량화된 개념이라면 감각으로 직접 관측할 수 없습니다). 그렇다면 직접 관측할 수 있는 또 다른 양 y를 재서, 그것을 통해서 x의 값을 추론합니다(보통 온도계의 경우 y는 길이입니다). 그런데 그 추론을 하려면 x를 y의 함수로 나타내야 하죠: $x=f(y)$. 그 함수 f의 모양을 알아야 되는데, 그걸 알아내려면 x의 값도 알고 y의 값도 알아야 되지 않습니까? 그런데 문제는 x가 바로 우리가 알지 못하는 미지수라는 것입니다. 순환논리가 보이기 시작합니다. 상당히 해결하기 힘든 문제입니다. 이는 이후 설명할 '인식과정의 반복epistemic iteration'으로 어느 정도 풀어나갈 수 있습니다.[6]

그 내용이 왜 중요하고 의미 있는지를 설명하기가 참 힘겨웠습니다. 그래서 조금 쉬운 과학적 내용으로 철학적 논의를 해볼 수 없을까 생각하기 시작했는데, 그때 착안한 것이 온도였습니다. 아무리 무식한 사람이라도 온도계로 어디든 온도를 잴 줄 알고, 그 결과가 무엇이라고 자신 있게 이야기하지 않습니까? 그런데 이 온도계 하나도 자세히 생각해보니 이렇게 오묘했던 것입니다. 그 이후로 아주 기본적인 과학을 주제로 과학사, 과학철학 연구를 하는 것이 이제 저의 어떤 학풍으로 굳어졌습니다(7장부터 10장까지에서 그런 내용을 더 자세히 선보입니다).

다른 기초 물리량의 측정: 길이, 질량, 시간

길이의 측정

온도보다도 더 간단한 예를 통해서 측정의 문제를 일반적으로 생각해봅시다. 가장 기본적인 물리량을 들라고 하면 길이를 말할 수 있습니다. 길이를 측정하지 못하면 다른 모든 측정기기의 눈금도 그을 수 없으니 길이는 그런 점에서 가장 기초적인 수량입니다. 길이를 측정하려면 우선 잣대가 있어야 하고, 그 잣대 자체의 길이가 변하지 않는다는 보장이 있어야 합니다. 그런데 그런 보장이란 없습니다. 19세기 물리학자들이 고심 끝에 내놓은 해결책은, 길이가 변하지 않을 듯한 아주 견고한 플라티늄-이리듐 합금으로 막대기를 만들고, 그걸 '미터원기standard meter', 즉 길이의 표준으로 삼도록 국제적 조약으로 정했습니다. 이는 20세기에 폐기되었고 다른 기준으로 1미터를 정의하고 있는데*, 그래도 이 미터원기는 오랫동안 중요한 역할을 했습니다.

그런데 혹시 이놈의 막대기가 줄어들거나 늘어난다면 어떻게 할까요? 그래도 그걸 1미터로 정의하기로 조약을 맺었으니까 계속 1미터고 다른 물건들의 길이가 갑자기 다 변했다고 해야 할까요? 그것도 석연치 않습니다. 그럴 일은 없을 테니 안심하라고 19세기 당시의 전문가들은 말했을 텐데, 그러한 확신은 결국 일관성에 대한 이야기밖에 되지 않습니다. 쉽게 말해 '똑같은 재질의 합금으로 이 미터원기와 같은 길이의 다른 막대기를 만들어서 그걸 한참 가지고 돌아다니다가 다시 와서 또 길이를 비교해보아도 똑같더라'는 식의 일관성을 보였다는 것입니다. 이때 두 막대기가 똑같이 변형되었을 가능성을 제외할 수 없기 때문에, 그 막대기들의 길이가 변하지 않았다는 것을 증명할 수는 없고 변하더라도 두 개가 같은 만큼 변했다는 일관성을 보여주는 데 그칩니다. 그리고 그 일관성도 지금까지 우리가 시험해본 것이 그랬다는 것뿐이지, 우리가 고려하지 않은 다른 중요한 변수가 있을 수도 있습니다. 미래에 어떤 해괴한 변화가 일어나지 않는다는 보장도 없습니다. 또 재미있는 것은 사

* 현대물리학에서는 빛의 속도를 일정한 숫자로 정의하고, 그것을 기반으로 길이를 정의한다. 앞서 언급했듯이 광속을 초속 299,792,458미터라고 하면, 1미터는 빛이 1초 동안 가는 거리를 299,792,458로 나눈 것이 된다. 그렇다면 1초는 어떻게 정의할까? 이후의 논의를 참조하기 바란다.

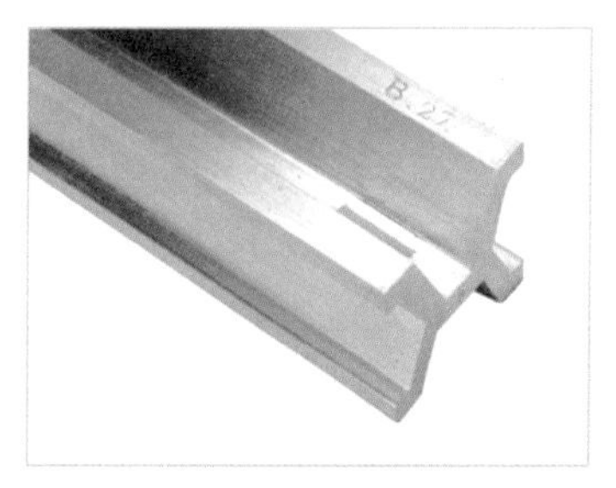

▲ 그림 3-7 미터원기 © Wikimedia.org

실 딱딱한 고체가 어떻게 해서 그 길이를 유지하는지, 이론적으로 설명하기도 수월하지 않습니다.

질량의 측정

모든 기초적 물리량을 측정하는 데 이런 비슷한 문제들이 항상 대두됩니다. 질량을 정의하는 킬로그램원기standard kilogram의 이야기는 더 재미있습니다. 그림 3-8의 킬로그램원기는 미터원기와 달리 아직도 공식적으로 사용되고 있습니다. 프랑스 파리에 가면 정말 잘 모셔놨습니다. 이것도 미터원기처럼 플라티늄-이리듐 합금으로 제작되었고, 국제조약으로 이를 1킬로그램으로 정했습니다. 원래 프랑스 혁명기에 미터법을 만들 때에는 순수한 물 1리터가 온도 0도에서 가지는 질량을 1킬로그램으로 하자고 했었는데, 그 기준을 정확히 실현하기가 너무 어려웠습니다. 우리가 1리터라고 쉽게 말하지만 아주 정확히 1리터가 들어가는 그릇을 만든다고 한번 생각해봅시다. 18세기 기술로는 절대 해낼 수 없었고, 지금도 쉬운 일은 아닙니다. 그래서 결국 나온 해결책이 1889년도에 제작된 킬로그램원기인데, 오랜 세월 잘 써왔지만 근래에 일관성이 상실되는 사태가 벌어졌습니다. 이 귀중한 것을 만들어놓고 만지면 변하니까, 이중으로 보호된 진공 속에 넣어놓고 전혀 손을 대지 않습니다. 그러나 사용을 하긴 해야 하니까, 킬로그램원

▲ 그림 3-8 킬로그램원기
ⓒ Wikimedia.org

기를 만들 때 아주 똑같은 복제품, 소위 '증인' 추 여섯 개를 만들었습니다. 그 증인조차도 만지기가 겁이 나서 실제로는 그 증인을 또 복제해서 사용하고 있습니다. 그래도 안심이 되지 않아, 가끔씩 증인들을 불러 모아 원기와 비교합니다(지금까지 역사상 세 번 이렇게 비교를 했다고 합니다). 그런데 그렇게 비교한 결과 이놈의 킬로그램 원기가 증인들보다 약간(지금까지 약 0.00005그램) 가벼워지고 있다고 합니다. 제가 위에서 가상으로 미터원기가 줄거나 늘거나 하면 어떻게 할까 하는 질문을 던졌었는데, 바로 그런 상황이 킬로그램 원기에 닥쳐온 것입니다.

그래서 사실 최근에 측정 전문가들, 즉 도량형학자들은 국제회의를 통해 이 킬로그램원기를 폐기하기로 결정했습니다. 새로 결의된 킬로그램의 정의는, 양자역학을 써서 플랑크 상수를 기반으로 합니다. 그런데 그 옛날 프랑스 혁명 때의 상황처럼 실험의 정밀성이 아직 이론적 정의의 정밀성을 따라주지 못하고 있습니다. 그래서 그 실험을 더 정확히 하기 위해 현재 여러 나라에서 많은 노력을 하고 있습니다.

시간의 측정

시간 측정의 역사는 이보다도 더 흥미진진합니다.[7] 시간 측정은 인류가 정말 오랫동안 해온 일이지요. 고대 문명 때부터 해시계, 물시계를 사용했는데 현대적 기준으로 볼 때 '그래도 상당히 정밀하다'는 시계가 나온 지는 한 300년 남짓되었습니다. 해시계는 여러 가지 측면에서 실용성이 떨어지지만 오랜 세월 동안 개념상 중요한 기초적 역할을 했습니다. 시간의 가장 기본적인 단위가 하루의 길이였기 때문이지요. 매일 해가 가장 높이 있는 시각을 정오로 하고, 그 정오와 정오 사이를 하루로 정한 다음 그것을 24로 나눈 것을 한 시간으로 하여 시간의 단위를 정의하였습니다. 그런데 과학이 더 발달되어 정확한 추시계를 만들고 그것을 기준으로 재보니, 하루의 길이가 계속 달라졌습니다. 가장 큰 이유는 한 가지입니다. 현대적 관점에서 우리가 상식적으로 하루의 길이가 항상 일정하다고 여기는 것은 지구의 자전속도가 불변한다고 생각하기 때문입니다. 그런데 지구는 자전만 하는 것이 아니라 태양 주위를 공전하고, 지구상에서 보는 태양의 위치는 자전과 공전 두 가지의 영향을 다 받지요. 그런데 공전의 속도는 1년 내내 똑같지 않습니다. 지구가 태양 가까이에 있을 때는 더 빠르고 멀리 가면 더 느립니다.

이런 내용을 17세기부터 19세기까지 근대의 천문학자들은 최고의 추시계를 써서 관측으로 다 확인했습니다. 그런데 추시계가 옳다고 어떻게 자신했을까요? 추를 달아놓은 줄의 길이에 따라서 진자pendulum가 정기적인 주기로 흔들린다는 것인데, 이 역시 이론적인 이야기 아닙니까? 무슨 기준으로 판단할 수 있지요? 여기서 또 갈릴레오가 등장합니다. 그가 바로 진자가 정기적으로 진동한다고 말한 사람인데요. 어느 바람 부는 날 문이 열려 있는 교회에 들어갔는데, 거기 천장에 매달려 있는 램프가 정기적으로 흔들리는 것을 보고 깨달았다는 일화가 전해져 내려오고 있습니다. 그런데 손목시계도 없던 갈릴레오가 램프의 진동이 정기적이라는 것을 어떻게 판단했을까요? 시계 없는 손목을 잡고, 자기 맥박을 기준으로 했다고 합니다. 이런 생각을 발달시켜 후대 사람들이 훌륭한 추시계를 만들었고, 그 추시계가 해시계와 대립을 하게 됐습니다. 그 중에 어떤 것을 고를 것이냐? 둘 다 제각각 상당히 정밀한 일관성은 있지만 서로 간에 일관성이 없음을 알았을 때, 사람들은 어떻게 대처했을까요? 과학자들은 결국 추시계를 선택했는데 그 과정에서 아주 화를 낸 사람들이 있다고 합니다. 시간은 태양이 정의해주는 것인데, 무슨 이상한 기계를 발명해서 그것을 기준으로 태양이 틀렸다고 하는 것은 말이 안 된다고 느낀 것입니다. 이런 사람들을 무식하다고 일축해버릴 수도 있겠지만, 그들의 반응을 좀 동정적으로 받아들여보면, 거기서 깊은 인식론적 질문을 발견할 수 있습니다. '추시계가 해시계보다 훌륭하다고 할 때, 과연 어떤 기준으로 그렇게 판단할 수 있을까?'

이 문제를 고려하면서 19세기 말, 20세기 초에 활약했던 프랑스의 수학자 및 물리학자 푸앵카레Henri Poincaré는 시간을 정의하는 기준은 여러 가지가 가능하고, 그중 무엇이 절대적으로 옳은지 말할 수 없다고 우선 인식하고 들어갔습니다. 또 아무 기준이나 정해서 사람들이 거기에 동의할 수도 있다고 인정했습니다. 그러한 푸앵카레의 철학적 입장을 관례주의conventionalism라고 합니다. 그러나 그가 '관례'라고 한 것은 제멋대로 정한다는 의미는 절대 아니었습니다. 우리가 측정기준 자체를 선택하는 그 기준은 단순함과 또 거기서 나오는 간편함이라고 했습니다. 우리가 일상적으로 생각하는 편리함도 있지만 그보다는 순수과학적 관점에서 볼 때 자연법칙이 간단한 형식으로 표현될 수 있도록 시간을 비롯한 다른 모든 물리량의 측정기준을 정해줘야 한다고 생각했던 것입니다.

갈릴레오가 했다는 것처럼 자기 맥박으로 시간을 정의한다면 물리학 이론을 망쳐버릴 것입니다. 내가 절대군주라면 나의 맥박으로 시간을 정의한다는 것이 정치적으로는 가능하겠지요. 그러나 시간을 그렇게 정의한다면 내가 흥분한 상태일 때 세상에서 일어나는 모든 과정은 더뎌진다고 해야 합니다. 그런 식이라면 과학에서 일반적으로 적용되는 간결한 법칙이란 없을 것입니다.

그 반면 진자의 운동이 일정한 주기를 가지고 있다는 가정은, 아주 간략한 공식 몇 개로 표현되는 뉴튼역학과 잘 맞물립니다. 뉴튼역학에서 시작하면 진자의 운동이 정기적이라는 것은 이론적으로 잘 이해됩니다. 진자가 흔들리는 각도가 작은 한에서는 거의 규칙적으로 진동한다는 결과를 별로 어렵지 않게 유도할 수 있습니다. 뉴튼의 이론을 채택하면, 위에서 말한 대로 자전과 공전의 효과가 합쳐져 해시계는 약간 틀리게 되어 있다는 것도 잘 이해가 됩니다. 그런 식으로 이론이 다 맞아떨어지고 이론체계가 단순해집니다. 만약 해시계를 고집하면서 진자가 규칙적이지 않다고 주장하려면 뉴튼역학도 수정해야 할 것입니다. 그것이 가능하긴 하지만 아주 골치 아프고, 역학의 기본법칙이 아주 복잡해지는 사태가 벌어질 것입니다. 그러지 않고 추시계로 시간을 정의함으로써, 간단하고

* 그런데 과학이 더 발달하면서 뉴튼역학도 폐기된 것을 푸앵카레의 철학적 입장에서 어떻게 이해할 수 있을까? 뉴튼 이후의 이론들이 더 높은 차원에서 단순성을 이룩했다고 보아야 할 것이다.

아름다운 뉴튼역학 이론을 유지할 수 있었던 것입니다.*

인식과정의 반복

측정이란 이렇게 힘들고 복잡하지만, 훌륭히 발달되어왔습니다. 그러한 진보가 어떻게 가능했었는지를 조심스레 고려해볼 필요가 있습니다(이 주제에 대해서는 6장에서 다시 더 깊이 논의할 것입니다).

측정에 대한 철학적 논의는 기준이 없는 상태에서 기준을 만들어내려면 순환논리에서 빠져나올 수 없으리라는 걱정에서 시작되었습니다. 그러나 돌이켜보면, 기준이 아예 없는 데서 과학적 탐구가 시작되는 것은 아닙니다. 인간이 경험을 토대로 지식을 쌓아갈 때 처음에는 감각에 의존해 시작합니다. 일단 감각이 옳다고 가정하고 들어간다는 말입니다. 그렇게 감각을 기반으로 얻은 지식으로 측정기구를 만들고 나서는, 그 기구를 사용해서 감각 자체를 수정할 수 있습니다.

온도의 예로 돌아가봅시다. 겨울에 추운 바깥에 나갔다가 들어오면 집 안이 아주 덥게 느껴집니다. 그러나 온도계를 보면 실내온도는 내가 나가기 전이나 똑같습니다. 그러면 나의 체감이 왜곡되었다고 판단합니다. 그런데 우리가 원래 왜 온도계를 믿고 사용하게 되었나를 생각해보면, 처음에는 체감과 대강 맞아떨어졌기 때문이었습니다. 만약 날이 확실히 더워지는데 온도계에 넣은 액체가 팽창하지 않는다면, 그런 '온도계'는 엉터리라고 판단해서 아예 쓰지도 않을 것입니다. 그러나 체감과 대부분 일치하면서 더 정밀하게 온도를 나타내주는 온도계가 있어서 채택을 하고 나면, 그것을 체감보다 더 신용합니다. 가끔씩은 온도계를 믿으며 체감을 무시하고 수정합니다. 예를 들어서 날은 정말 춥지 않은데 내가 열이 나기 때문에 으슬으슬 떨리는 것이라고 판단합니다. 이때 날이 정말 춥지 않다는 것은 온도계에 의지해서 판단하고, 내가 열이 난다는 것도 온도계(체온계)를 써서 판단합니다. 이것이 역설적이면서 아주 중요한 인식과정입니다. 처음에 어떤 기준을 기반으로 탐구를 시작하여, 그 탐구의 결과를 기반으로 원래 채택했던 기준 자체를 수정하고 개선하는 것입니다.

이런 식의 발달은 몇 단계에 걸쳐 계속될 수 있습니다. 감각을 넘어서게 해준 그 측정기구로 연구를 해서 지식을 더 쌓아 더 훌륭한 이론을 세우고, 그 이론을 이용하여 측정기구를 수정하거나 더 훌륭한 새로운 측정기구를 만듭니다. 그렇게 개선된 측정기구가 생기면 또 개선된 연구를 하여 더 배우고, 그 새로운 지식을 이용해 또 측정기구를 개선합니다.

다시 시간 측정의 예로 돌아가봅시다. (1)사람들은 처음에 감각적으로 하루의 길이는 대략 일정하고 태양은 하늘을 일정한 속도로 가로지른다는 느낌을 가졌습니다. 그 느낌을 기반으로 해시계를 만들었습니다. 그 해시계가 잘 만들어지니까 거기에 의존해서 시간을 정의했고, 시간이 얼마나 흘렀는가 하는 느낌 자체는 너무 주관적이고 믿을 수 없는 것이라 판단하게 되었습니다. (2)해시계를 기준으로 관측하면서 물리학·천문학 연구를 한 결과, 코페르니쿠스와 케플러의 지동설을 거쳐 뉴튼역학을 발전시키게 되었습니다. 그런데 뉴튼역학을 기반으로 하면 추시계가 해시계보다 더 정확하고, 해시계가 대강은 맞지만 오차가 있다고 깨닫게 되었습니다. 그 오차를 계산해서 해시계를 수정했습니다.* (3)추시계를 사용해서 많은 물리학 연구를 할 수 있었고, 19세기에 이르러서는 역학뿐 아니라 전자기학, 광학 등 여러 분야가 크게 발전했습니다. 이것이 모두 시간 자체를 주제로 하지는 않지만, 정밀한 시간 측정 없이는 발달시키기 불가능했던 학문들입니다. 19세기에 이렇게 이루어진 물리학의 발전은 20세기 초에 와서 양자역학과 현대적 원자이론에 이르렀습니다. 그런 새로운 이론을 가지고, 전자시계와 원자시계까지 만들게 되었습니다. 이런 시계에 비하면, 추시계는 비교도 안 되게 정밀성이 떨어집니다. 이제 1초라는 시간의 단위 자체를 원자에서 나오는 빛의 주파수를 이용해서 정의하게 되었습니다.

이러한 과학의 발달과정을 볼 때, 탐구를 하다 보면 원점으로 돌아와 그것을 개선할 수 있다는 것이 보입니다. 과학에서 이런 식의 개선은 비일비재합니다. 과학이 이렇게 발달하는 과정을 저는 『온도계의 철학』에서 '인식적 반복'이라고 정의하였습니다. 자연을 탐구하는 과정은 어떤 주어진 기준을 기반으로 이루어집니다. 측정기구는 그러한 기준의 중요한 한 예이고, 그 외에도 1장에서 말한

* 또 뉴튼역학을 기본으로 지구의 자전이 정기적이라고 보면, 태양 대신 별의 위치로 시간의 기준을 정하면 정확하다는 추론도 나온다. 또 추시계는 마찰과 공기저항, 고체의 길이 변화 등 실용적으로 염려해야 할 요인이 많기 때문에, 천문학적으로 시간을 정의하는 것이 정밀성을 높이는 데 좋다. 그러나 지구의 자전도 자체 내의 마찰로 인해 점점 느려진다고 하는데, 이는 아주 미세한 정도이다.

것처럼 어떤 패러다임에 포함되어 받아들여진 연구방법이나 판단 기준 들도 있습니다. 그런데 여기서 '주어진' 기준이라는 것이 중요합니다. 이번 장에서 살펴보았듯, 기준 자체도 비판의 대상이 되고 개선할 수 있고 완벽하지 못합니다. 그러나 완벽한 기준이 나올 때까지 기다린다면 아무 일도 시작할 수 없습니다. 불완전하리라는 것을 알면서도, 이미 갖추어진 기준에 의존하여 시작하는 것입니다. 그렇게 탐구를 시작하여 결과가 잘 나오면, 그 탐구의 시발점이 된 기준도 재검토할 수 있습니다. 그렇게 해서 원래의 기준을 수정하고 정제합니다. 역사적으로 볼 때, 물려받은 기준을 존중하고 사용하되 거기에 절대적으로 복종하지는 않는 것입니다. 또 그런 과정을 계속 반복할 수 있습니다. 인식적 반복이란 처음에 믿고 시작한 전제들을 단순히 유지하고 되풀이하는 것이 아니라, 매 단계에서 재검토하며 지식을 쌓고 개선하는 과정을 되풀이한다는 뜻입니다.

이러한 인식과정을 통해 지식이 발달하는 과정을 좀 기하학적으로 비유하자면, 나선helix의 형태입니다. 나선은 동그랗게 돌아서 계속 같은 점으로 돌아오는데 한 번 돌아올 때마다 더 높아집니다. 이것이 덧없는 순환논리로밖에 해석되지 않는다면, 그것은 우리의 관점이 '지식의 완벽한 정당화'라는 비현실적이고 환상적인 요구에 사로잡혀 있기 때문입니다. 무한히 높은 꼭대기에서 내려다보기 때문에 나선이 그냥 원으로밖에 안 보이는 것입니

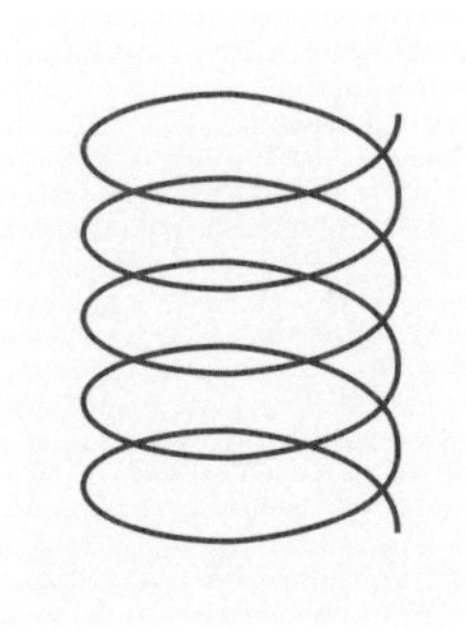

▲ 그림 3-9 나선

다. 그 높은 곳에서 내려와서, 옆에서 나선형을 보면 위로 올라가는 모습이 확실히 보입니다. 이 나선형의 발전형태를 원형의 순환논리로 잘못 이해하고 저도 측정에 관한 연구를 처음 시작할 때 걱정을 많이 했었습니다. 지식이 완벽할 수 없다는 것을 받아들이면 그 완벽하지 않은 지식을 우리가 어떻게 개선할 수 있는가, 그것도 보입니다.

과학의 발전과정은 단순한 진보가 아니라 진보와 보수의 융합입니다. 이미 존재하는 기준을 가지고 시작해야 한다는 보수적 의무

반복 iteration

이는 원래 수학이나 컴퓨터 프로그래밍에서 쓰는 용어입니다. 예를 들어 어떤 복잡한 방정식을 정확히 풀기가 어렵다면, 알아내야 하는 X의 값을 대강 비슷하게 짐작하여 넣어서 시작합니다. 그렇게 잡은 근사치 X_1을 그 방정식에 넣어보면 틀렸다는 것을 알 수 있습니다. 그때 어떻게 틀렸는가를 보면 어느 방향으로 고쳐야 하는지가 보이는데, 정확하게 어떻게 고쳐야 하는지는 확실치 않습니다. 그래도 그것을 고치는 어떤 산법algorithm을 마련하고, 그에 따라 개선된 근사치를 계산합니다. 그 개선된 근사치 X_2를 다시 방정식에 넣고, 어떻게 틀렸는지 다시 봅니다. 이 과정을 반복하여 계속 개선된 근사치 X_3, X_4, X_5를 뽑아갑니다. 우리가 고안한 산법과 처음 잡은 근사치가 너무 엉터리가 아니라면 근사치는 정답으로 수렴converge됩니다. 영문 위키피디어에 보면 'Newton's method'라는 한 가지 좋은 예가 자세히 설명되어 있습니다.[8] 그런데 수학에서는 무엇이 정답인지 확인할 수 있지만, 자연과학에서는 그러지 못합니다. 그러면 우리가 내는 해답이 수렴된다는 것은 과연 무슨 의미가 있을까요? 이에 대해서는 5장, 6장에서 다룰 것입니다.

감과, 그러나 옛날보다 더 잘해야 한다는 진보적 의무감을 동시에 소화해내야 합니다. 과학뿐 아니라 우리 일상생활도, 정치적·사회적 발전도 다 그렇다고 생각합니다. 예를 들어 자식은 부모보다 더 잘나고 싶어합니다. 부모도 자식이 자신보다 더 잘되기를 바랍니다. 그러나 자식은 자신의 시작점을 부모에게서 물려받았다는 것을 인정해야 합니다. 그 물려받은 것을 존중하며 시작하되, 더 잘해서 원점보다 훌륭하게 나아가야 하지 않겠습니까.

측정이라는 중요한 주제를 통해서 이번 장에서는 과학이 데카르트 식의 인식론적 절망에서 벗어나는 모습을 조금 보여드렸습니다. 이는 점진적으로 축적되고 정밀해지는 발전의 형태이고, 측정뿐 아니라 다른 부분에서도 많이 이루어진다고 봅니다. 다음 장에서는 과학이 점진적 발전을 넘어서 어떻게 혁명적 발전을 일으키는지 검토하고, 또 그에 따른 철학적 문제들을 함께 고려해보겠습니다.

3장 요약

- 현대과학은 개념의 수량화에 의존하고, 그러므로 측정이 중요하다.
- 측정을 하려면 기준이 있어야 하는데, 기준이 없는 상태에서 기준을 확립하기란 쉽지 않다.
- 온도, 길이, 질량, 시간 등의 기본 물리량의 측정에도 그러한 어려움이 있고, 타 분야에서 이루고자 하는 측정도 마찬가지다.
- 기준의 창조와 개선은 '인식과정의 반복'을 통해 가능하다.

4장

과학혁명

3장에서 이야기했듯이 과학지식은 계속해서 더 정밀해집니다. 절대적으로 정당한 시발점이 없더라도, 나아가면서 지식의 질을 개선할 수 있습니다. 완벽하지 않은 토대 위에도 과학지식이 쌓인다는 것은 1장에서 논의했던 쿤의 '정상과학' 개념과도 통합니다. 어떤 **패러다임***을 받아들이고 그 틀 안에서 연구하는 정상과학 이내에서 보이는 지식의 진보 형태는 축적이나 점진적 개혁이라고 볼 수 있겠습니다. 어떤 패러다임도 절대적으로 증명된 것은 아니지만 그것을 받아들이면 그 틀 안에서 지식을 키워갈 수 있습니다.

그런데 논의는 거기서 끝나지 않고, 쿤의 유명한 『과학혁명의 구조』[1]라는 책 제목 자체에서 언급하고 있는 과학혁명을 고려해야 합니다. 정상과학은

* 패러다임 약간 복습을 하자면, 이 패러다임에는 두 가지 의미가 있는데 첫째로는 본보기가 될 수 있는 아주 훌륭한 과학적 업적이고 둘째는 그 본을 따라 하면서 형성되는 과학의 스타일을 이른다.

무한정 유지되지 못하고 과학혁명을 유발한다는 것이 쿤의 이론이었습니다. 1장에서 살펴보았듯이, 포퍼는 정상과학이 독단적으로 자기 체제를 유지하는 결과밖에 내지 못할 것이라며 쿤을 비판했는데, 쿤은 정반대로 정상과학은 자신에게 가장 위험한 적이라고 주장했습니다. 자체의 파멸을 불러일으킨다는 말이지요. 정상과학을 추구하는 과학자들은 자신들의 패러다임을 유지하기 위해서 극도의 노력을 기울입니다. 버틸 수 있는 데까지 끝까지 버티다가 어느 지점에 가면 패러다임이 총체적으로 붕괴해버립니다. 그러면서 '과학혁명'이 일어납니다. 모래성을 쌓을 때 그러하듯 잘나가다가 어느 순간 와르르 무너집니다. 포퍼도 영향력이 대단한 학자였지만, 쿤에 비하면 별것 아니었던 듯 보입니다. 1960년대 이후 쿤의 패러다임 개념과 과학혁명 개념은 과학사·과학철학 분야를 훨씬 뛰어넘어 문화 일반에까지 큰 영향을 미쳤습니다. 그 이유만으로도 쿤이 도대체 무슨 소리를 했는지 정확히 이해해볼 필요가 있습니다.

과학혁명의 몇 가지 예

과학이 진보하는 역사를 볼 때 우리는 대개 과학혁명을 가장 멋지고 흥미로운 사건으로 봅니다. 과학사에 익숙하지 않은 독자를 위해, 몇 가지 예를 들어보겠습니다. 우선 코페르니쿠스 혁명이 있습니다. 지구가 우주의 중심에 가만히 있고 모든 천체들이 지구를 중심으로 돈다고 했던 천동설이 엎어지고, 반대로 태양이 중심이고 지구는 그 주위를 도는 하나의 행성에 불과하다는 지동설로 바뀐 사건입니다. 쿤이 과학사 연구를 하면서 가장 처음 쓴 책이 이 코페르니쿠스 혁명에 대한 것이었습니다. 『과학혁명의 구조』보다 5년 전인 1957년에 출간했는데, 그러니까 혁명에 대한 일반론을 펼치기 전에 자세한 사례연구를 했던 것입니다.

다른 혁명의 예도 많습니다. 뉴튼역학은 워낙 훌륭하고 광범위한 패러다임이었기 때문에 몰락할 때 혁명도 두 개나 겪었습니다. 하나는 상대성이론으로 넘어가는 혁명이었는데, 그때 아인슈타인은 뉴튼이 말했던 절대 시간이나 공간은 없고 시간과 공간은 관측자의 운동상태에 따라 정의되는 상대적인 것이라고 주장했습니다. 또한 뉴튼은 각 물체의 질량이 불변한다고 했었는데, 아인슈타인은 그것이 속도에 따라 변한다고 했고 또 질량과 에너지는 상호 환원될 수 있다면서 원자폭탄의 이론적 기반이 되는 원리를 내놓기도 했습니다(그 유명한 $E=mc^2$ 공식으로 표현되었지요). 또 물리학자들이 20세기 초에 원자나 그보다도 더 미세한 입자들을 다루기 시작하면서, 이 영역에서는 뉴튼역학이 양자역학으로 대체되었습니다. 그 혁명을 겪으면서 물리학자들은 상대성이론에서 나오는 내용보다도 더 해괴한 입자-파동의 이중성 등을 이야기합니다. 또 뉴튼역학에서는 뉴튼의 법칙에 의해서 모든 물리적 과정의 결과가 정확히 예측된다고 했는데, 양자역학에서는 궁극적으로 여러 가지 결과가 일어날 확률이 정해져 있을 뿐이라고 했습니다.

생물학에서도 과학혁명은 일어났습니다. 예를 들어 다윈의 진화론이 정설로 받아들여지면서, 그 전에 다들 창조론을 믿고 그것을 기반으로 지구와 생물의 역사를 해석했던 전통은 뿌리가 뽑혀버렸다고 해도 과언이 아닙니다. 다윈주의 패러다임에 의하면 생물의 진화는 '돌연변이'와 '자연선택'이라는 자연적 법칙에 의해 이루어지고, 그 과정에 개입하는 창조주도 없고 설계를 해준 존재도 없다고 생각하게 되었습니다(과학혁명의 또 한 가지 좋은 예는 '화학혁명'인데, 이는 7장에서 자세히 논의할 것입니다).

어떻게 과학에도 혁명이?

그런데 '혁명'이라는 정치적 개념을 과학에 적용하는 것이 과연 적합할까요? 혁명은 뭔가 뒤집어엎는다는 것인데, 우리가 어느 정도 훌륭한 과학지식을 가지고 있다면 그걸 아주 뒤엎는 짓은 삼가야 하지 않을까요? 정치적 체제라면 뒤엎어야 하는 상황을 충분히 생각할 수 있습니다. 옛날에는 그래도 체제에 일리가 있었지만 이제 상황이 변해서 계속 유지할 이유가 없고 바뀌야 한다든지, 아니면 처음에는 괜찮았던 정권이 점점 부패하거나 변질되어 갈아치워야 할 상황이 될 수 있습니다. 그래서 정치에서는 혁명도 가끔 일으켜야 할 필요가 있습니다. 그런데 과학에서 그런 상황이 벌어질 수 있을까요? 자연 자체가 변해서 새로운 과학이 필요할 것 같지도 않고* 과학자들이 부

* 환경이 심하게 변한다면 그에 적응하기 위한 변화가 필요할 수는 있겠지만, 공학이라면 몰라도 과학에서 그런 환경 변화가 일어나기는 힘들 것이라 생각한다.

패한 것 같지도 않은데, 과학에 도대체 왜 혁명이 일어나고 또 사람들은 왜 생각도 없이 혁명이 일어났다고 신이 나서 좋아하는 것인지 이해하기 힘듭니다.

그런데 쿤은 과학혁명을 정말 의식적으로 정치적 혁명에다 비유했습니다. 혁명기의 과학은 신-구 패러다임의 경쟁과 투쟁 관계로 표현했고, 그 싸움을 중립적 입장에서 조절해주거나 평가해주는 심판도 없다고 강조했습니다. 그리고 그 싸움은 논증이나 검증을 통해 결판낼 수 없다고 했습니다. 그러면 어떻게 결판이 나느냐는 물음에, 그건 설득의 문제라고 했습니다. 과학에서 증명이 아니라 설득으로 논쟁이 결판난다고 하니 충격적으로 받아들인 사람들이 많았습니다. 그러나 쿤은 과학사를 잘 들여다보면 그런 결론을 내릴 수밖에 없다는 입장이었습니다. 한 발 더 나아가 쿤은 과학혁명을 '개종conversion'에 비유했습니다. 패러다임을 갈아치우겠다는 과학자의 결심은 어떤 종교를 믿던 사람이 다른 종교로 개종하는 과정과 비슷하다는 것이지요. 마치 사울Saul이 다마스커스Damascus로 가는 길에 갑자기 예수를 믿게 되었다는 것처럼, 과학자도 어느 순간 영감을 받아서 새로운 패러다임으로 전향해야겠다는 생각이 들어 갑자기 과학적 세계관을 바꿀 수 있다고 했습니다.** 여기서 사용한 '전향'이라는 표현도 정치적인 비유입니다. 그렇게 전향하는 사람들이 많으면 혁명이 이루어지는데, 그렇더라도 전향을 거부하고 옛날의 패러다임을 고수하는 사람들도 있습니다. 그러면 그 사람들이 다 죽어야 비로소 혁명이 완수되겠지요. 이는 양자quantum 개

** 과학혁명은 오랜 시간에 걸쳐 이루어지는 하나의 사건이지만, 개개인의 전향은 일순간에 일어나기도 한다.

념을 만들었던 독일의 저명한 물리학자 플랑크Max Planck가 했던 말입니다. 새로운 과학적 진리의 승리는 반대파를 설득해서 얻는 것이 아니라 반대파가 다 죽고 나면 새로운 것에 익숙해진 새 세대가 자라나면서 이루어진다고요.[2]

쿤이 과학적 패러다임을 객관적으로 선택하기 힘들다고 한 이유에는 여러 가지가 있는데 이제 그에 대해 자세한 논의를 할 것입니다. 그러나 우선 한마디로 하자면, 패러다임이란 이론뿐 아니라 세계관과 가치관을 내포하고 있기 때문입니다. 그래서 똑같은 관측 내용도 전혀 다르게 해석할 수 있고, 똑같은 업적도 아주 다르게 평가할 수 있습니다. 이를 이해하는 데에는 2장에 나왔던 '오리-토끼' 그림이 도움이 됩니다. 누가 쭉 이 그림을 오리로 보다가 갑자기 토끼라고 깨닫는다든지, 아니면 이제부터 토끼로 봐야겠다고 마음을 먹을 수도 있습니다. 그러고 나면 전에 알고 있던 일까지 모든 것이 새로 보입니다. 토끼로 보다가 오리로 보게 되면 그 그림에 들어 있는 모든 선의 해석이 갑자기 달라져버립니다. 토끼 귀였던 부분은 오리 부리가 되고, 토끼의 입은 오리의 뒤통수가 되고, 그렇게 부분 부분의 의미가 다 변합니다. 눈은 여전히 눈이지만, 토끼 눈에서 오리 눈으로 둔갑했기 때문에 그대로가 아닙니다.

▲ 그림 2-7 오리-토끼 ⓒ『Fliegende Blätter』(1892년 10월 23일) at Wikimedia.org

쿤의 과학혁명 논의는 과학지식

의 사회적·심리적 차원에 대한 많은 고찰과 논쟁을 불러일으켰습니다. 많은 철학자들은 이를 부정적으로 보았는데, 그중 대표적인 사람이 헝가리 출신의 과학철학자 **라카토쉬***였습니다. 과학사에 대한 쿤의 지적을 많이 받아들이면서도 기본적으로는 포퍼와 마찬가지로 과학적 비판정신을 이성적 사고의 기반으로 중요시 여겼던 사람입니다. 라카토쉬는 쿤이 말하는 과학혁명의 과정에 의하면 과학자들은 군중심리에 지배받는 것에 불과하다고 쿤을 비난했습니다.[3] 라카토쉬는 과학적 판단이란 철저히 이성을 기반으로 해야 한다고 주장했고, 혁명적 상황에서는 항상 더 진보적인 패러다임이나 연구 프로그램을 선택해야 한다고 말했습니다. 여기서 라카토쉬가 말하는 '진보'란 새로운 사실을 성공적으로 예측해낸다는 의미이고, 라카토쉬는 이것을 실증적 과학이 이루어낼 수 있는 가장 중요한 업적으로 보았습니다. 반면, 과학지식도 사회적으로 결정된다는 쿤의 의견을 좋아하는 사람들도 많았습니다. 그들은 쿤을 영웅시했는데 쿤은 그들을 굉장히 싫어했고, 자신을 너무 오해했다고 슬퍼했습니다. 그들의 해석이 옳았는지를 평가하려면 쿤의 논의 자체를 더 자세히 고려해볼 필요가 있습니다.

* **라카토쉬** 이 사람의 이름을 어떻게 발음해야 하는지는 논란이 많다. 헝가리어의 'a'는 우리말의 '아'도 '어'도 아닌 미묘한 소리이다. 좀 얼버무리는 소리로, 단음으로 내주어야 한다. 정 궁금한 독자들은 영문 인터넷으로 들어가서 'Imre Lakatos pronunciation'을 검색해보면 원어민들의 발음을 들어볼 수 있다.

그림 4-2의 도해는 쿤이 말하는 과학혁명의 구조를 요약하기 위해 제가 작성한 것입니다. 도해의 처음에는 아무런 패러다임도

정립되지 못한 상태에서 이루어지는 '과학 이전'의 연구활동이 나옵니다. '과학'이라는 학문이 생기기 전에도 사람들은 자연에 대해 연구를 많이 했습니다. 1장에서 잠시 언급했던 소크라테스 이전 고대 그리스에서처럼, 동의된 패러다임 없이 산만하게 다들 각자 자기들의 파벌을 따라서 많은 연구를 할 수 있는데 쿤은 패러다임이 없으면 과학이 아니고 과학 이전의 상태라고 간주합니다.

그러다가 누군가가 훌륭한 업적을 이룩해서 남들이 다 따라 할 정도가 되면 그것이 하나의 패러다임으로 정립되면서 정상과학이 시작됩니다. 그런데 정상과학을 하다 보면 '변칙사례anomaly'들이 나옵니다. 변칙사례란 패러다임에서 예상한 것과 다른 일이 생기는 상황을 말합니다. 변칙사례는 대부분 관측이나 실험 결과가 이론과 다른 상황을 말하는데, 꼭 거기에만 국한된 것은 아닙니다. 관측결과 자체가 이상하게 일관성 없이 나타날 수도 있고, 이론 자체를 발전시키는 과정에서 잘 들어맞지 않는 곳이 생길 수도 있습니다. 그런 모든 종류의 변칙사례들을 퍼즐로 삼아서 열심히 푸는 것은 정상과학의 본업입니다. 그런데 그 변칙사례들이 너무 많이 모인다

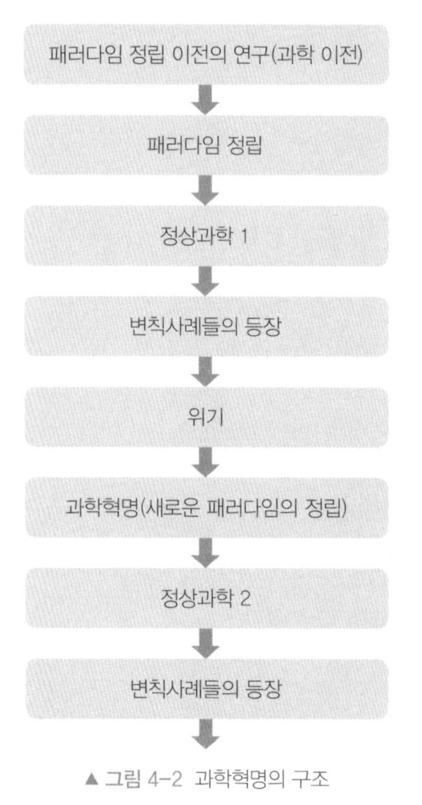

▲ 그림 4-2 과학혁명의 구조

거나, 너무 중요한 내용이거나, 또 너무 오래 퍼즐이 풀리지 않으면 정상과학은 위기를 맞는다고 했습니다.

여기서 '위기'는 그냥 '큰일났다' 정도의 느낌이 아닙니다. 쿤은 이 위기를 비교적 정확히 정의하였습니다. 정상과학이 위기를 맞으면 과학자들의 연구 초점이 흐트러집니다. 원래는 다들 같은 패러다임을 받아들이고 그것을 같은 방식으로 이해하여 같은 방향으로 연구를 잘해나갔는데, 위기를 맞으면 과학자들이 엉뚱한 궁리도 해보고, 철학적인 의문도 제기하고, 또 절망하기도 한다고 하였습니다. 이렇게 과학자들이 이상한, 즉 '정상'이 아닌 행태를 보이면서 정상과학은 붕괴됩니다.

과학은 그런 위기에서 어떻게 벗어날까요? 어떤 사람이 정말 멋진 아이디어를 내서 그 퍼즐을 푼다면 붕괴되어가던 기존의 정상과학 패러다임이 다시 소생할 수도 있습니다. 그러나 누가 퍼즐을 풀긴 풀었는데 기존의 패러다임에 전혀 맞지 않는 새로운 아이디어로 푸는 일도 일어날 수 있습니다. 그렇게 해서 위기를 해결할 조짐이 보이면 그 새로운 아이디어를 추종하는 사람들이 생겨납니다. 그런 사람들이 충분히 모이면 새로운 패러다임이 형성되는데, 그때 기존의 패러다임은 크게 흔들리기는 했지만 아직 버티고 있는 상태입니다. 그래서 신-구 패러다임 간에 경합이 시작됩니다. 정치에서 혁명이 일어나면 많은 경우 내전을 하지요. 과학에서도 그렇게 내전이 일어납니다. 신출내기 패러다임이 그 내전에서 이기면 과학혁명이 이루어지는 것입니다.

혁명이 종료되면 새로운 패러다임을 기반으로 또 다른 스타일의 정상과학이 시작됩니다. 또 그 새로운 정상과학도 조금 나가다 보면 어쩔 수 없이 변칙사례들을 만나게 되고, 위기를 맞고, 결국은 다른 패러다임으로 교체됩니다. 쿤은 계속 끝없이 정상과학, 혁명, 정상과학, 혁명의 과정이 반복되는 것으로 과학사를 해석하고 과학의 미래도 그런 식으로 암묵적으로 예견했습니다. 이 반복된다는 개념이 재미있고 의미심장합니다. 우리말의 '혁명'에는 그런 의미가 없지만 영어 단어 혁명revolution에는 '돈다'는 의미도 있습니다. 도는 것과 혁명이 무슨 상관일까요? 어원을 생각해보면 원래 혁명의 의미는 쿤이 말하는 것처럼 세상이 돌고 또 돈다는 의미입니다. 여러 제국이 흥망성쇠하면서 역사가 이루어지듯이.

비정합성

쿤의 철학을 더 깊이 이해하려면 혁명이 진행되고 있는 상황에서 경쟁관계에 있는 패러다임들이 어떤 관계를 갖는지 자세히 살펴보아야 합니다. 거기서 가장 중요한 쟁점은 '**비정합성** incommensurability'*이라는 개념입니다. '정합coherence' 개념을 5, 6장에서 자세히 논의한 후라면 그 의미가 더 명확해질 텐데, 일단 여기서는 이 정도로 넘어가고 쿤이 의도했던 의미부터 설명하겠습니다. 기본적으로 경쟁관계에 있는 패러다임은 서로 동의하지 않는 것을 넘어서 서로 말도 통하지 않습니다. 말이 안 통한다고 느슨하게 표현했는데, 더 정확히 말하면 거기에는 세 가지 차원이 있습니다.

패러다임과 함께 판단기준이 바뀐다

첫째, 패러다임이 바뀌면 판단기준이 바뀝니다. 여러 가지 예를 들 수 있겠지만, 다시 처음의 뉴튼으로 돌아가보겠습니다. 1장에서 살펴보았듯이 뉴튼은 중력이론을 수학적으로 표현했습니다. 그리고 자신이 고안해낸 미적분을 써서 아주 정확하게 문제를 풀어냈고, 계산한 결과가 관측사실과 정확히 맞아떨어졌습니다. 그렇게 되니 많은 추종자들이 생겼습니다. 그런데 그 멋진 뉴튼스타일로 과학하기를 거부한 반대파들도 많았는데 그중 큰 세력이 데카르트의 패러다임을 따르는 사람들이었습니다. 데카르트의 추종자들은 뉴튼은 수학만 잘했지 물리학에서 중요한 것은 설명하지 못했다고 주장했습니다. 예를 들어 뉴튼은 지구와 태양이 중력으로 서로를 끌어들인다고 했는데, 지구와 태양 사이의 머나먼 거리에는 진공밖에 없고 연결된 것이 아무것도 없는데 무슨 작용으로 서로 끈다는 것입니까?

데카르트 파는 뉴튼이 신비

* **비정합성** 영어로는 incommensurability인데, 쿤이 그 의미를 간략하게 정의해주지 않았고, 번역하기도 껄끄러운 단어다. 대개 '공약 불가능성'이라고 번역되고, 필자 역시 EBS 강의를 할 때는 그렇게 따라 썼는데 무슨 이야기인지 보통 사람은 전혀 알아들을 수가 없고 한문으로 쓰지 않는 이상 선거 때 나오는 공약과 혼동될 여지도 있다. 그래서 '비정합성'이라는 단어를 필자가 새로 고안했다. 쿤이 사용한 incommensurability는 원래 수학에서 나온 개념인데, 두 숫자 간에 공동의 약수가 (분수를 허용하더라도) 없다는 뜻이다. 예를 들어 유리수인 1과 무리수인 $\sqrt{2}$의 관계가 그러하다.

주의적인 중세의 관념으로 되돌아갔다고 비판했습니다. 자연에 신비로운 숨은 힘이 내재해 있고, 그래서 우리가 알 수 없는 작용으로 지구와 태양이 서로를 끌어들인다는 말은 비과학적이라고 거부한 것입니다. 이 '원격 작용action at a distance' 문제는 오랫동안 과학적으로 중요한 쟁점으로 논의되었습니다. 2장에서 논의했듯 갈릴레오가 어떻게 달이 바닷물을 끌어당길 수 있느냐며 케플러의 조수이론에 반대했을 때와 비슷한 생각이었습니다. 이 예를 보면, 같은 과학 분야에서도 패러다임이 다르면 어떤 것이 훌륭한 지식인가를 판단하는 기준이 달라질 수 있다는 것이 보입니다. 뉴튼역학 패러다임의 기준으로는, 정확히 개념을 정리해서 단순한 법칙을 세우고 그것을 수학적으로 표현하여 공식을 푸는 것이 최고입니다. 그렇게 해서 계산해낸 내용이 관측과 일치하면 된 것이고, 더 이상 '깊은' 설명 같은 것은 원하지 말라고 합니다. 그 반면 데카르트의 역학 패러다임에서는 자연현상이 어떤 작동원리로 일어나는지를 말해주는 기계적인 설명이 가장 중요합니다. 수학으로 풀 수 있다면 금상첨화지만 그것이 주목적은 아닙니다. 이렇게 판단기준이 달라져버리니까 모두들 동의할 수 있는 객관적 평가를 하기가 어려운 것입니다.

또 한 가지 아인슈타인의 특수상대성이론을 예로 들 수 있습니다. 19세기부터 나온 광학의 전통에서는 빛을 파동이라고 했습니다. 빛이 지닌 색깔은 파장에 의해서 결정되고, 적외선도 빛과 같은 것인데 파장이 더 길고 전파의 파장은 더더욱 길며, 또 자외선은 가시광선보다 파장이 짧고 엑스선은 더더욱 짧다고 이해했습니다. 그런데 파동이란 무엇입니까? '물결 파(波)' 자를 쓰는데 이는 결국 우리가 바다에서 본 물결을 이야기합니다. 물이 출렁여서 파도가 일어나는 것처럼, 빛이 정말 어떤 파동이라면 물과 같은 역할을 하는 그런 매체medium가 있어야 할 것입니다. 그래서 19세기 물리학자들은 그것이 무엇일까 고민하다가 **에테르**ether*라는 개념을 만들어냈습니다. 우주 공간 전체에 퍼져 있다는 가상의 물질이죠. 그래서 빛은 에테르가 진동하는 것이라고 했습니다. 과학자들은 한번 개념을 정립하고 나면 그에 대한 연구를 열심히 합니다. 그래서 19세기 후반 물리학에서 가장 중요한 주제 중의 하나는 '에테르의 성질과 구조'였습니다. 영국의 물리학자 맥스웰James Clerk Maxwell은 고전 전자기학의 기초를 확립한 과학자인데, 네 개로 나열되는 맥스웰의 방정식은 아직까지도 전자기학의 기본으로 물리학을 공부한 사람들은 다 잘 알고 있습니다. 이 맥스웰은 19세기 후반에 브리태니커 백과사전에 '에테르' 항목을 작성했는데 거기에 보면 에테르의 비중부터 여러 가지 성질이 측정사실을 기반으로 계산되어 있습니다.[4]

그런데 아인슈타인은 1905년에 갑자기 나와서 에테르 개념은 전혀 필요 없다고 선언했습니다. 그러면 그는 빛이 파동이 아니라고 생각했을까요? 아니, 파장은 있다고 인정했습니다.* 그런데 어떻게 에테르 없이 빛을 이해할 수 있는지, 그 점은 잘 설명해주지 않았습니다. 제가 아인슈타인이 '갑자기 나왔다'고 표현했는데, 그

* **에테르** 원래 뉴튼도 언급했던 개념인데, 그 역할은 상당히 막연하고 광범위했다. 영어로 'aether'라고 쓰기도 한다. 8장에 나오는 화학물질 에테르와 잘 구분해야 한다.

* '기적의 해'라고 불리는 그 1905년에 아인슈타인은 광자이론도 발표했다. 그는 빛은 광자라는 입자들로 이루어져 있는데, 그 입자는 주파수를 소지하고 있다고 했다. 그렇게 해서 양자역학의 '입자-파동의 이중성'을 이야기하기 시작했는데, 그 개념이 지금도 속 시원하게 해명되었다고 보기는 힘들다.

가 처음 특수상대성이론을 발표했을 때는 겨우 만 26세의 청년이었습니다. 박사학위를 받은 후에 대학교수도 못 되고 스위스 특허청에 근무하고 있었고, 당시 학계에서는 정말 아무 존재감이 없는 사람이었습니다. 그런 사람이 나와서, 훌륭한 중견 학자들이 오랫동안 심각하게 연구해온 에테르를 '난 그런 거 안 해!' 하는 식으로 팽개쳐버렸습니다. 자기가 뭔데? 당연히 반대파도 많았습니다. 반면 아인슈타인 이론의 장점을 본 사람들은 그 패러다임으로 전향했고, 결국은 아인슈타인의 패러다임이 승리하였습니다. 그러나 이렇게 어떤 문제가 중요한지를 판단하는 기준이 달라질 때, 그 다른 기준 중 어느 것이 더 우수하다고 말하는 것은 쉬운 일이 아닙니다.

또 한 가지 비슷한 예로 화학반응의 문제를 들 수 있습니다. 19세기에 화학반응을 가장 훌륭히 설명한 이론은 전기화학이었습니다(전기화학 이야기는 10장에서 더 나옵니다). 예를 들어 물분자는 수소원자와 산소원자가 붙어서 만들어졌다고 하는데, 그 둘은 왜 붙을까요? 수소와 산소는 왜 서로가 사랑스러울까요? 1800년경에 영국의 데이비Humphry Davy와 스웨덴의 베르셀리우스Jöns Jakob Berzelius 등이 '화학적 화합의 원리도 전기'라는 이론을 펼쳤습니다. 예를 들어 수소는 양전하를 띠고 있고 산소는 음전하를 띠고 있어서, 음-양의 전기가 서로 끌어들이는 인력에 의해서 붙는다는 것이었습니다. 그러한 전기화학 이론이 왕성했는데, 19세기 후반에 와서 유기화학자들은 그 이론을 포기해버렸습니다. 그 유기화학자들이 가장 알고 싶어했던 것은 분자구조였습니다. 유기화학에서는 아주 복잡한 분자들을 다루지요. 예를 들어서 벤젠분자를 생각해봅시다. 케쿨레August Kekulé가 뱀이 자기 꼬리를 무는 꿈을 꾸고 나서 이 육각형의 구조를 생각해냈다는 일화가 있지요. 그 육각형의 구조는 탄소원자 여섯 개가 붙어서 고리 모양을 형성한 것입니다. 그런데 탄소원자끼리 왜 서로 붙습니까? 그것이 전기화학의 원리로는 잘 설명되지 않습니다. 두 가지 서로 다른 종류의 원자가 있어야 하나는 양이고 하나는 음이라서 붙는다고 설명할 수 있는데, 탄소원자는 다 양이거나 다 음이지, 어떤 것은 양이고 어떤 것은 음이라 할 여지가 없습니다. 그런데 유기분자의 구조는 대개 여러 개가 줄줄이 이어져 있는 탄소원자를 뼈대로 하기 때문에 일반적으로 전기화학적 설명은 힘들었습니다(그래도 베르셀리우스와 그의 추종자들은 상당히 많은 부분을 설명해냈는데, 그것은 쿤이 이야기하는 정상과학의 힘이라고 볼 수밖에 없겠습니다).

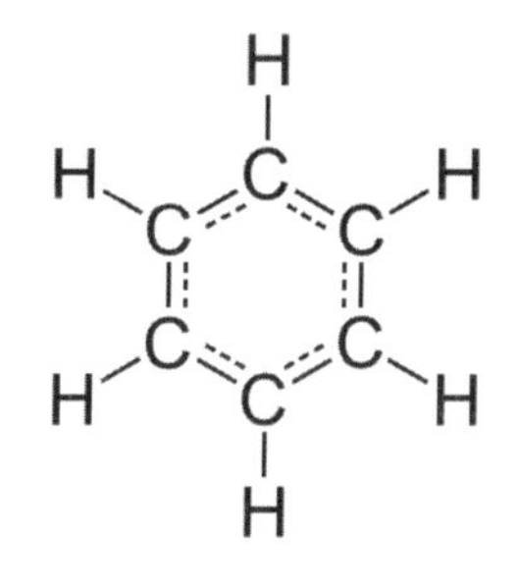

▲ 그림 4-3 벤젠분자 구조

결국, 대다수의 유기화학자들은 화학적 결합의 설명을 포기했습니다. 우리는 분자구조만을 밝히겠으니, 왜 이런 구조가 생기는지는 묻지 말아달라고 한 것입니다. 뉴튼이 중력의 원인이나 메커니즘을 묻지 말라고 한 것과 참 비슷한 경우입니다. 그러나 전기화학 패러다임을 추구하는 사람들은 그렇게 구조만 연구하는 것을 불만스러워했습니다. 화학적 결합의 원인에 대한 질문을 계속 던졌던 사람들은 결국 물리화학이라는 새로운 분야를 만들어서 떨어져 나갔습니다. 지금까지도 물리화학과 유기화학은 서로 잘 통하지 않습니다. 서로 융합하기도 힘들고 '뭐가 중요하고 어떻게 과학을 발전시키고 문제를 풀어야 하는가' 등을 판단하는 기준이 근본적으로 다릅니다.

이것이 비정합성의 제1차원입니다. 패러다임이 바뀌면 어느 패러다임이 더 우수한지를 판단하는 기준도 바뀌어버립니다. 우리 일상생활에도 비슷한 경우가 많습니다. 한국 사람들이 외국에 가면 불편한 것이 있습니다. '뭐가 이리 빨리빨리 안 되나' 하는 것이죠. 한국인에게는 굉장히 중요한 것이지만, 영국 등에 가면 하나도 중요하지 않습니다. 영국에서 외식을 하면, 비싼 식당일수록 음식을 굉장히 늦게 가져옵니다. 너무 빨리 가져오면 손님들도 의아해합니다. 비싼 돈 주고 기분 내면서 외식을 즐기고 있는데 빨리 먹고 나가버리라는 것처럼 느껴지기 때문입니다. 이렇게 기준이 서로 다르기 때문에, 서로 '나는 우리나라가 제일이야' 하고 생각할 수밖에 없는 경우가 많습니다. 우리나라는 우리 기준대로 잘 만들어서 살고, 저 나라는 자기네 기준으로 잘 만들어서 사는데 서로를 보고 불쌍하게 여깁니다. 요즘은 많이 바뀌기는 했지만, 전통적으로 프랑스 사람이 영국에 오면 음식이 맛없어서 고생합니다. 그런데 영국 사람은 음식 맛이 뭐가 그렇게 중요하냐고 생각하고 있습니다. 그런 예가 아주 많습니다. 기준이 서로 다를 때 누가 더 우월한지 객관적 판단이 안 된다는 것을 일상생활에서는 잘 알고 있지만, 과학에서는 그런 일이 없다고 상식적으로 생각들을 했었는데 과학사의 사례를 기반으로 한 쿤의 주장은 이 통상적인 관념을 크게 흔들어놓았습니다.

패러다임과 함께 개념의 의미가 바뀐다

비정합성의 두 번째 차원은 패러다임이 바뀌면 여러 가지 개념과 용어의 의미 자체가 바뀐다는 것입니다. 쿤이 말했던 유명한 예는 행성planet입니다. 천동설 패러다임에서는 지구 주위를 도는 모든 천체들을 '행성'이라고 했습니다. 그래서 태양도 행성, 달도 행성, 우리가 현대식으로 말하는 보통 행성도 행성이었습니다. 그런데 지동설이 도입된 다음에도 행성이라는 말을 계속 썼지만 그 의미가 바뀌었습니다. 태양 주위를 공전하는 것은 지구를 포함해서 모두 행성이라 칭하게 되었고, 또 달은 행성인 지구의 주위를 돌기 때문에 위성으로 분류되었습니다. '행성'의 의미가 그렇게 바뀌어 버렸으므로, 지동설에서 '행성이란 어떻다'라는 문장이 있다면 그것을 천동설의 언어로 쉽게 번역할 수가 없습니다.

다른 예도 많이 있습니다. 근대화학에서는 물리적으로 섞여 있는 혼합물mixture과 화학적으로 결합된 화합물compound을 구분하는데, 다른 물질들이 항상 같은 질량비로 합쳐진 것을 화합물이라고 합니다. 예를 들어 수소와 산소가 화합해서 물이 될 때 항상 수소

1그램당 산소 8그램의 비율로 합쳐집니다. 거기에 산소를 조금만 더 넣겠다든지 하는 어설픈 시도는 먹히지 않습니다. 그래서 근대 화학이나 요즘도 학교에서 배우는 기초화학에서 화합물은 '일정비로 합친 것'으로 정의됩니다. 그런데 돌튼John Dalton의 원자론이 생기기 전에는 개념이 그렇게 정리되어 있지 않았습니다.

돌튼과 동시대에 프랑스 화학계의 거장이었던 베르톨레Claude-Louis Berthollet는 합금이나 용액 등도 화합물로 분류했습니다. 두 가지 금속을 섞어서 만드는 합금은 일정한 한계 내에서는 비율을 변화시키며 섞어도 형성됩니다. 용액도 마찬가지입니다. 물에다 소금을 탈 때는 포화상태에 이를 때까지는 어떤 양의 소금을 넣어도 소금물이 됩니다. 농도가 다를 뿐이지요. 베르톨레는 반대파에 이런 것들은 왜 화합물이 아니라고 하는지 그 이유를 대라고 요구했습니다. 다른 화합물과 마찬가지로, 소금물 등도 미세하게 섞여서 분리가 안 됩니다. 우리가 학교에서 배우기를, 콩과 쌀을 섞은 혼합물은 체로 거르거나 해서 물리적으로 분리할 수 있고 화합물은 그렇게 분리할 수 없다고 했는데, 소금물을 다시 소금과 물로 분리할 수 있나요? 쉬운 일이 아닙니다. 여기서 똑똑한 학생 같으면 소금물을 증발시키면 물과 소금이 분리된다고 얘기할 텐데, 현대적 관점에서는 증발을 물리적 과정이라고 하지만, 베르톨레는 그것을 화학적 과정으로 보았습니다. 증발은 소금물이 열과 반응하는 과정인데, 열이 물과 화합하여 증기가 되어 날아가고 소금은 물과 분리되면서 다시 고체 상태를 회복하는 것입니다. 이상하게 들리겠지만 베르톨레는 열도 화학원소로 보았습니다(이에 대해서는 7장에 더 자세히 나옵니다). 그러니까 이렇게 간단한 예로 보아도, 돌튼의 패러다임과 베르톨레의 패러다임에서 '화합물', '열', '물리적-화학적' 같은 기초개념들의 의미가 근본적으로 다르다는 것을 알 수 있습니다.

쿤이 들어준 중요한 예를 또 두 가지만 짤막하게 소개하겠습니다. 하나는 질량입니다. 질량은 뉴튼역학 패러다임에서는 각 물체가 지닌 고유의 상수인 반면, 아인슈타인의 상대성이론 패러다임에서는 물체의 운동속도에 따라 바뀌는 변수고, 다른 종류의 에너지로 변환할 수도 있습니다. 그런데 재미있게도 공식만 볼 때는 두 패러다임에서 부여하는 질량의 수치가 그 질량을 가진 물체의 속도가 낮을 경우에는 비슷합니다. 그렇기 때문에 뉴튼과 아인슈타인의 질량 개념이 그렇게 혁명적으로 다르지 않다고 주장하는 사람들이 있는데, 거기에 반해 쿤은 수치는 근사할지언정 그 개념의 깊은 의미는 전혀 다르다고 지적했습니다.

또 한 예는 '운동' 개념입니다. 아리스토텔레스는 위치 이동뿐 아니라 모든 상태의 변화를 다 운동이라고 표현했습니다. 쿤이 회고하기를, 이런 식으로 이제는 의미가 바뀌어버린 개념들 때문에 자신이 처음 아리스토텔레스의 책을 읽었을 때 전혀 이해가 안 됐다고 했습니다. 이런 위대한 철학자가 왜 물리학이나 천문학에서는 말도 안 되는 헛소리를 했을까, 끙끙거리고 고민을 하다가 어느 날 깨닫고 보니 자신이 기본개념의 의미를 현대식으로 잘못 해석하여 오해하고 있었다는 것입니다.

이렇게 기본적 개념의 의미가 다르면 서로 다른 패러다임에서 주장하는 내용을 간단하게 비교할 수가 없습니다. 지금까지 같은 단어로 다른 의미를 나타내는 상황을 예로 들었는데, 다른 패러다임에서는 전혀 다른 개념들이 나오는 경우도 많습니다. 그럴 때 역시 패러다임 간의 통역이 힘겨워지는 사태가 벌어집니다. 일상생활에서도 외국어를 배울 때 이런 경험을 많이 하게 됩니다. 우리말로는 정확히 표현되지만 외국어로 번역하려고 하면 딱 맞아떨어지는 단어나 표현이 없는 경우가 많습니다. 사전에 나오는 번역이 우리가 표현하고자 하는 상황에 잘 맞지 않는 일이 비일비재합니다. 또 외국어를 좀 잘하게 되면, 그 반대의 현상도 일어납니다. 처음에 외국어로 배운 개념을 우리말로 표현하고자 하면 갑자기 말문이 막히는 것을 느낍니다. 과학에서도 서로 다른 패러다임 간에는 정확히 번역이 되지 않는데, 이것이 비정합성의 두 번째 차원입니다.

패러다임과 함께 관측된 현상 자체가 바뀐다

비정합성의 세 번째 차원은 가장 심각합니다. 정말로 많은 논란을 일으켰던 부분인데요. 쿤은 패러다임이 바뀌면 관측된 현상 자체가 바뀐다고 했습니다. 2장에서 논의했던 '관측의 이론적재성'이 여기서 중요합니다. 패러다임이 바뀔 때는 이론이 많이 바뀝니다. 그런데 그 이론이 바뀌면 그 이론의 영향을 받는 관측내용도 바뀐다는 것입니다.

두 가지만 예를 들어보겠습니다. 하나는 또 코페르니쿠스 이야기인데요. 코페르니쿠스 혁명 전 유럽의 천문학 관측기록을 보면 신성nova이 없습니다. 신성이란, 원래 아주 멀어서 지구에서 보이지 않던 별이 엄청난 폭발로 확 밝아지면서 갑자기 우리에게 새로이 보이게 되는 것을 말합니다. 그중 규모가 큰 것은 초신성supernova이라 합니다. 그런데 옛날 유럽의 천문학 기록을 보면 이 신성이나 초신성이 전혀 나오지 않습니다. 그 반면 동시대 중국의 기록에는 많이 있다고 합니다. 왜 그럴까요? 2장에서 살펴보았듯, 유럽에서는 아리스토텔레스의 이론체계에 따라 달부터 그 위로 천상에 있는 것들은 다 완벽한 존재라고 했습니다. 완벽하기 때문에 변하는 것도 없고, 새로 생기거나 사라질 수도 없습니다. 그렇기 때문에 그들은 신성 같은 것을 보았을 때, 달 밑쪽에 있는 지구 대기 안에서 일어나는 기상현상으로 처리해버리고 천문기록에 넣지 않았던 것입니다.

혜성도 마찬가지였습니다. 중국에서는 천계의 불변성 개념이 없었을 뿐 아니라, 그 반대로 하늘에서 자꾸 무엇인가 새로운 일이 일어날 것으로 예상했었습니다. 새로운 별이 나오는 것을 두고 흉조니, 길조니 하며 중요한 의미를 부여했습니다. 그래서 중국에서는 새로운 별이 나오기만 하면 기를 쓰고 기록을 했을 것입니다. 그 점에서 동서양은 완전히 반대였습니다.

또 한 가지 예는 3장에서 시간 측정을 논의했을 때 나왔던 '진자'입니다. 갈릴레오는 진자를 한번 흔들어두면 무한히 규칙적으로 움직인다고 했습니다. 그런데 사실 우리가 진자를 아무리 잘 만들어도 결국은 진동을 멈추고, 물론 갈릴레오도 그것을 잘 알았습니다. 그렇지만 이는 마찰이나 공기저항 때문이고, 진정한 진자의 모양은 영원히 진동한다고 했습니다. 그런데 아리스토텔레스의 물리학·천문학 패러다임을 가지고 있는 사람들은 이 진자를 관찰하며 무엇을 보았을까요? 쿤은 그 사람들은 전혀 다른 관측을 했다고 이야기합니다.

아리스토텔레스 이론에 의하면 무거운 물건은 대개 4원소 중의 하나인 '흙'으로 이루어져 있고, 그렇기 때문에 흙의 본위치인 지구의 중심을 향해서(즉, 아래로) 간다고 했는데, 진자는 무거운 추가 줄에 묶여 있기 때문에 마음대로 떨어지지 못합니다. 그냥 수직으로 아래로 가고 싶은데, 줄이 그 운동을 구속합니다. 그래서 할 수 없이 비틀거리며 떨어지다가, 결국 갈 수 있는 만큼 가장 낮은 점에 가서 선다는 것입니다. 그렇기 때문에 아리스토텔레스적 관점에서 진자를 관찰할 때 접수되는 주된 내용은 추가 높은 곳에서 낮은 곳으로 내려갔다는 것이고, 그 과정에서 옆으로 왔다 갔다 하는 것은 별로 신경 쓸 일이 아니었습니다. 반면 갈릴레오는 옆으로 왔다 갔다 하는 진자의 규칙적 진동주기가 몇 초인가를 주로 관찰하였고, 진동하면서 추가 정확히 어느 높이까지 오르내리는지는 기록하지도 않았습니다.

이러한 예에서 볼 수 있듯, 똑같은 물건을 보더라도 두 패러다임에서 전혀 다른 관측결과가 나올 수 있습니다. 그래서 쿤은 패러다임이 바뀌면 관측되는 현상 자체가 바뀐다고 한 것입니다. 그러면 같은 내용을 관측하여 그것을 증거로 삼아 서로 경쟁관계에 있는 패러다임들을 비교 검증하는 것도 어려워지고 맙니다. 쿤은 이 상황을 조금 과장해서 "혁명 이후의 과학자들은 아주 딴 세상에서 사는 것"이라고 표현했습니다. 그렇게 말해놓고 보니까 좀 미안했는지, 적어도 그 비슷한 생각을 우리가 이해할 수 있어야 한다고 덧붙였습니다.[5] 물론 쿤도 패러다임이 바뀐다고 해서 자연 자체가 변한다고 보지는 않았습니다. 자연은 자연이고 우리가 생각하는 패러다임은 우리 머릿속에 있을 뿐입니다. 그러나 우리 인간에게 어떤 의미를 갖는 '세상'이라는 것은 패러다임을 통해서 걸러져 나온 것이라고 했습니다. 진짜 '자연' 그 자체를 인간은 알 수 없습니다. 인간은 관측을 통해 자연을 알게 되는데 그 관측은 특정한 패러다임을 통해 이루어지기 때문에, 우리가 알 수 있는 자연은 패러다임의 변화에 따라 바뀐다는 것이지요.

과학혁명에 대한 논란

경쟁하는 패러다임 사이에서 어떻게 선택을 하는가에 대해, 쿤은 보수적인 철학자들이나 과학자들이 화를 낼 만한 이야기를 많이 했습니다. 쿤은 그들을 정말 자극했습니다. 우선 쿤은 "패러다임의 선택이란 논리와 실험만으로 딱 부러지게 결정할 수 없다"고 했습니다. 그런데 과학에서 논리와 실험을 동원해 결정할 수 없다면 도대체 무엇을 가지고 결정하라는 것입니까? 그는 여러 방식으로 토의해서 "적합한 공동체 내에서 서로 동의하는 것 이상의 기준이란 없다"고 했습니다.[6] 그래서 "패러다임 간의 경쟁은 증명으로 해결할 수 있는 종류의 싸움이 아니다"라고 했습니다.[7] 절대적 진리 같은 것을 들먹여봐야 소용이 없다는 말인데요, 이를 보고 많은 철학자와 과학자 들이 쿤을 상대론자라고 공격했습니다(이 내용은 5장에서 더 자세히 논의합니다).

과학혁명이라는 사건을 돌이켜봤을 때, 쿤은 승자만을 두둔해서는 제대로 역사를 이해할 수 없다고 판단했습니다. "죽을 때까지 새 패러다임에 저항하는 것도 과학의 규칙을 어기는 행위로 볼 수는 없다"고 했는데, 여기서 쿤은 영국의 화학자 프리스틀리Joseph Priestley를 예로 듭니다.[8] 프리스틀리는 산소의 발견자로 잘 알려진 **라봐지에**Antoine-Laurent Lavoisier*보다 더 먼저 산소를 만들었고, 사실은 그 실험내용을 라봐지에에게 가르쳐주기까지 했습니다. 그런데 프리스틀리는 옛날부터 내려오던 플로지스톤phlogiston 이론으로 산소와 관련된 모든 현상들을 해석했고, 라봐지에가 똑같은 현상들을 새로운 산소 이론으로 재해석하면서 '화학혁명'을 일으킨 것입니다. 그런데 프리스틀리는 끝까지 라봐지에의 이론에 동의하지 않았고, 그 플로지스톤 이론을 믿으며 죽었습니다. 쿤은 이 사례를 보고, 프리스틀리가 결국 과학자들 사이에서 따돌림을 받게 되어 정상과학은 할 수 없게 되었지만 그의 입장이 비과학

* **라봐지에** 외래어 표기법에는 '라부아지에'라고 되어 있지만, 사실 '부아'는 한 음절이기 때문에 '봐'라고 쓰도록 하겠다.

적이거나 비이성적이었다고 할 수는 없다고 말했습니다. 왜냐하면 프리스틀리가 견지했던 플로지스톤 패러다임으로 나름대로 모든 현상을 설명할 수 있었고, 또 그 패러다임이 라봐지에의 것보다 더 훌륭하다는 자기 나름대로의 판단기준이 있었기 때문입니다(이 사건은 7장에서 아주 자세히 말씀드릴 것입니다).

그렇기 때문에 어려운 철학적 문제들이 대두됩니다. 패러다임 간의 비정합성 때문에 과학의 객관성이나 중립성, 진실성이 없어지는 것 아닌가 하는 우려를 많이들 했고, 정말 큰 싸움이 일어났습니다. 1장에서 쿤의 정상과학 개념 때문에 포퍼 등과 격한 논쟁을 벌였다고 이야기했는데, 과학혁명을 둘러싸고 벌어진 논란에 비하면 아무것도 아니었습니다. 이는 지금까지도 벌어지고 있는 싸움입니다. 쿤의 과학혁명 개념은 과학에 대해 사람들이 흔히 가지고 있는 여러 가지 안일한 통념을 위협하고 있고, 그래서 쿤의 과학혁명 이야기를 들으면 많은 사람들이 굉장히 불안해합니다.

첫째, 이렇게 쿤이 말하는 식으로 혁명이 일어난다면 과학적 지식이 축적될 수 없는 것 아닌가 하는 걱정이 생깁니다. 주어진 어떤 패러다임 안에서 지식이 축적된다는 것은 분명한데, 혁명이 일어나 그 패러다임 자체가 무너진다면 그 안에서 축적된 지식도 함께 없어져버릴 수 있지 않느냐는 것이지요. 이런 우려를 분명하게 나타내주는 예가 있는데, 연금술alchemy입니다. 연금술은 옛날에 세계 여러 지역에서 성행했고 유럽에서는 17세기까지도 건재했습니다. 값싼 금속을 금으로 바꿀 수는 없을까, 영생을 얻을 수 있는 약을 만들 수는 없을까 하고 실험과 이론을 결합해서 심각하게 연구한 학문이었는데, 보통 생각하듯 바보나 사기꾼 들이나 연금술을 했던 것이 아닙니다. 하다못해 뉴튼도 연금술에 몰두했었습니다. 그 결과를 발표하지는 않았지만, 뉴튼이 죽은 후에 보니 연금술 실험과 공부를 해서 써놓은 엄청난 양의 기록이 나왔습니다. 그런데 연금술이라는 패러다임 자체가 사라지면서 수많은 사람들이 수백 년에 걸쳐 이루어놓은 실험결과나 이론적 논의 들이 폐기되어버린 것입니다. 물론 연금술을 하는 사람들이 발견한 화학물질도, 실험 기구나 기술도 근대과학에 보존된 것이 꽤 있습니다. 그러나 전부 보존되지는 못했습니다.

일반적으로, 과학혁명이 일어날 때는 확실히 그전 패러다임에서 이룬 업적이 많이 유실될 염려가 있습니다. 그런 경우는 생각보다 많습니다. 앞서 살펴본 것처럼 아인슈타인의 특수상대성이론 패러다임이 지배적이 되면서 에테르에 관해 축적되었던 지식은 다 무효가 되어버렸습니다. 아주 정밀했던 실험도, 굉장히 발달했던 복잡한 이론도 그 의미나 중요성을 상실했습니다. 과학이 혁명적으로 발전하는 과정에서 지식을 잃을 수도 있다는 것은 충격적인 말로 받아들여졌습니다.*

* 이러한 지식의 상실을 '쿤 로스Kuhn loss'라고들 한다.

둘째, 과학이 진리에 접근할 수 없다는 걱정이 생깁니다. 쿤은 과학지식 중에 가장 근본적이고 깊다고 할 수 있는 내용일수록 뚜렷한 방향 없이 발전한다고 말했습니다. 우리는 상식적으로 진리가 저 멀리에 있고, 아직 과학이 발달하지 못해서 우리가 지금은 여기쯤 있지만 노력을 통해 점점 진리에 다가간다는 이미지를 가지고 있습니다. 그런데 쿤은 과학의 발전에 그런 식의 방향성은 없다고 주장했습니다.

예를 들어서 천문학을 생각해봅시다. 천동설 시절에는 우주는 구형이고 그 중심에 지구가 있다고 했습니다. 별들은 우주의 가장 바깥쪽에 있는 천구에 붙어 있었고, 그것이 하루에 한 번씩 돌았으며 행성들은 그 별들의 천구와 지구 사이에서 운동했습니다. 그러다가 뉴튼역학의 패러다임에서는 우주에는 한계도 없고 중심도 없으며, 공간이 모든 방향으로 무한히 뻗어 있다고 했습니다(태양도 우주의 중심은 아니고, 또 다른 여러 태양이 있고 태양계가 있습니다). 그러다가 아인슈타인의 일반상대성이론 패러다임에서는 우주가 다시 닫혔다는 결론을 내렸습니다. 4차원적 시공의 구조인데, 빅뱅으로 한 점에서 시작한 것이 계속 팽창하고 있다고 합니다. 그 팽창의 속도에 관한 논의가 활발히 벌어지고 있습니다. 쿤은 이 세 가지 중요한 패러다임을 볼 때 우주론의 방향성이 보이지 않고, 이다음에 어떻게 발전할지도 전혀 예측할 수 없다고 말하는 것입니다. 그래서 과학이 진리에 접근할 수 있다는 생각은 조금 주제넘은 이야기가 아닌가 합니다. 우리가 설사 진리에 접근하고 있더라도 우리는 그 방향성을 볼 수가 없다는 것입니다.

쿤의 비정합성 논의에서 생겨나는 다른 걱정도 많습니다. 쿤의 관점이 맞다면 경험적 지식의 객관성도 위협을 받습니다. 위에서 자세히 논의했던 '관측의 이론적재성' 때문입니다. 패러다임과 함께 판단기준이 바뀌기 때문에 보편적인 과학방법론도 이야기할 수 없습니다. 또한 과학자들이 혁명기에 이성적인 선택을 하는가 하는 문제가 터져 나옵니다. 과학자들은 개종과 전향을 하고, 서로 설득하고 설득당하고, 죽을 때까지 고집을 부리면 반대쪽에서는 그런 사람들이 죽기만을 기다리고…… 하는 과정으로 과학 공동체에서 패러다임을 선택한다고 했는데, 그리 이성적이라는 느낌은 들지 않습니다.

'혁명적 진보'의 역설

쿤의 과학혁명 이론이 옳다면, 과학은 정말로 진보한다고 말할 수 있을까요? 이건 정말 석연치 않습니다. 우선 쿤의 이론까지 가지 않더라도, '혁명적 진보'란 역설적인 이야기입니다. 우리가 상식적으로 생각할 때에는 혁명이 진보의 최고 형태인 것처럼 보이지만, 혁명이 일어나면 그전 체제에서 이루어놓은 업적들은 어느 정도 허물어질 수밖에 없습니다. 그러면 우리가 지금 이루어가고 있는 성과도 이다음 혁명이 일어나면 어느 부분이 허물어질지 모릅니다.

그렇다면 혁명이란 진보적일 뿐만 아니라 퇴보적이기도 한 것인가요? 그 결론을 피하는 방법이 한 가지 있습니다. 혁명을 딱 한 번만 하면 됩니다. '우리는 근본적으로 옳은 혁명을 했고, 혁명은 이제 더 이상 필요 없다'고 생각하면 됩니다. 극단적인 예를 들자면, 북한 정권에서는 혁명은 김일성이 한 번 했고 그다음부터는 혁명을 해서는 안 되고 체제를 유지해나가야 한다고 믿을 것입니다. 2장에서 살펴보았듯 데카르트도 자신이 제대로 철학을 해서 과학 지식의 기반을 제대로 튼튼히 마련했고 그다음에는 그러한 인식론적 혁명은 더 필요 없을 것이라고 보았습니다. 한번 토대를 잘 닦으면 그것을 고칠 필요가 없습니다.

그런데 과학사도 그렇고 정치사도 그렇고, 혁명은 자꾸만 일어납니다. 적어도 지금까지 인류의 역사에서 영원한 토대를 만들어 놓은 혁명은 본 적이 없습니다. 천동설을 배격하고 지동설을 확립했을 때 갈릴레오나 뉴튼은 그것이 끝이라고 생각했을 것입니다. 지구나 다른 행성들이 태양의 주위를 돈다는 기본적인 구조를 밝혀냈으니까 그다음에는 세세한 것만 알아내면 된다고 생각했을 텐데, 이 고약한 아인슈타인이 나온 것입니다. 상대성이론에 의하면 절대적으로 무엇이 정지해 있고 무엇이 움직인다는 기준이란 없으며, 지구가 태양 주위를 돈다고 해야 이론적 모델이 훨씬 더 간단해질 뿐이지 태양이 지구 주위를 돈다고 해도 절대적으로 틀린 것은 아니라는 것입니다.* 상대성이론 후에 또 어떤 이론이 나와서 상황을 혁명적으로 바꿔놓을지 모르며, 쿤의 과학이론에 따르면 과학혁명은 끝없이 계속 일어나게 되어 있습니다.

그래도 쿤은 혁명을 통해 과학이 진보한다고 했습니다. 패러다임을 바꿔가면서, 전체적인 문제해결 능력을 키워가고 있다는 것입니다. 여기서 '전체적'이라는 말이 중요합니다. 예를 들어 양자역학으

* 특수상대성이론에서는 무엇이 관성운동을 하고 무엇이 가속이 있는지는 절대적으로 구분이 된다. 그러나 일반상대성이론으로 넘어오면 가속도 중력장과 동등성이 있어서 운동학적으로 절대적 개념은 될 수 없다.

로는 아리스토텔레스가 옛날에 내놨던 질문들에 대답하지 못합니다—전혀 종류가 다른 질문이기 때문에. 그러나 우리가 양자역학으로 얼마나 광범위한 문제들을 정밀하게 해결할 수 있는지 보라는 것입니다. 아리스토텔레스의 패러다임은 그런 수준의 문제해결 능력을 전혀 갖지 못했습니다. 그러나 양자역학을 알게 되어 우리가 절대적 진리에 이만큼 다가섰다고는 말할 수 없습니다. 그래서 도구적 진보라는 표현을 하기도 합니다. 쿤은 그렇게 이해하고 만족했지만 다른 많은 철학자와 과학자 들은 이 입장을 거부합니다. 이 사람들은 조금 더 진리에 가까이 가보고 싶어하고, 과학이 정말로 옳은 이론을 준다고 생각하고 싶어하고, 관측내용을 객관적으로 정말 있는 사실로 여기고 싶어합니다.

이런 입장을 유지하려는 사람들은 어떻게 쿤의 결론을 극복할 수 있을까요? 시도할 수 있는 세 가지 작전이 있습니다. 첫째는 계속 과학방법론을 연구하는 것입니다. 그래서 쿤이 알아차리지 못했던, 모든 과학에 적용되는 정말 보편적인 방법을 찾을 수 있다면, 그로써 쿤이 제시한 문제들을 어느 정도 해결할 수 있을 것입니다. 두 번째는 혁명을 겪으면서도 지식의 내용이 다 바뀌는 것은 아니고 유지되는 것들이 많이 있으며, 그런 부분을 보면 과학이 정말 어떤 방향으로 발전하는지 알 수 있다고 주장하는 것입니다. 세 번째는 위에서 말한 대로 우리는 이제 정말 해야 할 혁명을 다 했으니 이제 더 이상 큰소리내지 말라고 주장하는 것인데, 사실 그렇게 느끼는 과학자들도 많을 것입니다. 옛날에는 다 잘 몰라서 허튼

것을 믿다가 뒤집히기도 했는데 이제 그런 일은 없을 것이라고 주장합니다. 쿤도 혁명이 무한정으로 일어날 것이라고 증명한 것은 아니니까, 싸워볼 만한 내용입니다.

모두 다 일리가 있는 작전입니다. 그러나 저는 조금 다른 시각을 가지고 있습니다. 일단 짤막하게 말씀드리자면 쿤의 결론이 무서운 것 같지만 과학에서 다원주의를 받아들이면 그 무서움이 없어진다는 것이 제 주장입니다. 이에 대해서는 마지막 12장에서 말씀드리겠습니다.

그러나 이제 더 다급하게 논의해야 할 주제가 드러났습니다. 바로 과학적 '진리'입니다. 진리란 과연 무엇이고, 과학이 잘 추구할 수 있는 것인가를, 과학철학에서 항시 나오는 실재론 논쟁과 연관해 5장에서 다루어보겠습니다.

4장 요약

- 쿤의 과학혁명 이론에 의하면 '정상과학'적 연구는 패러다임에 잘 맞지 않는 변칙사례들을 낳고 '위기'를 맞는다.
- 아주 새로운 방법으로 그 위기를 훌륭하게 벗어나는 길이 제시되면 그 방향으로 새로운 패러다임이 형성되어 기존 패러다임과 경쟁한다.
- 경쟁관계의 패러다임 사이에는 '비정합성'이 있으므로 어느 쪽이 옳다고 간단하게 판단할 수 없다. 패러다임이 바뀌면 판단기준, 개념의 의미, 관측된 현상이 모두 바뀌기 때문이다.
- 비정합성에도 불구하고 과학은 혁명을 통해 전반적 문제해결 능력을 늘려가며 진보한다고 쿤은 주장했다.

5장
과학적 진리

3장에서 아주 확실한 토대 없이도 과학이 진보할 수 있다는 이야기를 했습니다. 그러나 거기서 이야기했던 '인식과정의 반복'을 통해 개선되어가는 과학지식이 어떤 절대적 진리에 다가간다는 말은 피했습니다. 4장에서도 비슷한 식이었습니다. 과학혁명에 대해 쿤은 혁명을 겪으면서도 과학은 진보하지만 그것은 문제를 해결하는 능력이 커지는 것이지, 진리를 향해 나아가는 것은 아니라는 결론을 내렸습니다. '도구적인' 과학의 진보를 이야기하는 데 그친 것입니다. 쿤의 결론에 대해 반발하는 사람이 많습니다. 과학이 진리를 밝혀주지 않는다면 그것은 과학이 수행해야 할 가장 근본적인 임무를 저버리는 것이라면서 말이지요. 지금까지 이 책에서 피해왔던 이 '진리'라는 개념을 심각하게 고려해야 할 때가 왔습니다.

과학은 진리를 추구하는가

순수과학자들, 또 많은 과학철학자들은 '실재론'적인 입장을 많이 표명합니다. 과학적 실재론scientific realism 아니면 짧게 그냥 실재론realism이란, 과학의 궁극적 목표는 진리를 추구하는 것이라는 입장입니다. 과학이론은 관측된 사실을 기술하고 새로운 현상도 예측하는 등 경험적 유효성을 가질 뿐 아니라, 이론이 말하는 모든 내용은 관측 불가능한 부분까지 글자 그대로 정말 옳아야 한다는 것입니다. 또 실재론자들 중에서 낙관적인 사람들은 현대과학이 자연에 대한 진리를 적어도 어느 정도까지는 성공적으로 파악했다고 봅니다. 그보다 비관적인 실재론자들은 진리를 알아낸다는 그 목표를 뚜렷이 달성하진 못하고 있지만, 이루지 못하더라도 추구해야 한다는 입장입니다. 예를 들어서 포퍼가 그렇습니다. 포퍼의 입장에 의하면 과학자들은 가설을 내세워서 반증하고, 또 다른 가설을 내세워서 그것도 반증하고, 그러면서도 끝없이 희망을 잃지 않고 계속 진리를 겨냥한 가설을 세워나가야 합니다.

그 반면, 실재론에 반대하는 사람 중에는 과학의 목표 자체가 진리를 얻는 것이 아니라고 말하는 이들이 많습니다. 진리 타령하지 말고, 그저 유용한 지식을 얻으면 된다고 합니다. 철학용어로 '도구주의instrumentalism' 입장에서 보면 이론은 진실을 의도하지 않는 허구적인 모델일 수 있으며, 그럴 경우 우리가 사고하는 데 유용한 도구일 뿐입니다. 반실재론적 입장은 도구주의 외에도 있습니다. '실증주의positivism'에 의하면 관측 불가능한 내용들에 대해 말하는 이론적인 명제들은, 관측되는 내용으로 풀어서 번역할 수 없다면 아예 무의미합니다. 무의미한 명제가 참인지를 논의하려는 것도 무의미한 일입니다. 또 다른 반실재론적 입장인 반프라센Bas van Fraassen의 '구성적 경험주의constructive empiricism'에 의하면, 진리가 의미 있고 그 진리를 얻을 수 있다면 좋겠지만, 관측이 안 되는 내용이라면 과학이 거기에 접근할 수 있는 능력은 없습니다. 이것은 단순한 회의주의가 아니라 실현 불가능한 목표를 세우지 말자는 현실적인 입장입니다. 이룩할 가능성이 있는 목표를 추구해야지, 되지도 않을 허망한 꿈을 좇으며 사는 것은 비이성적이라는 것입니다.

실재론에 대한 논쟁은 철학자들 사이에서, 또 과학자들 사이에서도 오랫동안 벌어져왔습니다. 과학철학에서는 가장 중요한 주제 중 하나로 여겨집니다. 이 논의를 추상적으로 전개하면 쓸데없는 탁상공론처럼 들릴 텐데 좀 구체적으로 들어가면 절대 그렇지 않습니다.

관측 불가능의 세상

과학적 실재론에 관한 논의는, 우리가 추구하는 지식의 대상이 관측 가능한 범위를 넘어선 것일 때 정말로 심각해집니다. 2장에서 인간이 가질 수 있는 지식의 한계에 대해 이야기하며 관측이란 단순히 사실을 알려주는 것이 아니고 또 관측내용으로 이론을 증명할 수 없다는 문제를 지적했습니다. 그런데 그보다도 더 깊은 문제는, 과학지식 중 많은 내용이 관측이 전혀 불가능한 것들을 다루고 있다는 것입니다. 과학지식은 경험에 기반을 둔 것이라고 하는데, 관측이 불가능한 것을 어떻게 경험한다고 하지요?

현대과학에는 관측할 수 없는 것들을 지칭하는 이론적 개념이 정말 많습니다. 몇 가지만 예를 들어보겠습니다. 금방 생각할 수 있는 것은 너무 작아서 안 보이는 것들입니다. 육안으로는 박테리아 등의 세포도 안 보이고, 그보다 작은 것은 아무것도 볼 수가 없습니다. 물리학에서 이야기하는 소립자elementary particles 정도가 되면 정말 관측이 불가능하다고 할 수 있습니다. 그런데 작은 것만 안 보이는 것도 아닙니다. 너무 먼 것도 물론 보이지 않습니다. 또 너무 터무니없이 큰 것도 볼 수가 없습니다. 우리 지구가 속해 있는 태양계도, 태양계가 속해 있는 은하계의 모습도, 그림으로는 많이 나오지만 우리가 실제로 볼 수는 없습니다. 물론 날이 맑고 공기가 좋으면 은하수는 보이는데 아무리 봐야 천문학 교과서에 나오는 우리 은하계의 멋진 나선 모양은 보이지 않습니다. 그것은 너무 큰 구조고, 우리에게는 그 전체를 관찰할 수 있는 위치까지 벗어날 재주가 없기 때문입니다. 더 나아가서 우주론에서 말하는 우주 전체의 구조는 절대 직접 관측할 수 없습니다.

지금까지 계속 '본다'는 단어를 사용했는데, 그것은 우리가 왠지 항상 시각을 중요시하기 때문이고, 관측은 인간의 모든 감각기능을 통해 이루어집니다. 관측이 가능하다는 것은 우리가 어떤 감각에 의존해서건 지각할 수 있다는 말입니다. 예를 들어 온도를 수량으로 보지 않고 질적인 개념으로 본다면 우리 몸으로 감지할 수 있습니다. 그러나 그 관측 가능성은 일상적 온도에 한정되어 있습니다. 너무 차갑거나 뜨거운 상황에서는 우리 몸 자체가 파괴되므로 지각하지 못합니다. 그러니까 관측 가능한 내용이라도 그 정도가 지나치면 관측이 불가능해집니다. 또 과학이론에서 다루는 내용 중에는 그것을 지각할 수 있는 감각기관 자체가 인간에게 없는 것들이 많습니다. 예를 들어 전자기장이 그렇습니다. 현대문명 속의 어느 공간에나 전자기장이 팽배해 있다고 믿는데 우리는 전혀 느낄 수가 없습니다—전기가 너무 강해서 쇼크를 먹지 않는 한.

가장 역설적인 예는 빛입니다. 물리학 지식이 있는 사람이라면 빛이 전자기파라는 것을 알고 있을 것입니다. 그러니까 전자기장을 감지할 수 없다면 빛도 감지할 수 없습니다. 아니, 빛을 볼 수 없다고요? 그렇습니다. 빛을 비추어서 그 힘으로 모든 물건을 보는 것이지, 빛 자체는 볼 수 없습니다. 아무것도 없는 깜깜한 방 안에서 광자가 우리 앞을 통과해 지나간다면 아무것도 보이지 않을 것입니다. 우리가 광선을 볼 수 있다고 착각하는 이유는 빛이 가다가 공기 중의 먼지를 만나서 산란되는 모양을 보기 때문이고, 빛이 통과해나가는 공간이 정말 아무것도 없는 진공이라면 우리 앞으로 지나가는 빛 자체를 관측할 길은 없습니다. 그렇기 때문에 광학에서 빛의 본질에 대한 여러 가지 이론이 나왔고 그것을 가지고 싸움도 많이 한 것입니다.

또 생각해보면 정말 참 한심하게 관측 불가능한 것들이 많습니다. 지구의 핵심도 그렇습니다. 지구의 핵심 부분이 꽉 차 있다는 것을 의심하는 사람은 없겠지만, 그걸 어떻게 알지요? 아무도 가본

적은 없습니다. 아무리 우리가 유전을 깊이 판다고 해도 정말 지구 표면을 긁는 정도밖에 안 됩니다. 그런 미미한 존재들이 어떻게 지구 내부의 구조를 안다고 자신할까요? 지진이 나거나, 누가 지하에서 핵실험을 해서 충격파가 퍼지면 그 모습을 보고 지구 내부의 구조가 이렇겠구나 하는 추론을 할 뿐이지 직접 관측할 수는 없습니다. 혹시 몇 백 년, 몇 천 년이 지나 인류가 엄청난 기술을 개발해서 정말 지구 내부까지 깊이 뚫고 들어갈지는 모르겠지만, 아무튼 현재로서는 관측이 불가능합니다.

이 관측 불가능의 문제를 관측기구나 기술의 발달로 어느 정도 해결할 수는 있습니다. 어떤 것이라도 기구를 사용하면 진정한 관측이 아니라고 말하는 사람도 있지만 그것은 좀 극단적 입장이고, 별 의미가 없습니다. 그렇게 말한다면 거울로 본 자기 얼굴도 관측한 적이 없고, 안경을 쓰고 보는 것도 관측이 아니라고 해야 하기 때문입니다. 요즘 세상에서는 웬만한 현미경이나 망원경으로 보는 것은 맨눈으로 보는 것이나 마찬가지의 관측이라고 해야 옳을 것입니다. 또 인간의 감각기관 자체도 관측기구에 불과하다고 볼 수도 있으며, 또 관측기구도 인간이 발명한 것이니 인간의 연장이라고 보는 입장도 일리가 있습니다. 우리가 몸에 지니고 태어난 것이나 나중에 궁리해서 발명한 것이나, 둘 다 마찬가지로 잘못될 수 있고 그것을 고칠 수도 있습니다. 꼭 자연적으로 진화되어 이루어진 기관만으로 관측을 한다고 우기는 것은 큰 의미가 없다고 봅니다.

그러나 관측기구가 줄 수 있는 도움에는 한계가 있습니다. 우리가 아직까지 필요한 관측기구를 발명하지 못한 경우가 많고, 최첨단 과학에서 이야기하는 내용들은 특히 더 그렇습니다. 초끈superstring, 암흑물질dark matter, 암흑에너지dark energy 등은 관측 불가능의 영역에 남아 있습니다. 초끈이론을 가장 신봉하는 사람들도 아직 초끈을 직접 관측할 만한 그런 에너지는 우리에게 없다고 합니다. 연구비를 더 대주면 더 힘 있는 입자가속기를 만들어 보여주겠다고 하는데, 혹시 그것이 가능하다고 해도 입자가속기로 초끈을 '본다'는 것은 현미경으로 세균을 보는 것처럼 우리 감각에 그 모양 자체가 나타나게 해준다는 의미는 아닙니다. 그런데 첨단과학을 하는 분들에게 물어보면 이렇게 관측 불가능으로 남은 것들이 가장 중요한 부분이라고들 합니다. 요즘의 정설에 의하면 우주의 대부분은 암흑물질과 암흑에너지로 이루어졌다고 합니다(이것이 무슨 소리인지 제대로 설명할 능력은 저에게도 없습니다).

한 발 더 나아가서 과학이론 자체가 관측을 금지하는 내용도 있습니다. 물리학에서 이야기하는 쿼크quark가 그 예입니다. 중성자나 양성자는 각각 세 개의 쿼크로 이루어져 있고, 중간자는 두 개의 쿼크가 합쳐진 것이라고 하지요. 그 쿼크이론을 보면, 고립된 쿼크free quark는 있을 수 없다고 말합니다. 그러니까 쿼크이론 자체에서 쿼크는 관측될 수 없는 것으로 정해놓고 있는 것입니다. 또 비슷한 경우로 블랙홀black hole을 들 수 있습니다. 블랙홀은 너무나 강한 중력장을 가지고 있어서 거기서 빛도 탈출하지 못하는 천체입니다. 근래에 많이들 블랙홀을 관측했다고 하는데, 그것은 어떤 물질들이 블랙홀에 빠져 들어가기 직전에 내는 방사선을 검출한 것일 뿐이고, 블랙홀 자체를 보는 것은 아닙니다. 또 신경질이 날 정도로 관측 불가능한 것이 있습니다. 바로 과거에 일어난 많은 사건들입니다. 과거에 일어난 일은 직접 관측할 수 없고 그 일들이 남긴 흔적만으로 추론을 해야 합니다*(모든 물리학 이론에서 시간여행이란 불가능하다고 합니다. 그 이론도 바뀔 가능성을 배제할 수는 없지만, 그럴 전망은 거의 없을 것 같습니다). 과학에서 무슨 과거를 따지냐고 생각할지 모르지만, 과거를 주제로 하는 과학도 꽤 있습니다. 고고학, 자연사, 진화론, 우주론 등등이 그렇지요. 종교와도 가장 크게 싸우고 문화적인 중요성을 띠는 과학을 보면 과거사를 주제로 한 것들이 많습니다.

이렇게 과학에서 관측 불가능한 영역은 여러 방향에 광범위하게 남아 있고, 또 새로이 자꾸 생겨나고 있습니다. 과학자들이 정말 재미와 흥미를 가지고 연구하는 주제들을 보면 대부분 관측 불가능한 것들입니다. 그래서 또 실재론에 대한 싸움이 끊이지 않고 계속됩니다. 실재론자들은 이론을 세워서 경험적으로 검증하면 그 이론 전체가 옳은 것으로 판명된다고 주장합니다. 여기서 이론 '전체'란 그 이론이 말하는 관측 불가능한 내용까지를 포함합니다. 반면 반실재론자들은 그냥 경험적으로 직접 검증할 수 있는 것만 믿고 나머지는 모른다고 하자는 입장을 취합니다.

* 빛이 이동하는 데도 시간이 걸리기 때문에, 엄격히 말하면 우리가 보는 모든 사건들은 사실 과거에 일어난 일들이라고 지적할 수도 있다. 지금 우리가 10광년 거리에 있는 별을 본다면 그것은 10년 전에 나온 빛이 이제 지구에 도착하여 우리가 그 별의 10년 전 모습을 보는 것이다. 그러나 그런 것을 지적해봐야 실재론에는 도움이 되지 않는다. 현재의 관측자와 그렇게라도 연결되지 않는 과거사는 더욱더 관측 불가능으로 남는다.

과학의 성적표

이렇게 관측 불가능한 내용들을 생각해보면 반실재론이 당연히 우세해야 할 것 같은데, 현대 과학철학 논의에서 실재론을 강하게 뒷받침하는 중요한 직감이 있습니다. 현대과학은 너무나 믿을 수 없을 정도로 성공적인데, 그 과학이론에 진실성이 없다면 그런 성공은 없으리라는 것입니다. 미국의 저명한 철학자 퍼트넘Hilary Putnam은 이렇게 이야기했습니다: "과학의 성공을 기적으로 간주하지 않을 수 있는 철학은 실재론뿐이다."[1] '핵폭탄을 맞고도 핵물리학의 진리를 의심할 것인가? 몇 메가헤르츠MHz 주파수를 맞춰서 FM 라디오를 들으면서 맥스웰과 헤르츠Heinrich Hertz의 전자기학 이론을 부정할 것인가? 이론이 틀리는데도 그렇게 기가 막히게 응용될 수 있다고 우길 것인가?' 그런 직감 때문에 실재론을 포기하지 못하는 사람들이 많습니다.

반실재론자들이 과학이론은 진리를 말해주는 것이 아니라 어쩌다 보니 유용한 것일 뿐이라고 말하면 아마 많은 과학자들이 섭섭해할 것입니다. 비유를 해보자면, 매번 아주 훌륭한 성적을 내는 학생을 보고 진짜로 아는 것은 없는데 운이 좋아서, 아니면 내용은 몰라도 시험문제 정답을 맞히는 비결을 알아내서 귀신같이 성적을 잘 올리는 것 아니냐고 매도하는 것과 같습니다. 물론 논리적으로는 가능한 이야기지만, 그런 기괴한 가능성을 내세우는 것이 무슨 의미가 있겠습니까? 반실재론자들이 지껄이는 이야기는 논리만 따질 줄 알지, 상식을 벗어난 것이라고 느끼는 것입니다. 적어도 우리가 가장 훌륭하다고 여기는 과학이론들이라면 관측 불가능한 진리도 꿰뚫고 있는 것 아닌가 하는 느낌을 없애기가 힘듭니다. 그러나 힘들지만 없애볼 필요가 있다는 것이 제 입장입니다. 항상 편하게 느껴지는 직감만을 따라간다면 애써 철학적 사고를 할 필요도 없습니다.

실재론자들의 직감에 대해 반프라센은 멋진 '진화론적' 반론을 제시했습니다. 반프라센은 캐나다 사람인데 미국에서 쭉 활동을 했고, 현재 전 세계에서 반실재론 철학자 중 제1인자로 꼽힙니다. 과학이 성공적이므로 실재론을 믿어야 한다는 주장에 반박하면서, 반프라센은 과학의 성공은 생물이 성공적으로 진화한 것과 같을 뿐이라고 했습니다. 과학자들은 다양한 이론을 계속해서 만들어냅니다. 그리고 그것을 다 경험적으로 엄격히 시험해서 그중에 성공적인 것만 놓아두고 나머지는 다 없애버립니다. 그러니 살아남은 것은 당연히 성공적일 수밖에 없지요. 그 결과만 보고 과학이 어떻게 이렇게 엄청나게 성공적인 이론만 만드느냐며 탄복하는 것은 어리석은 짓이라고 했습니다. 생물의 진화도 마찬가지입니다. 무슨 특별한 기법이 있어서 잘 적응된 개체를 만들어내는 것이 아니라, 무작위로 일어나는 돌연변이 중에서 환경에 잘 적응한 것은 살아남고 아닌 것은 죽어 없어질 뿐이라는 것이 다윈주의 진화론입니다. 성공했다는 말 자체가 살아남았다는 뜻이고, 살아남은 것은 다 성공적일 수밖에 없습니다. 그러니까 과학이 성공적이라고 해서 실재론을 믿어야 한다는 논리는 성립되지 않습니다.

성공적인 것이 선택된다는 그 이상의, 성공에 대한 설명을 할 필요도 없습니다. 반프라센의 주장을 들으면 반실재론적인 직감도 생깁니다.

반프라센은 1970년대 말에 실재론 논쟁을 재조명하고 정리했는데, '과학의 목표'에 초점을 맞추어 그 문제를 확실히 정의했습니다. 이는 과학이론이 관측 불가능한 주제를 다룰 때 정말 글자 그대로의 진실을 추구해야 하나, 아니면 경험적 적합성empirical adequacy만을 추구하는 것이 옳은가 하는 문제라는 것입니다. 문제를 그렇게 정의해놓고서, 반프라센 자신은 결국 이론이란 다 가설이고 그 중 특히 관측 불가능한 주제를 다룬 이론들은 우리의 경험으로 증명도 할 수 없고 반증도 할 수 없기 때문에 영원히 가설로 남을 수밖에 없다는 입장을 취했습니다. 그런 이론들이 참인지 거짓인지 신이라면 알 수 있을지 몰라도 인간 지식의 한계를 넘어서는 문제라는 것입니다. 과학이 인간의 한계를 넘어서는 목표를 추구하는 것은 부질없고 어리석은 짓이고, 또 그것을 성취했다고 착각해서 뽐낸다면 근거 없는 교만이라는 것입니다. 다른 많은 반실재론자들도 그렇듯, 반프라센은 '겸허함의 철학'을 권장합니다.

실재론에는 한 가지 더 심각한 문제가 있습니다. 과학의 성적표 자체가 어떻게 보면 그리 훌륭하지도 않다는 것입니다. 과학사를 기반으로 하는 '비관적 귀납pessimistic induction'이라는 논의가 있습니다. 미국의 과학철학자 라우단Larry Laudan이 퍼뜨려놓은 것인데, 이는 과학사를 잘 들여다보면 옛날에 아주 성공적이었던 이론들의 대부분은 나중에 아주 틀리다고 판결이 났다는 것입니다. 그런 재평가의 이유는 여러 가지지만, 가장 중요한 이유는 4장에서 이야기했듯이 과학의 성공이 잘 유지되지 않는다는 데 있습니다. 과학은 정체하지 않기 때문입니다. 쿤이 말했듯 정상과학이 어느 정도 성공했을 때 거기에 만족하지 않고 계속 더 뻗어나갑니다. 그렇게 성공적인 패러다임을 더 정밀하게 만들려 하고 또 다른 새로운 현상에 적용시키려고 하다 보면, 결국은 변칙사례들이 나오고 그러다가 패러다임 자체가 위기를 맞고 폐기되어버릴 수 있다고 했습니다. 그러니까 쿤의 이론에 따르면 과학에서 성공이 유지되지 않는 이유는 성장하려는 노력이 잘되다가도 결국 어느 지점에 가서는 실패하기 때문입니다.

몇 가지 예를 들어보겠습니다. 그렇게 화려한 성공을 거두었던 뉴튼역학도 현대물리학에서 폐기한 절대공간이나 절대시간 같은 개념에 기초한 것이었습니다. 맥스웰의 전자기학도 아주 성공적이었고 맥스웰의 공식은 아직도 쓰이지만, 그 이론의 기본은 4장에서 언급했던 에테르입니다. 전기장, 자기장, 빛 같은 것이 전부 에테르의 상태를 나타내는 것이라고 했습니다. 전자가 발견되었을 때도 모든 물리학자들은 그 역시 에테르 내에 형성된 어떤 구조로 해석했습니다. 그런데 아인슈타인 이후 물리학에서는 에테르란 없다고 합니다. 에테르처럼 전혀 존재하지도 않는 물질을 주제로 한 맥스웰 이론이 그만큼 성공적이었다는 것은 정말 기적 같기도 합니다. 그런 역사를 보면서 라우단은 지금 성공적이고 다들 맞다고 하는 이론들도 나중에 가면 폐기되지 않는다는 보장이 없다고 주장했습니다. 보장은 고사하고, 과거의 성적을 기반으로 통계를 내 보면 우리가 지금 믿는 이론은 십중팔구 나중에 폐기될 것이라는 것이 라우단의 비관적 귀납입니다.

또한 라우단과 조금 다른 각도에서 봐도 현재 우리의 과학이 정말 그렇게 성공적인가 하는 기본적인 의문도 듭니다. 아직도 속수

과소결정과 구조적 실재론

성공적인 이론도 나중에 폐기될 수 있다는 가능성은 과학철학에서 흔히 말하는 '증거에 의한 이론의 과소결정the underdetermination of theory by evidence'과도 통합니다. 과소결정은 우리가 어떤 경험적 증거를 가지고 있을 때 그와 부합되는 이론이 여러 가지인 상황을 가리킵니다. 반프라센 식으로 말하면 주어진 그 증거를 가지고 볼 때 여러 이론이 다 경험적 적합성을 지니고 있는 상황입니다(어떤 과학철학자들은 그런 과소결정 상황이 항상 불가피하다고 주장하기도 합니다). 그런 상황에서 그 여러 가지 이론 중 하나를 찾아낸 사람들은 그것이 아주 성공적이라고 만족해할 것입니다. 그러다가 또 하나의 가능성이 발견되면 그 이론을 따라가면서, 예전 이론은 싫고 틀렸다고 하는 경우도 생깁니다. 반실재론을 따르면 그렇게 과소결정에 걸려 넘어질 염려는 없습니다.

그러나 요즘 유행하는 '구조적 실재론structural realism'에 의하면, 그렇게 나중에 폐기될 내용을 믿지 않고도 실재론을 할 수 있습니다. 과학혁명을 겪으면서도 계속 유지되는 이론적 내용이 가끔 있는데 대부분은 물질의 궁극적 본질에 대한 내용이 아니라 이론 속에 있는 수학적 구조입니다. 쉽게 말해 공식은 계속 쓰면서 그 공식에 나오는 변수들이 갖는 의미는 변할 수 있다는 것입니다. 그런 경우를 볼 때, '내용'은 뺀 '구조'만을 실재론의 대상으로 삼아야 한다고 주장하는 것이 구조적 실재론입니다. 그런데 본질적인 논의를 피하면서 수학공식만을 통해 표현되는 것을 '진리'라 하기에는 좀 빈약한 것 같습니다.

무책으로 불치의 병에 걸려 죽어가는 인간들 주제에 그렇게 자만해도 될까요? 병을 고치는 것은 사실 굉장히 어려운 일이지만, 우리 과학으로 해결하지 못하는 더 쉬운 문제들도 많습니다. 예를 들어 기상온난화를 걱정하는데 공기에서 이산화탄소를 좀 빼버리면 될 것을 왜 우리는 그리 끙끙댈까요? 그런 간단한 일도 경제적으로 못해내면서, 우리의 과학이 엄청나게 성공적이기 때문에 실재론을 믿어야 한다는 주장은 조금 가소롭습니다. 미래의 과학자들이 우리를 본다면 웃지 않을까요? 무슨 '암흑에너지' 같은 터무니없는 것을 믿었던 사람들이 그래도 주제에 유용한 공식도 대략 잘 뽑아내고 성공했으니 기특하다고 할지도 모릅니다. 우리가 옛적의 연금술사들을 보며 느끼는 감정과 비슷할 것입니다. 또 아주 발달된 외계의 문명이 있다면 우리의 과학을 보며 유치하다고 생각하겠지요. 과학의 진보를 희망한다면, 우리가 지금 안다고 생각하는 내용이 어디서라도 수정될 각오를 해야 합니다. 그렇다면 실재론에서 가장 아끼는 과학의 성공이라는 명제가 흐릿해집니다.

진리에 대한 열망

저는 인간이 진리를 갈구하는 것은 종교적 열망이라고 생각합니다. 과학이 진리를 추구해야 한다는 생각은 특히 일신교인 기독교의 독실한 신자였던 유럽인들이 과학을 처음으로 제대로 발전시켰을 때 가지고 있던 관념의 유물이라고 볼 수 있습니다. 그 시대의 많은 유럽 사람들은 현재의 우리 기준으로 보면 광신자들이었다고밖에 할 수 없습니다. 유럽여행을 가본 독자들은 느꼈을 것이고, 안 가본 독자들도 사진만으로도 느꼈을 겁니다. 유럽 전역에 퍼져 있는 대성당들, 기가 막히게 조립한 그 거대한 석조 건물들을 트럭도 없고 크레인도 없을 때 엄청난 비용을 들여 지었습니다. 그들은 짓다가 사고가 나서 죽어가면서도 몇 백 년씩 걸려서 대성당을 올려낸 정도의 신앙을 가지고 있었습니다. 국가 권력도 교회가 좌지우지한 경우가 많았습니다. 성전을 한답시고 중동까지 말 타고 가서 난동을 부리고, 기독교끼리도 종교전쟁을 해서 서로 죽이고, 종교재판을 해서 이단자를 고문하고 처형하고, 그렇게 살았던 사람들입니다. 유럽의 과학적 문명이 더없이 훌륭하고 그렇기 때문에 저도 거기서 살고 있지만, 그 역사를 보면 엄청나게 경건하고 광신적인 사람들이었습니다.

과학자들도 많은 경우 그 문화에서 크게 벗어나지 않았습니다. 뉴튼도 천문학이나 물리학 연구를 통해 궁극적으로 우주를 창조한 신의 섭리를 알아내고자 했고, 신학 연구 자체도 정말 많이 했습니다. 물리적 운동량이 보존된다는 데카르트나 라이프니츠G. W. Leibniz의 주장 역시 신이 창조한 것이니 더 이상 늘지도 않고 파괴될 수도 없다는 생각이었습니다. 통상적인 의미에서 종교를 열심히 믿는 사람은 아니었지만 아인슈타인도 물리학의 기본원리는 신이 정해주신 것으로 생각했고, 그렇기 때문에 근본적으로 단순하고 아름답고 완벽한 것으로 믿었습니다. 그는 양자역학을 확률적으로 이해하는 보어의 '코펜하겐 해석'에 반대할 때도, '신은 주사위 놀

이를 하지 않는다'고 선언했습니다.* 저는 학생 때 그 이야기를 듣고 아인슈타인이 참 멋지다고 생각했었는데, 나중에 다시 곰곰이 생각해보니 그렇지가 않았습니다. 신이 뭘 하고 노는지 그가 어떻게 안다는 것입니까? 그리고 보어는 왜 신과 연락이 안 되고 자신은 된다고 하는지, 굉장히 교만하게 느껴집니다. 제가 아인슈타인을 정말 존경하면서 자랐는데 '이 사람이 왜 이런 생각을 했을까' 배반감을 느꼈습니다. 아인슈타인 이후에도 많은 이론물리학자들은 대통일이론grand unified theory 등을 추구하며 우주를 움직이는 기본적 원리는 궁극적 진리를 표현하는 단 한 가지 이론에 들어 있을 것이라고 믿었습니다. 이는 일신교의 종교적 태도와 큰 차이가 없습니다.

* 아인슈타인이 양자역학 자체에 반대한 것은 아니었지만, 양자역학적인 과정이 근본적으로 확률적이라는 것은 거부했다. 확률밖에 모르는 것은 양자역학 이론이 불완전하기 때문이라고 주장하였다.

그런데 현재 과학이 실행되는 형태를 보면, 이런 진리의 추구는 많이 사라졌습니다. 노벨상을 받은 유명한 옛날 과학자의 영웅담만 듣지 말고, 현재 과학이나 공학을 연구하는 보통으로 훌륭한 동료나 친구 들이 있으면 그 사람들이 매일 무엇을 하는지 한번 물어보십시오. 그 수많은 과학자들 중 초끈이론이나 우주론 같은 것을 연구하는 사람들 몇을 빼고는 '진리' 같은 것은 걱정 안 하고 세세한 내용의 '모델링'을 하고 있습니다. 과학자를 꿈꾸던 학창시절, 저는 그런 실태를 알고 나서 그런 식의 과학은 공학에 불과하다고 천시했습니다. 또 1장에서 이야기했던 대로 문제나 풀라는 식의 과학교육에 강한 불만을 품었습니다. 저는 적어도 진리의 후보라도 될 수 있는 이론적 원리를 기반으로 해야 자연을 깊이 이해할 수 있다고 믿었고, 이해를 저버린 채 데이터 수집이나 문제 풀기나 기술적 응용에만 신경을 쓰는 과학이 너무 싫었습니다. 그래서 '진리'를 포기하기를 거부했습니다. 그때는 이러한 철학용어를 몰랐지만 실재론적 입장을 가지고 있었던 겁니다. 그런데 이제는 사람이 패기가 없어져서 그런지, 어떤 형태가 되었건 지식의 추구는 다 존중하는 것이 좋다고 인정하게 되었습니다. 과학자는 사실을 배우고, 밝혀낸 사실들을 여러 가지 방식으로 설명하고 이해하려는 노력을 합니다. 우리가 그것을 넘는 '진리'를 꿈꾸는 것은 주제넘고, '진리'가 정말 궁극적인 것이라면 과학이 다루기는 힘겨운 일 아닌가 생각합니다.

참된 것의 개념들

그런데 아무리 이렇게 이야기해도, 실재론은 죽지 않고 계속 솟아오릅니다. 과학이 진리를 포기해야 한다고 하면 석연치가 않고 불안합니다. 거기에는 방금 말한 '종교적' 이유도 있지만 그 때문만은 아닙니다. 과학이 참된 것을 말해주지 않는다면 우리가 과연 무슨 수단으로 모든 거짓과 오류를 막을 수 있느냐는 우려가 생기기 때문입니다. 어떤 중요한 사태가 생기면 우리는 그에 대한 진상규명을 하고 싶어합니다. 그와 마찬가지로 과학은 자연에 대한 진상규명을 하는 역할을 해주어야 하지 않겠습니까?

이 '진상'이라는 단어가 참 재미있는데요, 그 의미를 정확히 짚고 넘어갈 필요가 있습니다.* 사전을 찾아보면 아주 막연하게 나와 있습니다: '일이나 사물의 참된 내용이나 형편.' 그런데 우리가 이 단어를 실제로 어떻게 사용하는가를 살펴보면 흥미롭습니다. 첫째, 진상은 '진리'와 다르고, '사실'에 더 가깝습니다. 어떤 사건에 대한 논란이 일어나면 '진상규명 위원회'를 만들어서 그에 대한 해명을 시도하곤 합니다. 그런데 여기서 '진리규명 위원회'라고 하면 말이 이상해집니다. 진리란 위원회 따위가 밝혀낼 수 있는 것이 아니기 때문입니다. 진상을 규명하고자 한다면, 적어도 그것을 규명할 수 있는 방법을 알고서 시작해야 이상적입니다. 그 반면 관측 범위를 넘어서는 진리를 말해줄 수 있는 탐지기나 측정방법이 없다는 것은 명백합니다.** 진상도 진리도 아닌 '진실'이라는 개념도 있지요. 연관은 있지만 그와는 또 다릅니다. '진실'은 광범위한 의미로 쓰이지만, 특히 사람의 곧고 정직함을 가리킵니다. 우리는 법정에 나온 증인에게서(아니면 애인에게서) 진실을 원합니다. 진리는 그런 데서 나올 내용은 아닙니다.

그러니 '참'에도 적어도 이렇게 세 가지의 중요한 다른 의미가 있습니다. 다행히도 우리에게는 그 의미를 어느 정도라도 구분할 수 있도록 도와주는 진상, 진실, 진리라는 세 가지의 다른 단어가

* '진리'와 관련된 여러 가지 우리말 단어의 의미와 영어의 'truth'와의 관계에 대해서는 필자가 근래에 한 번 영어로 논의한 바 있는데,[2] 지금 말하는 것은 거기 나온 내용을 좀 단순화한 것이기도 하지만 더 발달된 점도 있다. 2012년에는 '진상'에 대해서는 생각하지 못했었다.

** 그런 것이 있다면 실재론 논쟁 따위는 할 필요도 없을 것이다. 그런데도 영-미 전통에서 대부분의 철학자들은 진리를 알 방법이 있는 것처럼 그에 대한 복잡하고도 장황한 논의를 벌인다. 동화 『임금님의 새 옷』에 나오는 이야기처럼 우습기도 하고 안타까운 일이라고 생각한다.

있습니다. 전부 한문 '참 진(眞)' 자를 앞에 둔 후 어떤 참이냐를 구분해주는데, 참 훌륭합니다. 영어에는 이렇게 세분된 단어가 없고 다 뭉뚱그려서 'truth'라고 합니다. 영어권의 법정에서 증인들은 'truth'를 이야기하겠다고 맹세해야 합니다. 그건 진실을 이야기한다는 것이지요. 우리나라 법정에서 증인이 나와서 '진리'를 말하겠다고 하면 아마 예수님이나 부처님이 아니라면 정신병자일 것입니다(예수나 부처일 확률은 적고, 정신병자겠지요).

제 생각에는 이렇게 필요한 개념분화가 되어 있지 않기 때문에 영어권 철학에서는 실재론을 버리기가 참 힘듭니다. 우리말로는 '진리에 집착하지 말고 진상을 밝히는 데 집중하자'고 하기가 그리 어렵지 않은데, 영어로 'truth'를 포기하자면 진상도 밝히지 말자는 이야기로 이해되어버리기 때문에 큰 반대에 부딪힙니다. 그러면 한국어가 영어보다 철학적으로 더 훌륭한가요? 꼭 그런 식으로 생각하기는 싫습니다. 우리말에서도 뭉뚱그려진 '참'이라는 개념은 영어의 'truth'와 상당히 비슷합니다. 또 우리나라에서 하는 철학논의를 봐도 '참'의 개념이 그리 명확하게 정리되어 있는 것 같지는 않습니다. 언어적 우월감을 느끼자는 것이 아니라, 적어도 이 경우에 있어서 영어의 제한성 때문에 발생되는 철학의 어려움을 우리가 그대로 이어받지는 말자는 이야기일 뿐입니다. 우리 나름대로 생각해보자는 것입니다. 언어마다 각각 개념적 장단점이 있고 그 때문에 다국어를 알면 도움이 될 때가 있습니다.

조금 여담 같지만 일상적인 예를 하나 들자면, 영어에는 '쥐'라는 말이 'mouse'와 'rat' 두 가지입니다. 우리로서는 mouse는 작은 쥐, 그러니까 '생쥐'고 rat은 큰 쥐라고밖에 이해가 안 되는데, 영어를 모국어로 둔 사람들은 그 두 가지를 굉장히 다른 동물로 생각합니다. 그래서 '한국말은 어떻게 그게 한 단어냐? 너희는 뭘 좀 모르는구나' 하는 반응을 많이 보입니다. 그러나 정반대의 경우도 있습니다. 우리가 말하는 기러기와 거위가 영어로는 둘 다 'goose'라고밖에는 표현이 안 됩니다. 물론 학명으로는 자세히 구분되어 있지만 일상용어로는 다 goose입니다. 반면 우리말의 '비둘기'는 영어에서 확실히 구별하는 'pigeon'과 'dove'를 뭉뚱그려 놓고 있습니다. 어느 언어나 장단점이 있는데 주어진 상황에 따라 좀 더 정확히 세분해서 개념을 논할 수 있는 언어를 찾아 생각하면 도움이 됩니다. 그래서 참된 것을 생각할 때는 한국어가 좋은 것 같습니다.

능동적 실재주의

지금까지 많은 철학자들의 견해를 소개했는데, 이제 제 자신의 입장을 더 명확히 정리해보겠습니다. 과학의 임무는 자연에 대한 '진리'가 아니라 '진상'을 밝히는 것이라고 생각해보고 싶습니다. 이때 진리는 절대적으로 옳다는 어감이 있고, 진상은 우리가 어떤 사고와 탐구의 틀을 잡아놓은 후, 그 안에서 질문하고 답할 때 자연으로부터 배울 수 있는 내용을 의미합니다. 다시 쿤의 철학으로 돌아가서 생각해보자면 진상을 밝히는 일은 어떤 주어진 **패러다**

임* 내에서 일어납니다. 진상은 진리와 달리 밝히는 방법을 연구할 수도 있고, 그 방법을 적용해서 잘되었을 경우 어느 정도 자신할 수도 있습니다.** 여기서 잘되었다는 것은 그 패러다임 내의 기준으로 판단합니다. 그렇게 생각했을 때, 과학이 성공적이라는 것과 과학이 진상을 이야기한다는 것은 그냥 같은 말이 됩니다. 실재론자들이 말하는 것처럼 성공에서 진리를 유도할 여지도 없고, 그럴 필요도 없습니다. '진리'에 대한 욕망은 버리는 것이 좋겠다고, 감히 말해보겠습니다. 실재론이 진리의 추구를 요구한다면, 저는 그것을 거부합니다.

그러나 아직도 실재론을 버리기가 힘겹기도 합니다. 우리가 실재론자들의 주장 중 보존해야 할 것은, 과학지식은 제멋대로 만드는 것이 아니라 자연이 인간에게 가르쳐주는 것을 배우는 것이라는 태도입니다. 과학은 인간의 마음대로 하는 것이 아니라, 실재를 따라가는 것이라는 게 기본 입장이고, 그런 입장이 없다면 과학은 전혀 의미가 없어질 것입니다. 그런데 여기서 이야기하는 '실재'란 도대체 무슨 말일까요? '실재'를 사전에서 찾아보면 '실제로 존재하는 것'이라고 나오는데, 이런 해석은 전혀 도움이 되지 않습니다. 한국판 위키백과를 보면 조금 더 명확한 정의가 나옵니다: '인식 주체로부터 독립해 객관적으로 존재한다고 여겨지는 것.' 그것을 좀 쉽게 말하면 실재란 '내 마음대로 할 수 없는 것'을 지칭한다

* 패러다임 개념에도 문제가 좀 있기 때문에 학술적 논의를 할 때는 그 대신 'system of practice'라는 개념을 필자가 만들어서 쓰고 있다. 그러나 여기서는 패러다임 개념을 사용해도 무난할 듯하다.[3]

** 이 과정에는 과학자의 진실도 필요하지만, 그것은 과학의 궁극적 목적보다는 수단에 가깝다.

고 봅니다. 자연은 우리의 허튼수작을 허용하지 않고 저항합니다. 우리가 무엇인가를 발명한다고 해도 자연이 협조를 해야 가능합니다. 자연이 협조한다든지 저항한다는 것은 은유적 표현인데, 그런 식으로 말할 수밖에 없습니다. 왜냐하면 궁극적인 실재인 자연, 그 자연이 정말 어떤 본질을 가지고 있는지를 표현할 언어가 우리에게는 없기 때문입니다. 은유적으로 자연을 의인화해서 표현할 수밖에 없는 것이지요.

제가 볼 때 과학적 실재론은 실재에 대한 것을 최대한 배운다는 우리 자신과의 약속 또는 결심commitment을 담고 있습니다. 이는 포퍼의 반증주의나, 쿤의 정상과학 논의나, 반프라센의 반실재론에도 있습니다. 그런 태도는 우리가 이렇게 행동하고 이렇게 살아야 하겠다는 일종의 이념, 이데올로기입니다. 과학을 추구하는 사람 입장에서는 아주 기본적인 것입니다. 과학을 하지 않았던 우리 조상들은, 자연에서 뭔가를 계속 배워나가겠다는 태도가 약했던 것 같습니다. 한국의 학문은 고전을 공부하거나 사회질서를 잡는 데 집중했지, 자연을 파헤치고 들어갈 수 있는 데까지 다 들어가서 배우고 하는 태도는 약했던 것 같습니다. 서양의 학문도 중세까지는 그런 점에서 별로 큰 차이가 없었는데, 이런 실재론적인 태도가 새로이 자리를 잡으면서 근대과학이 시작되었다고 봅니다.

그런데 저는 이 맥락에서 '실재론'이라는 표현이 별로 적당하지 않다고 생각합니다. '론(論)'은 무엇이 어떻게 생겼다는 '이론'과 같은 어감이 강하기 때문에, 그보다는 이데올로기 등을 지칭하는 '주의'라는 단어를 써서 '실재주의'라고 표현하고 싶습니다. 규범성을 내포한 말입니다. '과학이란 다 이런 것이다'라고 말하는 것이 아니라 '우리는 과학을 이렇게 해보자' 하는 것입니다. 실재론은 영어의 realism(또는 독어의 Realismus)을 번역한 것인데 그 단어에 들어가는 접미사 '-ism'은 '론'과 '주의'의 두 가지 의미를 다 포괄하고 있습니다. 그러나 적어도 한국말로 이야기할 때 '론'과 '주의'는 틀림없이 다릅니다. 그 차이를 극명하게 나타내는 예로, 마르크스Karl Marx는 『자본론』을 썼지만 이는 '자본주의'의 가장 큰 적이었지요.

제가 가진 실재주의의 입장은 능동적인 것으로, 과학은 가능한 한 실재에 대해 최대로 연구해서 배워야 한다는 것입니다. 그렇게 이야기하면 반대할 사람이 없겠지요. 세상에 누가 배우는 것을 나쁘다 하겠습니까? 그러나 그렇게 간단한 문제는 아닙니다. 제가 말하는 실재주의에 의하면, 과학은 실재에 대해 배울 수 있는 모든 길을 우리 능력이 닿는 대로 추구하면서, 그 과정에 도움이 된다면 서로 상충하는 이론체계들도 동시에 허용하고 유지해야 합니다. 그런데 그런 다원주의적 주장을 하면 많은 반대에 부딪칩니다. 과학혁명기에는 서로 경쟁하는 패러다임 중에 절대적으로 옳고 그른 쪽이 없다고 한 쿤도 그 상태가 계속 유지될 수는 없고 그중 하나의 패러다임이 이기고 하나는 사라져야 한다고 했습니다. 패러다임마다 다른 업적을 이룬다고 주장하면서도, 경쟁에서는 꼭 하나만 살아남아야 한다고 한 것입니다. 그런데 왜 그래야 하는지 뚜렷하고 설득력 있는 주장은 없었습니다. 이 다원주의 문제는 12장에서 자세히 논의하겠습니다.

이론과 실재의 관계

지금 당장 더 깊이 생각해보아야 할 문제는 실재와 이론 사이의 관계입니다. 보통 실재론자들은 이론이 실재를 표상한다고 합니다. 이 '표상한다'는 말이 참 애매하고 더구나 저는 최근에 배운 단어라 그런지 잘 이해가 안 됩니다. 묘사한다는 뜻도 있고, 대표한다는 뜻도 있고, 지칭한다는 뜻도 있습니다. 사실 영어단어 'represent' 안에도 그 비슷하게 여러 가지 뜻이 뭉뚱그려져 있습니다. 이론이 실재를 표상한다는 개념과 잘 통하는 것은 철학자들이 '진리'의 의미를 정의하고자 할 때 가장 상식적으로 나오는 대응론correspondence theory입니다. 기본적인 아이디어는 간단합니다. 우리가 어떤 이야기를 했을 때, 그 내용이 실재와 대응하면 참이고 아니면 거짓이라고 하는 것입니다. 당연한 이야기 같지만 잘 생각해보면 아리송합니다. 우리가 실재라고 하는 것을 정말 알 수도 없는 상태에서, 그 실재와 우리의 이론이 대응하는지 어떻게 판단한다는 말입니까?

그리고 실재와 이론이 '대응'한다는 것 자체가 정말 무슨 의미인지도 아리송합니다. 우리가 어떤 내용을 표현할 때, 서로 다른 두 문장이 같은 내용을 표현하면 서로 대응한다고 합니다. '나 배고파'와 'I am hungry'는 서로 대응합니다. 또 현대물리학에 의하면 '어떤 기체의 온도가 몇 도'라는 것은 '그 기체를 이루는 분자들의 평균 운동에너지가 얼마'라는 말과 같은 내용이라고 합니다. 그래서 두 이론 간의 대응은 각 이론에 포함된 문장 간의 대응으로 풀어낼 수 있습니다. 그런데 실재는 언어로 이루어진 것이 아닌데, 언어로 이루어지지 않은 실재와 언어로 (또는 수학으로) 이루어진 이론 간에 대응관계가 있다고 하면 그것이 과연 무슨 의미입니까? 쉬운 말은 아닙니다.

대응론이 상식적인 개념인 것 같아도 사실 이렇게 난해하기 때문에, 거기에 반대하는 정합론coherence theory이 등장합니다. 정합론에 의하면 우리가 하는 어떤 말이 참이라는 것은 우리가 믿고 있는 모든 다른 말들과 잘 맞아떨어진다는 의미일 뿐이라고 합니다. 이 정합론은 제가 위에서 내놓은 실재주의와 잘 연결됩니다. 다시 한 번 '진리'를 떠나서 생각하려는 노력을 기울여봅시다. '진상'을 생각합니다. 어떤 과학이론이 말해주는 내용이 관측결과와 일치할 때, 그 이론이 진상을 표현한다고 할 수 있습니다. 관측결과를 우리가 여러 가지로 해석할 수는 있지만, 궁극적으로 그 결과를 우리 마음대로 좌지우지할 수는 없습니다. 그래서 관측결과와 이론이 일치하지 않는다면 그것은 우리가 실재에 대해 뭔가를 잘못 알고 있다는 증거로 보는 것입니다. 이론과 관측 간의 정합을 어떻게 해서든 이루어내야만 우리가 진상을 파악하고 있다고 주장해볼 수 있습니다. 여기서 정합을 '이루어낸다'는 것은 쿤이 말하는 정상과학에서 하는 과업입니다.

그러나 정합을 이루어내는 과정에서 이론을 수정할 수도 있지만, 관측기구나 해석을 조정해서 다른 관측내용을 내놓을 수도 있다는 것이 중요합니다. 무슨 말이냐 하면, 관측결과를 단순히 실재의 표현으로 취급할 수는 없다는 것입니다. '진상'은 어떤 패러다임 내부에서 성립됩니다. 여기서 2장에서 논의했던 관측의 이론적재성을 다시 고려해볼 필요가 있습니다. 관측은 실재 그 자체의 순수한 표현이 아니라, 이론에 의해 매개된 것입니다. 귀납적 실증도, 포퍼의 반증도, 이런 식으로 이해할 수밖에 없습니다. 그러니까 진리의 대응론은 무슨 의미인지 잘 알 수가 없고, 정합론은 이해는 되지만 이론과 실재의 관계를 이야기해주지는 못합니다.

그러면 이론과 실재의 관계는 어떻게 이해할 수 있을까요? 말로 하기가 어려워서 일단 그림으로 표현해보겠습니다. 그림 5-1은 덴마크의 오르후스Aarhus라는 아름다운 소도시에 있는 덴 감레비Den Gamle By(영어로 'The Old Town'이라는 뜻으로 우리나라 민속촌 같은 곳입니다) 안에 있는 한 건물입니다. 잔잔한 연못 위에 비친 그 집의 모습이 너무 멋져서 사진을 찍었는데, 이 사진이 보통 실재론자들이 생각하는 이론과 실재의 관계를 은유적으로 잘 나타내주고 있습니다. 사진의 윗부분에 명확히 나타난 건물이 실재의 모습입니다. 그 실재가 우리의 과학이론을 통해 표상되는 것이 물에 비친 모습입니다. 물에 비친 모습은 실재의 모습과 비슷하기는 한데 실재를 완벽하게 표현하지는 못합니다. 물결이 일어서 가장자리는 본래 모습과 달라진 데도 있고, 그렇지 않더라도 수면에 반사된 모습은 약간 흐릿합니다. 그래서 '어떻게 하면 이 표상하는 이론들을 더 잘 발전시켜서 실재와 가능한 한 똑같이 하느냐'가 실재론적 과학의 목표라고 비유할 수 있겠습니다.

저는 이 그림을 거꾸로 보자고 제안합니다. 무슨 이야기냐 하면, 이 복잡하고 간결하지 못한 것이 실재의 모습이고, 실재를 표현하고 기술하기 위해 우리가 만들어낸 이론은 깨끗하고 단정하다고 생각해보자는 것입니다. 왜냐하면 실재의 모습은 우리가 통제할 수 없지만, 우리가 만드는 이론은 노력해서 깨끗하게 할 수 있기 때문입니다. 단순하게 만들어놓은 이론은 관측내용과 정확히 맞아떨어지지 않기 쉽고, 또 실재를 그대로 보여준다고 할 수도 없지만 인간의 사고와 이해를 돕기 때문에 무척 유용합니다. 또, 아름다운 이론을 세워놓고 그것에 감탄하다 보면, 일종의 경건한 마음까지도 듭니다.

▲ 그림 5-1 이론과 실재의 관계 ⓒ Gretchen Siglar

과학이론을 발전시키는 과정에서는 우리가 잘 이해할 수 있는 개념을 쓰고, 우리가 잘 다루는 수학으로 풀고, 여러 가지 현상을 이상적으로 단순화하기도 하는 식으로 아주 깨끗한 그림을 그려낼 수 있습니다. 그러나 우리가 엿볼 수 있는 자연의 모습은 사실 굉장히 복잡하고 지저분한 것 같기도 하고 좀 이해하기도 힘들고 참 오묘하게도 복잡합니다. 즉, 여러 가지 실험이나 관측을 해보면 결과는 그렇게 단순하고 깨끗하게 나오지 않습니다. 전통적 실재론적 입장에서는 실험기구가 부정확하거나 혼선을 일으키는 다른 요인들이 작용했을 수도 있고 여러 가지로 우리가 관측을 완벽하게 해내지 못해서 관측결과가 깔끔하지 않다고 생각합니다. 여기에는 실재 그 자체는 궁극적으로 단순하고 깨끗하다는 전제가 깔려 있습니다. 저는 그것 또한 일신론적인 종교적 관념에서 나온 것이라고 생각합니다. 신이 왜 자연을 그렇게 지저분하게 창조했겠느냐 하는 것이지요. 그런데 신이 어떤 마음으로 자연을 창조하셨는지 인간이 안다고 자신할 수 있을까요?

▲ 그림 5-2 이론과 실재의 관계, 거꾸로 © Gretchen Siglar

이런 맥락에서 저는 제 박사과정 지도교수였던 카트라잇Nancy Cartwright 교수님의 가르침에서 영감을 얻었습니다. 카트라잇은 과학이론에 나오는 자연의 법칙에는 두 가지가 있다고 했습니다.[4] 현상적 법칙phenomenological law은 우리가 경험적으로 알아낸 자연의 진상을 가능한 한 그대로 표현합니다. 그 내용은 굉장히 복잡하고, 특정한 상황의 세세한 조건에 따라 달라집니다. 그 반면, 기초이론 또는 기본적 법칙fundamental law은 그 복잡하고 지저분한 현상적 법칙들을 단순화하고 통합해서 표현합니다. 기본적 법칙들은 사실 관측 데이터와 정확히 맞아들지는 않지만, 우리의 이해를 돕고 설명력이 있습니다.* 간단한 모양으로 만들어낸 기본적 법칙들이 이렇게 이해와 응용을 돕기 때문에 간직할 필요가 있습니다. 그런데 그런 위력은 진상을 밝히는 것과는 별개의 문제라는 것을 확실히 인식할 필요가 있습니다. 기본적 법칙이 그려주는 그림이 진리인지는 알 수 없습니다. 그러나 인간이 이해하기 쉬운 모양으로 표현한 것이 꼭 실재의 모습이 된다고 주장하는 것은 주제넘고 어리석은 일 아니겠습니까?

* 실재론자 중에는 진리가 아닌 이론은 아무것도 설명할 수 없다는 입장을 취하는 사람도 있는데, 필자가 보기에는 철학적으로도 별 실속이 없는 극단적 입장이다.

5장 요약

- 실재론에 따르면 과학의 목표는 진리를 추구하는 것이며, 많은 실재론자들은 현대과학이 어느 정도는 그 목표를 성취하고 있다고 믿는다.
- 반실재론에 따르면 과학의 임무는 경험적으로 검증할 수 있는 지식만 추구하는 것이고, 관측 불가능한 것에 관한 이론은 영원한 가설이거나 편리한 사고의 도구일 뿐이다.
- 실재론자들은 현대과학의 성공이 과학이론이 진리를 표현하고 있다는 증거라고 주장한다. 그러나 그들이 말하는 과학의 성공은 과장되어 있으며, 성공적인 이론도 나중에 폐기되는 역사를 보면 성공과 진리 간에 단순한 관계는 없다고 보는 것이 좋다.
- 필자가 실재론 대신 제안하는 '실재주의'는, 가능한 모든 방법을 동원하여 실재에 대한 것을 최대한 배워야 한다는 입장이다. 과학연구는 막연한 진리의 추구라기보다 구체적으로 배울 수 있는 진상을 밝히는 작업이다.

6장

과학의 진보

지금까지 과학지식의 본질에 대해 여러 가지 논의를 하였습니다. 이제 그 논의들을 일단 종합해보겠습니다. 이 종합을 돕는 핵심적 개념으로 '과학의 진보'를 고려해봅니다. 대개 과학은 항상 진보한다고들 생각합니다. 과학자들도 그렇고 과학을 지켜보는 일반 사람들도 그렇게 느낍니다. 그런데 정말 그럴까요?

과학은 정말 진보하는가

'과학사의 아버지'라고도 종종 불리는 사튼George Sarton은 이렇게 이야기했습니다: "인간이 하는 활동 중 정말로 축적되고 진보하는 것은 과학뿐이다."[1] 1927년에 출간되기 시작한 그의 역작 『과학사 입문』의 서문에서 우리가 왜 과학사를 공부해야 하는지를 역설하면서 한 말입니다. 그때까지만 해도 과학사는 잘 알려지지 않은 학문 분야였고, 사상사를 연구하는 사람들도 과학에 대한 내용은 다 빼놓고 하기 일쑤였습니다. 사튼은 과학을 빼고 쓰는 인간의 역사는 가장 중요한 것을 빼놓은 쓸모없는 역사라고 했습니다. 포퍼와 비슷하게 사튼도 과학 진보의 영향으로 사회도 진보할 수 있다고 믿었습니다.

사튼은 하버드 대학에서 다년간 과학사 강의를 했는데, 그 강의를 들었던 많은 사람들 중에는 행동주의 심리학의 선구자 스키너B. F. Skinner도 있었습니다. 스키너의 자서전에는 사튼이 과학사 강의를 하며 우리 사회도 과학의 영향으로 진보하고 있다고 역설했다고 적혀 있습니다. 1932년에는 강의 중에 1757년에 프랑스에서

사튼 George Sarton, 1884-1956

벨기에 태생의 과학사학자로, 겐트 대학에서 화학과 수학을 공부한 후 일생을 과학사 연구에 바쳤습니다. 1차 대전을 피해서 영국으로 이민을 갔다가 곧 미국으로 건너가서 1916년부터 하버드 대학에서 교편을 잡았습니다. 지금까지도 과학사 학계에서 최고의 권위를 자랑하는 학회지 『아이시스Isis』를 1912년에 창간했습니다. 사튼은 『과학사 입문』이라는 책을 통해 전 세계 모든 문명사회에서 이루어진 과학의 발전과정을 탐사하고자 하는 일에 열정적으로 임했습니다. 고대 자료를 직접 공부하기 위해 아랍어부터 중동, 근동의 각종 고대어를 공부하였습니다. 30년 이상이나 작업했음에도 불구하고 워낙 방대한 양이라 기원후 14세기까지를 이야기하는 세 권을 내놓고 사망했습니다. 그를 기리는 뜻에서, 미국에 본부를 둔 세계 과학사학회History of Science Society에서 주는 평생 공로상을 사튼 메달Sarton Medal이라고 합니다.

▲ 그림 6-1 사튼

© International Academy of the History of Science

처형당한 다미앵Robert-François Damiens의 이야기를 했다고 합니다. 이 사람은 루이 15세를 암살하려다 실패했습니다. 그러니 당연히 처형당했겠지만, 그 처형방식이 정말 처참했습니다. 우선 재판을 한답시고 고문을 했습니다. 왕을 죽이려 했던 그 손을 잡아서 뜨거운 유황으로 지지고, 그다음에 그 상처에 납을 녹여서 부었습니다. 정신을 잃으면 기다렸다가 다시 깨워서 또 고문을 했습니다. 그렇게 한 후 사형 선고를 내렸고, 우리말로 하면 능지처참을 했습니다. 사지를 말 네 마리에 묶어서 찢어버리고 또 그 남은 몸통을 화형에 처했습니다. 이 말할 수 없이 야만적인 행위를 궁중의 높은 사람들과 사회적 명망이 있다는 사람이 다들 모여서 신나게 구경했습니다.* 유럽에서도 가장 잘났다는 프랑스에서, 그것도 계몽주의 사상이 퍼지기 시작했다는 18세기 중반에 그랬다는 거죠. 사튼은 그 처참한 이야기를 들려준 다음에 학생들에게 "여러분, 우리는 진보했습니다!" 하고 낙관적으로 선언했다는 것입니다. 사튼은 과학이 발달하면서 사회도 같이 진보했고, 사회적 진보와 과학적 진보는 떼어놓을 수 없다고 했습니다. (스키너는 이 이야기를 전하고 나서, 자신이 그 사튼의 강의를 들은 바로 1년 반 뒤에 독일에서 히틀러가 정권을 잡았다고 덤덤하게 기록하고 있습니다.)

* 그중에는 유명한 카사노바도 있었는데, 자신은 그것이 너무 끔찍했다고 기록했다.

이런 일화를 들으면, 진보라는 개념에 대해 굵직한 질문들이 솟아오릅니다. 우리가 말하는 '진보'란 정확히 어떤 의미인가? 과학은 정말 확실히 진보해온 것인가? 또 과학적 진보와 사회적 진보는 과연 어떤 연관이 있는가?

기초 없이 짓는 건물

과학의 진보란 흔히 진리에 접근하는 것이라고들 보는데, 그것은 아니라고 생각합니다. 5장에서 말했듯이, 저는 '진리'를 과학의 목표로 삼는 것은 뭔가를 혼동한 것이라고 봅니다. 그리고 진리 개념에의 집착이 과학의 진보가 정말 어떻게 이루어지는지에 대한 현실적 이해를 저해한다고 생각합니다. 세상에 진리 측정기는 없습니다. 그 진리라는 목표를 우리가 얼마나 달성했는지를 알 수도 없고, 그 목표에 다가가는 뚜렷한 방법도 없습니다. 또 4장에서 쿤의 주장을 통해서 살펴보았듯이, 과학의 깊은 내용이 나아가는 어떤 일정한 방향도 보이지 않습니다. 천문학과 우주론의 예를 들었었는데, 물질의 근본 성질을 보아도 입자인지 파동인지 장인지 에너지인지, 계속 혼란스러운 변화를 이루고 있습니다. 이는 과학자들이 뭘 잘 몰랐던 옛날의 이야기만은 아닙니다. 최근에 초끈이나 암흑물질, 암흑에너지 같은 개념까지 심각하게 대두되면서 혼란이 더 심해진 것 같습니다. 물론 물리학을 하는 분들에게 이야기하면 현재 별 혼란이 없다고 할지 모릅니다. 과학에 대해 혼란이라는 말을 언급하는 것 자체가 부적합하다고 할 것입니다. 쿤이 말하는 정상과학에서 순간순간은 혼란이 없을 수도 있습니다. 그러나 과학의 역사를 길게 볼 때, 우리의 자연관과 세계관이 왔다 갔다 하는 것은 틀림없는 것 같습니다. 그리고 과학이 진리에 다가가느냐 그러지 못하느냐 하는 어법 자체에도 문제가 있습니다. 진리를 종착점으로 보는 이미지를 기반으로 하고 있는데, 그것은 생각해보면 대단한 상상력을 발휘한 것입니다. 진리가 무슨 버스 종점입니까? 게다가 '도착'이나 '접근'한다는 것은 비유에 불과하고 그중에서도 직유법이 아니라 은유법을 쓴 비유입니다(은유metaphor에 관한 논의는 11장에서 자세히 할 것입니다. 은유가 과학을 포함한 우리의 모든 사고체계에서 실질적으로 큰 역할을 한다는 것을 볼 수 있을 것입니다).

진리에 더 가까이 접근함으로써 과학이 진보한다는 생각을 버리고, 과학의 진보를 다시 생각해봅시다. 5장에서 저는 신기루 같은 진리를 좇는 것을 자제하되, 과학이 자연의 진상을 밝히는 노력은 충분히 할 수 있고 해야만 한다고 주장했습니다. 진상을 밝히는 과정에서 중요한 것은 '지식을 쌓아간다'는 목표입니다. 그런데 '쌓는다'는 것 또한 은유적인 표현입니다. 과학지식이 건물을 짓는 것처럼 쌓여 점점 올라간다는 것은 철학에서 말하는 '토대론' 또는 '토대주의foundationalism'를 따르는 사람들이 많이 가지고 있는 이미지입니다(그림 6-2 참조).* 건물을 지을 때 기초를 튼튼히 쌓아야 하는 것처럼 지식도 먼저 토대를 마련한 후 그 위에 쌓는다는 것입니다. 이 학문의 '기초'라는 것도 대단한 상상력을 발휘한 비유인데, 이제는 초등학생들도 이 표현을 아무 생각 없이 늘 씁니다. 그러면 기초를 기초라 하지 않고 어떻게 이야기해야 하냐고 반문할지도 모르겠습니다. 여러 가지 방법이 있지요. 전혀 비유를 하지 않고 그냥 논리적으로만 생각할 수도 있습니다. 명제 A에서 명제 B를 유도할 수 있지만 B에서 A를 유

* 여기서 영어의 '-ism'을 '론'이나 '주의' 두 가지로 번역한 것은 5장에서 'realism'을 '실재론'과 '실재주의' 두 가지로 이야기했던 것과 같은 맥락이다.

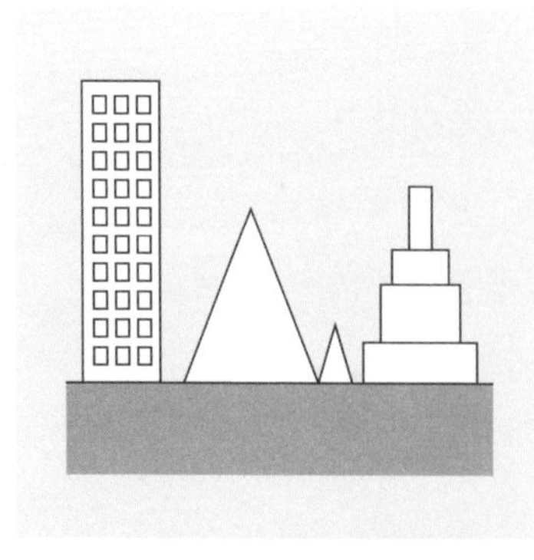

▲ **그림 6-2** 토대 위에 건물 올리기

도할 수는 없다든지 하는 관계를 그냥 밝혀주고 말면 됩니다. 꼭 비유를 해야겠다면, 조금 다른 식으로 할 수 있습니다. 지식의 '토대' 대신 '원천'이라고 하면, 그것은 발밑이 아니라 산 위의 이미지로 변합니다. 그러면 지식이 발달할수록 강이 하류로 흐르듯 더 낮은 곳으로 내려오는 느낌이 들 것입니다. 아니면 시간에 비유해서 무엇을 '먼저' 인식해야 하는지를 논할 수 있습니다.

'토대' 비유는 너무나 당연하다는 듯 널리 쓰이고 있지만 다시 잘 생각해보면 문제가 있습니다. 지식의 토대를 찾으려는 작업에서 인식론은 많은 어려움을 겪었습니다. 2장에서 본 데카르트의 회의론적 고민, 3장에서 본 측정기준 설립의 어려움, 또 4장에서 본 패러다임의 붕괴 가능성 등은 모두 지식의 튼튼한 토대란 없다는 것을 뼈저리게 느끼게 해주었습니다. 토대라는 개념은 확실성을 내포하고 있습니다. 견고하다는 이미지입니다. 좋은 토대는 단단하기 때문에 아무리 충격을 주고 흔들어도 움직이지 않고 그 위에 믿고 건물을 지을 수 있습니다. 그런데 과학철학 연구를 조금이라도 하다 보면 과학에 그런 토대는 없다는 것이 금방 드러납니다. 이론도 관측도 확실한 것은 없습니다. 그러면 과학지식은 근거가 없고 정당화되지 않는 것이라고 비관적인 결론을 내릴 수밖에 없을까요? 그러한 회의주의적인 몰락이 바로 토대주의의 가장 큰 위험입니다.

포퍼는 이 위험을 피하기 위해 토대주의를 수정해야 한다고 주장하면서 조금 다른 비유를 했습니다. 기초 위에 건물을 쌓는다는 생각을 하지 말고, 강바닥에 교각을 꽂고 다리를 놓는 일을 생각하라고 했습니다. 강바닥은 물컹물컹해서 단단한 토대가 될 수 없다는 것을 누구나 다 압니다. 그렇지만 교각을 어느 정도 깊숙이 꽂으면 다리는 충분히 안정됩니다. 완벽하지는 않지만, 완벽할 필요도 없습니다. 지식의 정당화도 완전히 확실한 명제들에 의존할 필요는 없다는 이야기입니다.

3장에서 저는 '인식적 반복'이라는 방법으로 확실하게 고정된 토대가 없어도 지식을 축적하고 개선해나갈 수 있다고 주장했습니다. 그 인식적 반복에서 중요한 점은 연구의 기초가 되어준 그 시발점으로 되돌아와 그것을 고칠 수 있다는 것입니다. 이왕 건물 짓기 비유를 시작한 김에 이 아이디어도 건축의 이미지로 표현해보겠습니다. 처음에는 아래층이 기초 노릇을 하지만, 건물을 더 올리면 일부 아래층을 제거할 수도 있습니다. 그림 6-3처럼 밑쪽이 휑

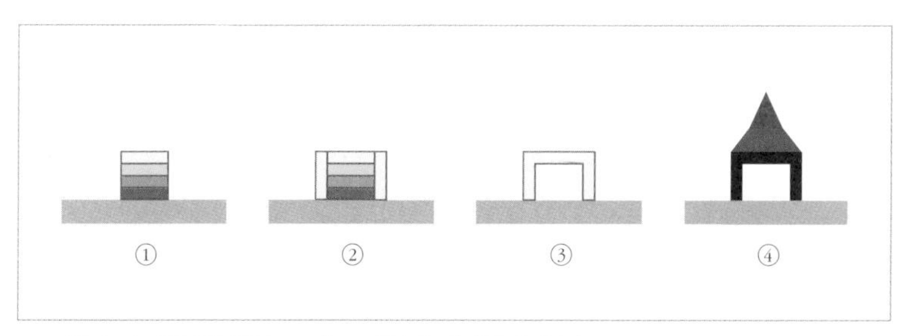

▲ **그림 6-3** 인식적 반복: 토대도 나중에 제거될 수 있다

하니 뚫려 있어도 멋지게 서 있는 건물을 지을 수 있는 것입니다. 이 그림은 그냥 제가 지어냈던 것인데, 나중에 알고 보니 파리의 에펠탑을 정말 그렇게 지었다고 합니다.

▲ 그림 6-4 에펠탑 건축과정 © Théophile Féau at Wikimedia.org

정합주의: 노이랏의 배

그런데 이 에펠탑도 진짜 기초는 견고한 땅이기 때문에, 두 가지의 비유가 혼선되어 조금 마땅치 않습니다. 그래서 건물 올리기 비유를 아예 벗어나보는 것이 생각의 전환에 도움이 됩니다. 이 맥락에서 우리에게 아주 생생하고 멋진 대안이 되는 이미지를 제시해준 사람이 있는데 오스트리아의 철학자이자 경제학자이며 혁명가였던 노이랏Otto Neurath입니다. 그는 우리 인간이 지식을 개선하려고 노력하는 상황을 이렇게 이야기했습니다: "우리는 망망대해에 떠 있는 배를 타고 있는 항해자들과 같다. 배에 물이 새는데 육지로 올라가서 선박 건조대에서 배를 해체하고 최상의 부품으로 다시 건조할 수 없고, 바다 한가운데 떠서 자신들의 배를 고쳐야 하는 처지이다."[2]

노이랏의 이름을 들어본 독자는 많지 않을 것입니다. 그러나 우리 모두 사실 매일같이 그의 철학을 전승한 것을 사용하며 살아갑니다. 남녀 화장실 표시는 특히 말이 안 통하는 외국에 갔을 때 반갑지요. 만화처럼 단순화한 남자, 여자 모습의 표식 말입니다(그림 6-5). 이런 식의 표시법을 노이랏이 시작했는데, 원래는 화장실 표지를 만들기 위한 것이 아니라 박물관의 전시물에 사용하기 위한 것이었습니다. 눈에 확 들어오고 무식한 사람도 금방 알아볼 수 있도록, 설명을 다 말로 쓰지 말고 가

▲ 그림 6-5 화장실 표지

케임브리지 대학 과학사·과학철학과 2번 화장실(남녀 공용) ⓒ 장하석

능한 한 그림으로 표현하자는 착상을 한 것이지요. 그 목적으로 '국제 시각교육 용어체계International System of TYpograpical Picture Education, ISOTYPE'라고 명칭한 시각적인 언어를 만들었습니다. 그림 6-6에는 그가 고안한 여러 가지 기호들이 나옵니다. 이런 식의 표기가 현재까지도 박물관이나 자료집에서 많이 쓰입니다. 예를 들어서 그림 6-7의 도해는 영국 잉글랜드의 산업혁명 역사를 설명한 것인데, 방직이 처음에는 가내공업으로 이루어지다가 공장공업으로 바뀐 과정을 보여줍니다. 사람(남자) 모양 하나가 방직 노동자 만 명을 대표하고, 그중 어두운 녹색으로 표시된 사람은 가내공업을 하는 사람들이고 빨간색으로 표시된 사람은 공장에서 일하는 사람입니다. 각 줄마다 위에 보이는 하늘색 천을 말아놓은 모양은 직물의 생산량을 나타냅니다. 세월이 흐르면서 전체 생산량이 급증하

▲ **그림 6-6** 노이랏의 시각교육 용어체계에 사용되었던 시각적 단어들

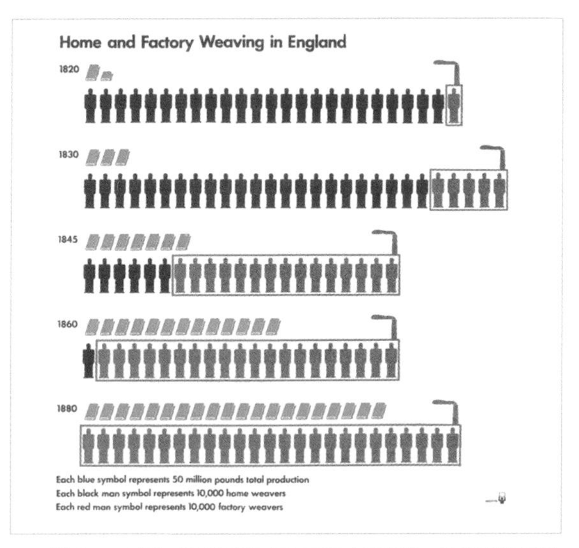

▲ 그림 6-7 시각교육 용어체계로 표현한 잉글랜드의 방직업 역사

ⓒ 『Modern Man in the Making』(New York: Alfred A. Knopf, 1939).

고 점점 다 공장에서 생산하게 되는 것이 한눈에 들어옵니다. 이렇게 만들어낸 교육법의 부산물로, 그 과정에서 만들었던 남자와 여자 기호를 따서 남녀 화장실 표시를 하게 된 것이라 합니다. 그런데 이제 그 만화 같은 사람 모습이 화장실이라는 의미로 변질되기까지 했습니다.

노이랏의 철학은 애석하게도 이제 많이 잊혔지만 인간의 지식 체계가 망망대해에 떠다니는 배와 같다는 그의 비유는 아직까지도 종종 언급됩니다.* 이 비유에는 여러 가지 재미있는 아이디어가 아주 유용하게 함축되어 있습니다. 떠다니는

* 유명한 미국의 철학자 콰인Willard van Orman Quine도 그 비슷한 '피막membrane'의 은유를 피력했는데, 노이랏보다 훨씬 나중에 한 말이다.

배의 모습은 지식에 확실한 토대가 없음을 제시합니다. 그러나 가라앉지 않고 떠 있다는 것은 배를 구성하고 있는 나무 조각들이 서로 어느 정도 잘 맞아들게 짜여 있다는 뜻입니다. 이것은 철학에서 토대주의에 대응하는 정합주의를 제시한 것이고, 5장에서 말한 진리의 정합론the coherence theory of truth과도 긴밀하게 연결됩니다. 토대주의에서는 지식의 정당화를 확실한 기초 위에 건물을 세우는 작업에 비유한 데 반해 노이랏의 정합주의에서는 물이 크게 새어들지 않도록 해 배가 계속 떠다닐 수 있게 하는 작업과 같다고 봅니다. 어떤 막연한 진리보다는 우리가 실제로 이루어낼 수 있는 일관성을 추구하는 것입니다.* 또, 이 배의 이미지는 2장에서 말한 관측의 이론적재성과도 바로 통합니다. 노이랏의 배는 특별한 부위들로 구분되어 있지 않습니다. 이론을 나타내는 나무 조각들과 실험을 나타내는 나무 조각들이 그냥 다 같이 섞여서 짜 맞춰져 있습니다. 그러면 이론의 검증이란 그 체제 내부의 일관성을 확인해보는 것 이상의 의미가 없고, 절대적으로 옳고 그른 것을 평가하는 과정은 아닙니다. 그러나 이 배에서는 일관성을 지킬 뿐만 아니라 배를 수선하는 진보도 이루어갑니다. 노이랏의 비유는 배가 완벽하지 못하고 물이 새고 있다는 것을 전제로 하고 있습니다. 고치지 않고 그냥 놔두면 결국은 침몰한다는 이미지는 사회개혁의 필요성을 항상 절실하게 느꼈던 노이랏이 가졌을 만한 것이지요. 배를 고쳐서 더 물 샐 틈 없도록 한다는 것은, 정합성을 더 높인다는 의미입니다.

* 노이랏은 절대적 진리 같은 개념은 형이상학의 영역이지 과학이나 과학철학에서 할 이야기는 아니라고 봤던 것이다. 또 형이상학은 실증적인 의미가 없기 때문에 없애버려야 할 학문이라고 주장했다.

노이랏이 빈 학단에서 활동했을 때 가장 강력하게 추진했던 것은 소위 '과학통일운동unity of science movement'이었습니다. 그 구체적 내용을 보면 아주 실용적인 아이디어입니다. 노이랏은 항상 과학이 어떻게 하면 사회를 정의롭고도 효율적으로 발전시키는 데 도움이 될까를 생각했는데, 과학통일의 필요성을 역설하면서 이런 예를 들었습니다. 산불이 났다고 합시다.[3] 이 산불을 끄려면 여러 가지 과학을 다 모아서 함께 적용해주어야 한다고 했습니다. 우선 불이 어떻게 타고 꺼지는지를 이해하고 예측하려면 화학과 물리학이 필요합니다. 그러나 불이 번지고 수그러드는 것은 기상조건에 좌우되기 때문에 기상학도 필요합니다. 불에 타고 있는 여러 가지

토대 대 정합

토대주의는 영어 'foundationalism'을 번역한 말입니다. 지식은 확실한 것을 기반으로 해야 한다는 생각입니다. 어떤 명제를 믿고 싶다면 그보다 더 확실한 명제를 써서 정당화해주어야 하는데, 계속 그렇게 정당화를 하다 보면 결국 어느 시점에 가서는 궁극적으로 기초가 되는 자명한self-evident 명제들이 필요해집니다. 경험주의empiricism에서는 자신이 직접 경험한 내용만이 자명하다고 보고, 합리주의rationalism에서는 무엇이 자명한지는 이성적으로 판단할 문제라고 합니다. 자명한 지식의 기본 찾기를 포기한 사람들은 흔히 정합주의coherentism를 채택합니다. 정합주의는 '지식의 정당화는 우리가 안다고 생각하는 내용들이 서로 잘 맞아떨어지는가를 보는 것 이상은 없다'는 입장입니다. 정합주의와 토대주의의 대조는, 진리를 정의하고자 할 때 나오는 정합론과 대응론의 대조와 깊은 연관이 있습니다. 지식을 정당화한다는 개념과 진리를 찾는다는 개념이 통하기 때문입니다(진리에 대한 정합론과 대응론의 관계는 5장에서 논의하였습니다).

식물들과 그것들의 상호작용으로 이루어진 숲의 본질을 잘 이해하려면 생물학과 생태학도 있어야 합니다. 또한 사회학, 정치학, 경제학, 행정학도 필요합니다. 어떻게 소방대를 조직하고 유지하고 그에 필요한 자금을 조달하는지 알아야만 제대로 소방활동을 펼칠 수 있기 때문입니다. 또 그 주변 교통도 잘 통제해야 하고 주민도 대피시켜야 하고 거기에 따라 나오는 정치적 문제도 해결해야 할지 모릅니다. 그 어떤 현실적인 문제도 이렇게 모든 과학이 합쳐져야만 풀 수 있으므로, 노이랏은 과학을 통일해야 한다고 했습니다.

노이랏 Otto Neurath, 1882-1945

▲ 그림 6-8 노이랏

© 「Philosophical Papers」(Dordrecht: Reidel, 1983), inside cover.

그야말로 현실 참여에 충실한 철학자였습니다. 오스트리아의 비엔나에서 태어나서 정치경제학으로 독일 베를린 대학에서 박사학위를 받았고, 1차대전 패전 후 체제가 붕괴되면서 뮌헨에서 잠시 일어났던 바이에른 공산주의 공화국에서 경제계획을 담당했습니다. 혁명이 실패하면서 투옥되었다가 지지자들의 교섭으로, 다시는 독일에 돌아오지 않는다는 조건으로 풀려났습니다. 그 후 고향에 돌아와서 살았는데 바로 1장에서 말했던, 포퍼가 청년기를 보내고 프로이트와 아들러가 분석심리학의 쌍벽을 이루었던 그 혼란기의 비엔나였습니다. 노이랏은 그 당시 사회당이 주도했던 비엔나 시 정부와 협력해서 많은 일을 했습니다. 빈민을 위한 주택 사정도 많이 생각했고, 민중을 교육하기 위한 박물관도 만들었습니다. 또 마음이 맞는 철학자들과 활발히 교류했고, 카르납Rudolf Carnap, 슐리크Moritz Schlick 등과 함께 소위 빈 학단Vienna Circle(독일어 Wiener Kreis)이라는 논리실증주의logical positivsm 학파를 형성했습니다. 이 학파에서는 형이상학을 중심으로 한 전통적 독일철학을 배격하고, 과학적 철학을 추구했습니다. 노이랏은 파란만장하고 화려한 경력에 걸맞게 독특한 철학적 통찰력을 발휘했습니다. 중앙집권적인 경제계획에는 사회의 물질적·정치적·문화적인 모든 면을 다 종합적으로 고려할 필요가 있었고, 그런 관점에서 배 한 척의 은유로 인간의 지식을 총체적으로 표현한 것이 이해됩니다.

그런데 여기서 과학을 통일한다는 말은 철학자들이 흔히들 생각하듯 모든 과학을 기초물리학에서 시작하여 다 유도한다는 식의 이야기가 아닙니다. 과학이라고 일컫는 범위 안에 독립적으로 존재하는 여러 가지 학문들이 필요에 따라 서로 협력관계를 가질 수 있도록 조정한다는 의미입니다. 마치 오케스트라에서 여러 가지 악기들이 지휘자의 지도에 맞추어 함께 모여서 좋은 소리를 내는 것과 같은 상황을 생각한 것입니다.* 그렇게 협주를 하면서 어느 악기가 어느 악기보다 더 기본적이라는 생각을 버리고 모든 악기가 다 독립적이고 평등한 위치를 가진다고 생각해야 합니다. 과학 내에 여러 가지 학문이 있는 이유는 어느 하나의 학문으로는 우리 세상을 다 다룰 수 없기 때문입니다. 각 학문은 우리 세상의 일면만을 이야기해줄 수 있고 정말 실제적인 문제를 해결하려면 모든 면을 고려해야 하기 때문에 모든 과학이 서로 협조하며 같이 달라붙어야 합니다. 과학연구를 할 때는 각각 세분화된 전문 분야에 집중해야 하고 모든 주변 상황을 다 고려할 수 없지만, 필요에 따라 다른 분야와 융합될 준비가 되어 있어야 한다는 것입니다.** 이것이 노이랏의 정합주의입니다.

* 노이랏은 실제로 과학통일에 관한 이야기를 하면서 '오케스트레이션orchestration'이라는 단어를 썼다.

** 여기서 노이랏은 우선 과학의 언어가 통일되어야 한다고 주장했다. 어느 나라 말을 하느냐의 문제가 아니라, 모든 과학은 시간과 공간 속에 위치한 물질적인 개체들에 대해 논의해야 한다는 '물리주의physicalism' 입장이었다.

정합주의에 대한 불만?

그런데 노이랏의 배와 그것이 나타내는 정합주의 철학에는 좀 석연치 않은 점이 한 가지 있습니다. 5장에서 논의했던 실재주의의 입장에서 볼 때, 노이랏의 은유는 과학이 자연의 진상을 밝힌다는 의미를 전혀 표현해주지 못하는 것 같습니다. 이는 단순히 그 비유의 한계 때문이 아니라 정합주의 자체에 문제가 있는 것은 아닌가 하는 의문을 제기할 수 있습니다. 일관성이 있다고 해서 반드시 옳은 것은 아닙니다. 잘못된 믿음도 서로 일관성이 있으면 얼마든지 유지될 수 있습니다. 포퍼가 경멸했던 사이비과학이나 음모설 등을 믿는 사람들 중에는 터무니없는 말을 하면서도 일관성이 있고 아주 논리가 정연한 경우가 있습니다. 종교적 교리도 믿지 않는 사람이 볼 때는 정말 믿기지 않는 이야기지만 일관성은 있다고 느낄 수 있습니다. 그러면 과학적 이론도 그런 일관성을 지닌 것뿐일까요?

정합주의에서 한걸음 더 나간 것이 5장에서 짤막하게 소개한 '진리의 정합론'인데 그것은 진리라는 개념 자체가 일관성의 의미밖에 없다는 입장입니다. 저는 처음 철학을 배울 때 이 정합론을 정말 혐오했습니다. 이를 사회적으로 본다면 뭐든지 사람들이 다들 그렇다고 하면 그게 옳다는 것입니까? 그런 동의는 개개인 각자의 독자적 생각이 일치한 것일 수도 있지만, 유행이나 군중심리에 의해 생길 수도 있고 또한 강압적으로 이루어질 수도 있습니다.

그렇다면 힘 있는 자가 진리를 정할 수 있다는 말이 되지 않습니까? 정합론은 집단 전체가 무엇인가에 대해 잘못 알고 있을 수 있다는 가능성을 아예 부인하는 것 같았습니다. 인식론에서는 그런가 보다 하고 지나갈 수 있겠지만, 저는 그런 부분이 정치적으로 우려되었습니다. 이는 제가 미국에서 대학이나 대학원 공부를 같이했던 동료들과 달리 군사독재 하에서 어린 시절을 보냈던 경험에 뿌리 박힌 것이기도 했습니다. 가장 중요한 예로 1980년 5월에 광주항쟁이 일어났을 때 저는 중학교 2학년이었고 서울에서 학교를 다니고 있었는데, 저희 집에서는 광주에 큰집도 있고 해서 그것이 정말 어떤 사태였는지 대충은 알고 있었고 분개했었습니다. 그러나 모든 신문과 방송에는 폭도들이 난동을 부려서 할 수 없이 몇 명을 죽였고, 또 군경이 더 많이 사상했다는 보도가 나왔습니다. 학교를 가도 선생님께서 그렇게 말씀하셨고, 친구들도 다 그렇게 믿는 것 같았습니다. 저 혼자 앉아서 속으로 '이거 아닌데…… 이거 아닌데……' 했지만 밖에 나가서 절대 그런 얘기 하지 말라는 주의를 집에서도 단단히 들었기 때문에 아무 말도 못하고 마음속으로만 혼자 반항하면서 학교를 다녔습니다. 그런 경험에 비추어 볼 때 진리의 대응론을 버리면 정의와 진실을 지키기 위해 싸우는 의미도 없어질 것 같았습니다. 과학철학에서조차 진리를 정합론으로 정의해버리면 무엇을 지키고 말고 할 것도 없이, 다들 옳다면 그냥 옳은 것으로 되지 않겠습니까? 그렇다면 갈릴레오나 브루노 Giordano Bruno 같은 사람은 그저 무의미한 고해를 했다는 말인가요?

이는 잘 정리되지 않은 어린 생각이었지만, 진리의 정합론에 대한 가장 기본적인 철학적 우려가 표출된 것입니다. 다시 과학 내부의 논의로 돌아오자면, 임의적 측정기준을 정하는 문제라면 몰라도, 진짜 자연 속의 어떤 대상에 관한 지식을 얻고자 한다면 일관성만 요구해서 되겠는가 하는 우려를 가질 수 있습니다. 진리의 대응론을 유지해야만 인간들이 멋대로 무엇인가를 정하지 못하고 자연으로부터 구속을 받아가면서 참된 지식을 쌓아갈 수 있다는 생

정합, 정합성 coherence

이 말이 과연 어떤 의미인가를 더 조심스럽게 생각해볼 필요가 있습니다. 사전을 찾아보면 '일관성'과 똑같은 의미로 취급해놓은 경우가 많고, 또 논리학에서도 그렇게 쓰인다고 합니다(그렇다면 영어의 'coherence'와는 좀 다릅니다). 그러나 제 생각에는 과학지식을 논할 때 정합이라는 개념을 쓴다면 그것은 단순한 일관성이나 논리적 비모순성을 넘어서는 의미를 지녀야 합니다. 요는 실증적 과학에서의 정합성은 실천적 성과와 연결되어야 한다는 것입니다. 노이랏의 산불 끄기 예로 돌아가보면, 여러 과학 분야의 융합에 정합성이 있다면 산불이 꺼져야 합니다. 1장에서 이야기했던 해왕성의 예를 다시 생각해봅시다. 천왕성의 궤도가 이론적 예측과 맞지 않음으로써 뉴튼역학 체계의 정합성은 손상되었습니다. 그리고 해왕성의 예측과 발견은 그 정합성을 다시 회복시켰습니다. 그때 그 정합성은, 단순히 이론적 예측과 관측결과가 일치한다는 이야기가 아닙니다. 정합성은 실천적인 지식체계 전체에 적용되는 개념으로, 명제들 사이에 모순이 없음을 나타낼 뿐 아니라 여러 가지 인식적 행위들이 서로 잘 맞아떨어져서 어떤 목적을 잘 달성하게 해준다는 의미입니다. 해왕성의 예를 생각할 때 망원경을 제작하고 사용하는 기술부터 복잡한 미분방정식을 풀어내는 솜씨까지 모든 것이 잘 합쳐져야 합니다. 저는 현재 더 정확하고 적절한 정합성 개념을 만드는 것을 연구 주제로 삼고 있습니다.[4]

각입니다. 그러나 이것은 제 이해가 짧았던 것이라고 봅니다. 위에서 잠시 언급한대로 노이랏의 배에는 이론과 관측이 다 포함되어 있습니다. 관측자가 거짓말만 하지 않았다면 거기에 포함된 관측내용은 자연이 허락한 것이고, 자기 마음대로 할 수 없는 내용입니다. 관측에 이론적재성이 있지만 그렇다고 해서 내가 원하는 대로 결과가 나오는 것은 아닙니다. 물론 인간이 자연에 대해 원하는 대로 질문을 던져볼 수는 있습니다. 그러나 자연이 주는 대답은 우리가 정할 수 없고 그저 자연에 맡기는 것입니다. 노이랏의 배에는 우리가 정한 질문과 자연에서 온 대답이 모두 다 포함되어 있습니다. 그 배 전체를 잘 짜 맞춰서 물이 새지 않게 할 때 우리는 저절로 자연의 구속을 받는 것입니다. 그렇게 해서 이론과 관측 간의 정합성을 이룬다면 그런 지식체계는 자연에 대한 진상을 담고 있는 것이고, 우리는 과학에서 그 이상의 어떤 진리를 바랄 수 없다고 봅니다.

진보적 정합주의

노이랏의 은유에는 또 한 가지 한계가 있습니다. 거기 담긴 진보의 개념이 아무래도 너무 단순하다는 것입니다. 물이 새지 않게 배를 고칠 뿐, 더 키우는 이야기는 없습니다. 그러니까 지식체계의 정합성을 더 정밀하게 한다는 것은 표현되지만, 그 이상은 잘 나타내주지 못합니다. 물론 노이랏이 그 배 이미지로 자신의 모든 철학을 표현하겠다고 한 것은 아닙니다만, 그것이 내뿜는 이미지를 보충하고 수정하기 위해 또 다른 비유를 더해줄 필요가 있습니다.

다시 건물 짓기의 비유로 돌아가보겠습니다(사실 요즘 망망대해에서 배를 고치는 불쌍한 사람들은 별로 없지만, 건물은 아직도 항시 짓고 있습니다). 그러나 그 비유를 개선할 필요가 있습니다. 그림 6-2에서 보듯 우리가 통상 갖고 있는 토대주의의 이미지는 지구가 평평하고 움직이지 않는다는 환상을 기반으로 합니다. 이것을 둥근 지구로, '공 구(球)' 자가 들어간 '지구'로 대체해봅시다. 심하게 말하면, 지구가 평평하다고 믿는 사람처럼 과학철학이나 인식론을 무식하게 해서는 안 된다는 것입니다.

옛날에는 지구가 평평하다고 믿는 사람들이 많았습니다. 어떤 나라의 신화를 보면 원반 같은 평평한 땅이 거대한 코끼리나 거북이의 등에 올려져 있다는 말도 나옵니다. 그러면 그 거북이는? 그 밑에 있는 또 다른 거북이를 올라타고 있다고 상상할 수도 있겠지요. 그러면 또 그 거북이는? 여기서 무한정으로 '끝없이 다 거북이야!' 하는 재미있는 발상도 나오지요. 실제로 지구가 평평하다고 믿었던 사람들이 그 지구 밑에 무엇이 있고 어떻게 생겼다고 믿었었는지, 그것은 제가 제대로 연구해보지 않아서 모르겠습니다(그런 것을 몰라도 잘들 살았던 것 같습니다). 그러나 은유적으로 볼 때, 이 상황은 철학적 토대주의의 문제를 극명하게 드러내고 있습니다. 우리가 토대주의를 추구한다면 땅을 밑에서 받치고 있는 '거북이'는 무엇을 딛고 있느냐는 질문을 피할 수 없습니다. 그 질문을 끝없이 해나가거나, 순환논리로 '해결'하거나, 아니면 어느 단계에 가서 거기까지만 물어보고 그만하라고 찍어 누를 수밖에 없습니다.

둥근 지구에 집을 짓는 새로운 비유의 이미지는 토대주의의 장점을 유지하면서도 이런 어려움을 피할 수 있는 인식론적 입장을 제시해줍니다(그림 6-9). 또한 정합주의적 과학이 어떻게 진보할 수 있는지도 확실히 보여줍니다. 우선 생각해봅시다. 구형으로 된 지구가 실제로 어떻게 토대가 될 수 있을까요? 건물을 지을 때 우리는 분명히 지구를 토대로 사용하고, '흙 토(土)' 자를 쓰는 '토대'라는 개념 자체가 지구를 가리키는 말입니다. 그런데 실제 우리 지구란 전혀 어디 고정되어 있지 않고 광대한 우주의 진공 속을 떠다닙니다. 이는 마치 망망대해에 떠다니는 노이랏의 배나 마찬가지 아닙니까? 게다가 엄청난 속도로 움직이고 있는데, 그런 지구가 어떻게 토대가 될 수 있습니까? 조금만 생각해보면 그리 어렵지 않습니다. 첫째, 지구는 큽니다. 우리 인간보다 엄청나게 크기 때문에 우리는 개미새끼처럼 그 표면에 붙어서 모든 일을 합니다. 또, 지구는 클 뿐 아니라 조밀합니다. 전통적 토대론에서 말하는 것처럼 절대적으로 견고한 것이 아니라 그냥 상당히 딱딱합니다. 그렇기 때문에 우리가 그 표면에 서 있고 그 안으로 빠져 들어가지 않습니다. 그리고 가장 중요한 것은 중력입니다. 지구가 인간과 돌과 유리와 콘크리트 등 모든 것을 끌어들이기 때문에 우리가 지구 표면에 붙어서 건물을 올릴 수 있는 것입니다. 이렇게 지구가 크고

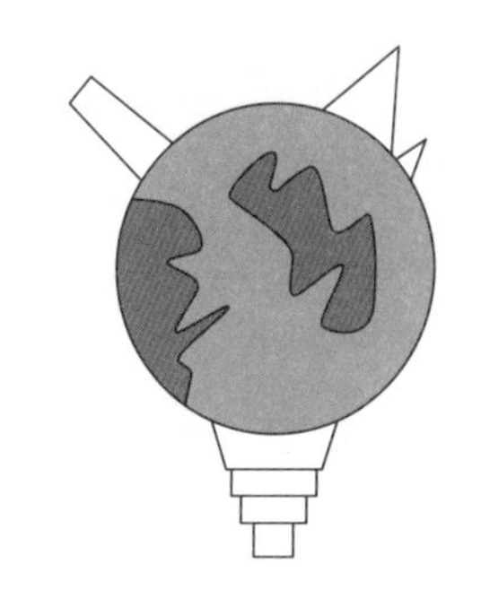

▲ 그림 6-9 둥근 지구 토대주의

딱딱하고 중력을 발휘하기 때문에 토대 역할을 하는데, 그렇다고 해서 데카르트가 찾던 그런 절대적 기초는 아니라는 말입니다. 그러나 절대적 기초가 없기 때문에 지식을 올릴 수 없다고 생각해서는 안 됩니다.

지식과 확실성의 동일시는 데카르트로부터 내려오는 근대 서양 철학 전통의 큰 결함입니다. 의심할 여지없이 확실한 것만이 지식이라는 관념이 뿌리 깊게 박혀 있는데, 과학의 역사와 과학의 실체를 냉정하게 보면 확실한 것은 보이지 않습니다. 그러나 불확실하지만 지식은 있습니다. 3장에서 이미 한 번 이야기한 대로, 확실해야 한다는 강박관념을 버리고 나면 '어떻게 지식을 좀 더 쌓고 좀 더 개량할 수 있는가' 하는 생각을 더 자유롭고 유연하게 해볼 수 있습니다. 그 반면, 확실한 것을 찾다 보면 아무 일도 할 수가 없습니다.

확실성에 관해서 굉장히 고민했던 철학자로 비트겐슈타인이 있습니다. 그 역시 그 파란만장한 20세기 초 비엔나에서 나왔고, 나중에는 영국으로 건너가서 케임브리지 대학의 철학전통을 세웠습니다. 그가 남겨놓고 죽은 원고를 제자들이 모아서 펴낸 『확실성에 관해서On Certainty』라는 조그만 책자가 있습니다. 그 책은 지식을 정당화하는 작업을 끝까지 밀고 나간다는 생각은 실수라는 교훈을 주고 있습니다. 끝없는 거북이 이야기에서 나왔듯이, 비트겐슈타인은 "정당화가 잘된 믿음의 토대에는 정당화가 안 된 믿음이 놓여 있다"고 했습니다.[5] 데카르트처럼 뭔가 확실한 것으로부터 시작해서 지식을 쌓으려는 시도를 떠나서, 인간이 실제로 태어나서 어떻게 지식을 얻는지를 생각해보라고 했습니다. 처음에 어린아이가 회의적인 질문을 하나요? 아닙니다. 무조건 어머니, 아버지가 하는 말을 믿고 시작합니다. 그러지 않으면 언어조차도 배울 수 없습니다. 우리는 어떤 확실한 증거나 근거가 없음에도 불구하고 믿는 것이 참 많습니다. 예를 들어서 나는 내 생년월일을 확실히 안다고 생각하고, 온갖 서류마다 다 적습니다. 그런데 그에 대해 나 스스로 경험한 직접적 증거는 하나도 없습니다. 그 장면에 내가 있긴 했겠지만 자신의 탄생을 기억하는 인간은 없습니다. 그냥 어머니가 말씀하시니까, 아니면 어느 병원이나 관청에 기록이 있으니까 믿는 것뿐입니다. 그것조차 믿지 않으면 아무것도 믿을 수 없고, 데카르트식의 인식론적 절망에 다시 빠져버리게 됩니다. 또 다른 예로, 우리는 누구든 이 지구가 최소한 500년은 되었다고 믿습니다. 그건 또 어떻게 알지요? 500년 전에 있었던 사람 있습니까?

직접적인 경험을 근거로 하지 않는 말들을 많이 받아들이고 나서야 우리는 인식행위 자체를 시작할 수 있습니다. 처음부터 모든 것을 정당화한 후 시작할 수는 없습니다. 집 짓는 비유로 돌아가 보면, 우리는 지구에 태어났으니까 지구에 집을 짓는 것이지 지구가 객관적인 기준으로 볼 때 전 우주에서 제일 훌륭해서 여기다 짓는 것은 아닙니다. 화성에서 태어났다면 화성에 지었겠지요. 확실성을 포기하면 우리가 지금 가지고 있는 불완전한 지식을 미래의 지식을 쌓아올리는 토대로 충분히 사용할 수 있습니다.

다시 그림을 봅시다. 우리는 항상 건물을 '올린다'고 하는데 잘 생각해보면 재미있습니다. 둥근 지구를 놓고 보면 어디가 위입니까? 절대적인 아래, 위란 지구 밖에서 들여다볼 때는 무의미합니다. 그렇게 볼 때, 건물을 지으면 '올라가는 것'이 아니라 밖으로 '뻗어나가는 것'입니다. 그렇지만 지구상에 붙어 있는 우리 인간에게는 위, 아래가 확실히 있습니다. 그러나 이는 자신의 위치에 따라 정해지는, 상대적인 것입니다. 기초조차 상대적이라고 하면 이상하게 들리겠지만 그림을 보면 너무나 쉽게 머리에 들어옵니다. 다들 기초가 당연히 밑 쪽에 있다고 생각하겠지만, 한국과 정반대 쪽에 있는 우루과이에서 볼 때는 우리들의 밑은 위입니다. 여러 군데서 진보하는 방향은 서로 달라지기 쉽습니다. 지구 여러 부분에서 건물을 지을 때, 서로 다른 방향으로 올라가고 있지만 각기 다 진보하는 것입니다. 그것을 한 방향으로 통일해서 평행으로 뻗으라고 하는 건 말이 안 됩니다. 적도 지방에서도 한국에서 보는 위쪽 방향으로 건물을 올리라 하겠습니까? 과학에서도 각기 다른 패러다임이 제시하는 진보의 방향을 하나로 통일해야 한다는 요구는 무리입니다.

그러나 각자 국지적인 상황에서는 아래, 위가 확실합니다. 과학에서도 어떤 구체적인 지식을 쌓는 작업을 할 때 분명히 무엇이 무엇보다 기초라는 것은 있습니다. 노이랏의 배 은유는 이 점도 표현해주지 못합니다. 뉴튼역학을 할 때에는 정말 뉴튼의 법칙들이 기초입니다. 뉴튼의 패러다임 안에서는 그것을 기반으로 모든 지식을 쌓습니다. 그러나 그 상황이 절대적인 것은 아닙니다. 또 다른 패러다임에 들어가면 뉴튼의 법칙들이 어느 정도 타당하다고 시인하더라도 기초로 취급하지는 않습니다. 아인슈타인의 상대성이론 패러다임에 들어가면 그 자체의 기초가 따로 있고, 그 기초에서 뉴튼역학에서 나오는 공식들과 비슷한 것을 대강 유도해냅니다. 그러니까 각자의 상황에 따라 기초가 달라집니다. 그러나 여기서 중요한 것은 '기초'가 무의미하지 않다는 것입니다. 극단적 정합주의의 입장에서는 지식에 기초란 없으며 모든 명제는 동등하고 그냥 서로 일관성을 갖거나 그렇지 않을 뿐이라고 해야 할 텐데, 제가 말한 둥근 지구의 토대주의에 의하면 절대적 의미는 없지만 상대적으로 명확한 의미의 기초가 있습니다.

그 기초를 기반으로 지식은 더 개량되고, 과학은 진보할 수 있습니다. 이 진보에는 여러 가지 형태가 있는데 일단 두 가지를 들 수 있습니다. 하나는 더 뻗어나가는 것이고, 다른 하나는 이미 있는 것을 더 짜임새 있게 하는 것입니다. 이는 지구가 둥글건 평평하건 간에 건물을 짓는다는 비유를 보면 잘 표현됩니다. 건물은 계속 올라갈 수도 있고, 수리를 통해 구조가 더 튼튼해질 수도 있습니다. 에펠탑의 예에서 보았듯, 기초 위에 건물을 지어 올린 후 다시 와서 기초를 고칠 수도 있는 것입니다. 그 기초가 없었다면 위층을 올리지도 못했겠지만, 다 올린 후에는 그 위층에 매달려서 밑쪽의 기초를 수리할 수도 있습니다. 또 아치와 같은 구조를 보면 위쪽에서 눌러서 밑 쪽을 더 튼튼하게 해줄 수도 있습니다. 그러니까 제가 3장에서 말했던 '인식적 반복'도 여기서 은유적으로 표현이 됩니다. 보통 토대주의자들은 그렇게 건물의 기초를 고친다는 생각은 안 하는데 사실 자신들의 비유에도 그 가능성이 이미 다 포함되어 있습니다. 더 지어서 커지는 것과 기초를 포함한 모든 부분을 수정하여 건물(지식)의 짜임새를 개선한다는 두 가지는 굉장히 다른 이야기지만 우리가 과학의 진보라고 할 때는 그 두 종류가 다 포함됩니다. 두 가지 형태의 진보가 한군데서 병행되고 있는 경우도 보입니다.

남은 두 가지 질문

이제 논의를 좀 정리해보겠습니다. 토대주의를 충실히 따라가다 보면 토대의 그 토대를 계속 찾는 불가능한 목표에 매달려서 과학에는 도움이 되지 않는 철학적인 회의론으로 끝나고 말 것입니다. 그 반면 보통들 생각하는 정합주의는 어떤 주어진 지식체계 내부의 일관성만을 관리하고 지식이 어떻게 더 발전해나가는지를 잘 제시해주지 못하는 느낌이 있습니다. 그러나 정합주의를 제대로 이해한다면 과학의 진보가 어떻게 이루어지는지를 잘 말해주는 틀을 만들 수 있습니다. 물이 새는 노이랏의 배처럼, 우리는 주어진 불완전한 지식을 가지고 출발합니다. 그 배를 타고 가면서 그 배 자체를 고쳐야 하고, 고칠 수 있습니다. 그리고 사실은 토대주의에서 아끼는 땅에 건물을 올리는 비유가 이 정합주의의 실체를 더 제대로 표현해주고 있습니다. 이 땅, 즉 지구란 고정되어 있지 않지만 우리의 국지적 상황에서는 그 위에서 계속 뻗어 올라가는 건물을 받쳐주는 토대 역할을 훌륭히 할 수 있다는 인식이 중요합니다. 그것을 깨닫고 나면 토대주의와 정합주의를 멋지게 합성할 수 있고 지식의 완벽한 정당화에 급급해하지 않고 과학의 진보를 구체적으로 어떻게 이루어갈 것인가 하는 생산적인 고민을 할 수 있습니다.

그런 생산적 고민을 하고자 하면, 이제 두 가지 큰 의문이 남습니다. 첫째, 우리가 새로운 과학지식을 창조해나가는 과정은 정말 어떤 것인가? 지금까지는 빌딩을 지어서 올린다는 식의 비유를 사용해 조금 막연하게 이야기했는데, 더 구체적으로 생각해볼 필요가 있습니다. 과학철학자들도 대개 창조의 과정을 논의하기를 꺼립니다. 왜냐하면 지식을 정당화하는 과정은 논리적으로 설명될 수 있을 것 같고 분석하기도 좋은데, 새로운 아이디어를 낸다는 것은 그에 대한 방법론이 있을 것 같지 않기 때문입니다. 학원에서 배울 정도로 창의성 개발에 어떤 확실한 방법론이 있는 것 같지도 않고, 또 그렇다고 과학자들이 아주 무작위로 창의성을 발휘하는 것도 아닌 것 같습니다. 그러면 어떤 중도의 방식이 있을까요? 그 내용은 11장에서 다루겠습니다.

그리고 한 가지 남은 더 큰 의문은 과학지식은 하나로 통일된 것인가, 아니면 그렇지는 못하더라도 적어도 계속 더 통일되어가야 하는 것인가 하는 문제입니다. 이것은 12장에서 자세히 다룰 주제입니다. 거기서 과학의 다원주의를 주장할 것인데, 과학자들이나 철학자들이 흔히 갖는 입장과 대립됩니다. 일반적으로 팽배해 있는 과학에 대한 태도는 일원주의입니다. 그 일원주의를 받쳐주는 가장 흔한 생각은, 세상이 하나이기 때문에 그에 대한 참된 이야기를 하는 과학도 궁극적으로 하나여야 한다는 느낌입니다. 우리 생물들도 결국은 화학물질로 이루어졌고, 그 화학물질은 다 분자와 원자, 결국은 소립자들로 이루어졌습니다. 그러니까 소립자들의 행태를 알면 모든 것이 이해되고, 모든 과학은 다 입자물리학으로 환원되지 않겠느냐 하는 주장입니다. 이것은 장대한 꿈인데, 그리 이루어질 수 있을 것 같지는 않지만 또 어디가 잘못됐다고 이야기하기도 힘듭니다. 저는 이 환원론과 일원주의의 시각에서 벗어나는 시도를 해보려 합니다.

남아 있는 이런 굵직한 주제를 가지고 제대로 씨름하기 전에, 우리는 과학사를 좀 더 심각하게 들여다볼 필요가 있습니다. 지금까지 제가 철학논의를 하면서 과학사에서 뽑은 많은 사례를 언급했는데, 피상적이고 단편적으로밖에 소개하지 못했습니다. 그러나 우리가 과학지식의 본질을 정말로 파악하려면 과학의 탐구가 실제로 어떻게 이루어지는지를 천천히 깊이 배울 필요가 있습니다. 그래서 2부에서는 한 장에 한 가지씩 과학사에서 중요한 일화를 뽑아서 자세히 소개하겠습니다. 그래서 정말 어떤 이론이 어떻게 발전됐고, 어떤 실험을 했고, 어떤 논쟁이 있었고, 어떻게 해서 어느 쪽이 이겼고, 그 승부의 판결은 정당했는지 등을 구체적으로 논의할 것입니다. 그런 논의에 필요한 과학을 다 설명하면서 나갈 것이기 때문에 현대물리학 등의 난해한 주제를 다룰 수는 없고, 과학적으로 아주 쉬운 내용들을 뽑았습니다. '물이 H_2O라는 것을 우리가 어떻게 아는가? 산소는 왜 '산소'라고 하는가?' 등의 기본적인 이야기인데 파고들면 결코 그렇게 단순하지만은 않다는 것을 알게 될 것입니다.

6장 요약

- 과학의 진보를 이야기할 때 흔히들 굳건한 토대 위에 지식을 쌓아간다는 '토대주의'의 입장을 취한다. 그러나 그런 토대 노릇을 할 수 있는 절대적으로 확실한 기본지식이란 과학에서 찾아볼 수 없다.
- 거기 반하여 '정합주의'에 의하면 인간의 지식체계가 유지되고 발전하는 것은 지식이 확실한 토대 위에 쌓이기 때문이 아니라, 우리가 지식으로 여기는 모든 것들이 서로 잘 맞아떨어지기 때문이다.
- 노이랏의 은유에 의하면, 지식은 물이 약간 새지만 떠다니는 배와 같다. 과학자들은 그 배를 타고 가면서 조금씩 고쳐서 더 짜임새 있고 물이 새지 않게 할 수밖에 없다.
- 필자의 입장은 '진보적 정합주의'로 요약할 수 있다. 과학은 확실하지 않은 토대를 기반으로 시작하여 연구를 통해 점진적으로 지식의 체계를 더 크게 늘려가고 더 정합성 있게 재구성할 수 있다.

PART 2

과학철학에 실천적 감각 더하기

지금까지 많은 철학적 논의를 하면서 과학사에서 이런저런 단편적인 예를 많이 들었습니다. 그런데 제 생각에는 과학철학을 제대로 알려면 과학사를 더 깊이 공부해야 합니다. 과학철학을 추상적으로만 해서는 헛도는 말싸움으로 그칠 위험이 있기 때문입니다. 그러지 않기 위해 과학에 대한 구체적이고 실천적인 감각을 갖는 것이 중요합니다. 과학의 내용을 단편적인 토막상식처럼 알아서는 아무 소용이 없고, 어려운 과학이론을 대중과학을 하는 사람들이 쉽게 한답시고 동화처럼 풀어서 해석한 것을 알아도 별 의미가 없습니다. 진짜 과학의 탐구와 과학적 논쟁 과정이 어떻게 이루어지는지를 대강이라도 알아야 합니다. 그런데 전문가가 아닌 사람들이 그런 정도까지 현대과학을 마스터한다는 것은 보통 일이 아닙니다. 그러나 과학지식이 지금보다 훨씬 단순했던 옛날로 돌아가서 그 역사를 공부해보면, 일반인들도 과학의 실천에 대한 감각을 키울 수 있다고 생각합니다. 또 한 가지 중요한 것은, 과학사를 알면 우리가 현재 받아들이는 지식의 진짜 기반이 어떤 것이었는지를 알 수 있다는 점입니다. 그러므로 과학사를 배우면 현대과학도 더 깊이 이해할 수 있습니다.

이 책의 2부(7장-10장)에서는 과학사를 정말 자세히 파고들면 어떤 것들을 느끼고 배울 수 있는지 보여드릴 것입니다. 이는 어떤 특정한 철학적 논의를 돕기 위해 짤막하게 예를 드는 수준을 넘어섭니다. 한 장에 한 가지씩 재미있고 비교적 쉬운 과학사의 일화를 자세히 소개하겠습니다. 그런 기준으로 고르다 보니 대개 18세기 중반부터 19세기 중반까지의 사건들로 모아졌습니다. 그 시대의 과학은 참 재미있습니다. 정말 많은 민중들이 참여해서 연구하기도 했고, 또 첨단의 주제를 담은 내용을 집에서도 실험해볼 수 있었고, 이론적 논의도 그렇게 어렵지 않았습니다. 특별히 과학교육을 받지 않은 사람들도 독학과 독자적 연구로 과학자가 될 수 있었고, 보통 사람도 자기의 의견을 내고 전문가와 싸우기도 할 수 있는 재미있는 시대였습니다.[1] 그러던 과학이 점점 전문화되면서 20세기에 이르러서는 공식적으로 과학 분야의 고등교육을 받지 않은 사람들은 정말 말도 꺼낼 수 없는 그런 상황이 됩니다.

지금부터 소개하고자 하는 것은 그렇게 전문화되기 전의 과학탐구 모습입니다.* 이제부터 나오는 과학의 구체적인 내용에 대해 문과생들도 지레 겁을 먹을 필요 없습니다. 이해에 필요한 과학적 내용은 다 설명하면서 진행할 것이고, 잠깐 '이건 좀 어렵다' 하는 부분이 있더라도 참고 조금 더 나아가다 보면 풀릴 수 있습니다. 과학이라고 해서 다 우리가 학교에서 배우는 것처럼 딱딱하고 어렵지는 않습니다. 여기 10장까지를 다 읽고 '아, 이렇게 배웠으면 과학도 재미있었을 텐데!' 해주신다면 최고입니다.

---

* 그렇게 전문화되지도 않은 과학의 행적이 현대과학과 얼마나 통하고, 현대과학을 이해하는 데 얼마나 도움을 줄 수 있을지 의문을 제기할 수도 있겠다. 그것은 10장까지 다 읽은 다음에 잘 판단해주기를 바란다.

7장

산소와 플로지스톤

▲ **그림 7-1** 라봐지에 부부 ⓒ 다비드Jacques-Louis David 작*, 뉴욕 시립 미술관 소장.

* 다비드는 프랑스 혁명기와 나폴레옹 시대에 명성을 떨쳤던 화가로, 루브르 박물관에 걸려 있는 '나폴레옹의 대관식'도 그의 작품이다.

심도 있게 소개하는 과학사의 첫 사례로 근대화학의 시초가 되었다는 '화학혁명'을 다루어보겠습니다. 이는 18세기 말에 프랑스의 라봐지에가 주도해서 새로운 화학의 체계를 정립한 사건입니다. 악명 높은 플로지스톤 이론이 폐기되고, 산소를 핵심으로 한 새로운 화학이론이 나왔습니다. 그런데 이 화학혁명이라는 사건이 왜 철학적으로 흥미로운 것일까요? 우선, 우리가 말도 안 된다고 여기는 플로지스톤 개념은 사실 상당히 나름대로 일리가 있고 유용한 것이었습니다. 플로지스톤 이론을 계속 고수한 훌륭한 과학자들도 있었고, 그 사람들이 라봐지에 파와 벌인 논쟁을 자세히 들여다보면, 과학이론을 시험하고 경쟁관계에 있는 패러다임 사이에서 선택을 한다는 것이 얼마나 복잡하고 미묘한 일인지를 잘 느낄 수 있습니다. 이런 사례를 잘 공부하고 나면, 실재론 논쟁이나 과학적 진리와 진보에 대한 철학적 논쟁들이 더 깊은 의미를 갖게 될 것입니다. 또 이 사례는 과학혁명을 이야기할 때 쿤도 자주 언급했기 때문에 이 사례의 재조명은 쿤의 과학혁명 이론을 다시 생각해보는 데도 도움이 될 것입니다.

라봐지에 Antoine-Laurent Lavoisier, 1743-1794

흔히 '근대화학의 아버지'라 불립니다. 프랑스 파리 태생으로, 원래 법학을 공부했는데 취미로 과학을 시작해서 결국은 과학계의 거장이 되었습니다. 그림 7-1의 초상화를 보면 즉시 짐작될 정도로 귀족은 아니지만 부유한 중상류층의 사람이었습니다. 개방된 부르주아 개혁파였고, 처음 프랑스 혁명이 일어났을 때 그에 동조했습니다. 혁명 전에는 파리 왕립과학원에서 중요한 일을 많이 했고 또 현실 참여파였습니다. 국립화약청의 고위 감독관으로 임명되어 자신의 화학지식으로 국방에 기여하며, 그 관저에서 다년간 살았고 거기에 실험실도 차렸습니다. 혁명기에는 미터법을 만드는 데도 기여했습니다. 초상화에 함께 나오는 부인 마리Marie도 아주 다재다능한 대단한 인물이었습니다. 남편이 읽지 못하는 외국어로 된 자료를 다 번역해주고, 예술적 소질을 살려서 라봐지에 부부의 초상화를 그렸던 다비드 밑에서 미술공부를 하면서 실험에 관련된 삽화를 그렸습니다(그림 7-2 참조). 또 남편을 찾아 모여드는 수많은 국내외의 과학자들을 멋지게 접대했습니다. 그런데 굉장히 어려서 결혼을 했습니다. 당시 라봐지에는 20대 중반이었고 부인은 중학생 나이였는데 요즘 같으면 불법이지만 그 시대에는 특별한 제약이 없었던 듯합니다. 라봐지에가 화학사에서 갖는 위치는 과학사 분야에서 계속 중요한 연구 주제가 되고 있고, 근래에 많이 재해석되고 있습니다.[1]

화학에서 왜 혁명이?

라봐지에의 화학체계에서 가장 유명한 부분은 산소의 발견과 그 산소의 화학적 역할에 대한 이론입니다. 라봐지에는 물질이 타는 것을 산소와 결합하는, 즉 산화되는 과정으로 밝혀냈고 더 나아가 얼핏 보기에 전혀 다른 현상들도 산화로 해석해내었습니다. 예를 들어서 금속이 녹스는 것을 라봐지에는 아주 천천히 일어나는 산화로 이해했습니다. 가느다란 철사 등은 순수한 산소가스 안에서는 정말 불꽃을 내며 타오르기도 합니다. 또 라봐지에는 생화학에 대한 선견지명이 있었습니다. 인간을 비롯한 모든 생물의 몸속에서 일어나는 생리작용이 화학적인 것이고, 거기에 산소가 아주 중요한 역할을 한다는 것을 밝혔습니다. 현대식으로 말하면 우리는 섭취한 음식물을 산화시켜서 에너지를 얻는데, 그 과정에서 음식

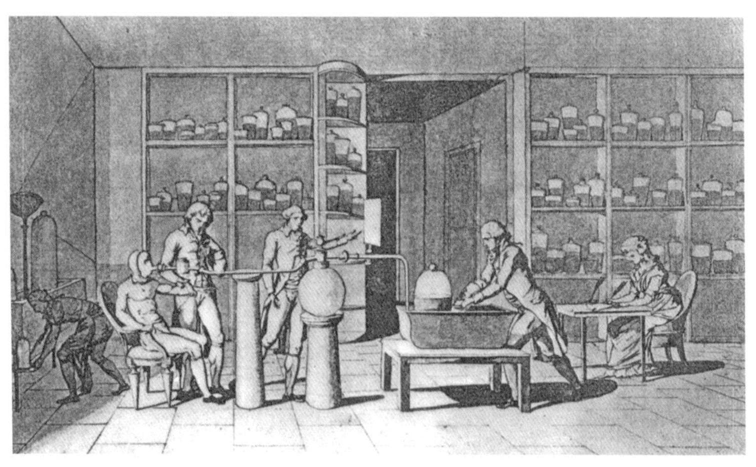

▲ **그림 7-2** 라봐지에의 호흡 관련 실험장면 © Wikimedia.org

에 포함되어 있던 탄소가 산소와 결합하여 이산화탄소로 변한다는 것을 보여주었습니다. 동물이 호흡할 때 산소를 마시고 이산화탄소를 뱉어내는 것을 라봐지에는 주의 깊게 관측했습니다. 동물과 인체를 가지고도 실험을 했습니다. 그림 7-2에서처럼 자기 조수에게 마스크를 씌우고 내뱉는 공기를 모아서 분석했던 기록이 흥미롭게 남아 있습니다. 우리 현대인들이 너무나 당연하게 상식으로 알고 있는 이러한 내용을 알아낸 것이 얼마나 대단한 업적이었는지를 인식해야 합니다. 연소combustion, 녹슮, 호흡 등을 모두 통일된 한 가지 현상으로 이해했다는 것은 보통 일이 아닙니다.

라봐지에와 그 동료들이 화학혁명에 기여한 바는 산소 이외에도 많습니다. 예를 들어 화학에서 '원소'가 어떤 의미인지 하는 정의도 확립했고 여러 가지 화학용어도 새로 만들었습니다. 또한 라봐지에는 측정의 중요성을 잘 이해한 현대적 과학자였습니다. 지금도 파리에 가면 라봐지에가 사용했던 실험기구들이 몇 가지 보존되어 있습니다. 최신의 기구를 최고의 장인들에게 특별 주문해서 맞춘 것입니다. 예를 들어서 그림 7-3에는 큰 천칭이 두 개 보이는데, 한쪽에 기체의 질량을 잴 수 있게 고안한 특수한 통이 있습니다. 그때까지만 해도 기체를 저울에 달아서 재는 것은 흔한 일이 아니었는데, 라봐지에의 화학체계에서는 굉장히 중요한 일이었습니다. 왜냐하면 그는 화학반응을 연구할 때 들어가는 물질과 나오는 물질의 질량을 모두 정확하게 측정해서 그것으로 화학적 계산서를 작성했는데, 그럼으로써 수입과 지출이 똑같아야 한다는 질량보존법칙을 지켰던 것입니다. 어떤 과학사학자들은 라봐지에가

정말 상업적인 부르주아 정신이 투철해서 화학까지도 회계를 보듯 했다고 주장하기도 합니다.[2]

그런데 왜 라봐지에의 업적을 가리켜서 화학'혁명'이라고 할까요? 4장에서 설명한 것처럼 혁명이란 무엇을 크게 발전시켰다는 것뿐 아니라 기존의 체계를 뒤집어엎었다는 말입니다. 아무것도 없을 때 나와서 훌륭한 일을 했다면 창시라고 할 수는 있어도 혁명은 아닙니다. 그러면 이 라봐지에는 무엇을 뒤엎었을까요? 그렇게 물으면 통상 나오는 답이 있습니다: "라봐지에는 현대화학의 아버지로 간주되고 있다……. 그는 정량적인 분석을 통해서 연소에 대한 플로지스톤 이론을 우리 화학의 세계에서 박멸했다. 그럼으로써 라봐지에는 화학을 현대적 상태로 밀어줄 수 있었던 것이다."[3]

▲ **그림 7-3** 라봐지에의 실험기구 Musée des Arts et Métiers, Paris © Wikimedia.org

화학 교과서나 대중과학 서적, TV 프로그램 등에서도 대부분 이런 식으로 이야기합니다. 그러나 이런 이미지가 사실과 다르다는 것을 알 필요가 있습니다. 이를 설명하자면 말이 길어지지만 잘 들여다볼 가치가 있습니다.

라봐지에가 혁명을 일으키기 전의 패러다임은 소위 '플로지스톤'이라는 개념을 중심으로 하는 화학이었습니다. **플로지스톤***은 정말 이상한 말인데 고대 그리스어의 태운다는 말 'phlogizein'을 기반으로 만들어낸 단어입니다. 한국어로 번역이 거의 불가능하기 때문에 그냥 플로지스톤이라고 할 텐데, 제 느낌으로는 '타는 기운' 정도로 번역해봐도 나쁘지 않을 듯합니다. 그 개념을 차근차근 생각해봅시다. 종이나 나무 등을 태우면 많은 열과 불꽃이 나옵니다. 그런데 그것은 도대체 어디서 나오는 것일까요? 태우기 전에 종잇장을 만져보면 차갑고 전혀 불이나 열과 상관없을 것 같은데, 연소가 시작되면 그 속에서 뜨거운 불이 계속 나옵니다. 이런 것을 할 일 없이 고민해본 독자도 있을 것입니다. 물론 전혀 안 해본 독자가 더 많겠지만, 과학은 이러한 호기심으로부터 시작됩니다. 그런 호기심을 가졌던 사람들은 가연성 물질(탈 수 있는 물질) 속에는 이 불꽃이 잠복하고 있지 않겠느냐고 생각했습니다. 어떻게 보면 참으로 자연스러운 결론입니다. 이 아이디어를 좀 더 체계적으로 발달시킨 것이 플로지스톤 이론입니다. 이 이론은 독일의 베허Johann Joachim Becher와 슈탈Georg Ernst Stahl이 1700년경에 정립했습니다.

* **플로지스톤** 원래 독일 사람들이 만들었기 때문에 '플로기스톤'이라고 발음했었는데 영어권에서는 '플로지스톤'이라고 한다.

물건이 타고 나면 확실히 성질이 변합니다. 매끈매끈하고 질겼던 종이가 타고 나면 푸석푸석한 회색빛의 잿더미로 변합니다. 사람들은 플로지스톤이 빠지고 나면 모든 물질의 매끈하고 반반한 성질이 없어진다고 생각했습니다. 그런데 금속 종류가 반들반들한 것도 플로지스톤이 들어 있기 때문이라고 해석하며 멋지게 이론을 발전시켰습니다. 플로지스톤을 빼내면 푸석푸석하고 흙같이 된다고 했는데, 금속이 녹슬어서 '금속회calx'로 변하는 과정을 해석한 것입니다. 가연성 물질이 타는 것과 금속이 녹스는 것을 본질적으로 같은 과정으로 본 것이지요. 플로지스톤은 어떤 신기한 지방질이라고까지 해석되었습니다. 그것을 가해주면 모든 물질이 기름지고 반반해진다는 것이지요. 금속의 매끈하고 빛나는 속성을 기름지다고 이해해보십시오. 말이 됩니다. 또 기름 자체를 생각해보면 너무나 잘 탑니다. 우리가 먹는 음식도 그렇게 기름진 플로지스톤이 들어 있어야 에너지를 줄 수 있습니다. 그러니까 플로지스톤 이론을 써서 연소과정, 금속의 본질, 생화학 작용 모두를 통일적으로 이해할 수 있었던 것입니다. 이것을 라봐지에의 업적으로 많이들 생각하는데, 사실은 플로지스톤 이론을 연구하는 사람들이 처음 만들어낸 이야기입니다. 그래서 불꽃을 보면서 단순하게 시작되었던 개념이, 아주 광범위하게 적용되는 이론으로 발전했습니다. 플로지스톤은 보통의 물질이 아니라 어떤 '기운' 같은 것입니다. 재에 플로지스톤을 가하면 탈 기운을 얻어서 가연성 물질이 되고, 금속회에 플로지스톤을 가하면 금속이 됩니다.

에너지 개념이 전혀 없었던 18세기 화학에서 플로지스톤 이론은 상당한 설득력을 가진 최고의 이론이었습니다. 라봐지에도 그 이론을 배우면서 교육받았습니다. 그런데 라봐지에가 보기에 이 이론에는 한 가지 큰 문제가 있었습니다. 금속이 녹스는 것이 연소와 같은 작용이고 플로지스톤이 빠지는 과정이라고 했는데, 금속은 녹이 슬면 더 무거워진다는 사실이 발견된 것입니다. 천칭으로 무게 재는 것을 좋아했던 라봐지에는 이를 굉장히 중요한 사실로 여겼습니다. 자신의 실험으로 금속뿐만이 아니라 인phosphorus과 유황sulphur도 태우면 질량이 늘어난다는 것을 확인했습니다.* 그러면 자연히 이런 의문이 듭니다. 연소할 때 뭔가가 빠지는 것이라면 그 후에 질량이 줄어야지 왜 늘겠습니까? 이 시점에서 라봐지에는 이론적 해석을 정반대로 바꿔보자는 기발한 창의성을 발휘합니다. '물질이 탈 때 질량이 늘어난다면 무엇인가가 더해지는 것이지 빠지는 것은 아니리라.' 처음에는 그냥 공기가 더해지는 것이라고 했는데 산소가 발견된 후에 더 정확하게, 연소란 플로지스톤을 잃는 것이 아니라 산소를 얻는 것이라고 해석해낸 것입니다.

* 이렇게 질량을 잴 때는 연소의 산물인 기체를 포함시키는 것이 중요했다. 라봐지에가 이 중요한 연구를 하며 이론적 돌파구를 찾은 것이 1772년이었다.[4]

그 후 의기양양해진 라봐지에는 플로지스톤 이론에서 말했던 모든 내용을 자신의 이론에 따라 재해석했습니다. 2장에서 관측의 이론적재성을 논의할 때, 또 4장에서 과학혁명 시 패러다임 간의 전환을 논의할 때 썼던 '오리-토끼'의 이미지가 여기서도 잘 적용됩니다. 이 그림을 오리의 머리로 볼 수도 있고, 또 반대 방향을 보고 있는 토끼의 머리로 볼 수도 있다는 것이었지요. 그러니까 플로지스톤 이론에서 설명해놓은 연소나 금속의 녹슮 등의 현상을 오리라고 한다면, 라봐지에는 이것을 토끼로 뒤집어놓은 것입니다. 라봐지에가 새로 발견한 사실은 거의 없지만, 이미 다 알고 있던 현상을 전혀 다르게 해석하면서 새로운 패러다임을 내놓은 것입니다. 아주 간략히 말하자면 그것이 화학혁명입니다.

그런데 왜 이 화학혁명이 과학철학에서 중요할까요? 세 가지 이유가 있습니다. 첫째로, 잘못된 역사적·철학적 통념을 수정한 좋은 예입니다.* 흔히들 라봐지에가 천재적 과학자라서 플로지스톤 이론이 엉터리인 것을 지적하고 산소를 발견하면서 새로운 화학의 체계를 세웠다고 생각합니다. 그러나 이런 시각은 그 역사적 사건 자체와 또 그 사건을 통해 이루어진 과학지식의 발달과정에 대한 큰 오해이고, 확실히 풀어주어야 할 부분입니다. 이에 대해서는 뒤에서 더 자세히 이야기하겠습니다. 둘째로, 4장에서 소개했고 이미 여러 가지 철학논의에서 응용한 쿤의 과학혁명 이론을, 자세한 사례를 통해서 더 고찰할 기회를 줍니다. 화학혁명은 쿤 자신도 자주 예로 들었던 사건입니다. 많은 부분에서 쿤의 개념들이 잘 적용되지만, 수정해야 할 부분도 있습니다. 그래서 이 사례연구를 통해 쿤의 과학혁명 이론을 재조명해볼 수 있습니다. 셋째로, 플로지스톤을 기반으로 한 화학체계가 완전한 엉터리가 아니었다면 우리는 그것을 배워볼 필요가 있습니다. 다 지나간 과학을 배워서 뭐하냐고 하겠지만, 조금 냉

* 영국의 사학자 버터필드Herbert Butterfield는 이렇게 이야기했다: '우리가 사학을 가르쳐야 하는 이유는, 이미 세상에 엉터리 사학이 많이 퍼져 있기 때문이다.'[5]

소적으로 말하자면 우리가 지금 신봉하는 과학도 다 나중에는 지나갈 과학입니다.** 그러니까, 과학을 배우는 데 어떤 의미가 있다면, 어떤 과학이라도 배우면 그 의미가 있는 것입니다.

** 5장에서 실재론 논쟁을 소개할 때 나온 '비관적 귀납' 논의를 기억할 것이라 생각한다.

나름대로 훌륭했던 플로지스톤 화학

이제 이 플로지스톤을 중심으로 한 그 화학 패러다임에 한번 제대로 들어가보겠습니다. 플로지스톤 이론을 정말 믿고 사용했던 18세기 사람의 입장에 서서 모든 것을 재조명해보는 것이 중요합니다. 첫 번째로 강조하고 싶은 것은 플로지스톤은 추상적이고 형이상학적인 막연한 개념이 아니라 상당히 실용적인 개념이었다는 것입니다. 그와 관련된 실험적 작업이 얼마든지 가능했습니다. 잘 모르는 사람들이 플로지스톤 이론을 비방할 때 이렇게들 이야기합니다. '플로지스톤 같은 상상의 물질을 가지고 어떻게 제대로 된 화학을 할 수 있었겠는가? 라봐지에처럼 확실히 검증할 수 있는 산소 같은 물질을 가지고 해야지.' 이런 생각으로 플로지스톤 이론이 터무니없다며 공격해올 수도 있습니다: '당신, 뭐 플로지스톤이라는 이상한 개념으로 화학을 설명하려 드는데, 금속이 녹슬 때 그게 빠진다면서? 그러면 플로지스톤을 좀 집어다가 녹슨 금속에 넣어보지. 그러면 금속회(녹)를 다시 금속으로 만들 수 있어?' 그렇게 도전적으로 물었을 때 플로지스톤 화학을 하는 사람들은 즉시 대

답할 수 있었습니다: '당연히 할 수 있어요. 그리고 인류는 아주 오랜 세월에 걸쳐 그걸 해왔어요.'

이는 금속의 제련과정을 말하는 것입니다. 광석에서 금속을 뽑아내는 과정은 크게 보면 두 가지입니다. 하나는 다른 광물들과 섞여 있는 것을 가열해서 원하는 금속을 녹여내는 것입니다. 그러나 다른 하나가 더 중요합니다. 많은 경우 우리가 원하는 금속은 산화물의 형태로 광석 안에 있습니다. 그러면 어떻게 그 산화물을 환원시켜 금속 형태로 돌릴 것인가 하는 문제가 나옵니다. 플로지스톤 이론에 의하면 매우 간단합니다. 금속이란 금속회와 플로지스톤이 합쳐진 화합물입니다. 그러면 플로지스톤을 금속회에 넣어주면 금속으로 환원될 것입니다. 그런데 플로지스톤을 어떻게 넣어주지요? 금속회를 플로지스톤이 풍부한 다른 물질과 섞어야겠죠. 플로지스톤이 풍부한 물질은 뭡니까? 바로 가연성 물질이지요. 예를 들어서 숯 같은 것. 그래서 옛날식 제련법을 보면 금속회를 숯과 섞습니다. 섞은 다음 가열을 합니다(옛날에는 별 특별한 기술도 없었고, 화학반응을 일으키고자 할 때는 무조건 가열을 했습니다). 그런데 가열을 하니까 정말 그 금속회가 금속이 되고 숯은 재로 변하더라는 것이지요. 그래서 플로지스톤 이론으로 해석하기에 아주 그만이었습니다. 플로지스톤이 숯에서 금속회로 옮겨가서 금속회는 금속이 되고 숯은 플로지스톤이 빠져서 재로 변했다, 말이 됩니다. 플로지스톤 이론의 힘으로 그렇게 오랜 세월 전해 내려왔던 제련기술을 다 이해하고 설명해낸 것입니다.

식으로 써 보면 이렇습니다. 첫째 기억할 것은 다음과 같습니다.

(1) 금속회 + 플로지스톤 = 금속

그 개념을 금속회와 숯의 반응에 적용하면 아래와 같이 해석됩니다.

(2) 금속회 + 숯 = 금속회 + (플로지스톤 + 재)
→ (금속회 + 플로지스톤) + 재
= 금속 + 재

그래서 그 유명한 철학자 칸트가 1787년에 출간한 불후의 명작 『순수이성비판』 제 2판의 서문에다가 뚱딴지같이 이런 이야기를 썼습니다: "슈탈이 금속에서 무언가를 빼내어 금속회로 변화시키고, 또 금속회에 그것을 다시 집어넣어서 금속으로 되돌렸을 때, 자연을 연구하는 모든 이들은 동이 트는 것처럼 깨달음을 받았다."[6] 슈탈은 앞서 말했듯 베허와 함께 플로지스톤 이론의 창시자로 불리는 독일 화학자, 바로 그 사람입니다. 이 위대한 칸트가 정말 과학적이고 훌륭한 화학이론은 뭘까 하고 찾아낸 예가 바로 플로지스톤 이론이었던 것입니다. 그런데 근래까지 몇 십 년간 널리 쓰인 스미스Norman Kemp Smith의 『순수이성비판』 영역본에는 '금속회'를 '산화물oxide'로 잘못 번역하여, 금속에서 뭔가를 빼내면 산화물이 된다며 문장 자체를 아예 말이 안 되게 해놓았습니다. 그런데 이것

▲ **그림 7-4** 프리스틀리 기념패 © 장하석

을 보고 이상하다고 문제를 제기한 사람도 많지 않았고, 그냥 '칸트가 또 난해한 이야기를 하는구나' 하고 다들 넘어갔던 것 같습니다. 스미스의 번역은 사실 철학적으로 훌륭하다고 정평이 나 있었는데, 칸트가 염두에 두고 있던 당시의 과학에 대한 이해는 부족했던 것 같습니다.

플로지스톤 개념은 이렇게 중요한 화학반응들을 이해하는 데 도움을 주었을 뿐 아니라, 유용한 새로운 발견의 계기도 많이 마련해 주었습니다. 사실 산소 자체도 플로지스톤 화학을 하다가 발견한 것입니다! 산소는 라봐지에가 처음 만든 것이 아니었습니다. 플로지스톤 화학을 하는 스웨덴의 쉘레Carl Wilhelm Scheele, 그다음에 영국의 프리스틀리Joseph Priestley가 만들었고, 라봐지에는 그 실험을 프리스틀리에게서 배워 재현한 후 오리를 토끼로 둔갑시킨 것뿐입니다. 그림 7-4는 잉글랜드 북부지방 리즈Leeds 시에 있는 밀힐 예배당Mill Hill Chapel에 붙어 있는 기념패입니다. 이 기념패에는 그곳 담당 목사로 있었던 프리스틀리가 산소의 발견자라고 쓰여 있습니다. 이걸 보고 라봐지에는 저승에서 굉장히 화가 나 있을 테고, 프리스틀리 역시 화가 나 있을 것입니다. 왜냐하면 자신은 '산소'라는 말을 쓰지 않았고, 그것은 라봐지에가 붙인 얼토당토않은 용어인데 왜 그 말을 써놓았냐고 반발할 것입니다. 산소를 정말 누가 발견했다고 해야 하는지는 과학사학자들도 쉽게 결론짓지 못하는 복잡한 문제입니다.*

프리스틀리는 플로지스톤파 화학의 선두주자였습니다. 그 연구를 시작한 계기는 밀힐 예배당에 부임했을 때 처음 얻었던 집이 양조장 옆이었던 것이라고 합니다. 아주 우연히 큰 기회를 잡았던 것입니다. 양조장 주인과 친해져서 양조장 구경을 하던 중, 맥주를 발효시키는 통 속에 어떤 이상한 기체

* 이것을 주제로 화학자 로알드 호프만Roald Hoffmann과 칼 제라시Carl Djerassi가 쓴 〈Oxygen〉이라는 재미있는 연극이 있는데, 얼마전에 국내에서도 '산소'라는 제목으로 공연된 바 있다.

프리스틀리 Joseph Priestley, 1733-1804

▲ 그림 7-5 프리스틀리

영국 요크셔에서 방직공의 아들로 태어나 대학은 문전에도 못 가봤고 우리 식으로 말하자면 동네 신학교에서 공부를 했습니다. 일생 동안 신학연구에 몰두했고, 말을 심하게 더듬었음에도 불구하고 목사로서 성공적인 설교를 해내었습니다. 신학과 관련된 내용의 형이상학에도 조예가 깊었고 역사학에도 심취했습니다. 프리스틀리는 영국의 국교인 성공회를 따르지 않았고, 장로교 집안에서 자랐는데 결국은 삼위일체를 부정하고 신은 그냥 하나일 뿐이라고 믿는 유니테리언Unitarian이 되었습니다. 정치적으로도 굽히지 않는 개혁파였고, 프랭클린Benjamin Franklin 등과 교류하며 미국 독립에 찬성했고, 프랑스 혁명도 지지했습니다. 과학연구는 처음에 전기학으로 시작했고, 그것이 호응을 얻은 후 여러 분야에 손을 댔습니다. 기체화학 분야에 많은 공헌을 했고, 산소 및 약 10여 가지의 새로운 기체를 만들고 그 성질을 연구했습니다. 동물이 호흡하면서 나쁘게 만든 공기를 식물이 광합성을 통해 좋게 되돌려놓는다는 것도 발견했고, 이를 신의 자애로운 섭리로 감격스럽게 받아들였습니다. 프리스틀리는 영국 여러 지방에서 성직자로 근무하면서 활약했고, 말년에는 미국으로 망명해서 펜실베이니아 주 시골에서 사망했습니다.

가 생긴다는 것을 알아차렸습니다. 우리가 말하는 이산화탄소인데요, 프리스틀리는 그 기체의 성질을 알아보는 실험을 하기 시작했습니다.* 촛불을 그 기체에 넣으면 꺼진다든지, 나중에 우리가 숨 쉴 때 내뱉는 기체와 같다는 것도 발견했습니다. 프리스틀리는 또 그 기체가 물에 잘 녹는다는 것을 알아차렸고, 많이 녹여서 탄산수(소다수)를 만들었습니다. 천연 샘물에서 희귀하게 나오는 탄산수를 유럽인들은 약수로 귀하게 여기고 먹었었는데 프리스틀리가 이를 인공적으로 손쉽고 값싸게 제조하는 방법을 고안해낸 것입니다. 금전적인 욕심은 별로 없는 사람이라 특허도 내지 않았고 그 일로 돈은 다른 사람들이 많이 벌었습니다만, 이 발명으로 인해 프리스틀리는 갑자기 전 유럽에서 유명해졌습니다.

* 프리스틀리는 이 기체가 스코틀랜드의 화학자 블랙Joseph Black이 그 얼마 전에 연구했던 새로운 기체와 동일하다는 것을 알아냈다. 블랙은 이 기체가 다른 물질과 화학적으로 결합할 수 있다는 것을 신기하게 여겨, '고정된 공기fixed air'라 명명하였다.

이를 계기로 프리스틀리는 '기체화학'에 큰 관심을 갖게 되었고, 여러 가지 실험을 시작했습니다. 그러다 보니 알려지지 않았던 새로운 기체를 많이 만들었고, 기체화학 분야의 거장이 되었습니다. 그림 7-6은 프리스틀리가 사용했던 실험기구들인데, 자신의 기체화학 연구서 맨 앞장에 실어 보여주었습니다. 프리스틀리는 정말 초기에는 실험실도 없이 자기 집 부엌에서 연구를 했습니다. 대야 같은 것에 물을 받아놓고, 물을 채운 유리관을 거기에 거꾸로 세운 후, 각종 화학반응을 일으켜서 나오는 기체를 그 속에 보글보글 올라가게 하여 모았습니다. 프리스틀리가 고안한 그 실험장치를 '가스 채취용 수조pneumatic trough'라고 멋지게 명명했는데, 사실은 그냥 모양이 적당한 대야입니다.** 또 재미있는 것은, 대야 앞에 놓인 조그만 유리병을 보면 그 안에 쥐가 있습니다. 동물이 어떤 기체를 호흡할 수 있는지를 실험하기 위해 서였습니다. 밀폐된 공간 속에 기체를 채우고, 거기에 쥐를 넣어서 얼마나 오래 살 수 있는가를 관찰한 것입니다. 쥐도 집에서 돌아다니는 것을 잡아서 했는데 거기서도 프리스틀리는 소박한 인정을 보여주었습니다. 실험을 하면서 쥐를 죽이는 것이 마음에 걸려서, 밀폐된 병 속에 쥐를 넣어 실험하면서 꼬리를 잡고 있었다고 합니다. 그래서 거의 다 죽을 지경이 되면 끄집어내서 살려주고는 실험

** 3장에서 잠시 언급했던 세종대왕의 측우기처럼, 그 물건을 만들기 어렵다는 것이 중요한 게 아니라 그런 것을 만들겠다는 생각 자체가 중요하다.

▲ **그림 7-6** 프리스틀리의 실험기구 from 『Experiments and Observations on Different Kinds of Air』 ⓒ Priestley

을 마쳤다고 보고하고 있습니다.

프리스틀리의 실험기구는, 그림 7-3의 라봐지에 실험기구와 비교하면 너무나 단순하고 초라합니다. 또 그림 7-1과 그림 7-5에 나온 두 사람의 초상화도 대조해보십시오. 경제적·사회적 힘으로만 본다면 상대가 안 되는 싸움이었을 것 같습니다. 그러나 프리스틀리도 힘없는 인물로 남지만은 않았습니다. 인공 소다수를 만들면서 전 유럽에서 유명해졌다고 했는데, 그러면서 프리스틀리는 영국의 정치가 쉘번 경Lord Shelburne에게 발탁되어 그 사람의 도서관 사서 겸 정치적·철학적 고문으로 7년을 보냈습니다. 그러면서 쉘번

달빛친목회 The Lunar Society

쉘번 경과 작별한 후에 프리스틀리는 잉글랜드 중부지방의 버밍엄Birmingham 시로 가서 다시 성직자 생활을 시작했고, 과학연구도 계속했습니다. 당시 그 지역에는 프리스틀리가 가까이할 만한, 아주 현실적이면서도 지적이고 훌륭한 사람이 여럿 살고 있었습니다. 그들이 모여서 달빛친목회라는 동아리를 형성했습니다. 한 달에 한 번씩 여러 동네에서 다들 모여들어 저녁을 먹으면서 관심사를 토론했는데, 모임이 끝나고 마차를 몰고 집에 가는 밤길이 너무 어둡지 않도록 꼭 보름달이 뜨는 밤에 만났다고 합니다. 회원들이 정말 쟁쟁했습니다. 에라스무스 다윈Erasmus Darwin은 진화론으로 유명한 찰스 다윈의 할아버지입니다. 직업은 의사였는데 장편의 시를 쓰고 자연사를 연구하는 멋진 분이었습니다. 손자가 나중에 크게 발전시킬 진화론적인 아이디어도 발표했습니다. 또 증기기관으로 유명한 와트James Watt도 달빛친목회 회원이었습니다. 그는 스코틀랜드 태생인데, 글라스고 대학에서 실험실 기술자로 있다가 버밍엄 근처에 공장을 세웠습니다. 또 한 사람 더 소개하자면 웨지우드Josiah Wedgwood가 있습니다. 지금까지도 세계적으로 유명한 도자기 회사를 설립한 사람인데, 도공의 집안에서 태어나 그 가업을 큰 근대적 제조업으로 발전시켰습니다. 영국 왕비의 전속 도예가가 되었고, 러시아 왕실에까지 도자기를 공급하는 등 유럽 전역에서 명성을 떨쳤습니다. 교육받지 못한 장인이었지만, 도예를 과학적으로 발달시킨 공을 인정받아서 나중에는 런던 왕립학회Royal Society의 회원Fellow으로 선출되기도 했습니다. 이런 훌륭한 인물들이 지방도시 버밍엄 근처에서 살고 있었고, 프리스틀리는 그들과 아주 행복하게 교류하였습니다.

의 저택에 실험실도 차릴 수 있었고, 런던에서도 많은 시간을 보냈습니다. 또 셸번을 모시고 파리에도 갔었는데, 그때 라봐지에를 만났던 것입니다. 셸번은 나중에 수상까지 역임했고, 지금은 좀 잊혔지만 사실 미국과 종전조약을 체결하고 미합중국의 독립을 인정하는 중대한 역할을 했습니다. 그런데 프리스틀리는 셸번이 수상이 되기 불과 2년 전에 그 밑을 떠났습니다. 정확한 이유는 알 수 없는데, 그가 가졌던 종교적·정치적 견해가 지나치게 비주류적이고 급진적이라 셸번이 결국은 버거워하지 않았을까 하는 추측을 합니다.

프리스틀리는 셸번 경을 모시던 1770년대 중반에 산소를 만들었는데, 어떻게 그런 발견을 하게 되었을까요? 플로지스톤 이론을 기반으로 한 것이었습니다. 금속회 내지 녹이 플로지스톤을 빨아들이면 금속이 된다고 했지요. 프리스틀리는 그 실험을 밀폐된 공간에서 해보았습니다. 보통 공기를 채운 유리병에 금속회를 넣고, 큰 렌즈로 햇빛을 모아서 아주 뜨겁게 가열했습니다. 그렇게 해서 금속회를 금속으로 환원하면, 공기에 있는 플로지스톤을 뽑아서 금속회에 넣어주는 것이니 그 공기 자체는 플로지스톤이 결핍된 상태로 변할 것이라 생각했습니다. 프리스틀리는 빨간색을 띤 수은의 금속회(HgO)를 사용해서 그 실험에 성공했습니다. 그런데 실험결과가 정확히 예상대로 나오지는 않았습니다. 그 주위에 있던 공기의 성질이 변하는 대신 금속회에서 새로운 기체가 나와버린 것입니다. 그래도 프리스틀리는 이 기체를 '탈(脫) 플로지스톤 공기dephlogisticated air'라고 불렀습니다.

그 기체를 모아서 성질을 검사하면서 프리스틀리는 아주 흥분했습니다. 그 안에서 뭘 태워보니까 엄청나게 잘 탔는데, 그게 말이 되었습니다. 왜냐하면 플로지스톤이 결핍된 공기는 플로지스톤을 회복하고 싶어할 것이기 때문입니다. 그렇다면 주위에 있는 다른 물질에서 플로지스톤을 빨아들이려고 할 것 아니겠습니까? 그것은 바로 그 기체가 연소를 촉진한다는 말입니다. 연소는 가연성 물질에서 플로지스톤을 빼내는 과정이니까요. 이렇게 해서 산소가, '산소'라는 이름은 아직 없이, 만들어졌습니다. 또 프리스틀리는 쥐가 그 가스 속에서는 보통 공기에서 보다 세 배나 더 오래 살았다고 보고했습니다. 그것을 보고 용기를 얻어서 자기도 호흡을 해보니 가슴이 가벼운 듯 상쾌한 느낌이 들었다고 했습니다. 프리스틀리는 이 순수한 공기가 미래에는 사치품으로 팔릴 수도 있겠다고 예측했는데 정말 그렇게 되었고, 그보다 더 중요한 것은 의학에서 사람을 살려내는 데 사용하게 된 것입니다. 그런 미래가 어렴풋이 보이던 그 발견의 순간을 프리스틀리는 "이 놀라운 공기를 마셔볼 수 있는 특전을 누린 것은 아직까지는 나랑 우리 쥐 두 마리뿐이다"라고 기록하였습니다.[7]

산소 패러다임과 플로지스톤 패러다임의 경쟁

셸번을 따라서 프랑스에 갔을 때 프리스틀리는 그 실험 이야기를 라봐지에와 그 동료들에게 해주었습니다. 그 후 라봐지에도 그 기체를 만드는 데 성공하여 '산소'라고 명명하고 재해석하여 자신의 화학체계를 세웠습니다. 프리스틀리에게 큰 도움을 받은 것이지요. 그래놓고 그 결과를 발표할 때는 프리스틀리에게 고맙다는 말 한마디도 없이 정떨어지게 굴었습니다. 라봐지에가 그런 작업을 하는 동안, 프리스틀리는 더욱 멋지고 간결한 실험을 고안해냈습니다. 금속회를 환원하는 데 보통 공기를 쓰는 것은 상황을 좀 복잡하게 하는 일이고, 석연치 않았습니다. 순수한 플로지스톤으로 실험을 할 수 있다면 결과가 더 깨끗하게 나오지 않을까 생각했습니다. 그런데 순수한 플로지스톤이 도대체 어디 있습니까? 여기서 캐븐디쉬Henry Cavendish가 1766년에 이미 발견해놓은 것을 이용

캐븐디쉬 Henry Cavendish, 1731-1810

런던에만 집이 다섯 채일 정도로 아주 부유한 귀족이었지만, 결혼도 안 하고 하인들만 거느리고 혼자 일생을 살면서 과학을 연구했습니다. 과학연구가 유일한 취미였지요. 요즘 같으면 자폐증 진단이 나올 정도로 사회생활을 어려워했다고 합니다. 프랑스의 물리학자 비오Jean-Baptiste Biot는 캐븐디쉬를 가리켜 "부자들 중 가장 현자였고, 현자들 중 가장 부자였다"고 말했습니다.* 캐븐디쉬는 수소에 대한 연구를 비롯해 기체화학에서 많은 성과를 올렸고, 그 과정에서 수소를 태우면 물이 생긴다는 것도 발견하여 물이 화합물이라는 것을 밝히는 데 큰 기여를 하였습니다. 치밀한 성격으로 정밀 측정의 대가였고, 중력을 정확히 측정해서 지구의 밀도도 계산해냈습니다. 전기, 열 등 다양한 물리학 분야의 연구를 하였는데 그중 많은 내용을 발표하지도 않아서 캐븐디쉬의 업적은 후대에 가서야 제대로 밝혀졌습니다.

▲ **그림 7-7** 캐븐디쉬 © Wikimedia.org

* 여기서 '현자'는 프랑스어의 'savant'로, 그 시대에는 학자라는 말로 아주 흔히 쓰였다.

▲ **그림 7-8** 금속을 산에 녹이는 실험
ⓒ 장하석

했습니다.

캐븐디쉬는 1766년에 금속을 산에 녹이는 아주 간단한 실험을 발표했습니다. 그 전에도 분명히 다른 사람들이 이런 실험을 해봤겠지만 정확하고 자세한 관찰 기록을 남기지 않았었습니다. 이 실험은 우리가 집에서도 손쉽게 해볼 수 있습니다. 물론 산은 위험하기 때문에 조심해야 하지만, 약한 것을 쓰면 별 문제 없습니다. 가게에서도 살 수 있는 농도 5퍼센트 정도의 염산을 고무장갑을 끼고 눈에 튀거나 묻지 않게 조심해서 다루면 됩니다. 거기에 아연 조각이나 아연 철사를 하나 넣어보십시오. 조금만 기다리면 그 금속의 표면에 기포가 형성되는 것이 보입니다(그림 7-8 참조).

캐븐디쉬는 여기서 나오는 기체를 모아서 그 성질을 연구했습니다. 수소입니다. 수소는 나중에 라봐지에가 붙인 이름이고, 당시에는 '가연성 공기inflammable air'라고 했습니다.* 왜냐하면 캐븐디쉬가 이 기체를 모아서 불을 붙여보니까 펑 하고 탔습니다(이것도 조그만 시험관에 모아서 해보면 위험하지 않습니다). 기체가 탄다는 것도 그렇고, 또 그런 기체가 금속에서 나왔다는 것 자체도 정말 신기한 현상이었습니다.

이 현상을 현대화학에서는 간단히 설명할 수 있습니다. 염산 속에 수소이온(H^+)들이

* 여기서 영어 단어가 혼동될 수 있는데, 'inflammable'은 'flammable'과 뜻이 같다.

있고, 그것들이 아연에서 전자를 받아서 전기적으로 중성인 수소원자가 되고, 그런 수소원자 두 개가 모여서 수소분자(H_2)를 형성하여 기체로 나옵니다. 그런데 우리가 캐븐디쉬와 그 시대 화학자들의 생각을 이해하려면 이 현대적 설명은 다 잊어버려야 합니다. 전자는 캐븐디쉬가 이 실험을 한 후 100년도 더 지나서야 발견되었습니다.** 우리가 아는 이온 개념도 그 무렵에나 가서 나왔습니다. 8장에서 자세히 이야기할 화학적 원자 개념도 19세기나 되어야 나옵니다. 그러면 어떻게 캐븐디쉬는 금속과 산의 반응에서 수소가 나오는 것을 이해할 수 있었을까요? 여기서 또 플로지스톤 이론이 또 한몫을 했던 것입니다. 금속에 플로지스톤이 많이 포함되어 있다고 했지요? 캐븐디쉬는 산이 금속을 공격해서 그 성분인 플로지스톤과 금속회로 분해시킨다고 보았습니다. 분해된 후에 플로지스톤은 공기의 형태로 나오고, 금속회는 산에 녹아버린다는 것입니다.

** 전자의 발견은 19세기 말에 여러 군데서 이루어졌는데, 그중 가장 중요한 곳이 공교롭게도 케임브리지 대학의 캐븐디쉬 연구소였다. 이 연구소는 19세기 중반에 캐븐디쉬 집안의 어떤 자손이 기부를 해서 세웠고, 헨리 캐븐디쉬와 직접적인 관련은 없다. 맥스웰, 톰슨J. J. Thomson, 러더퍼드Ernest Rutherford 등 물리학의 거장들이 역대 소장으로 있었고, 전자의 발견에 대한 큰 공로는 대개 톰슨에게 주어졌다. 나중에 왓슨James Watson과 크릭Francis Crick이 DNA의 이중나선 구조를 밝혀낸 연구를 한 곳도 여기다.[8]

(3) 금속 → 금속회 [산에 용해] + 플로지스톤 [가연성 공기]

그런데 이것이 정말 말이 되는 해석이었습니다. 실제로 금속회를 가져다 산에 넣으면 녹습니다. 그런데 금속이 녹을 때와는 달리

이온

현대과학에서 '이온ion'은 원자atom가 전자electron를 잃거나 추가로 얻어서 전체적으로 전하를 띤 상태를 지칭합니다(사실 'ion'의 영어 발음은 '아이온'입니다). 원자는 양전하(+)를 띤 핵과 음전하(-)를 띤 전자가 합쳐서 이루어지는데, 기본 상태에서는 그 양전하와 음전하의 양이 같아서 전체적으로 중성을 이룹니다. 거기서 전자를 하나(혹은 둘) 빼내면 양이온이 되고, 하나 더하면 음이온이 됩니다. (원자핵은 전하를 띠지 않은 중성자neutron와 양전하를 띤 양성자proton 들이 모여서 구성하는데, 핵분열이나 핵융합을 하지 않는 보통의 화학반응에서는 핵의 상태가 변하지 않습니다.) 예를 들어 수소원자에서 전자를 하나 떼어내면 수소이온이 되고, H^+로 표기합니다. 물분자를 전기분해하면 수소이온(H^+)과 수산화이온(OH^-)으로 분리됩니다. 수산화이온의 예에서 볼 수 있듯이 원자 하나로만 이온이 형성될 수 있는 것은 아니고, 원자가 몇 개 모인 집단(라디칼)에 전자가 하나 추가될 수도 있습니다. 모든 금속에는 떨어져 나올 수 있는 '자유전자'가 있어서, 금속류는 쉽게 양이온을 형성합니다. 이온이라는 말 자체는 영국의 물리학자이자 화학자인 패러데이Michael Faraday가 1830년대에 사용하기 시작했는데, 현대적 의미는 아니었습니다. 특히, 패러데이의 이온은 전하를 띤 입자들이 아니었고, 그는 화학적 결합과 전기분해 과정을 이해하는 데 정전기학을 쓰지 않았습니다. 사실 그보다 더 이전에 데이비Humphry Davy와 베르셀리우스가 '이온'이라는 말은 없었지만 꼭 요즈음 중고등학교 교과서에 나오는 것과 비슷한 개념을 사용했습니다. 현대적 상식이 된 이온 개념은 19세기 말에 아레니우스Svante Arrhenius가 내놓았고, 또 전자가 발견된 후 재정비되었습니다.

거품이 나지 않고 녹습니다.

이렇게 봤을 때, 금속회는 산에서 조용히 녹으니까, 금속을 녹일 때 나오는 거품은 플로지스톤이라고 생각할 수밖에 없습니다. 그리고 그 기체가 플로지스톤이라면 가연성이어야 하는데, 실험해보니까 정말 타더라는 것입니다. 기가 막힌, 대단한 사건이었습니다. 플로지스톤 이론은 가설에 불과했고 플로지스톤은 상상의 존재였는데, 이제 간단한 실험으로 그것을 순수한 형태로 추출해서 병에 담아놓을 수 있게 된 것입니다. 마치 캐븐디쉬의 후손들이 150년 후 구름상자cloud chamber를 만들어서 전자의 궤적을 처음 눈으로 보았을 때와 비슷한 흥분을 느꼈을 것입니다.

프리스틀리는 이 캐븐디쉬의 연구결과를 흔쾌히 받아들였습니다. 그리고 순수 플로지스톤인 이 '가연성 공기'를 사용하면 더 멋진 실험을 할 수 있겠다고 생각했습니다(그림 7-9 참조). 프리스틀리는 산소를 만들 때와 같은 방식으로, 물을 받은 대야에 유리그릇을 엎어놓고 그 안에 가연성 공기를 채웠습니다. 그리고 그 안에 금속회를 놓고 거기다가 렌즈로 태양빛을 모아서 가열했습니다. 그렇게 했을 때 금속회가 플로지스톤을 빨아들이면서 금속으로 환원될 것이라고 예측했는데, 실험을 해보니 정말 그렇게 되었습니다! 또 그 금속회가 플로지스톤(가연성 공기)을 흡수했다는 증거로 그 그릇 속의 수위가 올라가는 것을 볼 수 있었습니다. 플로지스톤 이론의 쾌거였습니다. 반면 라봐지에는 큰일이 났습니다. 자기 이론으로 정말 해석이 안 되는 현상들이 나타난 것입니다. 금속에서 왜 난데없이 기체가 나오며, 그 기체가 왜 가연성이고, 그 기체를 써서 금속회를 어떻게 금속으로 환원할 수 있는지, 플로지스톤 이론으로 다 설명이 되는데, 산소와는 상관이 없는 것 같았습니다.

그러나 라봐지에는 결국 자기 이론과 맞아떨어지는 재해석을 해냈습니다. 이 역시 플로지스톤파의 업적에서 도움을 얻은 것이었습니다. 캐븐디쉬는 1780년대 초에 가연성 공기가 탈 때 물이 형성된다는 것을 발견했습니다. 좀 신기한 현상이었는데, 이것이 라봐지에가 대역전극을 벌일 수 있는 계기를 만들어주었습니다. 라봐지에는 이 실험을 보고, 타는 것은 산소와의 결합이니까 그렇다

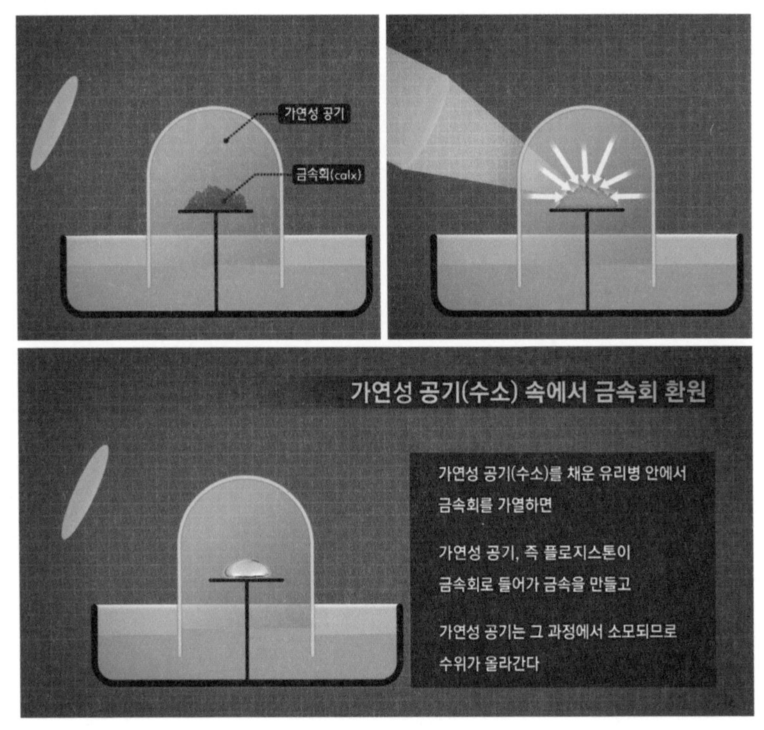

▲ **그림 7-9** 프리스틀리의 금속회 환원 실험 © CH. Bom

면 물은 산소와 가연성 공기가 합쳐져 생기는 것이라고 결론지었습니다. 고대 철학에서부터 더 이상 분해될 수 없는 원소로 간주되었던 물이, 원소가 아니라 화합물이라는 아주 대담한 주장을 하고 나온 것입니다. 자신의 아이디어가 너무 멋지다고 느낀 라봐지에는 가연성 공기를 '수소'라고 명명하였습니다. 고대 그리스어에서 물을 지칭하는 'hydro-' 어원을 써서 프랑스어로 'hydrogène'이라는 단어를 지어냈고, 그것을 동양에서는 한문의 '물 수(水)' 자로 번역한 것입니다. 그리고 '수소'에서 '소'는 그냥 원소를 가리키는 말이지만, 라봐지에의 신조어 hydrogène에서 'gène'은 좀 다른 의미가 있습니다. 영어의 'generate', 'genesis', 'genetics' 등의 단어에도 포함되어 있는 이 어원은 무엇을 낳거나 만든다는 뜻입니다. 그러니까 수소는 '물을 낳는 자'입니다.

그런데 가연성 공기를 이렇게 '수소'로 이해했을 때, 프리스틀리의 금속회 환원 실험으로 돌아가서 보면 이상한 점이 있습니다. 라봐지에 이론으로 하면 금속회는 금속과 산소의 화합물인데, 수소를 사용하여 금속으로부터 산소를 분리해냈다면 그 산소가 수소와 합쳐져서 물이 생겨야 하지 않겠습니까? 그런데 왜 프리스틀리의 실험에서 물이 나왔다는 말이 없지요? 그건 바로 실험을 물 위에서 했기 때문입니다! 여기서 생기는 물은 아주 소량이고 그것이 대야에 담겨 있는 많은 양의 물속으로 떨어져도 별로 표가 나지 않았을 것입니다. 그래서 라봐지에는 그 실험을 다시 주의 깊게 해보면 물이 나오는 것이 보이리라는 예측을 했고, 프리스틀리는 스스로 그렇게 다시 해보았습니다. 이 실험은 물 위에서 하지 않고 수은 위에서 했습니다(요즘 같으면 수은의 독성을 고려해서 절대 허가가 나지 못할 실험입니다). 그렇게 다시 실험을 해보니 이 수은 위에 물이 쫙 깔리더라는 것입니다(그림 7-10 참조). 그렇게 자신이 내린 재해석이 딱 맞아떨어지니 라봐지에는 기고만장했고, 그 논쟁에서 자신이 완전히 승리했다고 생각했습니다. 물이 화합물이라는 놀라운 사실을 선전하기 위해서, 물을 산소와 수소로 분해하고 그 산소와 수소를 다시 결합시켜서 물을 만드는 실험을 많은 관중을 모아놓고 대규모로 벌였습니다.*

* 사실 라봐지에는 물을 산소와 수소로 깨끗이 분해하지는 못했다. 그것은 1800년에 처음 전기분해를 하기 시작하면서 가능해졌고, 라봐지에는 뜨거운 금속 위에 수증기가 지나가게 함으로써 물에 포함되어 있던 산소는 금속과 화합하여 금속회를 만들고 수소는 분리되어 기체로 발생하게 하였다. 그러나 이것을 물의 분해로 인정하지 않은 사람들도 있었다.

그러나 그렇게 간단히 결판이 나지는 않았습니다. 캐븐디쉬도 바보는 아니었고, 나름대로의 재해석을 내렸습니다(그림 7-11 참조). 자신이 처음에 가연성 공기가 순수한 플로지스톤이라고 했던 것은

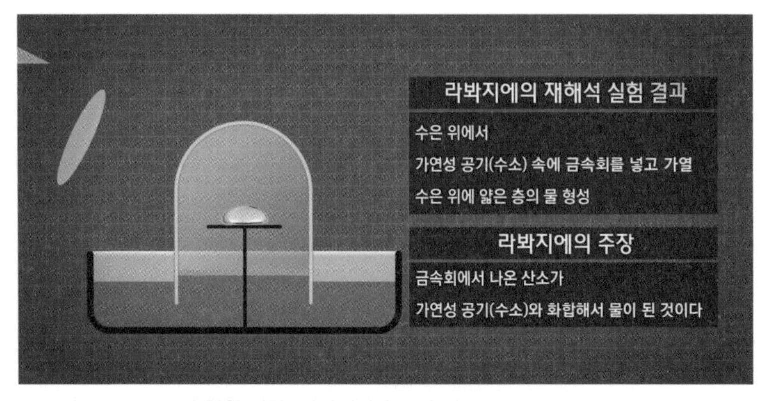

▲ **그림 7-10** 금속회 환원 실험: 라봐지에가 내린 재해석 © CH. Bom

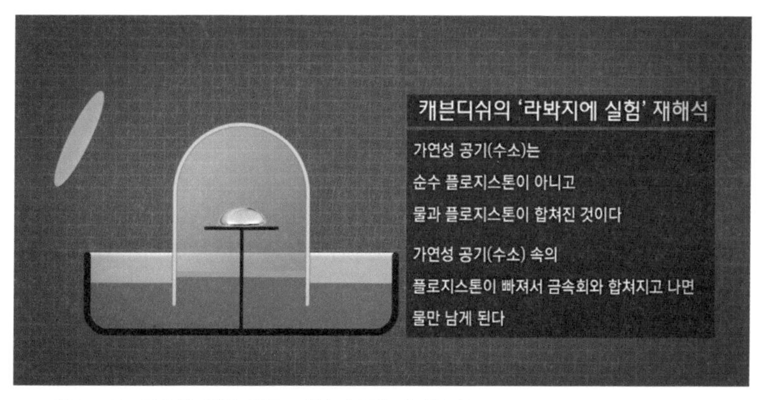

▲ **그림 7-11** 금속회 환원 실험: 캐븐디쉬의 재해석 © CH. Bom

약간의 실수였다고 인정하고, 가연성 공기는 '플로지스톤이 과잉된 물phlogisticated water'이라고 정정했습니다. 또 산소(탈 플로지스톤 공기)는 '플로지스톤이 결핍된 물dephlogisticated water'이라고 해석했습니다. 그렇다면 그 두 기체를 합치면 한쪽의 플로지스톤 결핍과 한쪽의 플로지스톤 과잉이 상쇄되어, 보통 상태의 물로 환원됩니다. 프리스틀리의 금속회 환원 실험도 잘 해석이 됩니다. 금속회가 가연성 공기에서 과잉된 플로지스톤을 빼내어 오면 금속회는 금속으로 환원되고, 가연성 공기는 물이 됩니다. 물은 여전히 원소이고, 가연성 공기와 탈 플로지스톤 공기는 약간 상태변화를 한 물입니다.

(4) 수소 [가연성 공기] + 산소 [탈 플로지스톤 공기]
= (물 + 플로지스톤) + (물 − 플로지스톤)
→ 물

(5) 금속회 + 가연성 공기
= (금속 − 플로지스톤) + (물 + 플로지스톤)
→ 금속 + 물

다 억지로 만들어낸 말 같지만, 사실 잘 생각해보면 원래 1766년에 캐븐디쉬가 내렸던 해석보다 더 일리가 있습니다. 가연성 공기를 다시 고려해봅시다. 정통 플로지스톤 이론에 의하면 가연성 물질은 플로지스톤을 포함하고 있고, 연소과정에서 플로지스톤을 상실합니다. 그러니까 가연성 물질을 플로지스톤 + X라고 하면 연소 후에는 X가 남습니다. 그런데 가연성 공기가 순수 플로지스톤이라면 X는 없고 연소 후에는 아무것도 남지 않는다고 해야 되니까 말이 좀 이상합니다. 그리고 대개들 플로지스톤은 무게가 없다고 이해했는데, 가연성 공기는 가볍기는 하지만 무게가 있는 것은 확실했거든요. 이런 껄끄러운 점들이 가연성 공기의 기반이 되는 X가 물이라고 하면 다 해결됩니다. 이 기체가 연소하고 나면(또는 프리스틀리의 실험에서처럼 플로지스톤을 다른 데 뺏기고 나면) 남는 것은 물이라고 자연스럽게 이해가 되는 것이지요. 물이 기체의 기반이라는 것도 이해할 만한 주장입니다. 물에 열을 가하면 기체(수증기)로 변하지 않습니까? 그런 과정에서 조금 다른 요인이 추가로 겹치면 여러 가지 다른 종류의 기체가 생겨난다고 생각할 수 있지요. 그래서 그 과정에서 원래 담고 있던 플로지스톤을 좀 빼주면 탈 플로지스톤 공기(산소)가 되고, 더 넣어주면 가연성 공기(수소)가 된다고 이해할 수 있습니다.

* 정합성의 개념은 6장에서 논의하였다.

캐븐디쉬는 1784년에 이러한 물에 대한 실험과 이론적 해설을 다 정리한 논문을 영국 런던 왕립학회의 학회지에 발표했습니다.[9] 이 논문에서 자신의 이론만을 주장한 것이 아니라, 라봐지에의 이론도 소개했습니다. 플로지스톤 이론과 산소 이론 두 가지 다 나름대로 말이 되고 정합성이 있다고 평가했고,* 그렇다면 옛 이론을 버리고 새로운 이론으로 바꿀 이유가 없다고 판단한 것입니다. 점잖은 사람이라 그렇게 말하지는 않았지만 그 저변에는 '내가 왜 이 좋은 전통적 이론을 포기하고 잘난 척하는 프랑스 놈이 새로 지어낸 이론을 따라야 하나' 하는 생각이 깔려 있었을 것입니다. 캐븐디쉬는 정말 보수적인 사람이었습니다. 음식도 항상 같은 것을 먹었고, 옷도 전 세대 것을 물려입고 다녔다고 합니다(영국에서 손꼽히는 부자였지만, 돈을 쓰는 데 전혀 관심이 없었습니다). 그 반면 프리스틀리는 전혀 보수적이지 않았지만, 화학에 관해서는 두 사람이 동의했습니다. 그들은 플로지스톤 이

관측내용	가연성 공기 (inflammable air)	+	호흡 가능 공기 (vital air)	→	물
라봐지에의 해석	수소	+	산소	→	물 (수소와 산소의 화합물)
캐븐디쉬의 해석	플로지스톤이 과잉된 물	+	플로지스톤이 결핍된 물	→	물 (원소)

▲ 그림 7-12 물의 형성에 대한 해석과 재해석의 요약

론을 고수했고, 지금은 역사의 뒷전으로 밀려났습니다. 반면 라봐지에와 그 추종자들은 자신들이 확실히 이겼다고 자신했고, 플로지스톤 화학을 박멸하는 캠페인을 벌이기 시작했습니다. 결국은 그들이 전 유럽 화학계의 주도권을 잡았고, 라봐지에를 '현대화학의 아버지'로 내세우는 데 성공했습니다.

이 상황을 편견을 버리고 공정하게 본다면, 이 논쟁에서 어느 한쪽이 완전히 옳았다고 보기는 힘듭니다. 철학자들이 말하는 이론의 미결정underdetermination 상태입니다. 두 이론이 경쟁을 하고 있는데 주어진 관측이나 실험을 증거로 해서 판단할 때 그중 어느 이론이 옳은지 확실하지 않은 상황을 가리키는 말입니다. 극단적인 경우 두 이론이 경험적인 차원에서 전적으로 동등할 수 있습니다. 예를 들어서 하이젠베르크Werner Heisenberg와 슈뢰딩어Erwin Schrödinger가 경쟁적으로 내놓았던 양자역학 이론은 서로 전혀 달라 보이지만 관측할 수 있는 사실에 대해 말하는 내용은 같았습니다. 그럴 경우 둘 다 병립시켜서 사용하면 별 문제가 없습니다. 프리스틀리의 금속회 환원 실험을 양쪽 이론을 가지고 해석한 것도 같은 종류의 상황입니다. 그러나 화학혁명을 전체적으로 볼 때, 그렇게 간단치 않았습니다. 이 상황을 이해하는 데는 쿤이 내놓았던 비정합성 개념이 다시 유용해집니다.

두 패러다임 간에 비정합성의 관계가 있다면, 주장하는 것이 다를 뿐 아니라 서로 말이 안 통하는 것이라고 4장에서 말한 바 있습니다. 여기서 '말이 안 통한다'고 뭉뚱그려 표현한 데에는 몇 가지 다른 차원이 있는데 화학혁명에서는 서로 다른 패러다임이 특별히 다른 현상을 다루지는 않습니다. 실험결과에는 대개 서로 동의했습니다. 또 서로 다른 용어와 개념 들을 사용하기는 했지만, 그것을 번역해서 이해하는 데에는 별 문제가 없었습니다. 그러나 판단기준의 차이는 확실히 있었습니다. 우선 두 패러다임 간의 문제의식이 달랐습니다. 예를 들어서 플로지스톤 패러다임에서는 여러 가지 금속의 성질이 모두 비슷하다는 것을 중요시했습니다. 모두 광택이 있고, 유연성(가단성malleability)이 있고, 전기와 열을 잘 전도합니다. 그런 공통적 성질들은 모두 플로지스톤을 많이 포함했기 때문이라고 설명할 수 있었습니다. 그러나 라봐지에의 패러다임에서는 금속이 공통적 성질을 보여야 할 깊은 이유가 없고, 그런 공통점을 설명하는 것이 중요한 문제도 아니라고 보았습니다. 그 반면 라봐지에는 화학반응에 관계된 모든 물질들의 질량을 정확히 재서 반응 전후에 질량이 보존되는 것을 보여주는 것을 굉장히 중요시 했고, 질량 분석을 진짜 무엇이 원소이고 어떻게 반응하는지를 밝히는 최고의 방법으로 간주했습니다. 플로지스톤 패러다임에서는 질량을 그렇게 중요시하지 않았습니다.

왜 산소를 산소라 했는가: 산소 패러다임의 미해결 문제들

화학혁명에서 경쟁관계였던 양쪽 패러다임의 장단점을 제대로 비교하는 것은 복잡한 일입니다. 그러나 가장 중요한 것은 양쪽 다

미해결의 문제가 있었다는 것입니다. 제가 플로지스톤 이론이 나름대로 훌륭했다고 역설했지만 모든 문제를 다 해결했던 것은 아니고, 물론 미흡한 점들이 있었습니다. 그렇게 이야기하면 아무도 놀라지 않겠지요. 그러나 라봐지에 이론에도 몇 가지 심각한 결점이 있었다고 하면 아마 놀랄 것입니다. 그래서 이 대목을 좀 주의 깊게 짚고 넘어갈 필요가 있습니다.

첫째로, 우리가 왜 산소를 '산소'라고 부르는지 생각해봅시다. 라봐지에가 지은 이름인데 여기서 '산'은 산성, 알칼리성이라고 할 때 나오는 그 산acid을 가리킵니다. 그런데 도대체 산이 산소와 무슨 관계가 있지요? 라봐지에는 산소가 산성의 근원이라는 잘못된 이론을 가지고 있었고, 그것을 기반으로 산소라는 이름을 지었습니다. 위에서 말한 '수소'와 비슷한 식으로 고안한 신조어였습니다. 수소가 '물을 낳는 자'를 뜻하듯이, 산소는 '산을 낳는 자'를 뜻합니다. 프랑스어 'oxygène'의 'oxy-'는 고대 그리스어에서 따온 어원으로 '날카롭다', '시다', 또는 '산성이다'라는 의미입니다.

그런데 라봐지에는 어떻게 해서 이런 이상한 산 이론을 만들었을까요? 사실은 이것도 플로지스톤 이론에서 빌려온 것이었습니다. 슈탈은 황을 태우니까 (물과 섞였을 때) 황산이 만들어지는 것을 관찰했고, 그런 비슷한 반응들이 여러 가지 발견되었습니다. 그래서 플로지스톤이 빠지면 물건이 산성이 된다고들 추측했었습니다. 그것을 라봐지에는 또 오리와 토끼를 바꿔치는 식으로 플로지스톤이 빠진다는 것은 산소가 더해지는 것이라고 재해석한 것입니다. 그 아이디어에 매혹되어 모든 산에는 산소가 있다고 강력히 주장했고, 이에 대한 라봐지에의 믿음은 그 이론이 관측과 어긋나는 부분이 있어도 흔들리지 않았습니다. 예를 들어서 염산은 뭔가를 산화시켜서 만들 수도 없고, 거기서 산소를 추출해낼 수도 없었지만 라봐지에는 아직 그런 기술을 터득하지 못했을 뿐이지 염산에는 산소가 절대적으로 포함되어 있다고 우겼습니다. 너무 자신감이 넘쳐서 염산은 '산소+X'라고 했고, 그 미지의 원소 X를 '염산 기radical muriatique'라고 명명하여 화학원소의 목록에 올려놓기까지 했습니다(그림 7-13 중간 부분 참조).* 우리가 아무 뜻도 모르고 아직까지 산소, 산소 하면서 라봐지에를 산소의 발견자로 칭송하는데, 그 단어에는 라봐지에 이론의 약점이 적나라하게 담겼다는 아이러니가 있습니다.

* 염산은 영어로 'hydrochloric acid'인데, 이것은 수소hydrogen와 염소chlorine의 화합물이라는 현대 화학적 개념을 표시한 이름이다. 화학혁명 당시에는 염소가 발견되지도 않았고, 염산은 '바다에서 나온 산'이라는 의미로 'muriatic acid(acide muriatique)'라고 했다. 원래 바다에서 나온 소금을 황산과 반응시켜서 얻은 것이기 때문이다.

산에 대한 이론이 좀 틀린 게 뭐 그리 중요하냐고 반문할 수도 있겠습니다. 그러면 화학혁명에서 가장 중요한 쟁점이었다고 볼 수 있는 연소이론으로 돌아가봅시다. 라봐지에는 물질이 타는 것은 산소와 화합하는 것이고, 가연성 물질이 연소하고 나면 산화물이 된다고 했습니다. 예를 들어서 탄소가 연소하면 일산화탄소나 이산화탄소가 됩니다. 그런데 산소와 화합한다고 해서 왜 뜨거운 열이 나올까요? 현대과학에서는 이것을 에너지 관계로 풀지만 '에너지'는 한참 후, 1850년경에나 나온 개념입니다. 라봐지에는 우리 현대적

	Noms nouveaux.	*Noms anciens correſpondans.*
Subſtances ſimples qui appartiennent aux trois règnes & qu'on peut regarder comme les élémens des corps.	Lumière	Lumière.
	Calorique	Chaleur. Principe de la chaleur. Fluide igné. Feu. Matière du feu & de la chaleur.
	Oxygène	Air déphlogiſtiqué. Air empiréal. Air vital. Baſe de l'air vital.
	Azote	Gaz phlogiſtiqué. Mofete. Baſe de la mofete.
	Hydrogène	Gaz inflammable. Baſe du gaz inflammable.
Subſtances ſimples non métalliques oxidables & acidifiables.	Soufre	Soufre.
	Phoſphore	Phoſphore.
	Carbone	Charbon pur.
	Radical muriatique.	Inconnu.
	Radical fluorique	Inconnu.
	Radical boracique	Inconnu.
Subſtances ſimples métalliques oxidables & acidifiables.	Antimoine	Antimoine.
	Argent	Argent.
	Arſenic	Arſenic.
	Biſmuth	Biſmuth.
	Cobolt	Cobolt.
	Cuivre	Cuivre.
	Etain	Etain.
	Fer	Fer.
	Manganèſe	Manganèſe.
	Mercure	Mercure.
	Molybdène	Molybdène.
	Nickel	Nickel.
	Or	Or.
	Platine	Platine.
	Plomb	Plomb.
	Tungſtène	Tungſtene.
	Zinc	Zinc.
Subſtances ſimples ſalifiables terreuſes.	Chaux	Terre calcaire, chaux.
	Magnéſie	Magnéſie, baſe du ſel d'Epſom.
	Baryte	Barote, terre peſante.
	Alumine	Argile, terre de l'alun, baſe de l'alun.
	Silice	Terre ſiliceuſe, terre vitrifiable.

▲ 그림 7-13 라봐지에의 화학원소 목록. 오른쪽에는 예로부터 쓰던 이름, 왼쪽에는 자신이 만들어낸 신조어를 수록하였다. from 『Traité élémentaire de chimie』 ⓒ Lavoisier

관점에서 보자면 아주 엉뚱한 해설을 했습니다. 연소를 뒷받침하는 것은 기체상태의 산소가스이기 때문이라고 했습니다. 기체는 물질에 많은 열을 가한 것이라고 했습니다. 이것도 말이 되는 생각입니다. 고체에 열을 가해 녹이면 액체가 되고, 액체에 또 열을 가해서 증발시키면 기체가 됩니다. 그러니까 기체는 분명히 열을 많이 갖고 있습니다. 그런데 라봐지에는 여기서 열을 화학물질로 보았고, '**열소**caloric, calorique'*라는 멋진 이름까지 붙여주었습니다. 라봐지에는 산소가스를 '산소 기oxygen base'와 열소의 화합물로 보았고, 탄소가 산소가스와 반응하면 산소 기만 탄소와 합쳐지고 열소는 빠져나가며 열을 낸다고 해석하였습니다.

* caloric 이는 지금도 쓰는 열량의 단위 '칼로리calorie'와 어원이 같다.

(6) 탄소 + 산소가스
= 탄소 + (산소 기 + 열소)
→ 산화탄소 + 열소

말은 되는 이론인데, 실증적 문제가 있습니다. 현대적 지식으로 그 당시의 이론을 비판하는 것은 별 의미가 없지만 사실 라봐지에의 연소이론은 그 당시에도 심각한 비판을 받았습니다. 같은 예로 계속 설명하자면, 고체 상태의 탄소가 연소하면 그 산물은 무엇입니까? 일산화탄소나 이산화탄소인데 기체상태로 나오기 때문에 열소를 많이 품고 있어야 할 것입니다. 그러려면 산소가스에 있던 열소를 가져가야 하고, 그러면 남는 열소가 없을 텐데 많은 열이 나온단 말입니다.

그 반대의 문제도 있습니다. 화약은 주변에 산소가 없어도 잘 타고 폭발합니다. 화약 자체에 산소가 포함되어 있기는 한데, 기체가 아닌 고체 상태로 있습니다. 그러면 도대체 화약이 연소할 때 나오는 열의 출처는 어디일까요? 이것은 상당히 중요한 문제였고, 특히 프랑스 국가화약청을 관리하고 있던 라봐지에의 입장에서는 무시할 수 없는 문제였습니다. 프랑스 화학계의 중요인물이었고 라봐지에의 가장 절친한 동료이자 나중에는 후계자로 나서게 되는 베르톨레마저도 화약의 연소과정을 논의하면서는 라봐지에의 연소이론에 반기를 들고 나섰습니다. 그러나 라봐지에는 자기 이론을 포기하지 않았고, 그 문제를 계속 제기하지 않도록 베르톨레를 설득했습니다.[10] 라봐지에는 열소가 가장 기본적인 화학원소라고 고집했으며, 1789년에 자신의 새로운 화학체계를 적립한 『화학원론 Traité élémentaire de chimie, Elementary Treatise of Chemistry』이라는 교과서에 나온 화학원소 목록 가장 위에도 산소, 수소보다도 더 먼저 올려놓았습니다(그림 7-13 참조). 또 그 교과서의 제1장에서도 열소의 성질과 화학적 역할에 관한 논의를 가장 먼저 시작했습니다. 물론 현대과학에서 열소는 플로지스톤과 마찬가지로 허구적 존재로 봅니다.

플로지스톤을 꼭 죽여야만 했을까

화학혁명은 이렇게 복잡한 사건이었습니다. 양쪽 다 일리가 있고, 양쪽 다 문제가 있었습니다. 그런데 왜 라봐지에는 확실히 승리해서 대를 물려 '현대화학의 아버지'라고 칭송을 받고, 플로지스톤 이론은 망해서 사라져버렸을까요? 플로지스톤이 뭐가 그리 보기 싫고 위험해서 꼭 죽여야만 했을까요? 저는 화학혁명에 대해 연구를 자세히 한 끝에, '플로지스톤을 살려두었더라면 좋았을걸' 하는 결론을 내리게 되었습니다.[11] 라봐지에는 젊어서 확실한 업적을 이루기도 전부터 '화학과 물리학에서 혁명을 일으키겠다'고 선언한 야심찬 인물이었습니다.[12] 파벌을 조성하기 좋아했고 자신의 화학체계를 유일한 것으로 만드는 데 심혈을 기울여서, 플로지스톤 이론을 뿌리 뽑는 데 결국은 성공했습니다.

제 생각에는, 플로지스톤 화학도 계속 발달하게 놔두었으면 더 발전했을 것이고 화학의 진보에 더 많은 기여를 했을 것입니다. 수소와 산소를 발견한 연구 활동가들도 플로지스톤 이론에 기반을 두고 있었다는 것부터 기억합시다. 후대의 화학자들도 이런 이야기들을 했습니다. 19세기 후반에 영국의 오들링William Odling은 플로지스톤을 계속 놔뒀으면 화학 에너지의 개념으로 발전했을 것이라고 주장했습니다. 제가 플로지스톤을 '타는 기운'이라고 불러보았던 것도 그런 이해가 저변에 깔린 것입니다. 20세기 미국의 화학자 루이스Gilbert Newton Lewis는 플로지스톤이란 전자를 지칭한다고 말했습니다. 사실 우리의 현대적 '산화' 개념은 산소와 특별한 상관이 없습니다. 현대화학에서 산화, 환원은 전자를 잃고 얻는 것을 말합니다. 물질이 전자를 잃으면서 공기 중의 산소와 결합하는 경우가 많은데, 꼭 산소가 있어야 전자를 잃는 것은 아닙니다. 그러니까 그 과정을 '산화'라고 하는 것은 사실 라봐지에 시대의 유물이고, 오해를 불러일으키는 용어입니다.* 산화는 사실 '탈전자화'인데, '탈 플로지스톤화'라고 하고, 환원은 '플로지스톤화'라고 해도 별 큰일은 일어나지 않을 것입니다. 미국의 과학사학자이자 과학교육학자인 올친Douglas Allchin은 플로지스톤 이론을 써서 학생들에게 산화·환원 이론을 가르치는 시도를 했는데, 학생들이 별 어려움 없이 잘 배우더랍니다.[13]

* 영어로는 구분을 하고자 들면 전자를 잃는 것은 'oxidation', 산소와 결합하는 것은 'oxidization'이라 할 수 있는데 한국어에는 '산화'라는 단어 하나뿐이다. 사실 영어에서도 두 단어는 잘 구분하지 않고 많이들 사용한다.

화학혁명은 여러 가지 면에서 비극이었습니다. 프랑스 혁명의 공포정치가 극에 달했던 1794년, 라봐지에는 자신의 장인과 함께 단두대에서 처형당했습니다. 그들은 세금징수 회사의 지분을 가지고 있었습니다. 혁명 전 프랑스 정부는 세금징수를 사영업체에 하청했었는데 그 회사가 왕과 계약을 맺어서 징수액 목표를 정했고, 그 이상의 징수액은 이익으로 챙길 수 있었습니다. 그러니까 혁명가들이 라봐지에를 민중의 적으로 규정한 것은 충분히 이해가 됩니다. 그러나 죽일 필요까지는 없었고 살려두었다면 국가를 위해서도 유익한 일을 계속할 수 있었을 거라 생각합니다. 여기서 느끼는 아이러니는, 그가 그렇게도 집요하게 죽였던 플로지스톤에 대해서도 똑같은 평가를 할 수 있다는 점입니다.

프리스틀리도 프랑스 혁명으로 인해 말년이 좋지 않았습니다. 그림 7-14는 1791년 7월, 프랑스 혁명 2주기를 맞아 폭도들이 버밍엄에 있던 프리스틀리의 집과 실험실을 파괴하고 불 지르는 장면입니다. 프리스틀리는 프랑스 혁명을 지지했기 때문에 영국 보수파들에게 미움을 받았습니다. 공격을 당한 후 런던으로 피신해 있다가 결국 라봐지에가 처형되던 1794년에 미국으로 망명했습니다. 그 후 펜실베이니아 시골에서 화학혁명의 여파로 과학계에서도 고립된 상태로, 끝까지 플로지스톤 화학을 옹호하고 신학연구를 계속하면서 조용히 살다가 세상을 떠났습니다.** 쿤은 플로지스톤 이론을 끝까지 지킨 프리스틀리의 행동이 비이성적인 것은 아니었다고 하면서도, 그럼으로써 과학자들의 공동체에서 탈퇴했기 때문에 과학자이기를 포기한 것이라고 말했습니다.[14] 그 말도 일리는 있지만, 제가 보기에는 과학의 기존 행태를 대략 정당화할 수밖에 없는 쿤 철학의 약점을 드러내는 부분이기도 합니다.

** 1874년에 미국 화학계의 저명 인사들이 프리스틀리가 여생을 보냈던 이 자택에 모여서 프리스틀리의 산소(아니, 탈 플로지스톤 공기) 발견 100주년 기념행사를 했다. 그 모임에서 제안되어 2년 후 미국 화학회American Chemical Society가 처음으로 결성되었다고 한다.

화학의 플로지스톤 체계와 산소 체계는 둘 다 훌륭했고, 공통적으로 받아들여진 사실을 각기 잘 설명했으며 제각각 다른 장단점이 있었습니다. 한쪽이 다 옳고 확실히 우월해서 이긴 것이 아

▲ 그림 7-14 프리스틀리의 가택 파괴 장면

ⓒ Johann Eckstein at Wikimedia.org

니었습니다. 라봐지에가 산소를 왜 '산소'라고 명명했는가만 기억해도 많은 것이 다시 보입니다. 일반 역사에서도 그렇듯, 승자의 관점에서만 쓰는 과학사는 진실성도 떨어지고 재미도 별로 없고 그리 유익하지도 않습니다.

7장 요약

- 18세기 후반에 라봐지에가 플로지스톤 개념을 기반으로 한 화학체계를 배격하고 산소 개념을 중심으로 자신의 화학체계를 확립한 사건을 '화학혁명'이라 한다.
- 일반적 통념과는 달리 플로지스톤 이론도 나름대로 훌륭했고 설득력이 있었으며, 산소 자체를 포함한 많은 새로운 발견을 촉진했다. 특히 금속의 화학반응을 잘 설명해주었다.
- 라봐지에 이론에도 중요한 약점과 오류가 있었다. 그의 연소이론은 '칼로릭' 개념을 기반으로 했으며, 그가 지어낸 '산소'라는 신조어는 산소가 산의 기본이라는 잘못된 이론의 표현이었다.
- 필자가 판단하건대 미결정 상태로 간주되었어야 할 상황에서 라봐지에 학파가 벌인 캠페인의 성공으로 화학혁명이 이루어졌다. 플로지스톤 패러다임도 함께 존속했더라면 화학은 더 성공적으로 발전했을 것이다.
- 과학사에서 대부분의 승패는 잘 들여다보면 간단하지 않고, 그 역사를 승자의 입장에서만 보면 재미도 없고 이득도 없다.

8장
물은 H_2O인가?

7장에서는 과학사에서의 승패가 간단하지 않고, 그 역사를 승자의 입장에서만 보는 것은 재미도 없고 이득도 없다고 말했습니다. 이번에는 약간 초점을 바꿔서, 굳게 받아들여진 지식 자체도 재조명할 필요가 있다고 강조하고 싶습니다. 과학에서 받아들여진 지식을 철학적으로 재조명한다는 것은 그 지식이 과연 제대로 정당화되어 있는가를 재고하는 일입니다. '우리가 그것을 어떻게 알지요?' 하고 다시 묻는 일입니다. 과학사적인 관점에서는 그 지식이 처음 정립되었을 때 어떤 기준으로 받아들여졌는지를 묻습니다. 그때 사용된 기준이 적합했는지를 다시 평가하자고 할 수도 있고, 그러면 1부에서 논의했던 모든 철학적 문제들이 다시 다 등장합니다.

또 재미있는 것은, 어떤 과학지식이 처음에 왜 받아들여졌는지를 지금은 까맣게 잊어버린 경우가 많습니다. 그렇다면 우리는 과학지식을 뚜렷한 이유도 모르고 신봉하고 있다는 이야기인데, 그런 것을 정말 지식이라고 할 수 있는지도 의문스럽습니다. 생각해 보면, 우리 현대인들은 참 많은 과학적 내용을 상식적으로 알고 있습니다. 지구는 태양의 주위를 돌고, 유전은 DNA분자를 통해 이루어지고, 공룡은 옛날 옛적에 살다가 멸종했고……. 그런데 사실은 쉽지 않은 이야기들입니다. 이런 지식을 모르는 사람을 우리는 비웃고, 그런 무식한 사람들이 아직 있다며 개탄도 합니다. 예를 들어 최근의 한 여론조사 결과에 따르면 미국인의 26퍼센트는 아직도 태양이 지구 주위를 돈다고 생각하고 있고, 52퍼센트는 인류가 다른 생물에서 진화했다는 것을 모른다고 합니다.[1] 이런 추세를 보고 이러다가는 사회가 저질적으로 변하지 않겠느냐는 우려들도 합니다.

그러나 과학지식을 그렇게 중요시하는 사람들도 과학적 상식을 과학자들이 처음에 어떻게 정립했는지는 잘 모릅니다. 좀 유식한 일반인들에게 물어봅시다. 우리가 정말 어떻게 해서 태양이 지구 주위를 도는 것이 아니라 지구가 태양 주위를 돈다는 것을 아는지 말이지요. 그걸 확실히 아는 사람은 몇 없습니다. 많은 경우 과학자들조차도 과학상식의 근본은 모릅니다. 여기서 과학사와 과학철학의 역할이 대두됩니다. 지식을 어떻게 얻고 정당화하는가, 그 과정을 알면 우리가 가진 지식의 질이 높아지고 지식을 더 아끼게 됩니다. 3장에서 나온 온도계 이야기에서 그런 느낌을 조금 받았기를 희망합니다. 그 느낌을 이번 장에서는 또 다른 아주 기초적인 예를 들어 더 자세하고 깊게 전달하고자 합니다.

물이 H_2O라는 것을 어떻게 아는가

물이 H_2O라는 것, 더 정확히 말해 물분자가 수소원자 두 개와 산소원자 한 개가 합쳐져 이루어졌다는 것은 그야말로 삼척동자도 다 아는 과학상식의 대표적 예입니다. 그런데 생각해보면, 삼척동자도 다 아는 것에는 문제가 있습니다. 왜냐하면 어린애들이 그걸 자기들이 알아냈을 리는 없고, 그냥 주입식 교육을 받아서 암기하고 있는 것뿐이니까요. 현대과학을 믿는 우리는 물질이 대부분 분자로 이루어져 있고, 또 그 분자는 원자들이 모여 만들어진 것이라고 상식적으로 받아들입니다. 대부분의 사람들은 눈으로 직접 볼 수도 없는 원자나 분자가 정말 있고 또 이러이러한 모양으로 생겼다는 것을 과학자들이 그렇다고 하니까 종교를 믿듯 이유를 따지지 않고 무조건 믿는 것입니다. 우리가 어떻게 그런 것들을 알 수 있냐고 물어보면, 어린이들이나 일반 사람은 말할 것도 없고 과학교육을 상당히 받은 사람들도 쉽게 대답하지 못하는 경우가 많습니다. 종교적인 문제라면 이유를 몰라도 믿는 것이 원칙일지 몰라도 과학에서는 이유를 알고서 믿어야 할 텐데 사실 우리는 모르고 믿습니다.

다들 물을 H_2O라고 알고 있는데, 이 분자식을 어떻게 아는지 학생들에게 물어봅시다. 아마 대답하지 못할 것입니다. 학교에서 그 이유는 제대로 배우지 않습니다. 이유를 따지는 대신 학생들은 우선 수소는 H_2, 산소는 O_2, 물은 H_2O 하는 식으로 배웁니다. 그다음에는 반응식 맞추는 것을 배웁니다. 수소와 산소가 화합해서 물이 되니까, 그 화학반응은 정확히 어떻게 될까요? H_2와 O_2가 합쳐서 H_2O가 되려면 산소원자 하나당 수소원자가 두 개 있어야 하겠지요. 그래서 이렇게 씁니다.

$$2H_2 + O_2 \rightarrow 2H_2O$$

그렇게 식을 맞추어내는 것은 똑똑한 학생이면 금방 배웁니다. 그러고 나서 더 복잡한 공식을 맞추어내는 훈련을 받습니다. 이렇게 해서 주입식 교육이 시작됩니다. 문제 푸는 데 집중하다 보면 '어, 물이 정말 H_2O라는 것을 어떻게 알지?' 하는 질문은 전혀 하지 않게 됩니다.

정말 똑똑한 학생들한테 물어본다고 합시다. '물의 분자식이 H_2O라는 것을 어떻게 알지?' 그러면 그 학생들은 이렇게 대답할 것입니다. 수소를 연소시키는 실험을 해보면, 산소와 수소가 결합하는 질량비가 8 대 1입니다(즉, 산소 8그램과 수소 1그램이 합쳐지면 9그램의 물이 만들어진다는 관측결과를 말합니다). 거기다가 중요한 사전 지식을 더합니다. 산소의 원자량이 16이고 수소의 원자량이 1이라는 것은 찾아보면 금방 나옵니다(여기서 원자량이란, 원자 하나하나의 질량을 말하는 것인데, 대략 수소를 기준으로 해서 1로 정한 것입니다.*) 그러면 이제 결론을 내릴 수 있습니다. 산소원자가 수소원자보다 열여섯 배나 무거운데, 이 두 물질이 8 대 1의 질량비율로밖에 합쳐지지 않는다는 것은, 수소원자 두 개가 산소원자

* 처음에는 그렇게 했었고, 나중에는 기준을 약간 바꿔서 탄소의 동위원소 ^{12}C의 원자량을 12로 정하면서 수소의 원자량은 1.008이 되었다.

한 개와 합쳐지기 때문이라고 추론할 수 있습니다(그러면 총 질량비는 16 대 2, 즉 8 대 1이 됩니다). 다시 말해 물의 분자식이 H_2O라는 것입니다.

그런데 방금 '사전지식'이라고 했는데, 산소의 원자량이 수소의 열여섯 배라는 것은 또 우리가 어떻게 압니까? 그렇게 물어보면 우리 똑똑한 학생들은 또 정연한 논리를 펼칠 것입니다. 산소와 수소가 8 대 1의 질량비로 결합하는 것은 관측사실을 통해 알고, 물의 분자식이 H_2O라는 것을 이용하면, 결론을 내릴 수 있습니다—원자량이 16 대 1이어야만 관측되는 질량비가 산소 8 대 수소 1이 된다고 말이지요. 이번에는 H_2O가 사전지식입니다. 완벽한 순환논리입니다. 그러니까 공부 잘하는 학생들은 이 순환논리를 일관성 있게 재생해내는 것을 배우고, 순환논리에 매이면 생각은 마비됩니다. 화학은 생각할 필요 없고 다 당연하고 재미는 하나도 없는 과목으로 전락하고 맙니다.

H_2O의 역사: 돌턴과 아보가드로

역사적 기원으로 돌아가보겠습니다. 유럽의 과학자들은 1800년경부터 화학과 물리학에서 심도 있는 원자이론을 발전시켰습니다. 당시 원자는 정말 직접 관측할 수 없는 것이었습니다. 요즘은 기술이 발달해서 주사 터널링 현미경scanning tunneling microscope 같은 것을 사용해서 원자의 이미지를 잡아내기도 하지만, 그것도 특정한 상태의 물질에나 가능하지, 예를 들어 물 한 컵이 있는 데다 현미경을 들이댄다고 해서 물분자의 모습이 그대로 보이지는 않습니다. 오늘날 21세기의 상황도 그러한데, 처음 화학적 원자론이 나왔던 200년 전 그 옛날에 원자가 어떻게 생겼고 어느 분자 내에 어떤 원

돌턴 John Dalton, 1766-1844

아주 입지전적인 인물입니다. 잉글랜드 북서부의 이글스필드Eaglesfield라는 조그만 마을에서, 가난한 직공의 막내아들로 태어났습니다. 돈도 없고 근처에 학교도 제대로 없어서 초등학교밖에 못 다녔고, 대학 문턱에도 못 가보았습니다. 또한 돌턴은 아무리 잘나서 장학금을 탔었더라도 대학을 갈 수는 없었습니다. 왜냐하면 그 당시까지 잉글랜드에 대학이란 옥스퍼드와 케임브리지밖에 없었고, 두 군데 다 영국 국교인 성공회에 속한 사람이 아니면 다닐 수 없게 되어 있었는데, 돌턴 집안은 독실한 퀘이커 교도였기 때문입니다. (영국도 그런 점에서는 후진국이었습니다. 그러한 폐단을 없애자고 1820년대에 가서 만든 것이 제가 2010년까지 몸담고 있던 런던 대학입니다.) 돌턴은 모든 과학을 독학으로 배웠고, 학교도 제대로 다니지 못했지만 선생이 되어 생계를 꾸려나갔습니다. 결국은 대도시인 맨체스터에 정착했고, 거기서 존경받는 유지가 되어 사망 시 시민장을 치렀고 무려 4만여 명이 조문을 다녀갔다고 합니다.

▲ 그림 8-1 화학 실험에 사용하기 위해 늪에서 메탄가스를 채취하고 있는 돌턴

in Manchester Town Hall © Ford Maddox Brown

자들이 몇 개씩 있는지 등을 과학자들은 도대체 어떻게 알아냈을까요?

당시 화학계에서 선구적인 역할을 했던 영국의 과학자 돌튼은 '화학적 원자론의 아버지'라고도 종종 불립니다. 이 돌튼이 1808년에 출간해서 이제는 과학의 고전으로 굳은 『화학철학의 새로운 체계A New System of Chemical Philosophy』라는 책이 있습니다. 이 책의 표지를 보면(그림 8-2 참조) 저자의 특유성이 드러납니다. 그 당시 학술서에는 저자의 이름 다음에, 어떤 학위가 있는지 어느 대학의 교수라든지 어느 학회의 회원이라든지 하는 약력을 전부 표기하는 것이 관례였습니다. 그러나 돌튼은 그냥 '존 돌튼'입니다. 아무 학위도 지위도 없었던 것이지요. 이런 사람이 내놓은 이론도 존중받을 수 있었다는 것은 당시 영국 과학계의 좋은 특성이었던 것 같습니다.

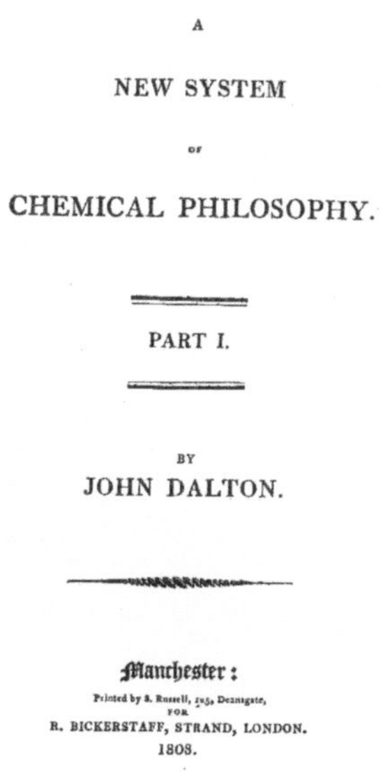

A
NEW SYSTEM
OF
CHEMICAL PHILOSOPHY.

PART I.

BY
JOHN DALTON.

Manchester:
Printed by S. Russell, 125, Deansgate,
FOR
R. BICKERSTAFF, STRAND, LONDON.
1808.

▲ 그림 8-2 돌튼 책 표지

그 책에 돌튼은 그림 8-3과 같은 원자와 분자 그림을 그려놓았습니다. 각각의 화학원소를 구성하는 원자를 기호를 넣은 동그라미로 나타냈습니다(1번이 산소, 2번이 수소, 3번이 질소, 4번이 탄소 등등). 원소를 36가지 표시했고, 37번부터는 화합물인데 이 37번이 돌튼이 그려놓은 물분자입니다. H_2O가 아니라 HO로 표시되어 있지요. 그러면 이 원자론의 아버지는 현대의 어린아이보다도 아는 것이 없고 멍청했다는 이야기인가요? 물론 아닙니다. 사실 돌튼은 논리가 정연했습니다. 자기가 원자론을 내놓기는 했지만 그것이 가설이라는 것을 확실히 인정했고, 또 당시 누구도 원자의 개수를 하나하나 셀 수 없다는 것을 너무나 잘 알았기 때문입니다. 그래서 돌튼은 분자들은 가능한 한 가장 단순한 구조로 이루어졌다는 '최대 단순성의 규칙'이라는 가정을 자신의 원자이론에 추가했습니다. 두 가지 원소가 합쳐져 이루어지는 가장 기본적인 화합물은, 그 두 원소의 원자들이 1 대 1로 결합해서 된 것으로 생각하는 것이 자연스러웠습니다. 물이 바로 그런 경우였는데, 돌튼이 원자이론을 처음 발표한 시절에는 수소와 산소의 화합물은 그 한 가지밖에 알려져 있지 않았기 때문입니다.* 돌튼이 단순성을 가정한 데는 더 깊은 이론적 이유도 있었습니다. 서로 다른 종류의 원자 간에는 화학적 친화력이 있다고 보았고, 같은 종류의 원자 간에는 친화력은 없고 도리어 척력만이 있다고 보았습니다.** 그래서 다른 종류의 원자 간에는 1 대 1의 결합이 가장 안정적이고, 그다음에 1 대 2나 2 대 1, 그다음에 1 대 3이나 3 대 1의 식으로 이루어진다고 주장하였습니다.

돌튼의 이러한 생각이 이해는 되지만, 최대 단순성의 규칙에 어떤 설득력 있는 근거는 없었습니다. 그야말로 가설이었고, 직접적 증거는 찾을 수 없었습니

* 현대화학에서 H_2O_2로 쓰는 과산화수소hydrogen peroxide는 돌튼의 책이 나온 지 10년 뒤인 1818년에 발견되었다.

** 돌튼은 기본적으로 라봐지에의 관점에서 시작했다. 그래서 모든 원자는 열소를 포함하고 있다고 가정했고, 열소와 열소가 만나면 서로 배척한다고 추론하였다.

다. 돌튼이 제시했던 이론적 이유도 보편적인 설득력이 부족했습니다. 이 시점에서, 화학을 좀 배운 독자들은 아보가드로Amedeo Avogadro가 돌튼의 잘못된 이론을 수정했고, 그리하여 현대화학의 기초를 확립했다고 기억할 것입니다. 물이 H_2O, 또 수소가 H_2, 산소가 O_2라는 분자식은 다 아보가드로가 처음으로 제안한 것입니다. 그러나 그것은 간단한 문제가 아니었습니다. 1811년에 발표된 아보가드로의 이론은 돌튼을 포함한 대부분의 과학자들에게 거부당했고, 일반적으로 받아들여지기까지 약 50년이나 걸렸습니다. 왜 그랬을까요? 아보가드로의 이론이 처음부터 잘 알려지지 못하고 그냥 묻혀버렸다고 이야기하는 사람들도 있습니다. 그 이론을 아보가드로가 시골 학교 선생님 시절에 펼치기 시작한 것도 사실이고, 또 당시 이탈리아가 그리 과학의 중심지가 아니었던 것도 사실입니다. 그러나 중요한 논문은 아보가드로가 프랑스어로 써서 파리에서 학회지에 발표했기 때문에, 그의 아이디어

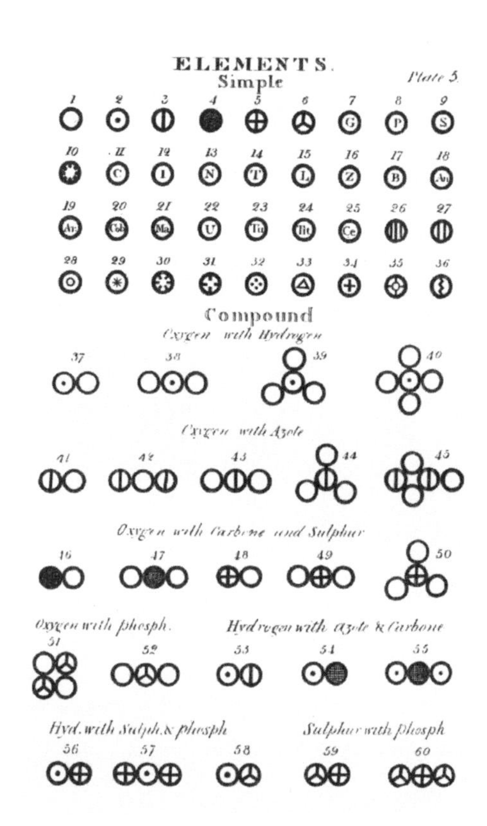

▲ 그림 8-3 돌튼의 원자, 분자 그림

가 전혀 알려지지 않고 무시되었던 것은 아닙니다. 아보가드로의 논문을 다들 읽지 않은 것이 아니라, 읽고서 거부한 것입니다. 우리는 그 거부의 이유를 이해할 필요가 있습니다.

아보가드로의 분자이론은 프랑스의 훌륭한 물리학자이자 화학자였던 게이-뤼삭Joseph-Louis Gay-Lussac이 발견한 '기체반응 법칙'을 더 깊이 이해하려는 데서 시작되었습니다. 게이-뤼삭은 기체상태의 물질들 간에 화학반응이 일어날 경우, 관련된 기체의 부피가 서로 아주 간단한 정수비를 이룬다는 것을 관찰하였습니다. 예를 들어서 수소가스와 산소가스를 반응시켜서 물이 될 때, 그 두 가스의 부피는 아주 간단하게 딱 2 대 1로 나옵니다. 일산화탄소와 산소도 2 대 1의 부피로 결합해서 이산화탄소를 만들고, 질소와 산소는 여러 가지 비율로 결합할 수 있다고 알려져 있었는데 게이-뤼

아보가드로 Amedeo Avogadro, 1776-1856

이탈리아 북부 피드몬트 지방의 귀족 집안에서 태어났습니다. 원래 법학을 공부했었는데 진짜 관심은 수학과 물리학에 있어서 나중에 독학으로 과학공부를 했습니다. 과학으로 학위도 못 땄지만 30대 초반에 북부 토리노와 밀라노 사이에 있는 베르첼리Vercelli라는 소도시에 있는 왕립 전문학교 과학 선생으로 자리를 잡았습니다. 1820년에 토리노 대학에서 수리물리학 석좌교수로 모셔갔는데, 이탈리아에서는 처음으로 그 분야에서 생긴 교수직이었습니다. 초기에 정치적 이유로 파면 위기에 몰렸으나 다행히 모면했고, 은퇴할 때까지 그곳에서 교편을 잡았습니다.

▲ 그림 8-4 아보가드로

© Anton at Wikimedia.org

삭은 그 결합의 부피 비율이 2 대 1, 1 대 1, 또는 1 대 2라고 밝혔습니다. 이 결과를 본 아보가르도는 그 부피의 비율에서 분자식을 그대로 읽을 수 있다는 착상을 했습니다. 그렇다면 물의 분자식이 즉각 H_2O로 나옵니다(그림 8-5 참조). 어떤 기체건 부피가 두 배면 거기에 들어 있는 입자의 수도 두 배일 것이다, 즉 모든 기체의 같은 부피 내에는 같은 수의 입자들이 포함되어 있을 것이라고 가정만 하면 됩니다. 이것을 '동일 부피, 동일 입자 수' 가정이라고 이름 붙여봅시다.* 아보가드로가 이렇게 그림을 그렸던 것은 아닌데, 제가 한번 그려보았고 화학 교과서에도 이런 식으로 자주 나옵니다.

* 미국의 과학사학자 롹Alan Rocke은 기억하기 쉽게 이 가정을 '이븐EVEN'이라고 명명하였다. 'Equal Volume, Equal Number'의 약자이다. 아보가드로의 가설이라고도 하는데, 아보가드로가 제의한 가설은 이것 한 가지가 아니기 때문에 그렇게 호칭하는 것은 적합하지 않다.

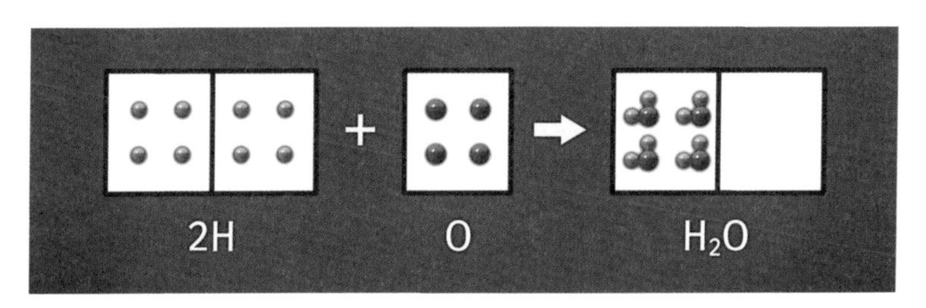

▲ **그림 8-5** 게이-뤼삭의 기체반응 법칙, 물의 경우 © CH. Bom

그러면 이 시점에서 물분자가 H_2O로 밝혀지고 돌튼의 HO 분자식은 사실무근이었던 것으로 판명되면서 문제가 해결되었으리라고 생각할지 모르겠습니다. 그러나 논쟁은 여기서 시작되었지, 전혀 끝나지 않았습니다. 이 그림을 보고 짐작할 수 있겠지만, 한 가

* 현대화학에서 1몰에 입자가 몇 개 들어 있는가 하는 것을 나타내는 '아보가드로의 수'는 N=6.02× 10^{23}이다. 아보가드로가 밝혀냈던 숫자는 아닌데, 이 그림에서는 그렇게 엄청난 수의 입자를 그릴 수 없어서 네 개로 생략하였다.

지 큰 문제가 있었습니다. 아보가드로의 가설에 따르면, 이 반응으로 생긴 물이 기체상태(수증기)로 나온다면 그 부피는 반응 전에 있었던 산소의 부피와 같아야 합니다. 왜냐하면 산소 하나에 수소가 두개씩 붙어서 생기는 그 물의 입자 수는 처음 시작한 산소입자의 수와 같으니까요(이 그림에서는 네 개).* 그러면 그 수증기의 부피도 처음에 시작한 산소가스의 부피(그림에서 한 칸)만큼밖에 안 되어야 할 텐데, 실험을 해보니 그 두 배의 부피가 나왔습니다. 여기서 보통 사람 같으면 '아, 내 가설이 멋진 것 같았는데 틀렸구나' 하고 다른 길을 찾았을 것입니다. 나중에 전 유럽에서 가장 존경받는 화학자가 된 스웨덴의 베르셀리우스도 아보가드로와 비슷한 생각을 했었고 물의 분자식도 H_2O라고 동의했지만, 이러한 실험결과를 보고 그 '동일 부피, 동일 입자 수' 법칙은 산소나 수소처럼 순수한 물질에만 적용되고, 물 같은 화합물에는 적용되지 않는다는 결론을 내렸습니다.

그러나 아보가드로는 고집이 셌습니다. 원래의 자신의 가설을 지키면서 실험결과를 설명하기 위한 궁리를 시작했습니다. 물의 입자 수를 두 배로 들려야 하니까, 산소와 수소 원자들이 결합을 하고 나서 그 합친 것이 두 개로 쪼개질 것이라고 하면 어떨까요?

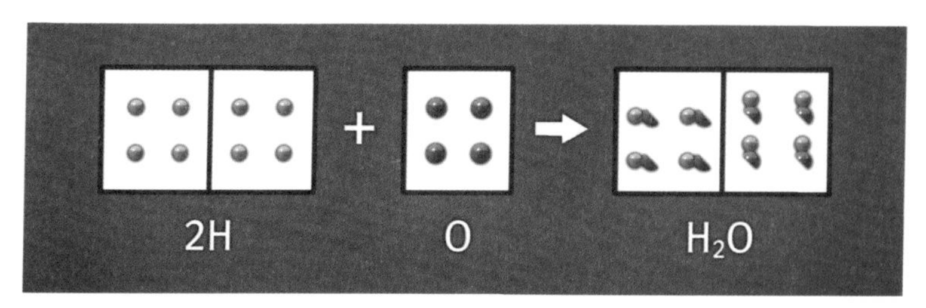

▲ 그림 8-6 아보가드로의 가설을 살릴 수 있나? © CH. Bom

그런데 H_2O를 두 개로 쪼갠다면 하나밖에 없는 산소원자가 두 동강이 나야 하는데, 파괴되지 않는 물질의 기본단위라고 했던 '원자'의 원래 의미에 전혀 맞지 않는 일이었습니다. 여기서 또 평범한 사람 같으면 포기했을 텐데, 아보가드로는 고집을 부리고 또 한 가지 가설을 집어넣었습니다. 산소원자가 깨지는 상황을 막기 위해, 처음부터 산소와 수소가 같은 원자 두 개씩 붙어 있는 이원자 분자biatomic molecule로 형성되어 있다고 가정하는 것입니다(그림 8-7 참조). 그러면 물분자는 처음 형성될 때 H_4O_2가 되고, 그것이 둘로 쪼개지면 H_2O가 두 개 형성되지요. 그렇게 다시 그림을 그려보면 우리 학생들이 달달 외우는 현대적 화학식이 나옵니다.

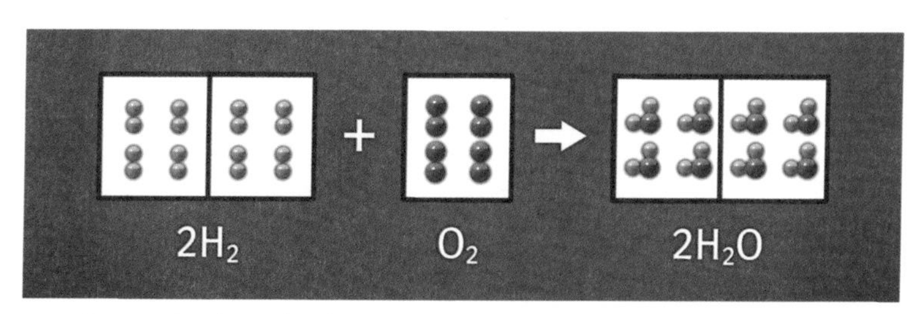

▲ 그림 8-7 아보가드로의 이원자 분자 가설 © CH. Bom

이 설명을 거치고 나면, 아마 왜 당시 다른 과학자들이 아보가드로 이론에서 등을 돌렸는지 이해가 될 것입니다. 수소나 산소가 원자 두 개씩 모여진 이원자 분자로 형성되었다는 직접적인 증거도 없었고, 물분자가 형성된 후에 쪼개진다는 직접적 증거도 없었습니다. 아보가드로 이론의 시발점인 '동일 부피, 동일 입자 수' 법칙 자체에도 직접적 증거가 없었습니다. 그러니까 처음부터 끝까지 그냥 다 지어낸 이야기라고 생각되었을 것입니다. 그것도 이탈리아 시골에서 갑자기 화학의 '화' 자도 모를 것 같은 사람이 나타나서, 아무 확실한 근거도 없이 가설 위에 임시방편으로 또 가설을 얹었는데, 소설 쓰기도 아니고 과학적 신빙성이 전혀 없어 보였을 것입니다.

수소나 산소 원자가 두 개씩 붙어서 수소가스와 산소가스를 이루는 분자가 되어 있다고 하는데, 그러면 왜 원자가 두 개까지만 붙고 세 개, 네 개, 더 나아가서 무한정으로 붙지 않을까요? 이것은 또 당시 가장 유력했던 화학적 결합에 대한 이론으로 볼 때는 말도 안 되는 이야기였습니다. 19세기 초반에 가장 지배적인 이론은 전기화학을 기반으로 했는데 베르셀리우스가 체계화했고, 영국의 데이비도 그와 비슷한 이론을 영향력 있게 펼쳤습니다. 기본적으로, 원자들이 서로 당기는 것은 이미 정전기학에서 잘 알려진 원리대로 양전하와 음전하 사이의 인력 때문이었습니다. 수소원자는 양전하를 띠고 산소원자는 음전하를 띠어서 서로 잡아당겨 결합하고 물분자를 형성한다는 것이지요. 그렇다면 수소원자 둘을 옆에 놓으면 서로 전하가 같기 때문에 밀어내서 떨어지지, 절대 붙을 수는 없다고 본 것입니다(그림 8-8 참조). 같은 종류의 원자들이 서로 붙는 것은 그 후 100년쯤 지나서 전자가 발견되고 또 양자역학이 나오고서야 설명이 된 공유결합covalent bond의 형태인데, 당시 이론체계에서는 상상이 안 되는 것이었습니다.

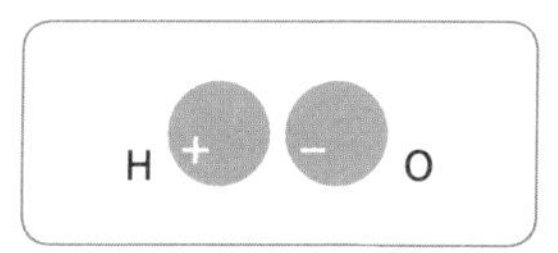

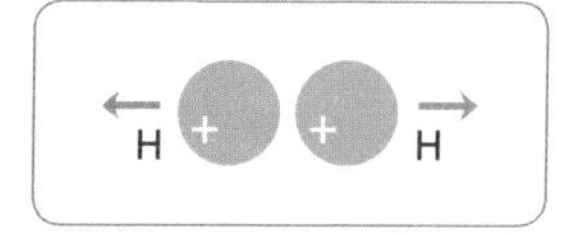

▲ 그림 8-8 화학적 결합의 전기화학적 설명

원자에 대한 실재론 논쟁

그런데 아보가드로의 이론이 그렇게 실패했다면, 과학자들은 어떻게 물이 H_2O라는 결론에 이르렀을까요? 이것이 너무 궁금해서 저는 화학적 원자론의 역사를 자세히 들여다보았습니다. 1810년대 당시의 상황을 보면, 원자론이 더 이상 진전될 가망이 전혀 안 보이는 상태였습니다. 돌튼도 아보가드로도 각각 이론적 어려움을 겪으면서 막다른 골목에 다다른 분위기가 되니, 그에 대한 반동으로 그런 관측 불가능한 원자나 분자에 대해 증명할 수도 없는 가설을 세우고 논의하는 일은 과학에서 하지 말자는 움직임이 일기 시작했습니다. 경험적으로 확실히 알 수 없는 것을 과학자가 알려고 하는 것은 헛되다는 입장을 갖고, '원자 그리기'에 원칙적으로 반대하는 과학자들이 많이 나왔습니다. 5장에서 설명했던 과학철학의 실재론 논쟁이 과학자들 사이에서 일어난 것입니다.

과학이론의 내용이 우리가 경험할 수 있는 범위에 국한되어야 한다는 것을 철학용어로 실증주의라고 합니다. 다시 물의 예로 돌아가보면 우리가 실험을 해서 직접 관측할 수 있는 내용은, 부피는 일단 제쳐놓고 질량을 볼 때 수소 1그램이 있으면 거기에 산소 8그램이 합쳐져 물이 9그램 생긴다는 것뿐입니다. 그래서 1 대 8의 질량 비율이 나오는데, 돌튼은 이를 수소원자와 산소원자 자체의 질량(즉, 원자량)이 서로 1 대 8의 비율이고, 그 원자들이 1 대 1로 결합한 결과라고 생각했습니다.* 반면 아보가드로는 수소와 산소의 원자량 비율은 1 대 16인데 물이 형성될 때 수소원자 두 개가 산소원자 하나와 합쳐지므로, 우리에게 관측되는 질량 비율은 수소 대 산소가 2 대 16, 즉 1 대 8이 되는 것이라 했습니다.

* 사실 돌튼이 발표한 산소의 원자량은 정확히 8이 아니고 5에서 7까지로 계속 수정되었다. 실험이 정밀하지 못했기 때문이다.

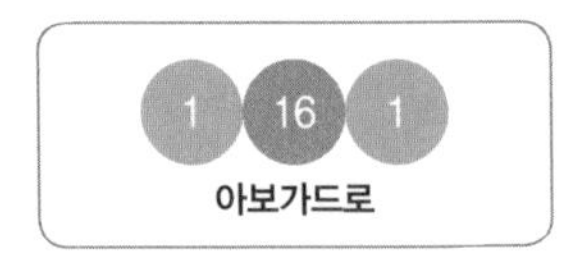

▲ 그림 8-9 돌튼 대 아보가드로

양쪽 다 각각 일관성이 있고, 철학에서 말하는 '이론 미결정성' 상태를 보여줍니다. 양쪽에서 받아들이는 관측의 내용은 똑같습니다. 두 이론 다 주어진 관측내용을 설명할 수 있습니다. 그러면 그 중 어느 이론이 옳은지 판단할 수 없는 상황이 벌어집니다. 이 상황에서 실증주의자들은 그 두 이론 중에 무엇이 옳은가, 거창하게 말해서 '무엇이 진리인가'로 다투지 말고 그냥 관측할 수 있는 이야기만 하자는 입장을 보입니다. 물의 예로 돌아가보면, 무슨 이유인지는 모르지만 수소와 산소가 항상 1 대 8의 질량비로 결합하는 규칙성을 관측으로써 확립하고 거기서 끝내자고 했던 것입니다. 20세기 초반에 유행했던 소위 논리실증주의에 의하면, 경험적 증명이 불가능한 말은 의미조차도 없으니 말하지도 말아야 합니다.

19세기 화학으로 돌아가면 한 가지 재미있는 이야기가 있습니다. 당시 프랑스 화학계를 한때 지배하다시피 한 영향력을 가졌던 뒤마Jean-Baptiste Dumas는 이렇게 이야기했습니다: "내 마음대로 할 수 있다면, '원자'라는 단어를 과학에서 지워버리겠다. 경험할 수 없는 것을 지칭하는 말이기 때문이다. 화학에서는 우리가 경험 밖으로 나가서는 안 된다."[2] 그런데 정말 1830년대 프랑스의 화학 교과서에서는 원자 개념이 삭제되었었다고 합니다. 뒤마가 개인적인 영향력을 발휘해서 그랬던 것인지는 확실치 않지만, 어쨌든 그 사람의 심정에 동조하는 세력이 꽤 있었다는 이야기입니다.

그러나 모든 사람들이 그런 실증주의적 입장으로 돌아갔던 것은 아닙니다. 당시는 원자를 직접 관측할 수 있는 능력이 전혀 없었고 그런 한계를 다들 인정했지만, 원자와 분자의 모델을 만드는 시도는 여러 군데서 계속되었습니다. 그중 돌튼이나 아보가드로처럼 보이지 않는 것에 대한 진리를 추구하기 위한 목적으로 가설을 세우는 사람들도 있었는데, 이는 철학적으로 실재론적인 입장입니다. 돌튼과 아보가드로 두 사람의 구체적인 과학적 의견은 서로 달랐지만 원자가 진짜 어떻게 생겼고 어떻게 결합하는지를 알아내야 한다는 철학적 입장은 공유했었습니다. 5장에서 설명했듯이, 실재론은 좋은 과학이론에서 말해주는 내용은 관측 불가능한 것들도 글자 그대로 참이고, 아니면 적어도 그런 참된 이론을 세우려는 노력을 해야 한다는 입장입니다. 그런데 더 재미있는 것은 실증주의자도 실재론자도 아니면서, 진리의 여부와 상관없이 보이지 않는 것들을 시각화하는 모델을 만들었던 과학자들이 있었다는 겁니다. 이런 시도는 유기화학 분야에 특히 많았습니다.

유기화학에서 내려준 H_2O의 결론

결론부터 말하자면, 물의 H_2O 분자식을 결국 굳혀준 것은 유기화학에서 성행했던 분자모델 작업이었습니다. 역설적인 이야기입니다. 유기화학organic chemistry이란 원래 동식물에서 추출된 복잡한 물질을 다루는 데서 출발했고, 물 같은 것은 단순한 분자이고 무기화학inorganic chemistry에서 다루는 물질인데, 결국 무기화학만으로는 앞서 언급했던 이론의 비결정성이 도저히 깨지지 않았던 것입니다. 비유를 해보자면, 우리가 퍼즐jigsaw puzzle을 맞출 때 몇 조각만 갖고 보면 여러 가지 가능성이 살아 있기 때문에 해답이 명확히 나오지 않습니다. 많은 조각들을 갖고 더 맞추어보아야, 처음에는 그럴듯했던 많은 그림들이 대부분 다 아니라는 것이 밝혀집니다. 화학도 그런 식이었습니다. 무기화학에서는 비교적 간단한 분자들의 형성으로 그치는 반면, 유기화학에서는 몇 가지 안 되는 종류의 원자들(기본적으로 탄소(C), 수소(H), 산소(O), 질소(N))이 많은 수가 모여서 아주 복잡한 분자를 다양하게 형성합니다. 그런 다양한 분자들을 모두 일관성 있게 해석할 수 있는 이론체계는 많지 않았습니다.

* **에테르** 물리학에서 가상적으로 이야기했던 빛과 전자기파의 매개체인 에테르와는 전혀 다른 내용이다. 그 에테르는 ether 또는 aether라고도 표기한다.

구체적인 예를 하나 들어서 설명해보겠습니다. 비교적 단순한 유기화합물 중에, 술의 주성분인 에틸알코올ethyl alcohol (에탄올ethanol)과 **에테르**ether *가 있습니다. 에테르는 휘발성이 있고 냄새가 강한 물질로, 옛날에는 수술용 마취제로 쓰였는데 요즘은 여러 가지 용도의 용매로 쓰이고, 어떤 데서는 마약으로도 쓰인다고 합니다. 이 두 물질의 화학적 구성을 화학식으로 이렇게 씁니다.

- 에틸알코올 C_2H_6O
- 에테르 $C_4H_{10}O$

이런 식만 봐도 요즘 말로 머리에 쥐가 나고 고등학교 때 싫어하던 화학시간이 악몽처럼 떠오르는 독자도 많을 것입니다. 저도 사실 학교 다닐 때는 화학, 특히 유기화학을 참 싫어했습니다. 원리로 푸는 과학이 아니라 암기과목처럼 느껴졌기 때문입니다(한국 교육을 비판하는 것은 아닙니다. 그런 화학을 저는 미국 유학을 가서 배웠습니다). 그런데 재미있는 것은 첨단을 걸었던 석학들도 초기에는 유기화학을 다루면서 머리에 쥐가 났다는 겁니다. 여러 가지 식물과 동물에서 추출된 수백, 수천 가지의 새로운 물질들이 발견되고, 나중에는 인공적인 합성물까지 많이 나와서 고충을 겪었습니다. 그 수많은 화합물들이 혼잡하게 질서 없이 나열되어 있는 것이 마치 밀림jungle과 같다고들 한탄했습니다. 그 밀림을 정복하려면 일단 수많은 물질들을 간편하고 현명하게 분류해야만 했습니다. 물질의 성질로 구분할 수도 있겠지만, 화학자들 사이에는 점점 분자의 구성내용을 기반으로 분류하자는 움직임이 일어났습니다. 그중 가장 유망한 시도가 19세기 중반에 등장한 '유형 이론type theory'이었습니다.

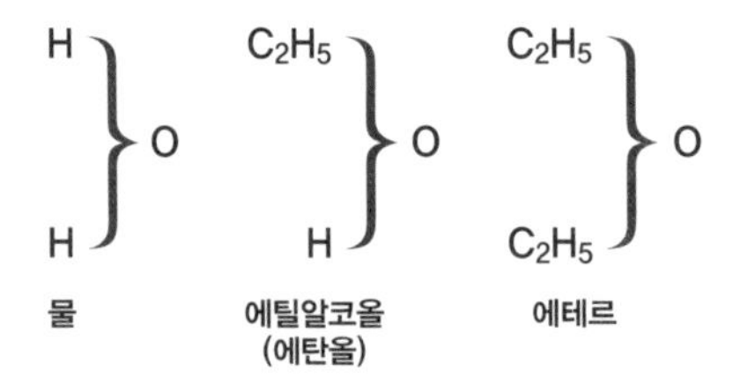

▲ 그림 8-10 물의 유형을 지닌 분자들

아까 들었던 예로 다시 돌아가보면, 이 에틸알코올과 에테르는 둘 다 '물 계통', 또는 '물의 유형water type'이라고 지칭했습니다. 그리고 그것을 그림 8-10과 같은 방식으로 그림으로 그려보았습니다. 물을 H_2O라고 전제하고, 그 구조는 산소원자가 중간에서 수소원자 하나씩을 양쪽으로 잡고 있다고 나타낸 것입니다. 그것이 물 유형의 기본형이고, 여기서 수소원자를 하나씩 빼고 다른 것을 끼워 넣으면 이 같은 유형의 다른 분자들을 계속 만들어나갈 수 있다고 생각했습니다. 그래서 물에서 수소 하나를 빼고 그 자리에 에틸기ethyl radical, C_2H_5를 집어넣으면 에틸알코올이 되고, 메틸기methyl radical, CH_3를 끼우면 메틸알코올이 되는 식입니다. 이런 식으로 무궁무진하게 만들어갈 수 있습니다. 에틸알코올(C_2H_6O), 에테르($C_4H_{10}O$)라고 썼을 때는 전혀 질서 없어 보였지만, 유형이론을 기반으로 분자식 도해를 보면 눈에 확 들어옵니다(그림 8-10 참조). 공식으로도 이렇게 알아보기 쉽게 써볼 수 있습니다.

- 물　　　　　H − O − H
- 에틸알코올　$C_2H_5 - O - H$
- 에테르　　　$C_2H_5 - O - C_2H_5$

이런 식으로 유형들을 구성해서 여러 가지 화합물을 종류별로 모아 구분하며 질서를 찾으려 하였습니다. 물의 유형 외에 수소 유형, 암모니아 유형, 염산 유형 등도 제안되었습니다.

그런데 이렇게 모델을 잘 만들다 보니까 이런 유형들이 허구적인 것만은 아니라고들 느끼게 되었습니다. 예를 들어 오랫동안 화학자들이 주목했던 '에테르화etherification'라는 현상이 있습니다. 이 에테르화는 스페인에서 활동하던 라몬 룰Ramon Lull이라는 연금술사가 13세기에 이미 발견했다는 화학반응인데, 19세기 중반까지도 참 신기하게 여겨졌던 현상입니다. 에틸알코올을 황산과 섞으면 에테르로 변하고, 그 부산물로 물이 나옵니다. 그런데 그 과정에서 황산은 전혀 변하지도 않고 없어지지도 않고, 그대로 있습니다. 그러나 황산이 없으면 에틸알코올이 에테르로 변하지 않습니다. 이상하지요. 촉매작용catalysis에 의한 것인데, 당시에는 잘 이해가 되지 않는 신비로운 현상이었습니다. 1850년경에 영국의 유기화학자 윌리엄슨Alexander Williamson이 유형 이론을 사용해서 에테르화의 메커니즘을 참으로 명쾌하게 해석해냈습니다.

윌리엄슨은 에테르화 과정을 다음과 같이 설명했습니다(그림 8-12 참조). 에틸알코올은 앞서 말했듯 물 유형의 분자로 H_2O에서 수소 하나는 남아 있고 하나는 에틸기로 교체한 상태입니다. 거기에 황산(H_2SO_4)이 다가옵니다. 황산의 분자도 좀 비슷하게 생겼는데, SO_4가 중심에 서서 양옆으로 수소 하나씩을 잡고 있는 구조입니다. 에틸알코올과 황산, 두 분자가 만나면 수소 하나와 에틸기를 교환합니다. 그 결과로 에틸알코올은 에틸기를 잃고 수소를 받아서 물이 되고, 황산은 에틸기를 받아서 $C_2H_5-SO_4-H$라는 이상한 '에틸화 황산'으로 변합니다(그림에 빨갛게 표시된 분자입니다). 이 '에틸화 황산' 분자는 다른 새로운 에틸알코올 분자를 만나서 또 교환

윌리엄슨 Alexander Williamson, 1824-1904

스코틀랜드계의 영국 사람으로, 독일과 프랑스에서 공부한 후 런던 대학(현 UCL, University College London)에서 1849년에서 1887년까지 교편을 잡았습니다. 팔 하나를 못 썼고 눈 한쪽이 안 보였는데도 기가 막힌 능력으로 실험화학 교수Professor of Practical Chemistry로 활동했습니다. 1863년에 런던 대학에 처음으로 일본 유학생 다섯 명이 가서 이 윌리엄슨 교수의 지도를 받았는데 그중 한 명이 바로 이토 히로부미였습니다.

▲ 그림 8-11 알렉산더 윌리엄슨
ⓒ Wikimedia.org

을 합니다(그림 8-12의 두 번째 줄). 받아놓았던 에틸기를 그 새로운 에틸알코올 분자에 주고, 그 대신 수소원자를 받습니다. 그러면 에틸알코올은 산소가 에틸기 두 개를 잡고 있는 에테르가 되고, 황산은 원상복구됩니다. 결과적으로 황산은 자기 자신은 변하지 않고 에틸알코올에서 물을 떼어내고 에테르로 만들어주는 촉매작용을 한 것입니다. 말이 됩니다. 우리가 알고 있는 현대적 이론과는 좀 다르지만, 정말 멋지고 설득력 있는 이야기였습니다.

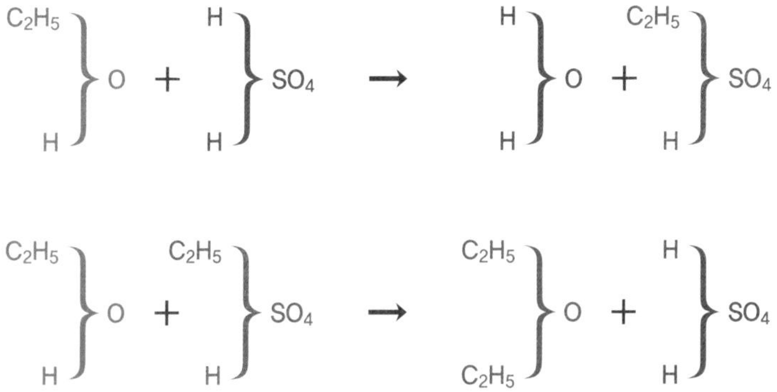

$$\left.\begin{matrix} C_2H_5 \\ \\ H \end{matrix}\right\} O + \left.\begin{matrix} H \\ \\ H \end{matrix}\right\} SO_4 \rightarrow \left.\begin{matrix} H \\ \\ H \end{matrix}\right\} O + \left.\begin{matrix} C_2H_5 \\ \\ H \end{matrix}\right\} SO_4$$

$$\left.\begin{matrix} C_2H_5 \\ \\ H \end{matrix}\right\} O + \left.\begin{matrix} C_2H_5 \\ \\ H \end{matrix}\right\} SO_4 \rightarrow \left.\begin{matrix} C_2H_5 \\ \\ C_2H_5 \end{matrix}\right\} O + \left.\begin{matrix} H \\ \\ H \end{matrix}\right\} SO_4$$

▲ 그림 8-12 윌리엄슨의 에테르화 설명

유형 이론은 분류를 위해 만들었지 화학반응 과정을 설명하려고 만든 것은 아니었는데 참 기특한 일이었습니다. 이런 식으로 진상을 표현한다고 생각하지 않고 만들었던 모델들이 참으로 유용한 역할을 해내는 경우가 많이 생겼습니다.[3] 그렇다면 그렇게 유용한 모델들이 전적으로 허구일 리는 없고 어느 정도라도 관측 불가능한 진상을 표현하고 있지 않느냐는 의견이 점차 우세해졌습니다. 그런데 윌리엄슨의 물 유형 이론이 대강 분자구조의 진상을 표현하고 있다면, 그 이론의 기반이 되었던 물의 화학식 H_2O도 그냥 굳어집니다. 성공적인 모델을 만들 때 전제조건으로 한 내용은 진실로 여겨야 한다는 추론인데, 논리적으로 엄격하게 볼 때는 허점이 있지만 실용적으로는 강한 설득력을 가지고 있습니다.

이런 식으로 19세기 중반에 만들어갔던 유용한 원자-분자 모델 중에 아주 재미있는 예가 두 가지 있습니다. 하나는 현대과학에서도 그리 낯설지 않은 것으로, 1860년대에 영국 런던에서 화학을 가르쳤던 독일 사람 호프만August Hofmann이 강의할 때 쓰려고 만들었던 것입니다. 그림 8-13에 나온 대로 색색가지 당구공에 구멍을 뚫은 후 막대기를 꽂아서 장난감을 조립하듯이 만든 것입니다(사실은 당구공이 아니라 영국에서 하는 크로케 공이었는데, 비슷합니다). 이런 모델을 만들 때 탄소원자에는 막대기 네 개, 질소에는 세 개, 산소에는 두 개, 수소에는 한 개가 꽂히도록 했습니다. 이런 식의 원자, 분자 모델은 현재까지도 화학교육에서 많이 사용되고 있습니다. 왓슨과 크릭이 DNA의 이중나선 구조를 제시했을 때도 이런 식의 모델을 만들어서 보여주었고, 또 여러 가지 복잡한 단백질의 구조를 연구하는 사람들도 이런 모델을 사용해서 실제로 추론하는 데 도움을 받았습니다.

▲ **그림 8-13** 막대기와 공을 사용한 호프만의 분자 모델 photograph from the Royal Institution @ Henry Rzepa at Wikimedia.org

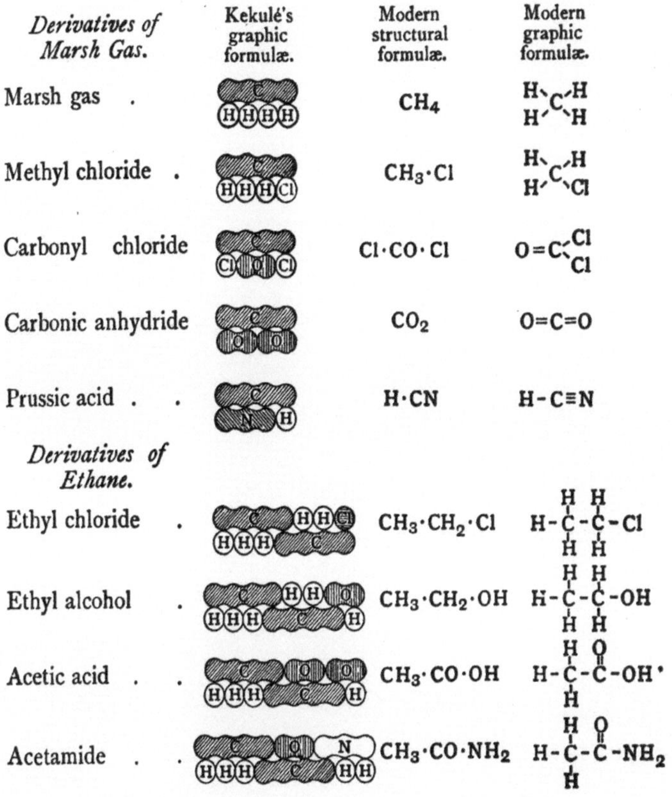

Derivatives of Marsh Gas.	Kekulé's graphic formulæ.	Modern structural formulæ.	Modern graphic formulæ.
Marsh gas .		CH_4	$H_2C H_2$ (H, H, H, H around C)
Methyl chloride .		$CH_3 \cdot Cl$	(H, H, H, Cl around C)
Carbonyl chloride		$Cl \cdot CO \cdot Cl$	$O=C<^{Cl}_{Cl}$
Carbonic anhydride		CO_2	O=C=O
Prussic acid . .		$H \cdot CN$	H-C≡N
Derivatives of Ethane.			
Ethyl chloride .		$CH_3 \cdot CH_2 \cdot Cl$	H-C(H)(H)-C(H)(H)-Cl
Ethyl alcohol .		$CH_3 \cdot CH_2 \cdot OH$	H-C(H)(H)-C(H)(H)-OH
Acetic acid . .		$CH_3 \cdot CO \cdot OH$	H-C(H)(H)-C(=O)-OH
Acetamide . .		$CH_3 \cdot CO \cdot NH_2$	H-C(H)(H)-C(=O)-NH_2

▲ 그림 8-14 케쿨레의 소시지 모델 from T. M. Lowry, 『Historical Introduction to Chemistry』, revised edition (London: Macmillan, 1936), p. 440 ⓒ T. M. Lowry

또 한 가지, 좀 친숙하지 않을 모델을 소개하겠습니다. 이것은 호프만과 동시대에 아주 저명했던 독일의 유기화학자 케쿨레의 작품입니다. 케쿨레는 벤젠분자의 구조를 고리 모양, 또는 6각형이라고 주장해서 유명해졌지요. 4장에서 말했던 것처럼 뱀이 제 꼬리를 무는 꿈을 꾸고 나서 그 아이디어를 냈다고 해서 지금까지도 과학사의 전설처럼 전해 내려옵니다. 그런데 그런 모델을 만들기 전에 케쿨레는 다른 형태의 모델을 사용했는데, '소시지 모델'이라고 하였습니다(그림 8-14의 예를 보면 더 잘 이해가 될 것입니다). 왠지는 모르지만 탄소원자를 길쭉하게 네 개가 붙은 줄줄이 소시지로 그리고, 질소는 세 개, 산소는 두 개, 수소는 하나로 그렸을 때, 길이가 다른 이 원자들이 단정하게 모여서 삐져나오지 않고 잘 쌓이는 모양이면 안정성 있는 분자가 된다는 것이었습니다. 이를 이론이라고 말하기도 어렵지만 아무튼 케쿨레는 이 모델을 이용해서 많은 화학적 사고를 전개했고, 이 모델이 너무 기특한 나머지 자신이 집필한 유기화학 교과서에서도 사용했습니다.

당구공에 낀 막대기의 개수나 소시지의 길이나, 두 가지 다 근대화학에서 이야기하는 원자가valence/valency의 개념을 나타낸 것입니다. 물론 호프만이 원자가 정말로 당구공같이 생겼다거나 거기서 막대기가 나와서 다른 원자와 연결되어 있다고 믿었던 것은 아닙니다. 또 케쿨레가 (아무리 소시지를 좋아하는 독일 사람이었다고 해도) 원자가 정말 길쭉하게 각기 다른 길이로 생겼다고 믿었던 것도 아닙니다. 그렇지만 그런 모델들을 통해서 여러 종류의 원자들이 또 다른 원자 몇 개와 결합할 수 있는지를 표현한 것입니다. 처음에는 그런 모델에 대한 실재론적 태도가 아주 조심스러웠습니다. 케쿨레가 벤젠 구조의 모델을 만들어놓고도, 이렇게 말했습니다: "화학적 관점에서 볼 때, 원자라는 것이 존재하는지 안 하는지는 별로 중요하지 않다. 그런 논의는 형이상학에서 할 일이다."[4] 자기는 모델을 만들 뿐이라고 한 것이지요.

그렇게 조심스럽게 표현되기 시작했던 모델과 이론들이 점차 굳어졌습니다. 어느 한순간 갑자기 진리로 받아들여진 것이 아닙니다. 1850년대, 60년대를 지나면서 이런 모델들이 정말 훌륭하게 적용되고 간편하게 쓰여지면서 원자가의 개념이 결국 근대화학의 기초로 정립되었습니다. 물분자가 H_2O라는 등의 아주 기본적인 이야기도 원자가로써 설명되면서 그때 가서야 겨우 대부분의 과학자들이 동의하였습니다. 산소의 원자가가 2, 수소의 원자가는 1이라고 하면 물의 분자구조는 H_2O일 수밖에 없다는 것이지요. 산소는 막대기가 두 개 있고 수소는 하나밖에 없다면 산소와 수소가 서로 결합하는 구조는 H_2O이지 HO일 수는 없었던 것입니다. 돌튼이 원자이론을 1808년에 처음 발표한 지 약 반세기나 지난 후에 그렇게 결판이 났습니다. 정말 파란만장한 역사였습니다.

그런데 1860년경에 그렇게 난 결론도 절대적으로 확실한 것은 아니었습니다.* 원자가로 깨끗하게 설명할 수 없는 경우가 여기저기서 나왔습니다. 한 가지 예를 들자면 두 가지 산화탄소를 생각해봅시다. 탄소가 연소할 때 주변에 산소가 풍부하면 이산화탄소 CO_2가 형성되고, 그렇지 않을 경우 일산화탄소 CO가 나올 수 있습니다. (옛날에 많은 사고의 원인이 되었던 연탄가스의 독성은 일산화탄소로 인한 것입니다.) 이 두 가지 분자 중에서 이산화탄소의 구조는 원자가로써 설명이 잘됩니다. 탄소

* 원자가만 알아서는 분자구조를 완전히 결정하지 못한다. 예를 들어 산소의 원자가가 2, 수소의 원자가가 1이라고 동의해도 그 원자들이 합쳐져서 이루는 분자구조는 H_2O일 수도 있지만 H_2O_2일 수도 있다(현대화학에서 과산화수소의 구조는 H-O-O-H로 표시한다).

의 원자가가 4이고 산소의 원자가는 2니까, 탄소원자가 중앙에 있고 양쪽에 산소 하나씩을 이중 결합double bond으로 잡고 있다고 하면 잘 이해가 됩니다(그림 8-15 참조). 그런데 일산화탄소의 구조는 그렇게 설명할 수가 없습니다. 아무리 모델을 가지고 이리저리 궁리해봐도, 탄소가 가진 '막대기' 네 개가 다 어디로 가서 붙어야 할지 답이 잘 나오지 않습니다. 정말 당시에 해결하지 못했던 문제입니다. 이것이 가장 극명한 예이고, 여러 가지 다른 경우에도 원자가를 기반으로 한 설명이 석연치 않았습니다. 대부분의 경우에 그럴듯한 설명을 내놓았다는 것이지 무조건 믿을 수 있는 완벽한 이론체계는 아니었습니다.

이산화탄소 CO_2	O = C = O
일산화탄소 CO	O = C = ??

▲ **그림 8-15** 산화탄소의 구조 설명의 어려움

또 베르셀리우스의 전통을 따라서 화학반응이 왜 일어나는지를 설명하고 싶어했던 화학자들은 이런 식의 구조이론에서 아무런 대답도 얻지 못했습니다. 유기화학 분야는 원자들이 왜 서로 붙어 있는가는 생각하지 않고, 그 붙어 있는 형태만을 밝히는 구조이론이 점점 지배하게 되었고 화학반응의 이유와 과정에 대한 설명을 원하는 사람들은 결국 그 분야를 떠나게 되었습니다. 무기화학 분야에서는 그런 설명을 계속 시도했고, 또 물리화학physical chemistry 분

야가 새로 생겨나서 열역학, 분자운동 이론, 통계역학, 전기화학 이론 등 물리학적인 이론을 화학에 잘 적용한 반면, 유기물에 대한 내용은 거의 손도 못 대는 그런 상황으로 발전했습니다.* 모든 분야에서 다 원자를 실재론적으로 다루면서도, 서로 상당히 다른 원자의 개념을 발달시켰고, 서로 아주 다른 이론적·실험적 행위를 실행하였습니다. 그러니까 H_2O라는 분자식과 그 비슷한 내용에 다 동의를 했다고 해서 화학 전체가 깨끗하게 통일되었던 것은 아니라는 것입니다.

* 그러나 화학적 결합의 메커니즘을 밝히는 일에는 별 성과를 보지 못했고, 나중에 전자가 발견되고 양자역학 이론이 나온 후에야 조금 진전이 있었다.

원자론의 역사가 과학교육에 주는 교훈

재미도 있고, 골치도 아픈 긴 역사입니다. 진짜 과학연구의 실상은 하나하나 잘 뜯어보면 대부분 이렇게 참 어렵고 복잡하고 신기합니다. 그런데 보통 과학교육에서는 이 중요하고 재미있는 과정을 다 무시하고, 최종 결과만을 가르치는 데 집착합니다. 그래서 잃는 것이 많습니다.

과학자들이 잘 연구해서 나온 결과만 배우면 됐지, 그 결과에 이르기까지 어떤 과정을 겪었는지 하는 골치 아프고 혼동되는 이야기를 일반인이나 학생 들이 알 필요가 있냐고 생각하는 사람들도 많을 것입니다. 그러나 제 생각은 정반대입니다. 과학교육은 나중에 과학자가 될 사람만 받는 것이 아닙니다. 1장에서 언급했듯 우리 사회에서는, 또 대부분의 국가에서는 과학을 의무교육에 포함시켜 모든 사람들이 배우도록 하고 있습니다. 그런데 과학자가 아닌 시민들은 과학이 말해주는 결과는 별로 알 필요가 없다고 저는 생각합니다. 그것이야말로 전문가들에게 맡기고 믿으면 됩니다. 물이 H_2O라는 것도, 과학연구에는 필수적인 내용이지만 일상생활에서는 쓸모없는 지식이고 비전문가들은 그걸 몰라도 훌륭하게 잘 살 수 있습니다. 보통 시민들이 물이 H_2O라는 것을 알아서 뭐 하느냐고 심각하게 질문을 던져볼 필요가 있습니다. 학교에서 이러한 것을 안 가르친다고 한번 상상해봅시다. 아마 난리가 날 것입니다—'그런 기초과학도 안 가르치고 무슨 현대사회에 참여하고 기여할 수 있는 시민들을 양성할 수 있겠는가!' 그러나 시민들이 그런 지식을 생전 어디다 써먹을 수 있는지는 정말 확실치 않습니다. 물이 H_2O라는 걸 몰라서 생활이 잘못될 일이 뭐가 있을까요? 또 물이 H_2O라는 걸 잘 아는 사람이 그 지식을 한 번이라도 일상적 삶을 사는 데 직접 이용해본 적이 있을까요?

반면 과학자들이 어떤 연구과정과 어떤 사고방식으로 그 결과를 얻어냈는가는 일반인들이 알아야 한다고 생각합니다. 그런 과학방법론의 본질을 알지 못하는 사람이 과학의 결과만 믿는 것은 맹신에 불과하고, 믿지 않는다면 근거 없는 비이성적인 거부입니다. 또 과학의 본질에 대한 감각이 전혀 없는 사람이 과학정책을 세운다고 나선다면 그 또한 큰 문제일 것입니다.

주입식 교육은 '삼척동자도 다 아는' 과학적 상식의 습득을 전제로 합니다. 그것 대신 진정한 탐구를 통해 과학적 상식을 학생들이 깨치도록 한다면 전혀 다른 효과가 있을 것입니다. 승자의 관점에서만 이야기하는 위험은 과학사에만 국한되지 않습니다. 과학교육에서도 절실하게 고려할 필요가 있는 문제입니다. 승자의 관점을 비판의식 없이 받아들이도록 하는 것은 주입식 교육과 바로 연결됩니다. 과학교육자들은 창조적 교육의 시도를 여기저기서 많이들 하고 있습니다. 그런데 왜 우리의 교육 실정은 별로 달라지지 않을까요? 제 생각을 단순히 말하자면 이렇습니다. 우리가 창조교육, 탐구교육을 시도한다고 해도, 학생들은 잘 압니다. 그 뒤에 정답이 다 버티고 있다는 것을 말이지요. 결국 물이 H_2O라는 등의 정답으로 가야 한다고 느끼는 학생들이, 정말 독립적으로 뭔가를 생각해 볼 동기를 갖기란 힘들다고 봅니다. 또 교육자의 입장에서는 창조적으로 탐구를 시킨다고 하면서도, 그 과정을 통해 학생이 정답을 알아내지 못하면 안 된다는 조바심을 느낍니다. 다음 장에서는 '물의 비등점'이라는 일화를 통해서, 정답을 정말 한번 버려보는 시도를 하겠습니다.

8장 요약

- 물분자가 H_2O라는 것은 다들 아는 과학적 상식이다. 그러나 이런 상식들을 비판적으로 재조명해볼 필요가 있다.
- '화학적 원자론의 아버지'라 불리는 돌튼은 물분자가 HO라고 생각했다. 직접 관측되지 않는 내용이기 때문에, 의식적으로 가장 간단한 가설을 채택한 것이다. 아보가드로는 확실한 근거 없이 H_2O라는 분자식을 제안했고, 그의 이론은 일반적으로 채택되지 못했다.
- 유기화학에서 성공적이었던 분자모델들은 '원자가'의 개념을 낳았으며, 그에 따라 H_2O 등 여러 가지 분자식이 대부분 정립되었다. 1850년대에 와서야 이루어지기 시작한 일이다.
- 이러한 상식적 과학지식을 확립하는 과정이 얼마나 복잡하고 힘겨웠던가를 알면 과학탐구의 본질을 배우는 데 도움이 된다.

9장

물은 항상 100도에서 끓는가?

8장에서는 물의 분자식이 H_2O라는 아주 기본적인 과학상식을 자세히 뜯어보았습니다. '어떻게 우리가 그것을 알게 되었는가? 그것이 정말 정당화된 지식인가?'* 그렇게 쉬워 보이는 과학이론도 알아내고 정립하기가 얼마나 힘들었던가를 볼 수 있었습니다.

이번 장에서는, 이론은 제쳐놓고 아무리 간단해 보이는 자연현상 자체도 사실은 그리 만만하지 않을 수 있다는 것을 보여드리겠습니다. 이런 맥락에서 가장 좋은 사례는 물의 비등점입니다. 5장 마지막 부분에서 물에 비친 건물의 모습에 비유해서 복잡한 자연을 인간이 간단하게 다듬어 이해하는 과정을 이야기했는데, 이 사례를 통해 그 단순화 과정이 어떤 것인지에 대한 느낌을 전달하고자 합니다. 또, 8장 끝부분에서 창의성과 탐구 교육에는 '정답 파괴'가 필요하다고 했는데, 거기에 쓰일 아주 적합한 사례이기도 합니다.

* 또 '우리가 과학에서 왜 그런 것을 꼭 알아야 하는가?' 실재론 논쟁을 하자면 이 질문도 빼놓을 수 없다.

고정하기 힘들었던 물의 비등점

물이 H_2O라는 것처럼, 물이 섭씨 100도에서 끓는다는 것은 과학 문명사회에서는 삼척동자도 다 압니다. 그리고 과학을 조금 더 배운 사람이라면 아는 척하면서 토를 달 것입니다—다만 불순물이 녹아 있지 않은 순수한 물이고, 외부압력이 표준가일 때. 물이 끓는 온도, 즉 '비등점'이 1기압하에서 섭씨 100도라는 것은 중요한 과학상식입니다. 그런데 저는 3장에서 말했던 온도와 온도계의 역사에 관한 연구를 하면서, 옛날 과학자들은 물이 항상 같은 온도에서 끓는다고 그리 쉽게 보지 않았다는 것을 배웠습니다. 사료연구를 하다 보니까 '물을 이렇게 끓여보니까 온도가 몇 도고 저렇게 끓여보니까 다르더라' 하는 실험 보고 내용이 많았는데 그런 보고를 한 사람 중에는 우리가 훌륭한 과학자라고 알고 있는 사람들이 꽤 있었습니다.

이것은 19세기 후반까지도 과학자들 사이에서 심각하게 받아들여진 연구 주제였습니다. 역사를 훑어서 좀 더 올라가보면 1776년에 일어난 재미있는 사건을 발견할 수 있습니다. 미국이 독립선언을 하고 영국은 미국을 독립시켜주기 싫어서 전쟁을 벌이고 있던 그 와중에, 영국의 수도 런던 한복판에 자리 잡은 왕립학회에서는 한가하게도 '온도계의 고정점을 확실히 정하는 위원회'를 임명했고, 8장에서 수소의 발견자로 등장했던 캐븐디쉬가 위원장을 맡았습니다. 7인으로 결성된 이 위원회에서 1년간 연구를 한 후, 물이 끓는 온도는 여러 가지 요인에 따라 달라진다는 결론을 발표했습니다. 뭘 잘 몰라서들 그랬을까요? 아닙니다. 도리어 현대의 많은 과학자들보다 더 자세히 알았기 때문입니다(보통, 뭐가 간단하다고 우기는 사람은 일단 의심해볼 필요가 있습니다).

조금 더 옛날로 돌아가보겠습니다—왕립학회에서 공식적으로 고민하던 시기보다 한 20년 더 전으로. 그림 9-1은 1760년경 아

외부압력에 따른 비등점의 변화

기압이 오르내리면 물의 비등점도 그에 따라 오르내린다는 것은 오래전부터 알려진 사실입니다. 압력솥은 그 원리를 이용한 것으로 뚜껑을 단단히 닫은 후 그 안에 든 내용물을 끓이면 그 과정에서 생겨나는 증기가 도망치지 못하고 계속 모여서 압력이 높아집니다. 그래서 비등점이 확 올라가고 보통의 끓는 물보다 훨씬 더 뜨겁기 때문에 요리가 빨리 됩니다. 그러니까 뚜껑을 열고 보통 하던 대로 물을 끓이더라도 날씨가 좋고 고기압이면 압력솥 안에 들어간 듯한 효과가 약간 나서 비등점이 높아지고, 저기압이라면 그 반대로 비등점이 낮아집니다. 그런데 보통 일기에서 기압이 변하는 정도로는 그 효과가 크지 않습니다. 기상학에서 표준기압으로 정한 '1기압'은 1013밀리바, 또는 760mmHg입니다. 예를 들어 980밀리바면 상당한 저기압인데, 그 압력하에서 비등점은 약 99도입니다. 고기압으로 인해 비등점이 101도가 되려면 1050밀리바는 되어야 하는데, 기상관측에서는 보기 드문 수치입니다. 날씨의 변화가 없더라도 높은 산에 올라가면 기압이 저지대에서보다 낮으므로 물이 낮은 온도에서 끓어서 밥이 잘 안 된다는 말을 많이 들어보았을 것입니다. 물의 비등점을 섭씨 1도 낮추어서 99도로 하려면 약 300미터를 올라가야 합니다. 해발 1950미터인 한라산 정상에 오르면 비등점은 약 93도인데, 그 정도라면 정말 요리하는 데 차이가 날 것입니다. 수도권에서는 북한산도 837미터밖에 안 되는데 그 높이에서도 비등점은 97도가 넘고, 밥 하는 데는 별 영향이 없으리라 생각됩니다.

담스George Adams라는 사람이 제작했던 온도계인데 예쁜 벚나무로 정성스레 만든 작품입니다.* 당시 사용된 온도의 척도scale는 아주 여러 가지였는데 그중 네 개를 병행해서 표기하였습니다. 세 번째 있는 것이 화씨 척도이고, 첫 번째는 뉴튼이 고안했던 척도입니다.** 전면은 그렇게 되어 있고, 측면(사진에서 왼쪽)에는 온도가 몇 도일 때 어떤 현상이 일어나는지를 표시하였습니다. 그런데 그 측면을 잘 보면, 물의 비등점을 두개로 표시하고 있습니다. '끓기 시작하는 점begins to boyle'이 '팔팔 끓는점water boyles vehemently'보다 화씨로 약 8도, 그러니까 섭씨로 거의 5도나 낮다고 표시되어 있습니다. 화씨 204도, 섭씨 95도 약간 넘을 때 물이 끓기 시작한다는 것인데, 그런 생각을 기반으로 온도계를 만든 아담스는 아주 무식한 사람이었을까요? 그랬을 리는 없습니다. 아담스는 영국 왕 조지 3세가 황태자 시절에 손수 임명했던, 왕실의 공식 과학기기 제조자였습니다. 그러면 어떤 착각을 한 것일까요? 아니면 혹시 팔팔 끓는 물은 끓기 시작할 때보다 정말 온도가 높은가요?

* 지금은 런던 과학박물관Science Museum에 보존되어 있는데 애석하게도 그 온도계에 들어 있던 유리관은 깨져버렸고, 그래서 전시하기에 좋지 않다는 이유로 창고에 들어가 있다.

** Sr.[Sir] I. Newton이라고 쓰인 것이 보인다. 두 번째는 들릴Joseph-Nicholas De Lisle이라는 사람이 만든 척도인데, 물의 비등점을 0도로 하고 온도가 내려갈수록 숫자가 커지게 정했다. 이렇게 거꾸로 한 온도계가 초기에는 여기저기 있었다. 섭씨 척도를 만든 것으로 유명한 스웨덴의 천문학자 셀시우스의 온도계도 사실은 비등점이 0도, 빙점이 100도로 되어 있었다. 그것을 식물학자 린네Carl Linnaeus가 뒤집어서 우리가 아는 섭씨 척도를 만들었다고 한다.[1] 우리는 뜨거워지면 온도가 '올라가는' 것이라고 당연히 생각하는데, 11장에서는 이것이 은유에 불과하다는 이야기를 할 것이다.

물 끓여보기

아담스가 헛소리를 했던 건지, 궁금하면 우리가 직접 확인해볼 수 있습니다. 어렵거나 비용이 많이 드는 실험도 아니고, 해봐서 손해날 것 없으니까요. 정확성을 기하려면 아주 순수한 물을 써야 하기 때문에 증류수를 만들거나 살 수 있도록 제대로 된 실험실에서 하는 것이 좋지만, 대충 기본적인 현상을 관찰하려면 집에서 수돗물로 해봐도 문제없고, 정수기 물을 사용할 수 있다면 더 좋습니다. 지금 이야기하기 시작한 역사적인 내용은 최근 번역 출간된 저의 책 『온도계의 철학』 1장에 자세히 나옵니다.[2] 그 책의 원전을 2004년에 출간해놓고, 저는 이런 내용들이 너무 궁금해졌습니다. 그래서 당시 제가 재직했던 런던 대학의 화학과에 부탁해서 실험을 해볼 수 있었습니다. 평소 친했던 셀라Andrea Sella라는 화학교수가 과학사에 관심을 가지고 있어서, 제가 하고자 하는 작업을 설명하니 흔쾌

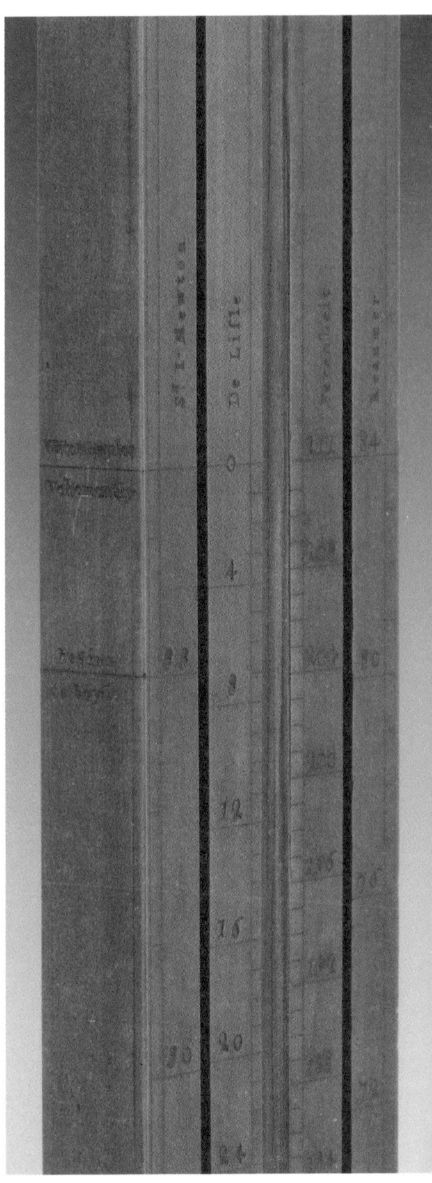

▲ **그림 9-1** 아담스의 온도계

© Science Museum (London)

히 여름방학 때 비어 있는 수업용 실험실을 쓰게 해주었습니다. 그래서 저는 학부생 때 받던 재미없는 실험수업에 작별인사를 한 후 15년 만에 처음으로 실험실에 다니기 시작했습니다.

그러면 물을 끓여봅시다![3] 실험실에서 쓰는 비커나 또는 요리할 때 쓰는 파이렉스 유리그릇이 있다면 가장 관찰하기 좋습니다(보통 유리는 불에 올려놓으면 깨져버리기 십상이므로 절대 사용을 삼가야 합니다). 적당한 유리그릇이 없으면 냄비를 사용해도 무난합니다.

온도계는 100도 근처까지 올라가는 것을 보아야 하니까 보통 기상 관측용 온도계로는 안 되고, 실험실용을 사용해야 합니다. 그리 어렵지 않게 구입할 수 있습니다. 실험실에서 작업을 한다면 거기에 분젠버너 등이 마련되어 있을 것이고, 아니라면 등산용이나 캠핑용 버너를 사용해도 좋습니다. 집에서는 부엌의 가스레인지를 사용하는 것이 제일입니다. 라면 끓일 때 하듯이, 찬물을 붓고 불을 켜서 가열을 시작합니다. 한참 동안 물에 아무 움직임도 없다가, 온도가 상당히 올라가면 바닥에서 거품이 나오기 시작합니다. 그때부터 자세히, 조심스레 관찰을 시작해야 합니다. 거품이 몇 도에서부터 생기기 시작하는지, 또 얼마나 큰 거품이 나오는지를 잘 보아야 합니다. 처음에는 굉장히 조그만 거품이 나옵니다. 그러다가 점점 큰 것이 나오는데, 처음에는 밑에서 팍팍 생겨도 표면까지 올라오지 못하고 중간에 없어져버립니다(그림 9-2 참조). 불이 세다면 그런 거품들이 물의 온도가 섭씨 90도도 안 되었을 때부터 형성되고, 그것들이 찌부러지는 소리가 나기 시작합니다. 그래서 커피포트 같은 데에 물을 끓일 때는 제대로 끓기 전에 부글부글하는 소리가 더 크게 나는 것입니다. 온도가 어느 정도까지 올라가면 증기로 된 거품이 수면을 뚫고 나오기 시작하지요? 바로 95도 정도입니다(그림 9-3 참조). 그러니까 아담스가 바보도 미친 사람도 아니었고, 제대로 관찰한 것입니다.

이런 과정을 잘 보면, 어느 시점부터 '끓는다'고 해야 할지 정말 애매하다는 것을 알 수 있습니다. 그러면 끓기 시작하는 점은 불분명하니까 팔팔 끓을 때를 기준점으로 삼는 것이 좋지 않을까요? 물이 맹렬하게 끓기 시작한 후에는 온도가 100도 정도에서 일단 안정됩니다. 그런데 계속 끓이고 있으면, 온도가 야금야금 계속 더 올라가는 것이 보입니다. 한참 지나면, 유리그릇을 사용했을 경우, 약 101도까지 올라가 버립니다. 그런데 여기서 왜 유리그릇이라는 말이 나오는지 의아할 것입니다. 그릇의 종류가 무슨 상관이란 말입니까? 그런데 19세기 초의 과학자들은 큰 상관이 있다고 보고합니다. 그중에 선구적인 사람이, 8장에서 나온 기체반응의 법칙을 발견한 프랑스의 게이-뤼삭 이었습니다.

▲ **그림 9-2** 물이 제대로 끓기 전에 거품이 형성되지만 수면까지 올라오지 못하는 모양. 온도는 92도 © CH. Bom

▲ **그림 9-3** 물이 끓기 시작할 때 거품이 수면을 뚫는 모습. 온도는 95도 © CH. Bom

게이-뤼삭의 실험결과에 의하면, 금속으로 만든 그릇에 담긴 물은 정확히 100도에서 끓었고, 유리그릇에 담긴 물은

* **비오** 비오는 전자기학의 비오-사바르의 법칙Biot-Savart law을 통해 현대물리학 교과서에도 등장한다. 전류와 자기장의 관계를 이야기한 법칙으로, 1820년에 발표하였다.

** **양은** 양'은'이라고 하지만 사실 은은 들어가 있지 않고, 구리와 니켈과 아연의 합금이다.

101.2도에서 끓었다고 합니다. 그 결과를 그의 친구였던 저명한 물리학자 **비오***가 자신의 물리학 교과서에 인용하고 있습니다.

요리를 좀 해보았다면, 부엌에서 물을 끓일 때 냄비나 그릇의 종류에 따라 끓는 형태가 달라진다는 것을 알고 있을지도 모르겠습니다. 이것을 자세히 관찰해볼 가치가 있습니다.[4] 예를 들어서 우리가 많이 사용하는 양은**냄비에 물을 끓여봅시다. 양은냄비를 사용하면 온도가 낮아도 잘 끓습니다. 제가 시도해보았을 때, 97도 정도에서

게이-뤼삭 Joseph-Louis Gay-Lussac, 1778-1850

19세기 초반 프랑스를 대표하는 물리학자이자 화학자였습니다. 부유한 지방 유지의 아들로 태어나서 파리로 올라와 최고의 엘리트 과학교육을 받았습니다. 라봐지에와 함께 화학혁명을 주도했던 4인방 중 베르톨레와 푸르크르와Antoine François de Fourcroy 두 사람에게 사사했고, 프랑스 혁명기에 새로 설립된 국립 과기대Ecole Polytechnique에서 공부했습니다. 1809년에 그 학교 화학 교수로 임명되었고, 그와 동시에 소르본 대학에서는 물리학 교수를 역임했습니다. 젊었을 때는 열에 대한 연구를 많이 했고, 지금까지도 일정한 압력하에서 기체의 팽창이 온도의 상승에 비례한다는 것을 '게이-뤼삭의 법칙'이라고 합니다. 화학원소 요오드와 붕소를 발견하는 등 지금은 잊힌 업적도 많이 올렸습니다. 8장에 나온 기체반응의 법칙을 발견해서 화학에서 원자론을 발전시키는 데 큰 공헌을 했지만, 자신은 원자에 대한 논의를 하지 않았습니다.

▲그림 9-4 게이-뤼삭 Z. Belliard 작 © Wellcome Images

충분히 라면을 넣어도 될 정도로 팔팔 끓었고 아무리 계속 끓여도 98도 이상 올라가지를 않았습니다. 이런 식의 결과가 나오면 온도계가 정확하지 않을지도 모른다는 의심도 하게 됩니다. 그런데 그것을 어떻게 확인하지요? 3장에서 논의한 대로 이것은 쉬운 일이 아닙니다. 물을 끓여서 그것이 100도로 나오면 온도계가 정확하다고 하고 싶은데, 물의 비등점이 과연 고정된 것인가를 문제시하는 이 연구과정에서는 그럴 수가 없습니다.

신기하고도 복잡한 거품 형성

왜 그릇에 따라 물이 끓는 온도가 다를까? 많은 추측을 해볼 수 있습니다. 양은냄비 등은 측면에서 열 손실이 많아서 그런다든지 하는 여러 가지 생각을 해볼 수 있는데, 그러나 가장 중요한 것은 **거품*****이 얼마나 잘 일어나는지입니다. 거품이 형성될 때 물은 열을 크게 손실합니다. 액체 상태의 물이 증기로 변할 때 많은 잠열 latent heat을 흡수하기 때문에, 끓고 있는 물은 계속 가열돼도 온도가 더 올라가지 않고 대략 일정하게 유지되는 것입니다. 열을 더 세게 넣어주면 더 많은 수의 거품이 형성되기 때문에 열의 평형이 유지되어 온도가 변하지 않습니다. 그러나 어떤 이유에서건 거품 형성이 충분히 빨리 안 되면 열의 입력이 출력보다 높아서, 물 안에 열이 축적되어 온도가 올라갑니

*** **거품** 과학적 논의에서는 대개 '기포'라고 하는데, 기포와 거품의 의미에 별 특별한 차이가 없으니 그냥 순 우리말로 거품이라고 표현하였다.

다. 그래서 표준 비등점보다 온도가 높아지는 '초가열superheating(또는 과가열, 과열)' 현상이 일어납니다. 양은냄비 같은 데서는 그 반대로 거품이 너무 잘 형성되어서 열을 과하게 빨리 잃고, 물의 온도는 표준 비등점보다 낮아집니다(관찰해보면 그 냄비 바닥에 정말 많은 수의 거품이 생기는 것이 보입니다).

여기서 중요한 의문점은, 도대체 왜 그릇의 재질에 따라 거품 형성의 양식이 달라지느냐는 것입니다. 그것은 표면의 성질과 미세한 구조가 서로 다르기 때문입니다. 또 표면이 얼마나 물을 배척하는 '소수성'이 있는지(영어로는 hydrophobic한지) 그것이 중요한 하나의 요인입니다. 또 표면에 미세한 흠집과 구멍들이 얼마나 있는지가 중요합니다. 그것을 맨눈으로 볼 수는 없지만, 손으로 쓸어 만져보면 어느 정도 느낄 수도 있습니다. 표면에 조금 흠이 있어야 거품 형성에 도움이 됩니다. 유리도 종류에 따라 다르지만 실험실에서 쓰는 비커 등은 아주 고질의 파이렉스로 만들어져서 표면이 정말 반질반질합니다. 비커에서 물을 끓이면 거품이 바닥 전체에서 나오지 않고 몇 군데 특정한 위치에서만 나옵니다. 한참 끓이다 보면 거품 형성점이 두세 군데밖에 남지 않는 경우도 많습니다.

과학실험을 할 때 사용되는, 거품 형성을 촉진하는 특수 재료들이 있습니다. 비등석boiling stone, boiling chip이라고 하는데, 이것도 원래 게이-뤼삭이 고안해낸 것입니다. 유리그릇에서 물을 끓일 때 그 온도가 101도도 넘는다고 보고하면서 게이-뤼삭이 덧붙이기를, 그렇게 초가열되어서 끓고 있는 물에 유리가루를 넣어주면 비등이 촉진되어서 물의 온도가 100도로 내려간다고 했습니다. 요즘도 생물학이나 화학실험실에서 이런 비등석을 끓임의 도우미로 쓰고 있는데,* 그런 것을 가지고 실험을 해보면 게이-뤼삭의 보고대로 거품의 형성이 활발해지면서 온도는 내려갑니다.

왜 이런 현상이 일어날까요? 게이-뤼삭의 시대에는 설명이 잘되지 않았습니다. 비등에 대한 현대적 공학 교과서를 보면 표면의 미시적 구조를 가장 중요시하고 대략 이런 식의 이론이 전개됩니다. 우선, 물이 어떻게 끓기 시작하고 그 현상이 왜 항상 대략 비슷한 온도에서 일어나는지, 또 왜 그 온도가 기압의 영향을 받는지 생각해봅시다. 18세기 후반부터 이미 나왔던 대답은, 액체가 자체적으로 증발함으로써 형성되는 증기압(또는 증기압력vapor pressure)이 외부에서 누르는 대기압과 같아질 때 물이 끓을 수 있다고 했습니다. 왜냐하면 그렇게 압력이 평형이 되었을 때는 표면에서 증발하는 것뿐 아니라, 액체 내에서도 거품을 형성하고 유지할 수 있기 때문입니다. 그래서 거품이 물속에서 부글부글 올라오며 끓는 모습이 보이는 것이지요. 증기압은 온도가 높아질수록 강해지기 때문에, 찬물로 시작해서 온도를 점차 올리면 어느 시점에선가 물의 증기압이 대기압과 평형을 이루는데 그때 그 온도가 표준 비등점입니다. 그 비등점은 외부 기압에 따라 달라지지요.

그런데 이것은 지나치게 단순한 이론이고, 또 한 가지 아주 중요한 요인이 있습니다. 표면장력surface tension입니다. 거품이 물속에서

* 옛날에는 대리석 같은 것을 빻아서 썼는데, 근래에 영국에서 주문을 해보니 돌이 아니라 테플론Teflon=polytetrafluoroethylene, PTFE 조각이 도착했다. 테플론이라 함은, 프라이팬 등에 음식이 눌어붙지 않도록 코팅하는 바로 그 물질이다. 이것은 소수성이 강해 그 표면에서 거품 형성이 굉장히 잘된다.

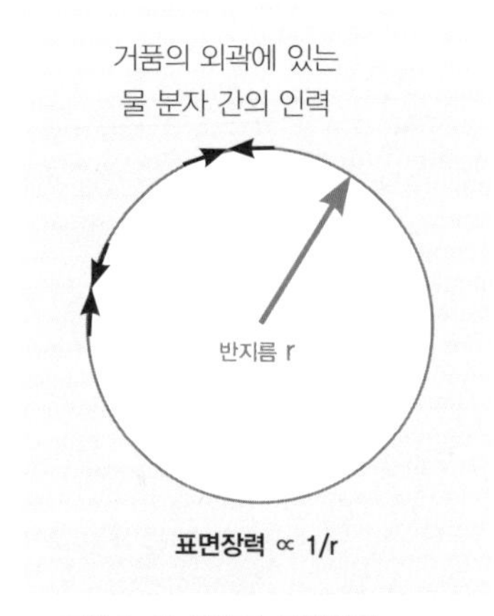

▲ 그림 9-5 거품과 표면장력

형성되었다고 할 때, 표면장력은 그 거품을 찌부러뜨리는 역할을 합니다. 그러니까 물속의 거품이 유지되려면 액체 외부의 대기압뿐 아니라 내부의 표면장력도 이겨내야 합니다. 표면장력은 여러 형태로 나타나는데, 이 맥락에서는 거품을 둘러싸고 있는 경계 부분의 물분자들이 서로를 끌어들이는 인력이 되겠습니다.

그런데 전자의 발견자로 유명한 톰슨이 19세기 말에 계산한 바에 의하면, 표면장력은 거품의 지름에 반비례한다고 합니다. 그러니까 거품이 작을수록 표면장력이 세다는 이야기고, 거품의 지름이 0이라면 표면장력은 무한대가 됩니다. 거품이 아예 형성되어 있지 않은 액체 속에서 거품을 하나 만들어서 키우기란 불가능하다는 이야기지요.* 비유를 하자면 고무풍선을 불 때 처음에는 굉장히 힘들다가 조금 불어서 풍선이 커지고 나면 불기 쉬워지는 것과 비슷한 원리입니다. 끓으려면 물 자체가 그 속에서 거품방울을 불어줘야 하는데 시작이 쉽지 않습니다. 그렇기 때문에 조그맣게나마 이미 거품이 형성되어 있는 곳에서 시작해야 한다는 것입니다.

그림 9-6에서처럼 그릇 표면에 자그마한 흠집이 있고, 또 그 그릇의 재료에 어느 정도 소수성이 있다면 물을 부었을 때 그

* 분자들이 모여서 이루어진 물의 미시적 구조를 고려할 때 거품의 지름이 물론 0이 될 수는 없지만, 어느 한계점까지는 지름이 아주 작을 경우 표면장력이 아주 세진다는 계산이 타당할 것이다.

작은 구멍이 물로 채워지지 않고 공기방울이 형성되어 있든지, 아니면 진공상태가 될 수도 있을 것입니다. 그런 부분을 수증기로 채워서 거품을 형성하고 키울 수 있습니다. 거품을 형성할 때 그릇의 표면에 흠이 있어야 하는 원리는 끓일 때만이 아니라 더 일반적으로 적용됩니다. 예를 들어 탄산음료를 컵에 따르면 거품이 올라오는데 그때도 그렇습니다. 특히 맥주를 마시는 독자들은 이 현상을 깊이 생각은 안 해봤겠지만 잘들 알고 있을 것입니다. 맥주를 유리잔에 따랐을 때 거품은 특정한 장소에서만 올라옵니다. 거기에 눈에 보이지 않는 흠집이 있다는 뜻입니다. 제가 몇 년 전 런던에서 한번 큰마음 먹고 샴페인을 파는 술집에 간 적이 있는데, 거기 웨이터 말에 의하면 자기들은 샴페인에서 거품이 많이 올라와서 더 예뻐 보이도록 술잔의 바닥을 긁어서 흠집을 내준다고 했습니다. 그래서 이런 지식이 의외의 분야에서 응용되고 있다는 사실을 알고 기뻐했던 기억이 납니다.

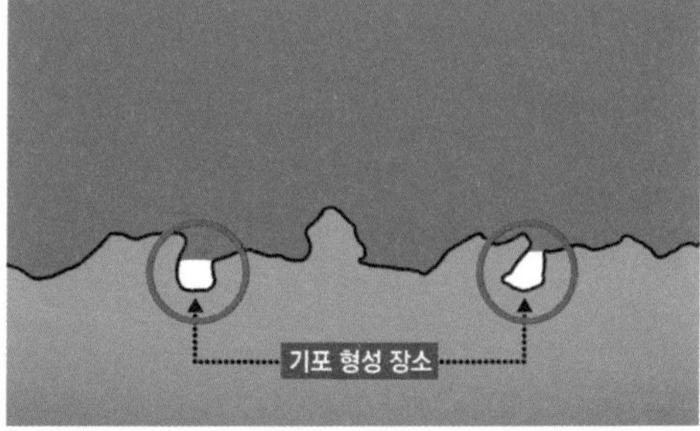

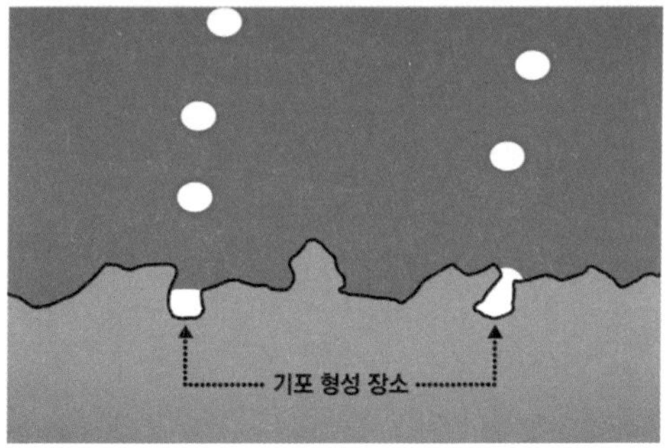

▲ **그림 9-6** 고체 표면의 거품 형성 지점 © CH. Bom

이런 이론을 알고 나면, 또 다른 여러 가지 현상도 재미있게 이해됩니다. 유약을 칠해 구운 도자기는 특히 표면에 거의 결함이 없어서 그런 종류의 그릇에 물을 끓이면 초가열되기 십상입니다. 유약이 굳으면서 금이 갈 수도 있지만, 금이 가지 않았다면 거품 형성을 도와줄 수 있는 흠집이 정말 드문 것 같습니다. 머그잔에 물을 끓여보면 온도가 수시로 102도 이상 올라가고 끓는 소리도 다릅니다. 보글보글 잘 끓지 못해서 초가열이 되고, 극히 한정된 곳에서만 거품이 형성되는데, 일단 거품이 형성되면 올라오면서 엄청나게 빨리 커집니다. 그래서 특이한 소리를 내면서 물이 튀어가며 끓는데, 이렇게 힘겹게 퍽퍽 하고 끓는 현상을 '돌비突沸, bumping'라고 합니다. 이 돌비를 방지하기 위해서 실험실에서 비등석을 쓰는 것입니다. 거품 형성이 정말 힘든 그릇에다 물을 끓이면 전혀 거품이 형성되지 못하면서 물의 온도가 100도를 훨씬 넘도록 초가열되는 경우도 있습니다. 그런 상태에서 비등석을 넣어주면 물이 거의 폭발하듯이 맹렬히 끓어 넘칩니다.

가스레인지나 버너에 머그잔을 올려놓고 물을 끓이는 사람이 아마 저 말고는 없을 테지만, 차 한잔을 간편하게 마시기 위해 머그잔을 전자레인지에 넣고 물을 끓이는 사람들이 특히 미국에는 꽤 있습니다. 그런데 고약한 것은 인스턴트 커피의 알갱이가 아마 다공질인지, 거품 형성을 촉진하는 역할을 한다는 것입니다. 그래서 커피를 넣는 순간 초가열된 물이 터지면서 화상을 입는 사람도 있다고 합니다. EBS 강연을 하면서 청중들 앞에서 이런 실험을 했었는데 그 동영상을 9강에서 볼 수 있습니다(거기서는 관찰하기 더 편하게 유리 플라스크를 썼습니다). 그러니까 절대 집에서 이런 식으로 커피를 끓이면 안 됩니다! 여기서 전자레인지는 물이 끓는 과정을 지배하는 또 다른 재미있는 변수를 끌어들입니다. 전자레인지는 전자기파로 물분자를 회전시켜 에너지를 주는 방식으로 작동됩니다. 그러므로 그릇을 가열하여 그것을 통해서 물을 데우는 것이 아니라 물 자체를 직접 데웁니다. 그래서 물의 비등양식 자체가 달라집니다. 물을 불꽃으로 달구어 끓이면 그릇 자체는 엄청나게 뜨거워지고, 그 뜨거운 그릇에 맞닿아 있는 물은 나머지 부분의 물보다 더 뜨거울 것입니다. 그렇기 때문에 그곳에서는 물의 증발이 더 활발할 것이고 거품도 더 잘 형성될 것입니다. 그러나 전자레인지로 데우면 물 전체가 대략 같은 온도로 올라가지, 어느 특정 부위만 엄청나게 뜨거워지는 일은 없으리라 봅니다. 특별히 아무 데도 아주 뜨거운 부분이 없다면 거품 형성은 부진할 것이고, 초가열을 잘 일으킬 것입니다.

들룩 수난기

물 하나 끓이기가 이렇게 복잡합니다. 그런데 250년 전 그 옛날에 우리 조상들은 이렇게 복잡한 것을 이미 다 알아차리고 연구를 시작했던 것입니다(이 사람들은 유럽인이었지만 과학하는 사람 입장에서는 '우리' 조상이라고 생각해볼 수도 있겠습니다). 저는 좋은 학교에서 과학공부를 했지만 이런 내용을 그 조상들이 남겨둔 책을 먼지를 털어가며 읽어서 배웠지, 이걸 가르쳐준 현대적인 교과서나 선생님은 없었습니다. 그 조상들 중 제가 생각하기에 가장 훌륭했던 사람이 지금은 거의 아무도 기억하지 못하는 들룩Jean-André De Luc입니다.

그가 1772년에 출간한 책에는 물이 끓는 과정을 정확히 이해하려는 굉장한 고민이 담겨 있습니다. 들룩의 주장에 의하면 그때

▲ 그림 9-7 들룩 © Wikimedia.org

들룩 Jean-André De Luc, 1727-1817

스위스 제네바에서 활동한 사업가였는데 시의원도 지냈습니다. 그러나 진짜 관심은 학문에 있었고, 연구 분야도 물리학에서 신학까지 아주 다양했습니다. 가장 중점을 두고 연구한 분야는 지질학과 기상학이었고, 알프스 산맥의 기슭에 사는 지리적 이점을 충분히 이용해서 측정기구를 다 짊어지고 고산에 다니며 관찰했고, 최초의 '과학적 등반가' 중 한 사람으로 꼽힙니다. 기압을 측정해서 산의 높이를 재는 방법을 크게 발전시킨 업적으로 그 당시에는 유럽 전역에서 명성을 떨쳤습니다. 고산지역에서 습도가 낮은 상태에서도 갑자기 많은 비가 내릴 수 있다는 관측사실을 기반으로, 비구름이 형성될 때는 공기 자체가 물로 변한다는 이론을 내세우며 많은 논란을 일으켰습니다. 또 지층과 화석을 많이 관찰한 반면 그 결과를 성경에 나온 창조설과 조화시키려는 노력을 했고, 창세기에 나온 '하루'는 지질학에서 이야기하는 한 시대에 해당한다는 해석을 내렸습니다. 1772년에 『대기의 변형에 대한 연구Recherches sur les Modifications de L'Atmosphère』라는 역작을 펴냈는데, 기압측정을 기반으로 한 측고법hypsometry을 설명했을 뿐 아니라 기압계, 온도계 등 기상학에 필요한 측정기구를 어떻게 만들고 검증하는가에 대한 자세한 논의를 펼쳤습니다. 그 책을 펴낸 해에 사업이 망해서 제네바를 떠나 영국으로 이주하여 샬롯 왕비Queen Charlotte(조지 3세의 부인)의 개인교사로 임용되었습니다. 윈저성에 살면서 매일 아침 왕비한테 레슨을 하고 그다음에는 자유롭게 독자적 연구를 했습니다. 7장에서 언급했던 버밍엄의 달빛친목회 회원들과도 활발한 교류를 했고, 라봐지에의 화학체계를 강력히 비판하면서 전통적 플로지스톤 이론도 받아들이지 않았습니다. 말년에는 전기화학에도 큰 관심을 보였고, 거기서도 독자적 관점을 유지하면서 볼타 식의 전지를 전해질 없이 만드는 묘한 성과를 올렸습니다. 참고로 이 사람의 이름 불어 발음이 좀 힘들어서 여기서는 '들룩'이라고 했습니다. 『온도계의 철학』 번역서에는 '드뤽'이라고 나오는데, 'ㄴ' 자를 연음해주는 것이 중요합니다.

까지 했던 비등점 측정 실험은 다 헛다리만 짚고 있었습니다(그림 9-8 참조). 보통 상황에서 물이 끓을 때, 거품은 물 중간 부분에서 나오지 않고 항상 바닥에서 나옵니다. 그런데 실험할 때는 다들 온도를 물 중간에서, 그러니까 거품 형성과는 전혀 상관없는 곳에서 쟀습니다. 들룩은 거품을 만들어내는 물, 즉 뜨거운 그릇과 바로 닿아 있는 곳의 물은 같은 그릇 속에 있는 나머지 물보다 더 뜨거울 것이라고 생각했습니다. 그런데 현실적으로 그 위치에 들어갈 수 있는 미세한 온도계는 없습니다.

그래서 들룩은 다른 방법으로 물을 끓여보자고 제안했습니다. 그때 전자레인지가 있었다면 사용했을 텐데 그런 기술은 없었고, 그래도 참 말이 되는 제안을 했습니다. 우리가 보통 아주 센 불로 물을 끓여야 하는 이유는 열손실 때문입니다. (불이 약하면 아무리 시간이 지나도 물이 끓지 못합니다.) 그릇의 측면으로도 열이 손실되고, 특히 공기와 접촉하는 수면에서 물이 증발하면서 열손실이 크

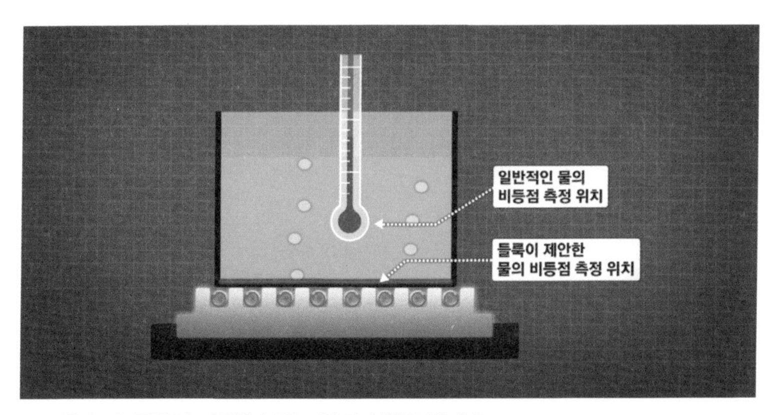

▲ **그림 9-8** 들룩이 지적한 보통 비등점 실험의 문제 © CH. Bom

게 일어납니다. 그래서 들룩이 고안한 것이 중탕입니다(그림 9-9 참조). 아주 목이 가는 플라스크를 마련해서 물을 목 부분까지 올라오게 채우면 공기와 접촉된 수면이 아주 작아집니다. 그렇게 물을 채운 플라스크 전체를 뜨거운 기름 속에 잠기게 해서 가열하면, 열이 손실되는 장소가 그 작은 수면 말고는 하나도 없게 됩니다. 그렇게 하면 비교적 낮은 온도의 기름(섭씨 250도 정도면 됩니다)을 써서 천천히 가열해도 물을 끓일 수 있습니다. 그렇게 했을 때 물은 과연 어떤 식으로 끓을까요?

제가 이 실험을 재현해보니, 정말 재미있는 결과가 나왔습니다. 그런데 들룩의 실험장치를 그대로 쓰면 물이 그 뜨거운 기름 속에 떨어지면 크게 튀어나오기 때문에 좀 위험합니다. 기름 대신 모래에 플라스크를 묻어서 데우는 방법이 들룩 후에 나왔고, 제가 실험할 때는 화학과 교수들의 조언으로 모래보다도 더 간편한 흑연 graphite 가루를 썼습니다. 그리고 중탕 대신 핫플레이트를 써도 비

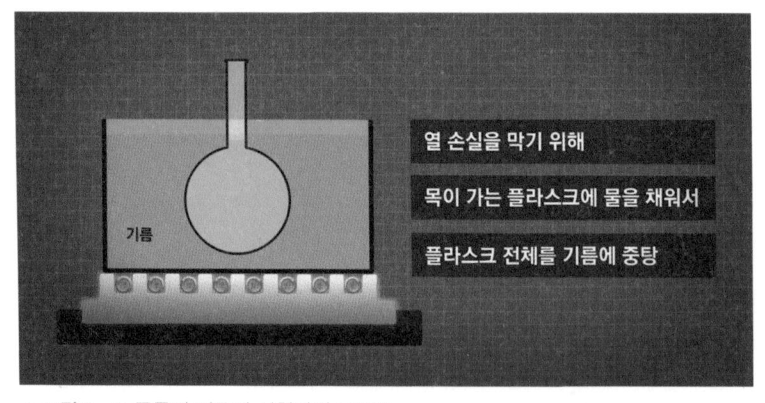

▲ **그림 9-9** 들룩의 비등점 실험장치 © CH. Bom

슷한 결과를 얻을 수 있습니다. 그런 방법으로 물을 끓이면, 처음에는 정상적으로 끓기 시작합니다. 계속 끓이면 보통 비커에서 끓일 때와 마찬가지로 100도가 또 넘어갑니다. 그런데 이번에는 101도 정도에서 평형을 이루는 것이 아니라 온도가 계속 더 올라갑니다. 온도가 점점 올라가면서 나오는 거품의 크기는 점점 커지고, 거품 형성 장소와 빈도는 줄어듭니다. 그러다가 거품이 한 번에 한 개씩만 나오는 상태까지 진전됩니다. 아주 전혀 거품이 안 생기는 기간도 있습니다. 그렇게 아주 조용히 있다가, 갑자기 거품이 팍 터지고, 물이 플라스크 밖으로까지 튀어나옵니다. 그러면서 온도는 104도, 105도까지 올라갑니다. 그런데 이런 이상한 비등형태가, 들룩이 1772년에 낸 그 책에 기록한 바로 그대로입니다. 제가 책을 읽을 때는 말이 안 된다고 생각했었는데, 직접 실험을 해보고서 너무 놀랐습니다.

이런 여러 가지 실험에서 볼 수 있듯이, 끓는 현상이 진행되면서 거품 형성이 점점 더 어려워지는 경우가 많습니다. 재미있는 이유가 있습니다. 우리가 말하는 순수한 물에는 대개 많은 양의 공기가 녹아들어 있습니다(물에 공기가 녹아 있지 않으면 물고기는 숨을 쉬고 살 수가 없지요). 들룩은 여러 가지 실험을 하면서, 물에 녹아 있는 공기가 물이 끓는 데 도움을 준다고 추측했습니다. 물에 용해되어 있는 기체가 증기로 이루어진 거품의 형성을 촉진한다는 것이었습니다(공기가 빠지면 물이 더 끈적끈적해지는 것 같은, 그런 느낌입니다). 그래서 녹아 있는 기체를 빼내면 물이 끓기 어려워집니다. 그런데 우리가 물에 설탕이나 소금 같은 고체를 녹일 때는 물의 온도가 높을수록 더 잘 녹지만, 기체를 녹일 때는 반대입니다. 기체는 물의 온도가 낮을수록 잘 용해됩니다. 물을 끓이려고 처음 데울 때 우선 나오는 아주 조그만 거품들은, 수증기로 형성된 것이 아니라 용해되어 있던 공기가 나오는 것입니다(맥주에서 거품이 나듯이). 물의 온도가 올라가면서 공기의 용해도가 내려가기 때문입니다. 또, 물이 끓는 과정 자체에서 물에 용해된 기체가 더 빠지는 효과가 있다고 합니다(이것이 어떤 메커니즘에 의한 것인지는 제가 잘 알아보지 못했습니다). 그래서 끓으면서 점점 공기가 빠지면 초가열이 시작됩니다. 그런데 온도가 더 올라갈수록 공기의 용해도는 더 내려갈 것이고,* 그래서 상승작용이 일어납니다. 온도가 높아질수록 공기는 더 빠지고, 그러면 끓기가 더 어려워지고, 그러면 물은 열을 잃는 속도가 더 줄어들고, 열이 더 축적되어 더 심한 초가열이 일어납니다.

이런 식의 실험과 생각을 하면서, 들룩은 우리가 보통 순수하다고 여기는 물은 기체가 녹아 들어간 불순한 용액에 지나지 않는다는 결론을 내렸습니다. 그래서 진짜 순수한 물이 어떻게 끓는가를 보려면 녹아 있는 공기를 뺀 후에 실험해야 한다는 계획을 세웠습니다. 그런데 그 공기를 어떻게 뺍니까? 쉽지 않습니다. 여러 가지 방법이 있는데, 들룩은 결국 물을 흔드는 것이 가장 효과적이라고 결론을 내렸습니다. 탄산음료 캔을 잘못 흔들었다가 따본 적이 있다면 이 효과에 대해 잘 알 것입니다. 용해돼 있던 기체가 그 액체를 흔들 때 나와버리는 것입니다. 들룩은 그렇게 흔들어야 된다는 결론을 내리고, 피할 수 없는 실천에 들어갔습니

* 물이 100도를 넘었을 때 공기의 용해도가 얼마나 더 내려가는지를 알아보고 싶었는데, 그런 데이터는 잘 보이지 않는다.

다. 물을 우선 정상적으로 끓여서 그 과정에서 뺄 수 있는 공기를 다 빼고, 그 끓인 물을 플라스크에 꽉 채운 후에 밀봉해서 식혔습니다. 물이 식으면서 부피가 줄었고, 그러면서 형성된 수면 위의 진공을 통해 공기를 더 빼내었습니다. 그렇게 준비를 한 후, 들룩은 물을 흔들기 시작했습니다. 흔드는 것을 무려 4주일간(!) 실시했다며 이렇게 이야기하고 있습니다: "그 기간 동안 나는 이 플라스크를 거의 놓지 않았다. 잠잘 때나, 시내에서 일볼 때, 아니면 두 손이 다 필요한 일을 할 때를 제외하고는 식사도 독서도 글쓰기도 친구들 만나기도 산보도 물을 흔들면서 했다."[5] 이렇게 정성 들여 공기를 뺀 물을 조심스레 서서해 가열해서 끓여보니 섭씨 112도까지 아무 움직임도 없이 초가열된 후, 폭발해버렸다고 기록되어 있습니다.**

저도 이 실험을 너무 해보고 싶었습니다. 그런데 물그릇을 4주 동안 흔든다는 건 엄두도 못 낼 일이었고, 그냥 '나는 그분을 존경한다'고 한 후 약간 다른 방법을 고안해서 비슷한 실험을 했습니다. 물을 끓이는 과정에서 기체가 빠진다는 추정에 따라 물을 한참 끓였고, 그때 느슨하게 뚜껑을 덮어서 공기가 새로 잘 들어오지 못하도록 했습니다. 이렇게 끓인 물을 목이 긴 플라스크에 넣고 핫플레이트로 가열을 했는데, 온도가 104도쯤 되어도 전혀 끓지 않았습니다. 그 후에 그 플라스크를 흑연 가루 속에 파묻어서 중탕을 했습니다. 또 한참 동안 전혀 끓지 않았고, 더 심한 초가열이 되었습니다. 그 상태에서, 수면을 온

** 19세기까지만 해도 이런 식으로 보일러가 폭발하는 사고가 종종 있었다고 한다. 위에서 말한 비등석을 쓰는 방법이 고안되면서 사고를 막을 수 있게 되었다.

도계로 찌르기만 해도 물이 팍 터졌습니다. 온도계의 표면에 있는 흠집에서 거품이 급격히 형성되었기 때문일 것입니다. 그렇게 터지는 것을 무릅쓰고 가끔씩 온도계를 넣어본 결과 108 내지 109도라는 측정결과가 나왔습니다. 그러나 온도계를 대는 순간 맹렬히 끓어버리면서 온도가 내려가기 때문에, 온도계를 대기 전의 실제 온도는 그보다 더 높았을 것입니다. 온도계를 빼면 또 전혀 끓지 않다가, 그냥 두어도 가끔씩 자연히 폭발하기도 합니다. 폭발 후에는 또 끓지 않는데, 그 수면에서 빠른 증발이 이루어지면서 열의 평형을 이루고 그 상태가 한참 지속될 수도 있습니다. 열을 좀 더 세게 해주면 온도가 더 올라가고, 또 너무 올라가면 다시 한 번 터지면서 온도가 상당히 내려갔다가 다시 또 기어 올라가고, 그런 과정을 몇 시간이고 계속 예측불허하게 반복합니다.

이 실험이 아주 재미있기는 했지만, 아무런 의문도 확실히 해결해주지는 못했습니다. 여기서 보이는 현상이 규칙적이지도 않았고, 확실한 비등점이 잡히지도 않았으며, 또 실험을 할 때마다 달라졌습니다. 들룩은 오랜 연구 끝에 결국 물이 끓는다는 것이 정확히 무엇인지도 결론을 내릴 수가 없었습니다.[6] 우리가 보통 '끓는다'고 하는 것이 사실은 여러 종류의 현상을 뭉뚱그려 부정확하게 이야기하는 것이라는 경고만을 남겨주었습니다. 물이 끓는 과정에서 이 여러 가지 다른 현상들이 교차하는 것을, 조심스레 관찰하면 볼 수 있습니다. 다시 요약해보겠습니다. 처음에 온도가 아주 낮을 때 나오는 아주 조그만 거품들은 녹아 있던 공기가 나오는 것이라 추정합니다. 그다음에는 증기로 이루어진 거품이 나오면서 부글부글 끓습니다. 더 끓이면, 녹아 있던 공기가 계속 더 빠져나가면서 거품의 형성이 더 어려워지고, 초가열이 심해집니다. 초가열된 상태에서 거품이 전혀 나지 않을 때도 있는데, 수면에서는 빠른 속도로 증발이 이루어집니다. 그것도 끓는 것이라고 해야 할까요? 그러다가 갑자기 폭발적으로 거대한 거품을 토해내고서 또 조용한 증발로 돌아갑니다.

물리학이냐 공학이냐

저는 2004년도 여름에 이런 여러 가지 실험들을 재현하고, 현대적 과학지식과도 맞추어보고 또 제 나름대로 더 보충 연구를 하면서, 미리 답이 나와 있지 않은 진짜 과학적 탐구의 기막힌 기쁨을 맛보았습니다. 이름난 대학교에서 과학교육을 받을 때도 전혀 해보지 못했던 멋진 경험이었습니다. 이런 것을 현대과학에서 연구논문으로 발표한다는 것은 어림도 없는 일이지만, 다른 사람들에게 너무 보여주고 싶어서 자세히 보고서를 작성하고 실험결과를 찍은 동영상까지 포함시켜서 제 웹사이트에 올렸습니다.[7] 물을 끓이는 이상한 철학자가 있다는 소문이 퍼지면서, 지금까지도 많은 곳에 초청을 받아 이 내용을 과학자들, 과학사-과학철학자들, 학생들, 그리고 일반 대중들에게 여기저기서 발표하고 있습니다.

이 이야기를 들으면 대개들 신기해하고, 재미있어합니다. 물이 끓는 것을 이제 절대 생각 없이 볼 수 없게 되었다고 말하는 분들도 종종 있고, 그런 말을 듣는 것이 저로서는 가장 큰 기쁨입니다. 그런데 누구나 다 제가 하는 작업을 좋아하지는 않았습니다. 몇몇 사람들은 크게 화를 내기도 했습니다. 한 가지 극단적인 예를 들자면 온도 측정의 전문가인 한 젊은 물리학자는 제가 재현한 이 현상은 있을 수 없는 일이며, 뭔가 실험이 잘못된 것일 수밖에 없다고 했습니다. 이 사람은 실험을 보여주는 동영상도 믿지 않았습니다. 그 반면 나이가 지긋한 한 공학 교수는 어느 공식석상에서 '모든 사람이 다 아는 당연한 사실을 뭐 놀라운 것처럼 이야기하면서 사람을 모욕한다'면서 저를 꾸짖었습니다. 사실 그분의 말에 일리가 있기도 합니다. 화공과나 기계공학과에는 액체의 비등에 대한 자세한 연구를 하는 전문가들이 있습니다. 특히 끓는 것을 열전달의 수단으로 쓰려는 목적입니다(원자로를 냉각한다든지). 그 사람들은 물이 정확히 어떤 상황에서 정확히 어떤 형식으로 끓는지를 잘 알아야 합니다. 그것이 틀리면 큰 사고가 날 수도 있고, 그것을 염두에 두고 계속 활발한 연구를 하고 있습니다. 제가 화학과에 가서 이 실험을 하면서 상태변화가 전공인 물리화학 교수 한 분과 상담을 했더니 자신들은 아주 기초적인 이론과 메커니즘을 연구하고, 제가 보고 있던 복잡하고 실용적인 내용은 공대 사람들이나 안다고 하셨습니다. 그래서 대학 도서관에서 제가 그때까지 한 번도 가보지 않았던 공학부 쪽에 가보니 정말 많은 자료를 찾을 수 있었습니다.[8]

그 공학 쪽에서 이 물이 끓는 것을 어떻게 연구하고 있는지를 잠깐 살펴보고 이번 장의 논의를 마치겠습니다. 그림 9-10은 기초

물리학에서 항상 나오는 상 도표 phase diagram 입니다. 여기서 중간에 있는 부분이 액체이고 밑 부분이 기체인데, 그 사이의 경계는 아주 명확하고 날카로운 선으로 그어져 있습니다. 그런데 이제까지 제가 말씀드린 모든 현상은, 비유해서 말하면 그 선을 열어젖혀야 볼 수 있습니다. 그러나 공학에서 끓는 것을 연구하는 사람들은 이렇게 봅니다. 물리학의 상 도표는 X축을 온도로 잡고, Y축을 압력으로 잡았는데, 공학에서 나오는 '비등 곡선boiling curve'은 전혀 다른 내용을 다루고 있습니다(그림 9-11). 비등 곡선의 X축은 '표면의 초가열'입니다. 열을 가해주는 표면의 온도는 끓는 액체의 표준 비등점보다 더 높다는 것을 전제로 하고, 얼마나 더 높은가를 나타내는 것입니다. 그에 따라 어떤 형태의 비등이 일어나는지 보자는 것입니다. Y축은 열전도율입니다. 그러니까 공학자들이 가장 기본적으로 관심을 갖는 내용은 끓는 물을 통해서 열이 얼마나 빨리 전달되는가 하는 것이고, 그 물 자체의 온도에는 별 관심도 없습니다. 이런 개념체계 하에 아주 자세한 연구가 되어 있습니다. 반면

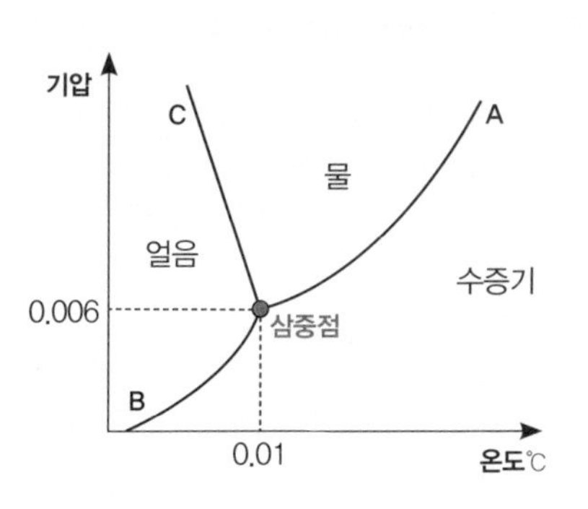

▲ 그림 9-10 상 도표

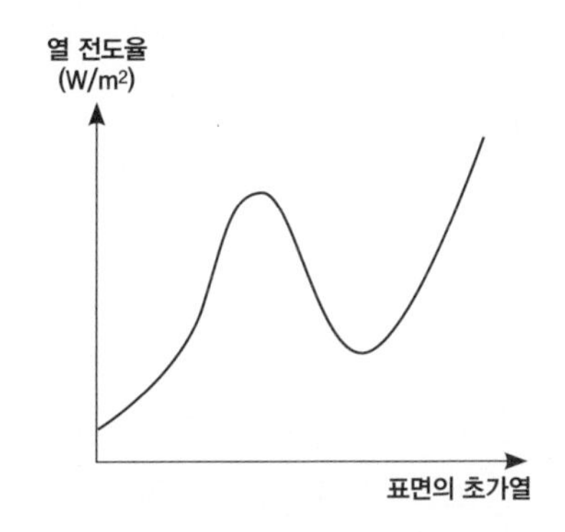

▲ 그림 9-11 비등 곡선[9]

이 분야를 연구하지 않는 다른 과학자나 공학자들은 대부분 이런 내용을 모르는 것 같습니다. 자신의 전문 분야가 아니기 때문입니다. 또, 제가 알기로는 비등의 전문가들도 표면 상태에 따라 끓는 형태가 바뀐다는 것은 잘 연구하고 있지만, 물에 용해돼 있는 기체의 역할에 대해서는 경험적인 연구도 부족하고 별다른 이론도 아직 정립되지 않은 것 같습니다. 그래서 아직도 연구할 부분이 많은 주제인 듯합니다.

전문화와 생활과학

이와 같은 사례를 보면, 우리 사회에서 전문가가 갖는 위치를 조심스레 재고해볼 필요성을 느끼게 됩니다. 전문적인 문제를 전문가에게 믿고 맡긴다는 것은, 현대사회 구성의 중요한 원칙입니다. 하지만 전문가의 권위는 그들의 전문 분야에서만 인정하는 것이 적합합니다. 예를 들어서 첨단을 걷는 물리학자들은 물이 정확히 어떻게 끓는지 등은 대개 잘 모릅니다. 물론 그것이 너무 어려워서가 아니라, 그런 데 신경을 쓸 시간과 정신이 없기 때문입니다. 그렇기 때문에 물 끓이는 전문가는 공대에 따로 두고 있습니다.

과학이 발달할수록 각 개인의 전문 분야가 좁아지는 것은 피할 수 없는 현대적 추세입니다. 지식의 범위와 깊이는 계속 엄청나게 늘어가고 있는 반면 인간 개인의 능력이란 크게 늘어날 수가 없기 때문입니다. 입자물리학 같은 분야에서는 단 하나의 실험을 하는

데도 몇 백 명, 몇 천 명의 각종 전문가가 들러붙어야 하고, 그 많은 전문가 중에 그 실험의 시설과 과정과 해석 전부를 속속들이 아는 사람은 한 명도 없습니다. 정말 극단적인 경우 논문 한 편에 수천 명의 저자가 등장하는데, 그중 그 논문에 들어간 모든 내용과 배경을 다 아는 사람은 없다는 것입니다. 과학자라고 해서 과학을 다 아는 것은 절대 아닙니다(제가 철학자라고 해서 모든 철학을 다 아는 것은 아니듯이). 전문가를 존중하고 따르되, 그 사람의 영역으로 인정해주어야 하는 전문 분야가 무엇인지를 판단하는 역할은 민주사회에서는 비전문가가 할 수밖에 없습니다.

또, 과학의 전부를 전문가만의 영역이라고 보아서는 안 됩니다. 최소한 이번 장에 나온 내용처럼 일상생활과 긴밀한 연관이 있는 현상은 무조건 전문가에게 넘길 필요가 없습니다. 특히 진짜 전문가도 아니면서 권위만 세우는 사람들에게 맡겨서는 안 됩니다. 현대인의 대부분은 하루가 멀다 하고 물을 끓입니다(특히 영국 사람들은 항상 차를 마시기 때문에, 하루에도 몇 번씩 끓입니다). 그러면서도 그 과정을 진지하게 관측해본 적이 없고, 과학교육을 받았다는 사람들조차 그냥 앵무새처럼 '1기압하에서 순수한 물은 항상 섭씨 100도에 끓는다'고 외워댑니다. 그리고 아이들이 그렇게 이야기하지 않으면 혼도 냅니다. 남들이 그렇다니까 그냥 그렇다고 하고, 특히 전문가가 하는 말이라면 무조건 신봉하는 상투적 관습과 습관이 우리의 일상생활뿐 아니라 과학지식까지도 지배하고 있는 현실을 극복할 필요가 있습니다. 그래서 물 끓이는 것부터 시작하자는 것입니다. 우리 모두가 직접 실험해보고 추론해볼 수 있는 이런 내용까지 우리는 전문가가 아니니까 독자적으로 알 수 없다고 포기해버린다면, 과학지식과 과학탐구가 갖고 있는 문화적 의미와 중요성은 실종되고 맙니다.

창의적 과학교육이 잘 안 되는 이유도 여기서 찾을 수 있습니다. 과학에는 어떤 문제든 정답이 있고, 잘 가르치는 것은 학생들로 하여금 그 정답을 깨치게 하는 것이라는 근본적인 가정 때문입니다. 정답을 아는 것이 궁극적 목적이라면 무엇 때문에 기본적인 내용을 스스로 탐구해서 깨치게 하겠습니까? 그냥 그 답을 처음부터 체계적으로 가르치는 것이 가장 효과적입니다. 창의성은 나중에 가서 아직 아무도 정답을 모르는 어려운 문제를 다룰 때나 발휘하면 된다는 것이지요. 주입식 훈련은 그런 시점까지 빨리 데려다주는 효과가 있습니다. 그러나 이 주입식 교육의 정연한 논리에는 큰 맹점이 하나 있습니다. 과학의 내용을 파고들어가 보면, 아주 간단한 문제에도 명확한 정답이 없는 경우가 너무 많다는 것입니다. 그런 문제에 '물은 100도에서 끓는다'는 등의 간단한 정답을 만들어서 가르칩니다. 가르치는 사람도 모르고서 진상이 아닌 것을 주입한다면 슬픈 일이고, 알면서도 진실하지 않게 가르친다면 분개할 만한 일입니다. 10장에서는 또 한 가지 다른 사례를 통해서, 직접 하는 과학탐구의 맛을 계속 더 구체적으로 보여주고자 합니다.

9장 요약

- 물이 H_2O라는 것과 마찬가지로, 물이 (1기압하에서) 항상 100도에서 끓는다는 것도 다들 아는 과학상식이다. 이 역시 비판적 사고를 적용해볼 수 있는 좋은 예가 된다.
- 18, 19세기 자료를 보면 물의 비등점이 명확하게 정해지지 않았다는 실험보고가 자주 나온다. 물을 끓이면서 잘 관찰해보면 쉽게 확인할 수 있다.
- 물을 넣고 끓이는 그릇의 재질, 열 공급원의 온도, 그리고 물에 녹아 있는 기체의 양 등 여러 가지 요인에 따라 끓는 형태와 온도가 크게 달라진다는 보고도 쉽게 재현된다. 끓을 때 이루어져야 하는 거품 형성은 복잡한 과정이다.
- 옛날 과학자들이 널리 가지고 있던 이러한 지식을 현재는 소수의 전문가만 알고 있다. 물을 끓이는 것과 같은 일상적인 현상에 대해 일반인들과 보통 과학자들이 제대로 알지 못해야 할 타당한 이유는 없다.
- '물은 항상 100도에서 끓는다'고 암송하는 것은 의미 있는 과학지식이라 할 수 없고, 과학적 탐구의 본질을 이해하는 행동은 더더욱 아니다. 주입식 교육의 허점이 잘 드러나는 사례이다.

10장
집에서 하는 전기화학

9장에서는 물 끓이는 것을 예로 아주 간단한 것 같은 자연현상도 잘 뜯어보면 오묘한 재미가 있다는 것을 보여드렸습니다. 그런데 이렇게 생각할 수도 있겠습니다. 물이 끓는다는 것이 사실 알고 보면 굉장히 복잡하고 특이한 현상이 아닐까? 다른 자연현상들은 도리어 단순하지 않을까? 그리고 또 한편으로는 물이 정확히 몇 도에서 어떻게 끓느냐 하는 것이 그렇게 특별히 중요한 문제도 아니지 않느냐라고 생각할 수도 있습니다.

또 하나 조금 다른 종류의 사례를 공부해보면 이러한 석연치 않은 느낌을 해소하는 데 도움이 될 것입니다. 그런 의미에서 이번 장의 주제는 전기화학으로 정했습니다. 물이 끓는 것으로 대표되는 물질의 상태변화도 매우 중요한 과학의 주제이지만, 전기화학은 정말 부인할 수 없는 중요성을 지니고 있습니다. 그리고 그 영역이 더욱 광범위합니다.

전지의 발명

전기화학은 1800년도에 시작됩니다. 이탈리아의 볼타Alessandro Volta가 그해에 자신의 새로운 발명품 전지battery를 기술하는 논문을 발표하였고, 그것은 전 유럽 과학계에 센세이션을 일으켰습니다.

이것이 얼마나 대단한 사건이었는지 우리 현대인들은 상상하기도 힘듭니다. 전지가 발명되기 전 전기라고는 정전기뿐이었습니다. 볼타 자신도 처음에 정전기 연구로 이름이 났었는데, 정전기가 재미는 있지만 사실 그것으로 할 수 있는 일은 별로 없습니다. 그저 인체에 충격을 주거나, 전기불꽃spark을 내거나, 가벼운 물체를 끌어올리는 등 할 수 있는 일이라고는 대부분 고상한 오락에 그쳤습니다. 한 가지 큰 예외가 있다면 비구름 속으로 연을 날려서 번개를 잡았다는 프랭클린 등의 공로로 번개가 구름과 땅 사이에 일어나는 전기불꽃이라고 이해하게 되고, 그럼으로써 피뢰침을 세우고 벼락을 맞는 위험을 줄였다는 것입니다.

그러다가 전지가 발명됨으로써 전류가 흐르는 전기회로를 만드는 것이 가능해졌습니다. 그로부터 현대문명의 기반이 되는 온갖 전기 기구와 기술이 나오게 됩니다. 요새는 발전소에서 나오는 강력한 전기로 가장 중요한 일들을 하기 때문에, 전지의 중요성을 미처 알아차리지 못할 수도 있습니다. 그런데 발전은 어떻게 하느냐고 물어볼 필요가 있습니다. 발전을 하려면 전기와 자기의 상호작용을 이용해야 되는데 그 작용을 이해하는 전자기학electromagnetism은 전류가 흐르는 회로를 만들기 전에는 상상조차 할 수 없었습니다. 전지를 가지고 전선에 전류를 흘리면 그 전류가 자력을 발휘한다는 것은 볼타가 전지를 발명한 지 20년이나 후에 발견된 사실입니다. 거기서부터 시작하여 꾸준한 연구를 거듭해 그다음에는 전지 없이도 자석을 움직임으로써 전류를 만들게 되었는데, 그것이 바로 우리가 쉽게 이야기하는 발전입니다. 그 모든 연구와 발명의 시발점은 전지였습니다. 그러니까 이 전지가 없었다면 현대적 기술문명이란 없었을 것이라 해도 과언이 아닙니다. 지금도 이 전지

▲ 그림 10-1 볼타 © Wikimedia.org

볼타 Alessandro Volta, 1745-1827

이탈리아 북부, 스위스와 국경 부분에 있는 유명한 관광지인 코모Como 지방의 한 귀족 집안에서 태어났습니다. 가톨릭 신부가 되었으면 하는 집안의 기대를 저버리고 과학공부에 몰두했고, 특히 청년기부터 전기에 깊은 관심을 보였습니다. 정전기에 대해 많은 연구를 했고, 그 분야의 이론과 실험 양면에서 뛰어난 성과를 올렸습니다. 그러한 공로를 인정받아서 1778년에 파비아 대학의 실험물리학 교수로 임명되었습니다. 그러나 넓은 분야에 호기심이 많았고, 한때 기체화학에 심취하여 메탄가스를 발견하는 업적도 이루었습니다. 볼타를 영원히 유명하게 만든 전지의 발명에 직접적 자극을 준 사람은 같은 이탈리아인인 갈바니Luigi Galvani였습니다. 갈바니는 1780년에 우연히 요리하려 마련해놓았던 개구리 다리가 금속과 어떤 형식으로 맞닿았을 때 움찔하고 경련하는 것을 발견했습니다. 갈바니는 이를 개구리의 몸 자체에서 전기가 발생하기 때문으로 해석했고, 볼타는 개구리 다리는 금속 사이에서 발생한 전기에 대한 반응을 일으키는 것뿐이라고 반박했습니다. 이런 논쟁을 하다가 볼타는 1799년에 전지를 발명했고, 그 후 볼타는 전 유럽에서 손꼽히는 과학적 유명인사가 되었습니다. 1801년에는 나폴레옹의 초청으로 파리에 가서 전지를 직접 선보이고 프랑스 제국의 백작으로 임명받는 영예를 누렸습니다. 현대물리학에서 사용하는 전압의 단위 '볼트volt'는 이 사람의 이름에서 따온 것입니다.

가 없으면 우리 일상생활은 초토화될 것입니다. 집에 전지가 몇 개나 있나 한번 세어 보면 재미있는 발견을 하게 될 것입니다. 의식하지 못할 뿐 엄청나게 많습니다—시계, 컴퓨터, 휴대전화, 냉난방 조절기, TV 리모컨, 정말 안 들어가는 데가 없습니다.

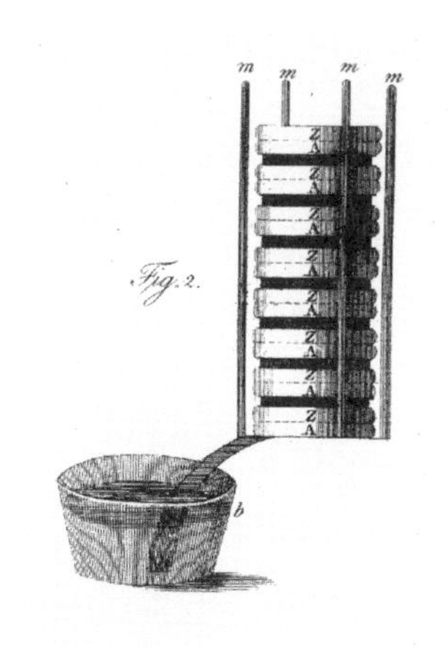

▲ 그림 10-2 볼타의 전지
『Philosophical Transactions of the Royal Society of London』 vol.90 (1800) Ⓔ Alessandro Volta

원점으로 돌아가서 다시 생각해봅시다. 이 볼타라는 사람이 어떻게 전지를 만들어 냈을까요? 그가 처음 만들었던 전지는 우리가 아는 건전지와 작동원리는 비슷하지만 모양은 상당히 다릅니다(그림 10-2 참조). 만들기는 굉장히 간단합니다. 제가 이번 장에 '집에서 하는 전기화학'이라는 제목을 붙였는데, 이런 실험을 정말 집에서 해볼 수 있습니다. 우선 두 가지 다른 종류의 금속판이 필요합니다. 저는 이런 실험을 재현할 때 구리와 아연을 가장 즐겨 씁니다. 안전하고 값도 그렇게 비싸지 않습니다(구리 값이 근래에 많이 오르기는 했지만). 볼타는 아연과 은을 즐겨 썼는데, 그것은 당시 은전을 쉽게 구할 수 있었기 때문이고,* 우리 현대인들은 사실 은판을 구하기는 쉽지 않습니다.

볼타 식 전지를 만들려면, 우선 구리판 위에 아연판을 하나 겹쳐서 테이블 위에 놓습니다. 그다음 종이나 천 조각을 그 금속판과 같은 면적으로 잘라서, 전해질이 녹아 있는 용액에 적셔서 그 위에 놓습니다. 키친타월을 쓰면 저렴하고 간편합니다. '전해질'은 사실

* 현대의 동전은 대개 합금이고, 동전마다 서로 색깔이 다르지만 성분은 그리 다르지 않을 수도 있다.

현대적 개념이고, 이온을 형성해줄 수 있는 용액을 말하는데 볼타는 그냥 전기를 전도할 수 있는 액체면 무엇이든 써도 된다고 생각했습니다. 전해질은 여러 가지 종류를 쓸 수 있는데, 산을 쓸 수도 있고 농도 5퍼센트 정도의 묽은 염산을 쓰면 효과가 좋습니다. 그렇게 묽은 것이면 만져도 크게 위험하지 않지만 그래도 고무장갑을 끼는 것이 좋고, 특히 눈에는 절대 튀거나 묻지 않도록 아주 조심해야 합니다. 그렇게 '금속1-금속2-전해질'을 모아놓은 것이 볼타 식 전지의 기본단위cell입니다. 그러고 나서 그 단위를 원하는 만큼 계속 더해갑니다. 그렇게 탑처럼 쌓아올리는 구조이기 때문에, 원래 볼타의 전지를 영어로 '볼타 식으로 쌓은 더미'라는 뜻의

배터리

전지를 뜻하는 '배터리'라는 말은 어디서 나왔을까요? 좀 복잡합니다. 원래 영어의 'batter'는 사정없이 강하게 때린다는 말이고(태풍이 해안을 강타하듯이), 군사용어로 대포 여러 개를 병렬해서 동시에 적진에 쏘는 포진을 배터리라고 했습니다. 거기에 비유하여 볼타 이전의 전기학에서 정전기를 담아둔 라이덴병Leyden jar 여러 개를 연결시켜 놓은 것을 배터리라고 했는데, 볼타의 전지도 그 단위를 여러 개 겹쳐놓았다고 하여 'galvanic battery' 또는 'Voltaic battery'라고 하다가 그냥 줄여서 배터리로 변했습니다. 그래서 배터리가 전지라는 일반적인 용어로 굳어진 후에는 여러 단위를 겹쳐놓지 않고 한 개만 있어도 그냥 배터리라고 부르게 되었습니다. 그런데 여러 개가 함께 나열되어 있다는 'battery'의 원래 의미와는 정반대가 됩니다. 한문으로 '전기의 연못'이라는 뜻을 지닌 '전지'가 훨씬 뜻을 제대로 표현하는 단어인 것 같습니다.

'Voltaic pile'이라고 했고, 지금도 불어로는 건전지가 'pile'입니다.

그렇게 몇 층 쌓아서 전지를 만들어놓고, 거기서 발생하는 전압과 전류를 전기미터로 재볼 수 있습니다. 대개 구리와 아연 한 쌍에서 0.75볼트volt (V) 정도의 전압이 나오고, 그 단위 전지를 여러 개 쌓으면 전압은 계속 더해집니다. 5층만 조심스레 잘 쌓아도 3볼트 이상이 나오는데, 그렇다면 우리가 보통 가게에서 사는 건전지 두 개를 연결한 것보다 센 전압입니다. 약한 염산과 구리, 아연을 써서 만든 조그만 볼타 식 전지에서는 전류도 무시할 수 없을 만큼 흐릅니다. 전류의 양은 상황에 따라 많이 달라지고, 회로를 계속 연결시켜놓으면 전류가 많이 떨어지지만, 외부저항을 추가로 걸지 않았을 경우 처음에는 1암페어ampère (A)를 거뜬히 넘기도 합니다(그 정도의 전류가 흐르면 용량이 작은 퓨즈는 끊어집니다). 그래서 그런 전지에서 나오는 전류로 전기분해도 해볼 수 있고, 꼬마전구에 불도 켤 수 있습니다(LED 전구라면 더 쉽습니다). 볼타 시대부터 서로 더 센 전지를 만들려는 경쟁이 붙기도 했습니다. 영국의 데이비는 1,200층짜리 전지를 만드는 기염을 토했다고도 합니다. 그렇게 크게 만들려면 높게 쌓을 수는 없고, 옆으로 놓는 방법을 고안했습니다. 그런 강력한 전지를 가지고 데이비는 놀라운 실험을 많이 했습니다. 그중 지금까지도 기억되는 업적이 나트륨과 칼륨을 처음으로 전기의 힘을 빌려 추출한 것입니다. 어떤 이들은 불평도 했습니다. 저 사람은 연구비가 넉넉해서 그런 전지를 만들 수 있지만 보통 사람들은 할 수 없는 일이라고 말이지요. 그러나 사실 그렇게 강력한 전지를 쓰지 않더라도 신기하고 유익한 많은 실험을 할 수 있었습니다.

그런데 여기서 한 가지 짚고 넘어가야 할 점이 있습니다. 제가 지금 볼타 식 전지를 만들어서 전기미터로 전압과 전류를 확인해 볼 수 있다고 했는데, 볼타와 그 동시대 과학자들에게는 그런 전기미터가 없었습니다(그런 미터는 볼타로부터 시작된 전기의 이해가 훨씬 더 발전한 결과 발명된 것이기 때문에 당연하지요). 그러면 그들은 어떻게 전지에서 전기가 흘러나온다는 것을 알았을까요? 웬만한 용량의 전지가 있으면 여러 화합물을 전기분해할 수 있었습니다. 그러나 그것도 볼타 이후에 발견된 효과였고, 처음에 볼타 자신은 알지 못했습니다. 그러면 전지의 효과를 어떻게 감지하고 측정했을까요? 정전기를 연구하던 버릇대로, 자기 몸에 충격을 주는 것이 가장 명백한 방법이었습니다. 그래서 전지에 대한 볼타의 첫 논문을 보면, 한 20층 되는 전지를 만들어서 한 손으로 바닥을 만지고 다른 손으로 꼭대기를 만짐으로써 자신의 몸으로 회로를 닫아주었을 때, 손에 상당한 충격을 받았다고 보고하고 있습니다.[1] 바닥과 한 3, 4층까지만 연결해도 충격을 느낄 수 있었고, 점점 더 높은 층과 연결할수록 충격은 더 심해졌다고 보고하고 있습니다. 저도 최근에 20층짜리 볼타 식 전지를 만들어본 결과 어느 정도의 충격을 경험할 수 있었습니다. 또 볼타는 전지를 여러 가지 감각기관에 연결해 보았습니다. 전지의 한쪽 끝에 이은 철사를 입천장에 대고 반대쪽 끝에 이은 것을 눈 옆에 대니까 섬광이 보였고, 귀에 대니까 치직하는 소리가 들렸다는 등의 온갖 실험결과를 기록하였습니다.*

* 볼타 식으로 실험을 한 어떤 사람은 자기 몸 전체에 계속 전류를 통하게 하니 결국 설사가 났다는 보고를 하기도 했다.

그런 종류의 실험 중, 볼타가 전지를 발

명하기도 전부터 알려졌던 아주 간단한 것이 있습니다. 구리 철사와 아연 철사를 한 조각씩 구해서 잘 씻은 후, 한쪽 끝을 서로 꼬아서 연결합니다(그림 10-3처럼). 그러고 나서 연결되지 않은 쪽 끝의 두 부분을 동시에 혀에 댑니다. 이상한 맛이 납니다. 신맛 같기도 하고, 금속성의 맛이라고 느껴질 수도 있는데 그 철사 두 개 중 하나는 떼고 하나만 혀에 대면 그 맛이 전혀 나지 않고 사라집니다. 그냥 신기한 것으로 알려져 있던 현상인데, 볼타가 전지를 발명한 이후 이 현상을 잘 해석할 수 있게 되었습니다. 그 두 금속을 혓바닥으로 연결하면 전지가 만들어지는 것입니다. 아연판과 구리판을 전해질에 적신 종이로 연결하는 것과 같은 이치입니다. 그래서 아주 미량의 전기가 흐르면서 혀를 자극해서 그러한 감각을 가져다주는 것이라는데요, 해보면 아주 재미있습니다.

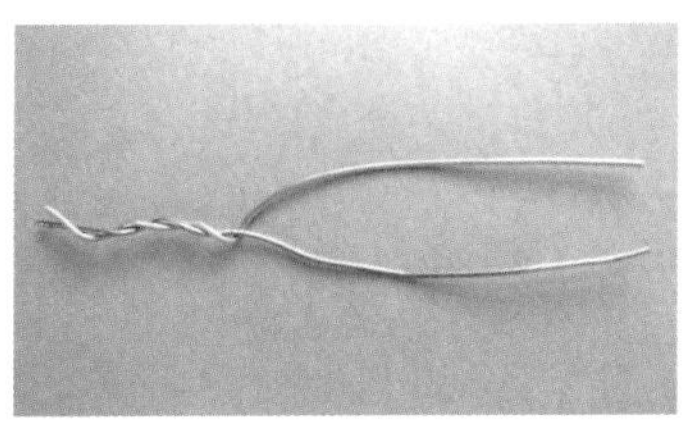
▲ 그림 10-3 혀로 만드는 전지 © 장하석

이렇게 뭐든 세 가지 다른 물질을 연결시킴으로써 전기를 발생시키는 것이 초창기 전기화학의 기본이었습니다. 아주 다양한 여러 가지 물질을 사용할 수 있습니다. 예를 들어서 요즘 어린이들에게 종종 소개되는 감자 전지가 있습니다. 감자를 송곳으로 찔러서 구멍을 두 군데 냅니다. 한 구멍에 구리 철사를 꽂고 다른 구멍에 아연 철사를 꽂으면 전지가 됩니다. 거기서 0.75볼트가량의 전압이 나옵니다. 감자 대신 레몬을 써도 마찬가지입니다. 그 전압은 대략 구리와 아연 간의 관계지, 그 사이에 어떤 전해질이 들어가는지는 큰 상관이 없습니다. 원래 볼타는 전지에 들어가는 전해질로 산을 쓰지도 않았고, 소금물을 썼습니다. 그런데 어린 학생들에게 레몬 전지, 감자 전지를 만들게 하기는 쉬운데 그 원리는 뭘까요? 설명하기가 힘듭니다. 그 설명을 시도하면 우리는 볼타 시대의 논쟁으로 바로 다시 끌려들어갑니다. 이 내용은 잠시 후에 더 자세히 논의합니다.

세 가지 물질을 연결시켜서 전지를 만들 때, 꼭 금속을 포함시켜야 하는 것도 아니었습니다. 금속 없어도 만들 수 있는 가장 좋은 예는 전기뱀장어입니다. 뱀장어 말고도 대서양과 지중해에 서식하는 **전기가오리***는 고대로부터 잘 알려져 있었고, 의학에서 사용되기도 했습니다. 그 물고기가 어떻게 전기를 발생시켜서 다른 동물들에게 충격을 주는지 그 원리를 알아내기 위해 유럽의 학자들은 많은 고민과 연구를 했었습니다. 볼타가 처음 전지를 만들었을 때, 인공 전기 물고기를 만들었다고 좋아하기도 했었습니다. 그 후로 많은 연구자들이 동물실험을 하면서 모든 인간과 동물의 신경을 조종하는 것이 전기라는 이론을 정립했고, 갈바니로 인해 크게 일어난 동물 전기에 관한 관심은 끊이지 않고 지속되었습니다. 그림 10-4는 그 시기에 실시되었던 동물실험 중 좀 해괴망측한 한 예를 보여줍니다. 실험자가 오른손으로는 죽은 소의 귀를 잡고, 왼손으로는 죽은 개구리의 다리를 잡아서, 그 개구리 다리를 소 혀

▲ 그림 10-4 동물체 세 가지로 만든 전지
from C.H. Wilkinson, 「Elements of Galvanism」, in 『Theory and practice』 (1804) ⓒ C.H. Wilkinson

* **전기가오리** 영어로는 'torpedo'라고 하는데, 그 말이 전의되어서 어뢰라는 무기를 뜻하게 되었다.

에 대고 있습니다. 그렇게 하니 개구리 다리가 팔딱 움직였다는 것입니다. 세 종류의 동물체로 회로를 만들어 전지를 만든 것입니다. 당시 과학실험을 보여주는 강연자로 유명했던 갈바니의 조카 알디니Giovanni Aldini는 1803년에 런던에서 사형수의 시체에 전기를 흘려서 표정을 짓게 만들고 손발을 움직이게 하는 끔찍한 실험을 했습니다. 나중에 그 실험의 이야기에서 셸리Mary Shelley는 『프랑켄슈타인』 소설의 아이디어를 얻었다고 합니다.

전기화학은 민중과학?

이런 여러 가지 실험 소식이 전파되면서 전기연구가 과학자들뿐 아니라 대중들에게도 폭발적인 인기를 얻었습니다. 진지한 아마추어들, 요즘 우리가 말하는 마니아들이 많이 생겼습니다. 여러 가지 학술논문을 찾아보거나 그냥 내용을 전해 듣고, 일반인들도 재미있는 실험을 많이 시도했습니다. 학문의 초창기에는 대단한 전문가도 많지 않았고, 또 대단한 전문가가 아니라도 연구를 할 수 있었습니다. 특별히 실험실 없이도 집에서 할 수 있는 연구 주제들도 많았습니다. 좀 더 전문적인 사람들 중에는 돌아다니면서 실험 시범을 포함한 강의를 해서 먹고사는 방랑의 강연자들도 있었습니다.

이렇게 아마추어적으로 전기화학을 연구한 과학자 중에 참 뛰어난 사람이 한 명 있었는데, 런던에서 활동했던 니콜슨William Nicholson입니다. 프리스틀리나 돌턴 등을 낳았던 영국의 아마추어 과학 전통을 대표하는 사람 중 한 명인데, 처음에는 회사원이었습니다. 원래 영국의 인도 식민지 통치를 맡아서 했던 동인도회사를 다녔고, 또 7장에서 '달빛친목회'의 일원으로 잠시 소개되었던 웨지우드의 도자기 회사도 잠시 다녔습니다. 그러다가 그런 일보다는 과학을 하고 싶다는 결심을 했습니다. 대단한 과학교육을 받았던 것도 아니고 과학계에 연줄이 있던 것도 아닌데, 과학 '저널리스트'가 되겠다고 결심했습니다. 요즘 같은 신문, 방송인의 의미가 아니라, 정기적으로 나오는 학술지를 지칭하는 저널journal을 만드는 사람을 뜻합니다. 그래서 니콜슨은 아무 제도적 기반도 없이, 정말 밑도 끝도 없이 1797년에 학술지를 창간했습니다.*

저널을 창간해서 자기 자신을 편집장으로 임명한 후, 논문 심사위원도 세우지 않고 그냥 자신이 재미있고 가치 있다고 판단하는 논문들을 마음대로 뽑아서 출간했습니다. 좀 대조를 해보자면, 당시 영국에서 가장 권위 있던 학술지는 런던의 왕립학회 공식 학회지 『Philosophical Transactions of the Royal Society』였는데, 얼마나 비민주적이었냐면 왕립학회의 회원fellow이 아니면 원고를 보내지도 못했습니다. 비회원이 정말 발표하고 싶은 논문이 있으면 회원 한 명을 설득해서 그 사람이 기고해주는 형식을 취해야 했고, 그렇게 발표가 되더라도 출판되기까지 2년이나 걸리는 경우도 있었습니다. 그런데 니콜슨은 모든 형식과 절차를 없애고, '아무나 자유롭게 기고하시오!' 하고 선언했습니다. 자신이 보고 괜찮으면

* 그 학술지를 『A Journal of Chemistry, Natural Philosophy, and the Arts』라 이름 붙였는데, 여기서 '아트'는 예술보다는 기술에 가까운 의미다.

그 즉시 찍어냈습니다. 그러니까 모든 사람들이 집에서 실험하고 생각도 해서 '나 뭔가를 발견한 것 같아!' 하면 니콜슨에게 바로 편지를 쓰는 형식으로 제출했던 것입니다. 인기를 얻을 수밖에 없었지요. 나중에 왕립학회의 회장까지 지내는 등 거장이 된 데이비 같은 사람도 무명의 청년 시절에는 니콜슨의 저널에 계속 논문을 보냈습니다. 그 젊은이의 재능을 알아본 니콜슨은 그의 논문을 매달 게재해주었습니다.

저널을 창간한 3년 후에 니콜슨은 자기 일생의 가장 유명한 작품이 될 논문을 발표했습니다. 저명한 의사였던 친구 칼라일Anthony Carlisle과 함께 한 연구결과를 보고한 것인데, 전지를 사용한 최초의 전기분해였습니다. 볼타가 전지를 발명했다는 소식을 듣고 그것을 따라서 실험하다가 전기의 작용으로 물이 산소와 수소로 분해되는 것을 우연히 발견한 것입니다. 전기분해의 중요성을 현대과학자들은 간과하기 쉽습니다. 그러나 생각해보면 그때까지는 서로 아무런 확실한 관계가 없다고 생각되었던 전기와 화학을 연결한 것은 엄청난 결과였습니다. 결국은 화학의 진로 자체를 바꿔놓은 성과였던 것입니다. 이 연구결과를 니콜슨은 다른 데 보내지 않고 자신의 저널에 냈습니다. 그 결과가 또 선풍적인 인기를 끌어서 많은 다른 연구를 촉진했고, 이런 식으로 중요한 논문들을 상당수 게재한 니콜슨의 저널은 시시한 잡지에서 일약 가장 중요한 학술지 중 하나로 떠올랐습니다. 그러면서도 어떤 저자의 글도 내용만 흥미롭다면 받는다는 원칙을 버리지 않았습니다. 정말 니콜슨은 민중과학이라고 할 수 있는 운동을 벌인 것입니다.[2]

전지의 작동원리에 대한 논쟁

그런데 앞서 잠시 언급했듯이, 전지를 만들기는 정말 쉬웠지만 그것의 작동원리는 정말 이해하기 힘들었습니다. 현대적 과학상식으로 보자면 전지의 작동에서 가장 중요한 것은 전해질이 금속과 일으키는 화학반응입니다. 그런데 볼타 자신의 이론은 전혀 달랐습니다. 볼타는 두 가지 다른 금속의 접촉으로 인해 거기서 전기가 생

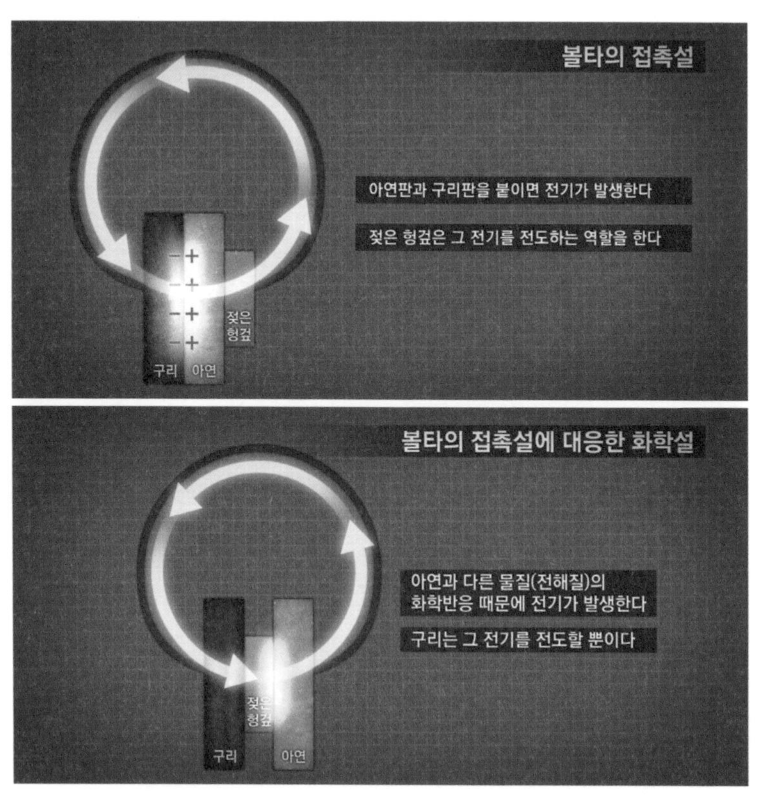

▲ **그림 10-5** 접촉설 대 화학설 © CH. Bom

겨난다고 믿었습니다(그림 10-5 참조). 그러면 전해질 층은 왜 필요할까요? 그것은 금속 사이의 접촉면에서 발생한 그 전기를 전도할 뿐이라고 했습니다. 볼타는 사실 우리가 말하는 전해질 개념도 몰랐고, 처음에는 그냥 물을 사용했습니다. 나중에는 소금물을 썼는데, 맹물보다 소금물이 전기를 잘 전도한다는 이유뿐이었습니다.

전지의 작동원리에 대해 전 유럽의 과학자들은 몇 십 년간 이론 투쟁을 벌였습니다. 그 결과로 볼타 자신의 이론은 폐기되고 말았습니다. 시간이 흐르면서 볼타의 '접촉설'에 대응하는 '화학설'이 점점 더 유력해졌습니다. 화학설에 의하면 예를 들어서 구리-아연 전지에서는 아연과 전해질 간의 화학반응에 의해 전기가 나오고, 구리는 그 전기를 전도할 뿐이라 했습니다. 똑같은 실험을 두고 완전히 다른 해석을 내리고 있지요. 쿤은 이것을 4장에서 말씀드렸던 비정합성을 나타내는 좋은 예로 들었습니다.[3] 그림 10-5를 보면 이해가 쉽게 될 것입니다. 접촉설에서 생각하는 전지의 단위는 '금속1 - 금속2 - 전해질'이고, 화학설에서 생각하는 전지의 단위는

▲ **그림 10-6** 볼타의 실험: 접촉에 의한 전기 발생 © CH. BOm

'금속1 - 전해질 - 금속2'입니다. 여러 층을 쌓으면 중간 부분은 구조가 같겠지만 끝쪽은 다릅니다.

두 이론에는 다 실험적 기반이 있었는데요. 접촉설의 근원은 볼타가 전지를 발명하기도 전에 정전기로 했던 다음과 같은 실험입니다. 구리판 하나, 아연판 하나를 서로 맞대어놓았다가 떼니까 양쪽에 상반하는 전하가 발생했다고 합니다(그림 10-6 참조). 현대식으로 말하면 두 금속을 접촉시켰을 때 전자가 아연에서 구리 쪽으로 이동한다는 것입니다. 볼타와 그의 지지자들이 보았을 때 이 실험은 두 가지 다른 금속을 붙이면 전기의 이동이 생긴다는 확실한 증거였습니다. 또, 아예 전해질 없이 전지를 만든 사람들도 있었습니다. 9장에서 중요한 인물로 등장했던 들룩은 볼타가 전지 발명을 발표했을 때 이미 70대 노인이었는데, 이 새로운 분야에 큰 관심을 갖고 연구했습니다. 그 결과 전해질 없이 바싹 마른 종이를 금속 사이에 끼워 만든 '건조 전지dry pile'를 내놓았습니다. 들룩 이외에도 건조 전지를 만든 사람들이 꽤 있었고, 20세기에 잠시 재현되기도 했습니다.[4] 저도 이 부분을 아직 집중적으로 연구해보지는 못했지만, 관련된 실험을 우연히 했던 적이 있습니다. 구리와 아연판 사이에 제 엄지손가락을 끼워 넣고 전압을 재보니까 0.44볼트가 나왔습니다(그림 10-7 참조). 사람마다 나오는 전압이 조금씩 다릅니다. 현대화학자들의 머릿속에는 대개 화학설이 굳어 있

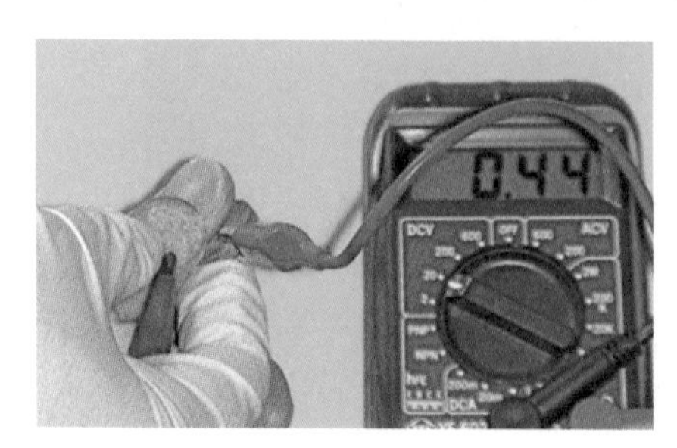

▲ 그림 10-7 엄지 전지 © 장하석

고, 그렇기 때문에 이 실험을 보여주었을 때 아연과 손가락 사이에서 미량의 화학반응이 일어나는 것일 수밖에 없다는 해석을 내리는 분들도 있습니다. 반면 볼타의 접촉설로 해석한다면, 손가락이 전기를 전도하는 것으로 충분합니다.

화학설 쪽에도 또 나름대로 많은 증거가 있었습니다. 화학반응과 전기발생 간의 직접적 연관성을 보여주는 실험들이 많이 나왔는데, 그중에 월라스턴William Hyde Wollaston이 1801년에 발표했던 다음과 같은 실험이 그 간단한 예입니다. 7장에서 말했듯이 산에 금

월라스턴 Willian Hyde Wollaston, 1766-1828

▲ 그림 10-8 월라스턴

© John Jackson at Wikimedia.org

영국 동남부 노폭Norfolk 지방의 인텔리 집안에서 태어났습니다. 그의 아버지, 할아버지가 모두 왕립학회 회원이었고, 아버지는 천문학자로도 명성이 있는 성직자였습니다. 형 프랜시스Francis는 케임브리지 대학 화학 교수를 역임했습니다. 월라스턴은 케임브리지 대학에서 의학공부를 한 후 시골에서 가정의로 몇 년간 일하다가 런던으로 이주한 후, 의사를 그만두고 결혼도 하지 않고 살면서 다양한 분야의 과학연구에 전념했습니다. 그렇게 할 수 있었던 것은 집안도 넉넉했을 뿐 아니라, 자신이 그때만 해도 생소한 금속이었던 백금platinum을 잘 가공하는 방법을 고안하여 그것으로 값비싼 실험기구들을 만들어서 판매하는 사업을 벌였기 때문입니다. 백금에 관한 연구를 하면서 그 광석에 같이 섞여 있는 원소 로듐과 팔라듐을 발견하기도 했습니다. 결정학crystallography과 분석화학에 많은 공헌을 했고, 돌튼의 원자이론을 초기에 지지하는 중요한 역할도 했습니다. 광학에도 관심이 있어서, 자외선을 발견하기도 했습니다. 월라스턴은 아마추어 과학자였지만 학계에서 크게 존경받는 인물이었습니다. 1793년에 왕립학회의 회원으로 선출되었고, 1820년에는 잠시 회장까지 지냈습니다.

속을 넣으면 수소 거품이 나오면서 녹습니다(캐븐디쉬가 1766년에 발표했던 결과입니다). 이것은 염산에 아연을 넣어 쉽게 해볼 수 있습니다(그림 10-9 참조). 농도 5퍼센트 정도, 효과를 더 확실히 내려면 10퍼센트 정도 되는 염산에 아연 철사를 넣으면 그 즉시 철사에 기포가 달라붙고 곧 보글보글 올라옵니다.* 그 반면 구리는 염산에 녹지 않기 때문에, 한참 넣어두어도 아무런 기포가 형성되지 않고 그냥 있습니다. 월라스턴의 실험은 아주 간단합니다. 그렇게 염산에 들어가 있는 아연과 구리를 연결해주는 것입니다. 연결하는 순간 구리에서 갑자기 거품이 올라오기 시작합니다.

* 그런데 아연 철사의 표면에 좀 녹이 슬어 있다면 그 거품이 나오기까지 약간 시간이 걸린다. 7장에서 말했듯이 녹, 즉 금속회는 산에 녹을 때 수소를 발생시키지 않기 때문이다. 아연의 녹은 얇게 끼었을 경우 잘 보이지 않는다. 그러니 아연을 염산에 넣었을 때 아무 반응이 없는 것 같으면 조금 참고 기다릴 필요가 있다.

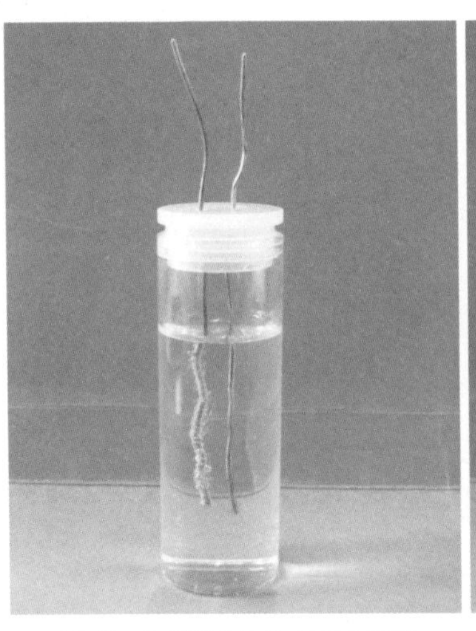

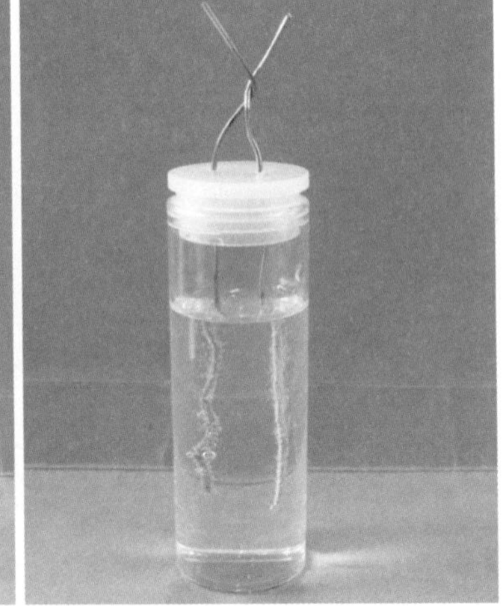

▲ 그림 10-9 월라스턴의 실험 © 장하석

참 간단하고도 재미있는 실험인데요, 재현하기도 아주 쉽습니다. 그런데 이 간단한 실험이 또 이론적으로 이해하기는 쉽지 않습니다. 월라스턴은 우선 그 실험장치의 위상topology이 바로 볼타 전지와 같다고 지적했습니다. 두 금속과 전해질을 연결한 것이지요. 그러면 그 작동원리는 무엇일까요? 월라스턴은 이렇게 설명했습니다. 산의 작용을 받아서 아연이 용해될 때 거기서 전기가 발생한다고 생각했습니다(정확히 왜 전기가 나오는지는 모르지만). 그 전기가 용액 속으로 들어갈 때, 물분자를 파괴시켜서 수소가 나오게 한다는 것이었습니다. 그런 상황에서 구리 철사를 아연 철사와 연결해주면 아연에서 생겨난 전기가 구리 쪽으로 넘쳐흘러서 구리를 통해 용액 속으로 들어가면, 구리의 표면에서도 수소가스가 나온다는 것입니다.

월라스턴의 실험: 현대적 설명의 재미있는 어려움

월라스턴 자신이 제안한 설명이 말이 되기는 하는데, 좀 막연합니다. 하지만 월라스턴을 탓할 수는 없습니다. 당시에는 이온 개념도 없었고 전기 자체가 무엇인지 확실한 개념조차 없었기 때문입니다. 전기는 대략 어떤 미지의 유체라고들 여겼고, 실제로 그러한 물질이 존재하는지 아무도 확신하지 못했습니다. 그러니까 그때 과학자들의 이론적 고충을 충분히 이해할 수 있습니다.

그런데 우리가 월라스턴의 실험을 현대적으로 이해하고자 한다면, 어떤 설명을 할 수 있을까요? 현대적 화학상식에 의하면 금속이 산에 용해되는 과정은 다음과 같습니다(그림 10-10 참조). 산에는 수소이온(H^+)이 많습니다. 수소이온은 전자를 하나 잃은 수소원자로, 그 잃은 전자를 보충하려는 경향을 가지고 있습니다. 금속에는 빼낼 수 있는 자유전자가 많이 있습니다. 그래서 수소이온이 금속에 있는 전자를 끌어내서 차지하면 중성인 수소원자가 되고, 그 원자 두 개가 합쳐지면 수소분자 H_2가 형성됩니다. 그 과정에서 전

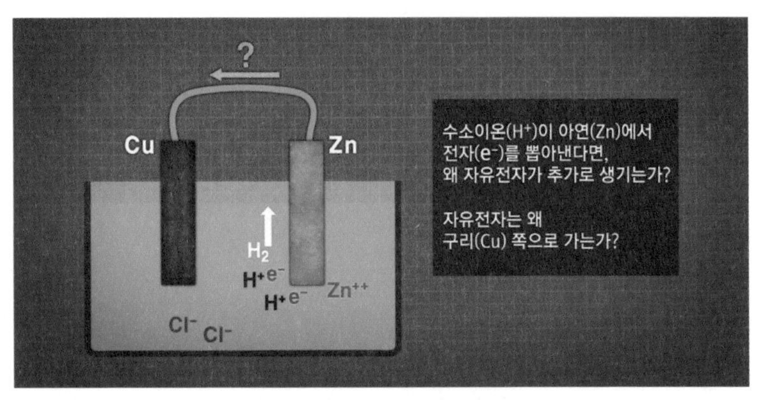

▲ 그림 10-10 월라스턴의 실험: 현대적 해석 © CH. Bom

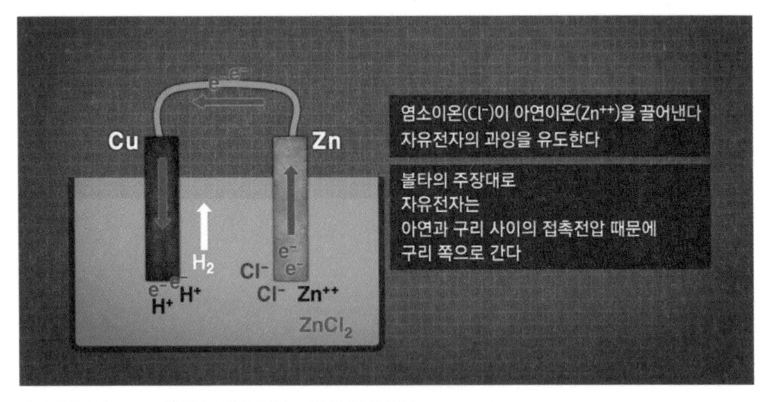

▲ 그림 10-11 월라스턴의 실험: 재해석 © CH. Bom

자를 빼앗긴 금속은 양이온이 되고, 용액 속으로 녹아나옵니다(아연이라면 Zn^{++}로 표기되는, 전자 두 개를 빼앗긴 이온이 됩니다). 그런데 그런 설명을 기반으로 월라스턴의 실험을 이해하고자 하면, 두 가지 의문이 생겨납니다. 첫째, 수소이온이 아연에서 전자를 빼앗아갔다면 그것으로 끝이지, 왜 전자가 추가로 나오겠습니까? 둘째, 그렇게 추가로 아연에서 전자가 나왔다면 그 전자가 왜 아연 쪽에서 그냥 용액으로 나오지 않고, 구리로 넘어간 다음 그쪽에서 용액으로 나온다는 것입니까?

제 생각에는, 염산에는 수소이온(H^+)만 있는 것이 아니라 염소이온(Cl^-)도 있다는 것이 중요합니다(그림 10-11 참조). 그 염소이온이 아연을 이온화해서 끌어낸다면 남아도는 전자가 생기리라고 생각해볼 수 있습니다. 그런데 그 남아도는 전자가 왜 구리 쪽으로 갈까요? 이것은 현대 물리학으로 해석하면 하나도 이상하지 않습니다. 쉽게 말해, 각종 금속 표면은 다른 강도로 전자를 끌어들입니다. 그것을 '전자 일 함수electronic work function'라고 합니다. 일 함수의 값이 서로 다른 두 가지 금속 표면을 접촉시키면 자유전자는 일 함수 값이 높은 쪽으로 움직일 것입니다. 볼타가 원래 말했듯이, 두 금속 사이에 전압potential의 차이가 있는 것입니다.

▲ **그림 10-12** 구리를 금으로 대체한 월라스턴의 실험 © 장하석

볼타 식의 해석에 일리가 있다는 것은, 월라스턴의 실험을 약간 변형시키면 볼 수 있습니다. 그 실험에 구리 대신 금을 쓸 수 있습니다. 그렇게 해보면, 아연 자체에서는 거품이 거의 나오지 않고 금에서는 맹렬히 나옵니다. 아연에서 발생한 전자가 전부 금으로 넘어간다는 말이지요. 아연과 금을 연결했을 때 그 사이의 전압 차이가 아연과 구리 간의 차이보다 훨씬 크기 때문입니다. 금으로 실험한 이 장면을 보고 있으면 아름답기까지 합니다. 이 금을 그냥 길쭉한 철사 모양이 아닌 조금 멋진 모양으로 넣으면 거품이 나오는 모습도 더 예쁘지 않겠느냐는 생각을 했습니다. 예를 들어 결혼반지를 사용하면 거품이 동그란 환형을 기점으로 나올 테니까 아주 멋지지 않을까 싶었는데 제 아내가 거부권을 행사했습니다. 그때 저는 이렇게 이야기했습니다. 이 실험을 할 때 금이 녹는 것이 아니고 아연이 녹으면서 나오는 그 전자를 금이 받아서 방출하면서 거품을 일으킬 뿐이므로 반지가 상할 위험은 없다. 금은 그리 쉽게 화학반응을 하지 않고, 그렇기 때문에 금을 가치 있게 여기는 것이 아니냐 하며 역설했습니다. 그랬더니 아무래도 믿을 수 없다는 것이었습니다. 그래서 그 실험은 포기하고 말았습니다(그러나 나중에 이 이야기로 돌아올 일이 있습니다). 그런데 제가 여기서 나름대로 내린 현대적 해석을 진짜 화학하시는 분들이 받아들이리라는 자신은 없습니다. 제가 개인적으로 아는 화학자들 사이에서는 대강 반반입니다.*

* 기초화학에서 전지를 다룰 때는 대개 산화환원전위redox potential의 차이로 해석하려 하는데, 월라스턴의 실험에서는 용액 속에 구리 이온이 없기 때문에 좀 껄끄럽다.

은나무 기르기

이런 간단한 전기화학적 현상을 이해하는 것이 만만치 않다는 것을 보여주는 예가 또 한 가지 있습니다. 질산은(은질산염 $AgNO_3$)용액에 아연이나 구리조각을 넣어놓으면, 거기서 아주 아름다운 은나무가 자라납니다. 질산은이란, 말 그대로 질산 nitric acid(HNO_3)에다가 은(Ag)을 녹인 것입니다. 염산이나 다른 보통 산은 은을 녹이지 못하는데, 질산은 은을 녹일 수 있습니다(금은 녹이지 못해도). 중세에 질산을 발견했던 연금술사들은 이것이 너무 놀라워서 질산의 이름을 라틴어로 'aqua fortis'라고 붙였습니다. '강수', 즉 센 물이라는 말이지요. 얼마나 세면 은도 녹이겠습니까?

질산은 용액에 구리 철사를 하나 넣으면, 즉시 은색으로 덮입니다. 구리가 용액에 약간 녹아들어가는 만큼, 녹아 있던 은이 나와서 구리 철사 위에 입혀지는 것입니다. 이렇게 금속끼리 대체되는 현상은 아주 옛날부터 알았는데, 옛날 화학자들은 이렇게 이해했습니다. 질산이 은도 좋아해서 녹이지만 구리를 더 사랑합니다. 그래서 질산이 은과 화합해서 같이 잘 있다가도 구리가 근처에 다가오면 '난 당신이 더 좋아' 하면서 은을 버리고 구리를 취한다는 것입니다. 이 실험을 해보면 구리가 녹는 것이 즉시 보이지는 않지만, 좀 지나면 용액이 파란색을 띠는 것을 볼 수 있습니다. 이 파란색은 구리이온(Cu^{++})의 색입니다.

거기까지는, 재미있지만 별로 신기할 것은 없습니다. 그런데 이 구리 철사를 질산은 용액에 계속 넣어두면, 은으로 덮인 그 위에

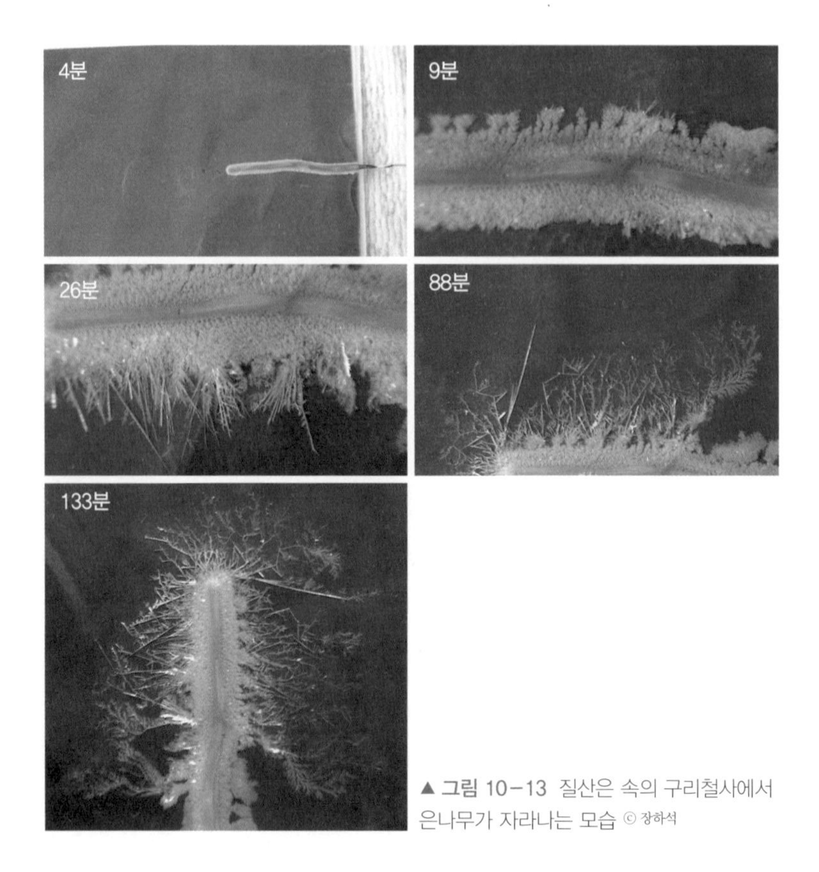

▲ **그림 10-13** 질산은 속의 구리철사에서 은나무가 자라나는 모습 © 장하석

또 은이 더 붙기 시작합니다(그림 10-13 참조). 자라는 과정을 잘 관찰해보면 아주 재미있습니다. 처음에는 거의 균일하게 나가다가 갑자기 쫙 뻗는 가지가 생기고, 클로즈업해보면 정말 모양이 신기합니다. 아주 세밀한 바늘 같은 모양도 나오고, 고사리같이 퍼지기도 하고, 쫙 자라고 나서 이끼 같은 잔가지가 뻗치기도 하는 등 가히 예술적으로 다양한 모습이 펼쳐집니다. 제가 창조한 예술이라고 할 수는 없지만요. 자연이 베푸는 예술을 받는 것입니다.

▲ 그림 10-14
3차원적 은나무 ⓒ 장하석

신기하고 아름다운 것은 좋은데, 이 현상을 어떻게 이해할 수 있을까요? 질산이 은보다 구리를 더 사랑한다면, 구리 철사가 은으로 덮였으면 됐지, 왜 은 위에 은이 계속 자랄까요? 이것도 19세기 초반에 나온 실험인데, 당시 유력한 해석은 이러했습니다. 질산염 용액 속에 담긴 구리 위에 은이 침전되는 순간 전지가 형성된다고 했습니다. 왜냐하면 그럼으로써 두 가지 금속과 전해질이 닿아 있는 구도가 생기기 때문입니다. 그래서 전기가 발생되어 돌기 시작합니다. 이것을 현대식으로 말해보면, 구리가 녹으면서 생겨나는 전자가 은으로 끌려가서, 또 무슨 이유에서인지 가장 뾰족한 모양으로 된 부분으로 가서 용액으로 방출됩니다. 이 방출된 전자가 질산은 용액에 녹아 있는 은이온(Ag^{+})을 만나서 그것을 전기적으로 중성인 은원자로 환원하고, 그러면 그 은은 더 이상 용액에 녹아 있지 못하고 침전됩니다. 그렇게 하여 은나무의 가지는 계속 뻗어나갑니다. 이 과정에서 왜 전자가 꼭 가지 끝까지 가서 나오는지에 대해 어떤 설명은 있겠지만, 제가 가진 지식으로는 이해하기 힘든 내용입니다. 세부적으로 형성되는 정확한 모양은 아마 그때그때 상황에 따라 달라질 것이고, 실제로 실험을 해보면 매번 그 모양이 상당히 다릅니다.

제가 처음에 이 은나무 실험 이야기를 19세기 문헌에서 읽고서 '말도 안 돼' 하는 느낌을 갖고 해봤는데 결과가 그대로 나왔습니다(9장에서 논의한 물의 비등점의 변화무쌍함과 비슷한 상황입니다). 지금

* 질산은 용액은 약 1몰라molar 정도의 농도면 아주 좋다.

은 거의 잊힌 실베스터Charles Sylvester라는 사람이 바로 니콜슨의 저널에 발표했던 논문이었습니다.[5] 이 실험도, 질산은만 구할 수 있으면 아주 손쉽게 해볼 수 있습니다.* 그림 10-13은 투명한 플라스틱으로 된 명찰 케이스에 질산은 용액을 넣고, 자라나는 은나무가 잘 보이도록 그 안에 어두운 색으로 코팅이 된 마분지를 배경으로 넣은 것입니다. 질산은 용액을 시험관 같은 데 넣고 3차원적으로 키워도 멋진 모양이 나옵니다(그림 10-14 참조). 한 가지 조심하셔야 할 것은, 질산염은 옷이나 피부에 묻으면 영 지워지지 않습니다. 용액 자체는 투명하지만 어디 묻으면 나중에 짙은 색의 얼룩이 생깁니다. 꼭 장갑을 끼고 실험실용 가운이나 허드레옷을 입는 것이 좋습니다.

소금물의 전기화학

볼타의 원조 전지로 돌아가봅시다. 볼타가 쓴 전해질은 소금물이었다고 했는데, 어떻게 소금물이 전기를 발생시킬 수 있는지 의문이 생깁니다. 그 탐구를 위해, 저는 월라스턴의 실험을 염산 대신 소금물로 해보았습니다. 제 나름대로 내렸던 월라스턴의 실험에 대한 현대적 해석에 따라서, 여기서도 염소이온(Cl^-)이 아연이온(Zn^{++})을 빼내면서 거기서 자유전자를 발생시키고, 그 전자들이 구리 쪽으로 갈 것으로 예측할 수 있습니다. 그런데 이 실험을 해보면 염산을 썼을 때와 달리 아무 거품도 나지 않고, 반응이 일어나는 별

흔적이 없습니다. 그러나 전기미터를 연결해보면, 0.7볼트 이상의 전압이 또 일어나고, 전류도 무시할 수 없는 정도로 흐릅니다.

** 포화상태의 소금물은 pH5밖에 되지 않는다.

여기서 전류가 흐른다는 것은 구리 쪽으로 분명히 전자가 넘어오고 있다는 이야기입니다. 그런데 그 전자가 구리에서 소금물로 나와서 도대체 어디로 가는 것입니까? 그 전자를 누가 받느냐는 질문입니다. 염산으로 실험했을 경우, 산에 풍부한 수소이온(H^+)이 그 전자를 받아서 수소가스를 형성합니다. 그런데 소금물에는 수소이온이 얼마 없습니다.** 따라서 거품이 나지 않는 것도 이해가 됩니다. 그러면 그 전자는 어디로 들어가는 것일까요? 물론 소금물에도 원칙상 전자를 받을 수 있는 양이온이 있습니다. 그런데 그것은 나트륨이온(Na^+)이고, 나트륨이온이 전자를 받으면 나트륨 금속이 될 텐데, 그렇다면 그 과정이 그냥 조용히 이루어지지는 않을 것입니다. 나트륨을 물에 던지는 실험을 본 적이 있는 분들도 있을

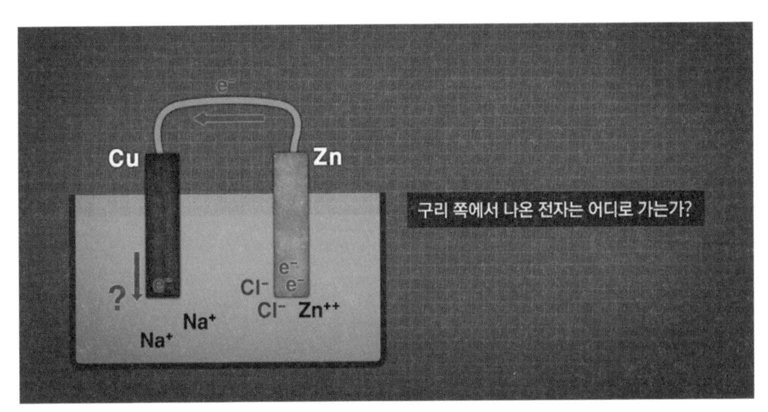

▲ 그림 10-15 소금물 전지에서 전자는 어디로 가는가? © CH. Bom

것입니다.[6] 막 폭발적으로 불이 붙습니다.

그래서 이 볼타의 원조 전지의 작동원리에 더 깊은 의문을 갖게 되었습니다. 그런데 화학자들에게 물어봐도 그냥 네른스트 공식Nernst equation을 그 상황에서 풀어보라는 대답 아닌 대답만 해주었습니다. 답답한 나머지 독자적으로 연구해보아야겠다는 생각을 했습니다. 한 가지 실험을 고안했는데, 구리 쪽에서 나오는 전자가 어디로 가는지 궁금했기 때문에, 그쪽에다 전자를 대량으로 퍼부어 넣어보자는 생각을 했습니다. 외부 전지를 하나 연결해서, 음극을 구리 쪽으로 하여 전자를 넣어주면 어떻게 될까요? 그렇게 해보면 구리 철사에서 엄청난 양의 가스가 나옵니다(그림 10-16 참조). 모아보면 수소입니다. 그런데 소금물에는 수소이온이 거의 없다고 하지 않았습니까? 생각해보면, 물분자가 바로 즉석에서 분해

▲ **그림 10-16** 소금물에 전자 퍼붓기 © CH. Bom

되어서 수소는 가스로 배출되고, 산소는 수산화이온(OH^-)이 되어 용액에 남아 있다는 해석만이 가능합니다(그 용액이 실제로 굉장한 염기성이 되는 것을 확인할 수 있습니다). 전기분해도 이렇게 빠른 전기분해가 없습니다. 그와 동시에, 외부 전지의 양극과 연결된 아연 철사는 녹아버립니다. 그래서 제가 이 상황에서 도대체 어떤 반응이 일어나고 있는가를 생각하려고 하니 너무 복잡했습니다.

덜 복잡한 상황을 만들기 위해 한 가지 실험을 더 고안했습니다. 궁리해서 나온 생각이 또 금이었습니다. 왜냐하면 금은 화학반응을 안 하기 때문에, 구리와 금을 써서 이 실험을 하면 금 쪽에서는 별일이 안 일어날 것이고, 그러면 구리 쪽에서 정말 어떤 반응이 일어나는지 더 명확하게 볼 수 있지 않겠느냐고 생각했던 것입니다. 그런데 잘못된 생각이었습니다. 외부 전지의 음극을 구리에, 양극을 금에 연결했을 때, 일단 구리에서는 마구 거품이 나고 금은 아무 반응이 없는 것으로 보입니다. 그런데 그렇다면 이상합니다. 한쪽에서만 반응이 있을 수는 없습니다. 용액도 이 상황에서 형성되는 전기회로의 일부인데, 그 한쪽에서 화학반응이 일어난다는 것은 그리로 전류가 들어오고 있다는 이야기이고, 그렇다면 반대쪽에서는 그만큼의 전류가 나가주어야 하므로 거기서도 화학반응이 있어야 할 것입니다.

▲ 그림 10-17 소금물에 금 녹이기 © 장하석

이 반응을 조금 더 지켜보면, 소금물의 밑 부분이 노랗게 되어가는 것을 볼 수 있습니다. 금이 용해되고 있는 것입니다(그 아래에 하얀 종이를 깔아보면 더 잘 보입니다). 어떤 경우에는 다량으로 녹아서, 금 철사에서 노랗게 소변을 보는 것처럼 내려오는 모습이 보이기도 합니다(그림 10-17 참조). 금이 그냥 녹는 것은 아닐 테고 금색의 어떤 화합물을 형성하고 있는 것일 텐데, 무슨 화합물인지 확실치가 않습니다. 분석화학을 하는 분들께 의뢰를 해서 알아볼 예정입니다. 저는 지금 일종의 염화금일 수밖에 없지 않겠느냐고 추측하고 있는데, 그렇게 단정하기는 이릅니다.

노란 화합물의 정체는 일단 접어두고라도, 이런 반응이 일어난다는 자체부터가 재미있습니다. 금은 녹지 않을 것이라는 가정 하에서 이런 실험을 했는데 그렇게 힘없이 녹아내리는 모습을 보고, 역시 결혼반지를 실험에 쓰지 못하게 한 제 아내가 현명했다는 결론을 내렸습니다. 이 실험에서 대단한 외부의 힘을 넣은 것도 아니고, 그냥 소금물에 1.5볼트짜리 건전지 두 개를 연결한 것이 전부입니다. 나중에 변압할 수 있는 파워소스를 써서 더 자세히 연구해보니, 이 금이 녹는 현상이 약 2.2볼트에서 3볼트 사이에서밖에 안 일어납니다. 걸린 전압이 3볼트가 훨씬 넘으면 금이 더 이상 녹지 않고, 금에서도 기체가 발생하면서 수영장 비슷한 냄새가 납니다. **염소가스***일 것이고, 그렇다면 실험을 중단해야 됩니다. 그렇게 알고 보니, 이 현상의 발견은 참 운 좋은 일이었습니다. 예를 들어 건전지를 1.5볼트짜리 하나만 썼다면 아무 반응도 없었을 것이고, 9볼트짜리를 썼다면 염소가스가 나오고 금이 녹지 않았을

* **염소가스** 염소가스는 독성이 있다. 실제로 대규모로 사용되었던 최초의 화학무기였다. 1차대전 때 독일군이 처음 사용해서 많은 피해를 냈고, 그 후로 다른 나라도 사용하다가 더 무서운 가스들을 개발하면서 쓰지 않게 되었다.

것입니다. 제가 건전지 두 개를 썼던 이유는 동네 전기상에 자료를 구하러 갔을 때 그 가게에 건전지집이 한 칸짜리도 없고 두 칸짜리밖에 없었기 때문이었습니다.

이 실험을 보여주면, 전문적 화학자들을 포함해서 놀라지 않는 사람이 없습니다. 그런데 화학자들의 반응이 재미있습니다. '그런 예상은 안 했는데? 그래도 설명은 되겠지' 합니다. 저도 설명이 될 것이라고 믿지만, 어떤 내용일지 잘 짐작은 되지 않습니다. 금의 화학은 보통 교과과정에는 나오지 않습니다. 관심과 능력이 있는 분을 만나면 공동작업을 해볼 수 있지 않을까 생각합니다.

상보적 과학지식: 회복과 연장

이제 결론을 지어보겠습니다. 9장과 이번 장에서는 역사적인 실험의 재현에 대한 논의를 많이 했습니다. 재미있게 보셨으리라 생각은 하는데, 그래서 정말 우리가 뭘 배웠나 하는 의문을 가질 수도 있을 것입니다. 제 생각은 이렇습니다. 오래된 옛날의 과학자료에 나오는 내용 중에 현대적 상식으로 볼 때 이상하고 틀린 것 같은 사실들을 우리가 실험을 통해 검증할 수 있다면, 잃어버렸던 지식을 다시 회복하는 것입니다.

물론 9장에서 보았듯 현재도 그런 내용을 알고 있는 전문가들이 있을 수 있는데, 그렇더라도 대부분 사람들(과학자를 포함해서)은 모르고 있는 것입니다. 이것은 또 쿤이 이야기한 정상과학의 본질과도 통합니다. 전문가들은 자기의 전문 분야만 알고, 그 분야도 현재 지배적인 패러다임에서 생각하는 방식으로만 압니다. 그러므로 아무리 전문가라도, 아니 전문가이기 때문에 더, 지나간 이상한 지식은 알지 못합니다. 그런 잊힌 지식을 과학사를 공부함으로써 회복할 수 있는 것입니다. 또, 그렇게 지식을 회복하다 보면 그 회복된 지식을 더 키울 수 있는 기회도 생길 수 있습니다. 이번 장 두세 군데에서 보았듯, 저는 과거의 실험을 재현하면서 그 결과를 이해하기 위해 생각을 더 하다가 아주 수월하게 새로운 실험도 제안해서 실행하고 그에 대한 독자적 이해도 시도하게 되었습니다. 정말 상상도 하지 않았던, 금을 소금물에 녹이는 결과까지 낳았습니다. 물론 이것은 아직 단편적인 결과에 불과합니다. 그러나 과거의 실험을 많이 재현한다면 이런 식의 새로운 연구거리가 꽤 나올 것이라고 봅니다. 확실치는 않지만 그렇게 예측합니다.

그런데 이런 식의 배움을 과학적 지식이라고 할 수 있을까요? 분명히 과학적 내용이기는 한데 현재 과학에서 다루지 않는 내용을 무엇이라고 해야 할까요? 저는 이런 것에 '상보적 과학'이라는 이름을 붙였고 『온도계의 철학』에서 그 입장을 이렇게 요약했습니다: "과학사와 과학철학은 과학지식을 생산하고자 모색할 수 있으며, 이는 과학 자체가 그런 역할에 실패하는 곳에서 이루어질 수 있다. 나는 이것을 과학사와 과학철학의 상보적 기능이라고 부른다."[7] 상보적 과학의 기초는, 자연에 대한 모든 것을 탐구하려는 열망을 유지하면서도, 현재 전문적 과학자들은 어떤 특정한 방향과 방법으로 과학을 추구할 수밖에 없다는 것을 인정하는 태도입니다. 전문가들이 하는 과학을 최대로 존중하면서, 그것을 역사적·철학적 관점을 사용해서 더 풍부하게 보충할 수 있다는 입장입니다. 그런 상보적 지식이 어떤 가치가 있는지는 독자들께서 평가해 주면 됩니다. 현재 저는 전기화학에 대한 상보적 과학연구를 진행 중이며, 연구가 충분히 된 후에 여기서 짤막하게 맛을 보여드린 전지의 역사를 주제로 하는 책을 펴낼 예정입니다. 우리가 일상생활에서 흔히 접하는 간단한 영역에서도 현대과학이 수월히 대답하지 못하는 재미있는 연구 주제들이 많고, 그런 주제들을 들여다보는 시점으로 과학사가 얼마나 유용한가를 자세히 보여드릴 것입니다.

끝으로 강조하건대 과학이 항상 오늘처럼 권위적으로 이루어졌던 것은 아닙니다. 특히 18세기 말, 19세기 초에는 '민중과학'이라는 이름을 붙여볼 만할 정도로, 관심 있는 일반인들이 나름대로 실험적 연구도 하고 새로운 이론도 전개하는 활발한 활동을 하였습니다. 그중에 어떤 사람은 정말 유명한 과학자가 되기도 했습니다. 7장의 주요인물 프리스틀리나 8장의 돌튼, 9장의 들룩, 이번 장의 니콜슨 등은 아마추어 과학자의 대표적 인물들입니다. 이런 식의 과학이 현대에도 가능할지 의문을 가져볼 수 있습니다. 실제로 '시민과학citizen science'을 시도하는 움직임이 현재 여기저기서 일어나고 있는데, 그 전망이 어느 정도인지는 아직 확실치 않습니다.[8] 그러나 최소한 과학사를 이런 관점으로 접근할 수 있고, 그럼으로써 잊혔던 옛날 지식을 회복하고 더 발전시키려는 시도가 가능하다는 것을 전하고 싶습니다.

지금까지 이 책의 2부(7장-10장)에서는 좀 깊은 과학사 이야기를 많이 했습니다. 이는 2부 서두에서 말했듯 독자들이 어느 정도 과학의 실천적 차원을 느껴보고, 과학자가 아니더라도 과학연구가 이러이러한 식으로 진행되는구나 하는 감각을 갖기를 바라는 의도였습니다. 그러한 감각을 1부(1장-6장)에 나왔던 과학지식의 본질에 대한 추상적인 논의와 이제 결합해주고자 합니다. 그렇게 결합하면 어떤 생각이 나올 수 있는지, 3부(11장-12장)에서 논의하도록 하겠습니다.

10장 요약

- 우리가 일상생활에서 매일같이 사용하는 전지에서 어떻게 전기가 나오는가를 제대로 이해하는 사람은 드물다.
- 볼타의 전지 발명 소식이 1800년도에 알려지면서 즉시 각국의 과학자들과 대중들은 너도나도 전지를 만들어 실험을 하기 시작했다. 우리가 다시 재현해보기도 쉽다.
- 만들기는 쉬웠지만 전지의 작동원리를 이론적으로 설명하기는 쉽지 않았고, 몇십 년간의 논쟁 끝에도 과학자들이 확실히 동의하는 결론에는 이르지 못했다.
- 볼타의 전지나 그와 관련된 여러 가지 기본적 전기화학 현상을 현대적 이론으로 설명하려 해보아도 재미있는 의문점이 많이 보이며, 더 연구해볼 가치가 있다.
- 이런 식으로 역사적·철학적 접근을 통해 과학지식을 보충하는 연구를 필자는 '상보적 과학'이라 지칭한다. 현재 과학 전문가들이 고려하지 않고 있는 과학적 문제들을 탐구한다는 뜻이다.

PART 3

과학지식의 풍성한 창조

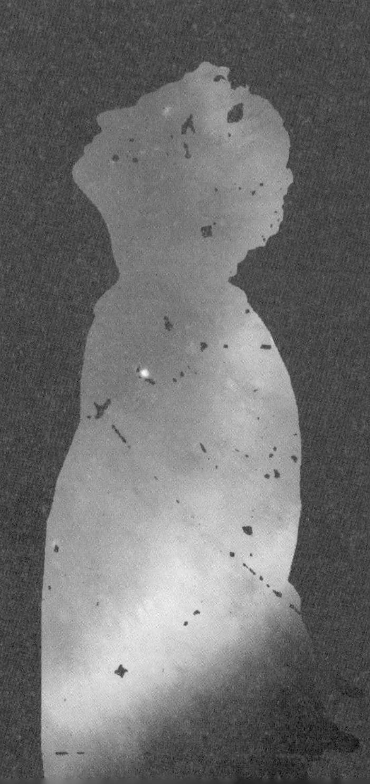

지금까지 과학지식의 본질과 그 지식을 얻어가는 과정에 대해 많은 논의를 여러 각도에서 전개하였습니다. 1장부터 6장까지는 일반적으로 과학지식이 어떤 한계를 지니고 있고 그것을 우리가 어떻게 극복해가고 있는가에 대해 이야기했고, 7장에서 10장까지는 몇 가지의 사례를 심도 있게 다루면서 과학연구의 구체적인 모습을 이론적·실험적·역사적·철학적인 관점에서 소개하였습니다.

그런 많은 논의 후에 어떤 단순한 결론을 내리기란 무리입니다. 특히 제가 철학을 하는 기본정신은 여러 군데서 내미는 단순한 결론을 의심하고 점검하고 뒤집고 거부하는 것입니다. 그래서 제 자신이 직설적인 결론을 내리기가 꺼려집니다.

그러나 지금까지 나눈 이야기를 종합적으로 모아보면, 한 가지 떠오르는 깨달음이 있습니다. 과학이 무엇인가를 잘 들여다보면, 과학은 우리가 보통 갖는 이미지와 달리 철저하게 인간적이라는 것이 보입니다. 흔히들 과학은 과학자 자신이 개입되지 않는 객관적인 것이라고 생각하지만, 사실 과학을 하는 과정의 모든 단계에 인간의 본성, 인간의 능력과 그 능력의 한계, 인간의 욕망과 목적 등이 다 들어갑니다. 또 그것은 과학활동을 저해하는 잡음이 아니라 과학에 중요성과 동기와 의미를 부여하는 핵심적 요소들입니다. 인간의 몸과 마음에 뿌리박힌 관측, 우리가 이미 가진 경험을 기반으로 은유적으로 발전시켜나가는 개념들, 서로 경쟁하는 이론이나 패러다임 중에서 선택할 때 들어가는 미학적이기까지 한 판단, 또 그렇게 쌓은 지식을 사회적 필요에 의하여 기술적으로 응용하는 데까지, 과학지식의 모든 과정이 다 인간적입니다. 이러한 입장을 '인본주의 과학철학'이라고 해보겠습니다.

인간적이라는 것은 합리적, 이성적, 객관적과 상반되지 않습니다. 인간은 비합리적, 비이성적, 주관적일 수 있지만 인간이 아니라면 합리적일 수도 이성적일 수도 객관적일 수도 없습니다. 인간이나 인간과 어느 정도 비슷한 지성과 감정과 육체를 가진 동물이 아니라면, 합리도 비합리도 아닌 '무리', 주관도 객관도 아닌 '무관'일 것입니다. 과학이 그렇게 인간적이기 때문에 우리의 일상생활이나 문화생활과 근본적으로 연결되어 있고, 그렇기 때문에 정치적인 차원도 피할 수 없습니다.

그런데 이런 철학적 관점을 발달시키는 게 무슨 소용이 있을까요? 철학자가 뭐라고 이야기하건 말건 과학자들은 그냥 자기들 생각대로 과학지식을 추구하지 않습니까? 그러나 과학자가 하는 모든 연구행위는 '지식이란 무엇인가' 하는 기본적 입장을 기반으로 합니다. 대개의 과학자들이 내놓고 이야기하지는 않지만, 특정한 과학철학적 관점을 다 가지고 있는 것입니다. 그리고 과학이 과학자들의 순수한 연구만으로 이루어진다는 생각은 환상입니다. 마치 자유시장경제를 무정부상태와 동일시하는 것과 같은 착각입니다. 과학자가 과학연구를 하려면 적어도 두 가지 사회적 제도가 뒷받침을 해주어야 합니다. 즉 과학정책과 과학교육입니다. 이와 관련해서도 과학철학이 해줄 수 있는 이야기가 없지는 않습니다.

철학이 쓸데없는 학문이라는 비난을 피하려면, 과학철학은 과학을 어떻게 하면 더 잘하게 하고, 더 효과적으로 지원할 수 있을 것인가에 대해 뭔가 이야기를 해주어야 할 것입니다. 11장과 12장에서는 이러한 논의를 시도하며 이 책을 마무리 짓도록 하겠습니다.

11장

과학지식의 창조: 탐구와 교육

창의성 논의

제가 과학철학을 한다고 하니까, 어떻게 하면 우리나라도 노벨상을 탈 수 있는가를 물어보는 분들이 종종 있습니다. (제가 그걸 알면 잘 해서 하나 탔지, 왜 철학 강연이나 하고 다니겠습니까……) 노벨상을 정말 탄 사람들에게 물어봐도 어떤 단순한 비결을 말해주지는 않습니다. 국가별로 올림픽 메달집계를 하듯 하는 노벨상 타령은 그만하고, 그냥 과학을 사랑하는 사람이 마음 놓고 호기심에 끌려서 미친 듯이 열심히 연구할 수 있는 사회적 분위기와 여건을 만들어 주면 됩니다. 그것을 정확히 정책적으로 어떻게 해야 한다고 제가 뭐라 말할 수 있는 특별한 자격은 없습니다.

그러나 과학교육을 어떻게 할 것인가 하는 주제를 완전히 피할 수는 없습니다. 이것이 저의 전문 분야는 절대 아니지만, 전문가들을 만나보고 논의하면서 많은 생각을 하고 있습니다. 과학지식의 본질을 논한다는 과학철학자가 그 지식을 어떻게 잘 전달하고 양성할 수 있는가 하는 논의를 전면 거부한다면 사회적 책임회피라고 생각합니다.

우리 사회에서 이제는 창의성 있는 인재를 길러야 한다는 말을 요즘 많이들 합니다. 공교육, 사교육에서 여러 가지 창의성 교육방식이 시도되고 있는 것으로 알고 있습니다. 창의성 기르기 관련 책 광고도 많이 보입니다. 하다못해 창의성을 길러주는 태교법까지 나오고 있는 것 같습니다. 틀을 깨야 한다는 말도 많이들 합니다. 그런데 그 생각이 퍼지면 다들 틀 깨기 학원에 다니는 세상이 될까봐 걱정됩니다. 창의성도 점수로 평가하고, 그저 '우리 아이' 창의성을 길러주기 위한 이기적이고 탐욕적인 숨 막히는 경쟁이 또 벌어질 것입니다. 그러면 선의에서 시작된 그 창의성 교육의 노력은 말짱 헛일이 될 것입니다. 창의성을 그렇게 사육하듯이 '기른다'는 발상 자체가 문제입니다. 선생님들이 잘 마련해놓은 문제풀이를 아무리 해보아야 진짜 예측불허인 미래에 대비하는 법은 배울 수 없습니다. 색다른 생각을 하려면 색다르게 살아야 합니다. 창의성 교육도 물론 필요하지만, 괴짜를 아껴주는 사회적 분위기가 더 절실합니다. 제가 좀 남다른 일을 해내고 있다고 한다면, 그건 제가 특별히 머리가 좋아서도 아니고 그보다는 조용히 남다르게 좀 이상한 삶을 살고 있기 때문에 가능하다고 봅니다. 새로운 생각이란 궁극적으로 자기가 직접 살아가는 생활과 경험 속에서 나올 수밖에 없기 때문입니다.

이제 과학지식의 본질에 대한 이야기로 돌아가보겠습니다. 과학은 판에 박힌 방법만을 따르며 탐구할 수 없습니다. 정형화된 방법론을 찾는 과학철학은 지금까지 대개 다 실패로 돌아갔습니다. 특히 새로운 아이디어를 내는 창조의 비결을 뭐라고 콕 집어 말할 수 있는 사람은 없습니다. 대부분의 과학철학자들은 소위 '발견의 문맥context of discovery'에 대한 논의를 피하고 있습니다. 발견에는 어떤 논리적인 방법이 없고, 오직 '정당화의 문맥context of justification'만이 방법론 논의의 대상이 될 수 있다고 생각하는 사람들이 많습니다.

포퍼는 과학연구를 끊임없는 '추측과 반증conjectures and refutations'의 과정으로 보았고, 새로운 가설을 세워주는 추측은 예측불허의 사건으로 보았습니다. 정말 새로운 아이디어가 어떻게 나오는지 그 과정은 규칙화할 수도 없고, 철학적으로 연구해봐야 별로 나올 것이 없다는 결론을 내리고, 발견과 창조의 과정은 심리학에서나 다루어야 할 주제라고 했습니다.* 포퍼는 또 과학의 발전을 생물이 진화하는 과정과 비교했습니다. 다윈으로부터 내려오는 현대생물학의 진화론에 의하면 돌연변이는 무작위적으로 일어나고, 그 대부분은 생물의 생존에 도움이 되지 않지만 가끔 도움이 되는 것들은 살아남아서 다음 세대가 물려받습니다. 그것이 '자연선택'의 과정입니다. 그런데 생물의 진화야 어떻게 되었건, 저는 과학연구에서는 새로운 생각이 아주 무작위하게 나오는 건 아니라고 생각합니다. 심리학적인 문제라고 하더라도 아주 방법이 없는 것으로 간주하

* 포퍼의 역작인 『과학적 발견의 논리The Logic of Scientific Discovery』의 제목에는 아이러니가 있다. 사실 독일어로 된 원저의 제목은 그런 의미가 아니었다. 『Logik der Forschung』이었고, '연구의 논리'라는 의미이다.

는 것은 잘못입니다. 과학철학자는 다시 발견의 문맥으로 뛰어들어야 합니다.

과학에도 솜씨가 필요하다

발견의 방법론을 내놓기 어려운 가장 중요한 이유는, 탐구의 과정을 기계 작동 설명서 쓰듯 가르칠 수도 없고, 컴퓨터 프로그램으로 실행할 수도 없기 때문입니다. 과학지식을 습득하고 발전시키는 데도 솜씨가 필요합니다. 그런 솜씨에는 말로 표현되지 않는 암묵적인tacit 차원이 있으며, 숙련된 사람의 지도하에 직접 해보면서 배울 수밖에 없습니다. 과학철학에서 잘 다루지 않는 이 솜씨에 대해 선구적으로 논의한 사람이 있는데 바로 헝가리 출신의 영국 철학자 폴라니Michael Polanyi 입니다.[1]

가장 간단하고 친숙한 예로, 폴라니는 자전거 타기를 이야기했습니다. 자전거 타기를 배워본 사람이라면 두발자전거를 타고 가면서 넘어지지 않기가 처음에는 정말 힘들다는 것을 알 것입니다. 넘어지려고 하면 그 방향으로 손잡이를 틀라는 등의 통상적으로 전해지는 힌트가 있기는 하지만 멋모르는 초보자가 그렇게 시도한다고 해서 즉시 되지는 않습니다. 할 줄 아는 사람의 지도하에 자꾸 실패를 거듭하면서 시도해야 어떻게 하는지를 차차 몸에 익힐 수 있습니다. 조금 실력이 늘면 그런 생각도 하지 않고 타고 다닙니다. 넘어질 걱정도 하지 않습니다. 물론 자전거의 작동원리도 물리학 이론으로 충분히 이해할 수 있습니다. 자전거가 한쪽으로 기울고 넘어지려고 할 때 그쪽으로 틀면 반대 방향으로 향하는 원심력을 발동시킬 수 있고, 그 힘이 어느 정도 되는지 공식을 세워서 계산할 수도 있습니다. 그러나 폴라니는 자전거 타는 사람이 정말로 그런 것을 머릿속으로 계산하려 든다면 당장 넘어질 것이라고 말했습니다.

또 다른 예로 수영선수들을 관찰해보면 숨을 뱉고 들이쉬고 하는데, 폐를 전부 비우지 않는답니다. 숨을 내쉴 때 폐 안에 공기를 어느 정도 유지해야 부력이 생겨서 더 잘 뜨기 때문입니다. 그런데 수영선수들에게 물어보면 그렇게 말하는 사람은 없다고 합니다. 다 수영을 하다 보니까 어떻게 터득해서 그렇게 하는 것을 알게 된 것입니다. 물론 그런 설명을 해준다면 그 지시를 따를 수도 있을 것이고, 그런 경우라면 암묵적 솜씨를 언어로 표현할 수 있다고 보겠습니다. 그러나 폴라니는 언어로 표현할 수 없는 경우가 많다고 주장했습니다.

폴라니가 또 하나 든 예는 시각장애인이 지팡이로 물건을 감지하는 솜씨입니다. 그 경험을 해보지도 못했을 사람이 아주 생생하게 이야기를 해줍니다. 눈이 보이던 사람이 시력을 잃으면, 처음에 지팡이로 다니는 것을 배울 때 굉장히 어렵다고 합니다. 지팡이를 통해서 다양한 느낌을 받는데, 솜씨를 배우지 못한 사람은 그것을 어떻게 해석해야 할지 잘 모릅니다. 그러나 지팡이 실력이 능숙해진 후에는 걸어가는 앞쪽을 훑으면서 무슨 물건이 있는지 생각도 하지 않고 기가 막히게 감지하게 됩니다. 이것은 보도블록 사이에 있는 틈이고, 이것은 사람의 다리이고, 여기는 지하철 문이 열리는 곳이고, 꼭 눈이 보이는 사람이 시각으로 물건을 바로 인식하듯이 감지합니다. 눈으로 볼 때나 지팡이로 '볼' 때나 숙련자는 감각기관에서 받은 데이터를 의식적으로 해석하는 것이 아니라 그 3차원적 물건 자체를 바로 감지합니다. 우리가 무엇을 볼 때 망막에 맺힌 2차원적 이미지를 느끼지 못하듯이 지팡이에 능숙해진 시각장애인은 손에 정확히 어떤 감각이 들어오고 있는지 생각도 하지 않습니다. 자전거를 잘 타게 됐을 때, 우리가 어떤 식으로 해서 넘어지지 않고 가고 있는지를 생각하지 않는 것과 비슷합니다.

우리의 일상생활은 이러한 솜씨 있는 실행으로 가득 차 있습니다. 예를 들어서 걷는 것, 특히 계단을 오르내리는 것은 굉장한 고도의 솜씨입니다. 로봇공학에서 계단을 올라가는 로봇을 만드는 것은 큰 과제이고 근래에 와서야 좀 이루어낸 일입니다. 우리 로봇은 계단을 올라갈 수 있다고 선전해놓은 연구실 웹사이트를 여기저기서 볼 수 있습니다. 또 대개는 바퀴 형태로 된 '다리'를 달아서 가는 것이라 정말 사람 모양으로 생긴 로봇이 걸어서 계단을 올라가는 것은 큰 자랑거리입니다.

과학에서 솜씨가 들어가는 아주 중요한 부분은 우선 관측입니다. 이것은 2장에서 말했던 관측의 이론적재성과도 관련이 있지만, 그보다도 더 기본적인 문제입니다. 관측에는 '솜씨 적재성'도 확실히 있습니다. 시각장애인의 지팡이도 솜씨 있게 사용하는 관측기구로 보아야 하며 과학기구의 사용은 더 고도의 솜씨를 요구하는 경우가 많습니다. 또, 관측에 필요한 솜씨는 기구 사용의 문제만이 아닙니다. 폴라니는 화학박사를 받기 전에 의학공부를 했는데 그 때의 일을 회상합니다. 처음에 방사선과에서 훈련을 받을 때, 자기는 학생으로서 엑스선 사진을 보면서 경험 있는 의사들의 해석과 토론을 들었는데, 그 경험자들이 보고 말하는 내용들이 자신에게는 전혀 보이지 않았다고 합니다. 그래서 이 사람들이 혹시 근거 없이 지어내서 이야기하는 건 아닌가 하고 의심까지 했는데, 시간이 지나 자신도 해독하려는 노력을 하고 경험을 많이 쌓고 나서야 보이기 시작하더라는 것입니다.

미국의 과학철학자 핸슨Norwood Russell Hanson도 그와 비슷한 이야기를 했습니다. 핸슨이 보여주는 그림 11-1은 달나라 토끼와 비슷합니다.[2] 여기에 꼭 예수 비슷해 보이는 사람의 모습이 들어가 있다고 말하면 그걸 금방 알아보는 사람도 있지만 대부분은 그게 도대체 무슨 소리냐고 합니다. 그러나 볼 줄 아는 사람이 그림을 앞에 두고 이리저리 가르쳐주면 알아보는 법을 배울 수 있습니다. 얼굴이 가운데 상단에 있고, 어깨에서 가슴으로 천을 두른 것처럼 되어 있습니다. 머리의 윗부분은 잘려 있고, 두 눈과 코는 그림자가 진 모양으로 보이고, 하얀 턱 끝은 검은 수염에 둘러싸여 있습니다. 제가 처음 이 핸슨의 책을 읽었을 때는 아무리 해도 이 모습이 보이지 않았습니다.

▲ 그림 11-1 핸슨의 '예수' 그림 from 『Patterns of Discovery』
ⓒ Norwood Russell Hanson

정말 고생을 하다가 포기했는데 나중에 그 책을 다시 읽을 때 갑자기 보였습니다. 우리가 뭔가를 볼 줄 안다는 것은 솜씨가 뒷받침해주는 것이라는 점을 확실하고 재미있게 가르쳐주는 예입니다.

한 가지 또 재미있는 예를 들자면 2장에서 언급한 바 있는 미국의 심리학자 에임스의 실험이 있습니다.[3] 사람을 아주 어두운 방에 넣어놓고 테니스공처럼 생긴 풍선을 보여줍니다. 그걸 더 커지게 하면 십중팔구 사람들은 그 공이 자신에게 다가오는 것으로 인식합니다. 왜냐하면 우리는 테니스공은 갑자기 풍선처럼 커지지 않는다는 관념을 가지고 있기 때문입니다. 그러니까 이 이미지가 커졌을 때 그것이 더 가까이 오는 것으로 무의식중에 해석하는 것인데, 그런 해석이 우리 생활에서 경험하는 대부분의 상황에서는 적합합니다. 에임스의 실험결과를 착시의 한 예로 볼 수도 있지만, 솜씨라는 차원에서 해석하는 편이 더 재미있습니다. 이러한 해석은 타고난 것이 아니라 배운 것입니다. 아기가 태어날 때부터 테니스공이 어떻다는 것을 아는 것은 아닙니다. 그러니까 정말 아무 생각 없이 테니스를 관람하는 것도 눈으로 공을 따라갈 수 있는 그 관측의 솜씨를 기반으로 한 것입니다.

이렇게 말로써 표현하고 가르치기 힘든 솜씨는 우리가 사는 데 많이 필요하고 과학에도 필요합니다. 과학에는 이중으로 필요합니다. 왜냐하면 과학의 연구는 일상생활에서 하는 여러 가지 실행을 기반으로 하기 때문에 우선은 일상생활에 필요한 솜씨가 들어갑니다. 거기에다 추가로 과학에만 필요한 특유의 솜씨가, 실험하는 솜씨부터 공식을 푸는 솜씨까지 많이 필요합니다.

언어로 표현되지 않는 언어의 기반

폴라니와 핸슨 등이 내세우는 솜씨에 대한 주장이 타당하다면 과학지식이란 그냥 말로 표현할 수 있는 사실적 내용만은 아니라는 결론이 나옵니다. 말로 할 수 없는 실천적 차원이 있으며, 그런 것은 단순히 옳다 그르다 할 수도 없습니다. 그렇다면 뭔가를 '안다'는 것은 실천적 능력의 문제이고, 보통 생각하는 인식의 문제만은 아닙니다.

솜씨를 언어로 표현되는 지식으로 환원할 수 없다는 것은 언어의 속성을 잘 고려해보면 극명하게 드러납니다. 언어라는 것 자체가 무언의 솜씨와 이해를 기반으로 해야만 나올 수 있고 배울 수 있기 때문입니다. (이것은 보통 말하는 언어를 포함해서 인간이 사용하는 모든 기호체계에 적용되는 이야기입니다. 여기에는 수학도 포함되고 논리도 포함됩니다.) 우리가 아기에게 말을 가르치는 과정을 생각해봅시다. 거의 모든 경우에 성공하지만, 쉬운 일은 아닙니다. 예를 들어, 빨간 사과를 가리키면서 '사과' 또는 '빨개' 하고 가르치는데 여기서 '가르친다'는 것은 '가리킨다'는 것에 의존합니다. 우리가 손가락으로 그 사과를 가리키고 있다는 것을 아기가 모른다면 그 사과에 적용되는 단어와 개념 들을 가르칠 수 없습니다. 가리키는 것을 어떻게 모를 수가 있느냐고 생각하겠지만, 비트겐슈타인은 이런 손으로 가리키는 몸짓도 누군가는 정반대로(지정하는 것이 손에서 어깨로 가는 방향에 있다고) 해석할 수도 있다고 지적했습니다.[4] 어떤 외계인들이 와서 우리를 본다면 그런 방향으로 가리킨다고 생각할 수도 있을 것입니다.

동물들을 보면, 우리 몸짓의 의미가 당연한 것이 아님을 알 수 있습니다. 제가 런던에 살고 있을 때, 매일 동이 트자마자 건물의 3층에 있던 침실의 창문 앞에 올라와서 우리가 자고 있으면 소리를 내고 뛰어다녀서 깨운 후 아침밥을 청해 먹고 가던 다람쥐가 있었습니다(정확히 말하자면 청설모입니다). 여기서 장황하게 자랑하기는 좀 그렇지만 참 영리한 동물이었고 여러 가지 다른 소리를 내어 다른 다람쥐들과 교신도 하는 것 같았는데 우리가 무엇을 가리키는 동작은 전혀 이해를 못했습니다. 즐겨 먹는 견과를 던져주었을 때 어디 떨어졌는지 보지 못하는 경우가 종종 있었는데 우리가 "저쪽에 있어!" 하고 해주는 말을 물론 알아듣지 못할뿐더러 아무리 손으로 그 방향을 가리켜주어도 전혀 그 의사가 전달되지 않았습니다. 그런데 침팬지나 보노보 등 영장류 동물들(적어도 인간에게 사육되는 친구들)은 손으로 가리키는 동작을 한다고 합니다. 또 근래에 발표된 관찰에 의하면 코끼리들은 코를 써서 서로에게 물건을 가리킨다고 합니다. 그렇게 해서 물건을 같이 보고 그에 대한 의사소통을 한다는 것은 인간을 비롯한 극소수의 동물들만 가지고 있는 엄청나게 중요한 솜씨입니다.

▲ 그림 11-2 런던 청설모 © Gretchen Siglar

그런데 인간과 몇몇 동물들은 어떻게 그런 훌륭한 몸짓을 만들어내고 거기에 의미를 부여할 줄 알게 되었을까요? 또 우리 아기들은 어른들이 물건을 가리키는 동작의 의미를 어떻게 깨치는 것일까요? 20세기 초반에 활동했던 러시아의 발달심리학자 비고츠키Lev Vigotsky는 멋진 가설을 제안했습니다.[5] 정말 믿을 만한지는 모르겠지만 말이지요. 비고츠키의 이론에 의하면 아기들은 처음에 어떤 물건을 갖고 싶으면 그것을 잡으려고 손을 뻗는 몸짓을 합니다. 그것을 엄마가 보면 '너 저거 갖고 싶어?' 하며 집어다 줍니다. 그 과정에서 아기는 터득합니다: '아, 이렇게 하면 저쪽에 있는 것이 나오는구나.' 몸짓이 이런 식으로 발달되었다면, 그것은 정말 우리 인간의 특정한 신체구조와 정신구조에서 나오는 솜씨입니다(손이 없으면 코끼리 코라도 있어야 할 것입니다). 그런 솜씨가 없으면 언어의 습득 자체가 이루어지지 못할 것입니다. 언어를 배운 다음에는 그 동작을 말로 표현할 수 있습니다: '팔과 손가락을 일직선이 되게 뻗어서, 지정할 물건이 있는 방향으로 손가락을 움직여라' 하는 식으로. 그러나 언어를 모르는 사람이나 동물에게는 가리키는 방법을 그렇게 가르칠 수 없습니다. 무언의 솜씨가 있어야 그것을 기반으로 언어가 생성되고, 사람이 언어를 습득하고, 언어로써 서로 의사소통을 할 수 있습니다.

비트겐슈타인은 언어에 대해 여러 가지 다양한 고민을 했습니다. 첫째, 우리가 언어를 사용하려면 그 언어에 나오는 개념들이 어느 정도라도 정확히 정의되어야 합니다. 그런데 이게 쉬운 일이 아닙니다. 좀 복잡하거나 추상적인 개념은 더 단순하고 구체적인 개념을 통해 정의할 수 있겠는데, 사실은 그런 가장 쉬울 듯한 개념을 정의하고자 할 때 더 막막해집니다. 예를 들어서, 의자라는 개념을 정의해봅시다. 보통 생각하기에 의자는 다리가 네 개 있고 평평한 면이 있고 등받이가 있다고 할 텐데, 등받이가 없는 의자도 있고 삼발이 의자도 있고 강당 같은 곳에는 아예 다리가 없는 의자도 있습니다. 아주 종류가 많고, 그 다양한 종류들이 지닌 공통적인 구조는 없는 것 같습니다. 그렇다면 기능적으로 정의해보면 어떨까요? 의자는 뭡니까? 앉는 것이지요. 그런데 난간이나 나무의 그루터기 같은 아무 데나 가서 사람이 앉을 수도 있는데 그런 장소를 다 의자라고 할 수는 없으니 이 또한 약간 부족합니다. 그러니까 '의자'의 의미를 정확히 표현하려면 제 생각에는 좀 복합적인 정의를 내려야 할 것 같습니다: 의자는 우리가 앉는 데 사용하기 위하여 인위적으로 만든 물건으로서, 그 기능을 발휘하는 데 적합한 구조를 가지고 있어야 한다. 그러니까 이 '의자' 개념을 이해하려면 우리는 그 물건의 형태만 알아서는 부족하고 그 물건을 제작하고 사용하는 인간의 사회적 행태를 이해해야 합니다.* 그런데 그 행태를 이해하는 것 역시 언어로 완전히 표현할 수 없습니다. 우선 '앉는다'는 개념을 정의하려 해보십시오.

의자 같은 것은 과학지식과 아무런 상관없다고 생각할 수도 있겠습니다(과학자도 의자에 앉아야 과학을 할 수 있기는 하지만). 이는 인간사에 관한 개념이고, 자연과학에서 다루는 주제들은 인간이 만들어낸 물건도 아니고 인간의 목적과 관련해 정의될 수도 없지 않습니까? 자연과학적인

* 이런 행태를 비트겐슈타인은 '삶의 형식' 내지 '삶의 양식form of life'이라고 표현했고, 거기 포함된 특정한 활동들은 '언어 게임language game'이라 칭하였다.

개념들은 인간의 행태와 관계없는 과학적 언어의 일부가 아니겠습니까? 그런 언어의 가장 이상적 형태로 수학을 생각할 수 있습니다. 수학적 개념은 대개들 논리적으로 어떤 규칙만 따르면 정확히 정의할 수 있으리라고 생각합니다. 그런데 비트겐슈타인은 이 규칙을 따른다는 것이 아주 명확히 정의하기 힘든 일이라는 것을 깨달았습니다. 예를 들어 우리가 아주 쉬운 산수 문제를 하나 낸다고 생각합시다. 2, 4, 6, 8, 10으로 나가는 수열을 학생에게 제시한 다음 '이제 네가 그대로 계속해봐' 하는 지시를 내리고서 12, 14, 16, 18, 20으로 나아가는 정답이 나오기를 기대합니다. 그런데 어떤 학생이 2, 4, 6, 8, 10 다음에 14, 18, 22, 26, 30이라는 답을 이야기했다고 생각해봅시다. 그것도 논리적으로 틀리다고 할 수는 없습니다(2장에서 말씀드렸던 귀납의 문제와도 연결됩니다).

그러나 이 학생은 우리가 의도한 규칙을 잘못 이해한 것인데, 그렇게 말할 때 두 가지 문제가 떠오릅니다. 첫째, 꼭 우리가 의도한 규칙이 절대적으로 옳은 규칙이라고 말할 근거는 없습니다. 규칙을 정할 때도 그렇지만, 정한 규칙을 어떻게 해석하는 것이 옳은가는 사회적 동의에 의한 것일 수밖에 없습니다. 두 번째 문제는 우리가 정한 규칙을 어떤 방법으로 강요할 수 있느냐는 의문입니다. 방금 말한 상상의 학생을 다시 생각해봅시다. 이 학생이 수열을 2, 4, 6, 8, 10, 14, 18, 22, 26, 30으로 내놓았을 때, 우리는 잘 타일러야 합니다. '아, 너는 처음 다섯 번은 2를 더하고 그다음 다섯 번은 4를 더하는 규칙을 만든 것 같은데, 그러지 말고 간단하게 그냥 항상 2를 더하는 것으로 해보지 그러니.' 그런데 그 지시를 받고도 이 학생이 또 8, 10, 14, 18이라는 답을 냈다고 합시다. 그러면 우리는 10 더하기 2는 12지, 14가 아니라고 고쳐줄 것입니다. 그런데 그때 이 학생이 10 더하기 2가 14라고 우긴다면? 결국은 어떤 방법을 써서라도 10 더하기 2는 12라고 받아들이게 할 수밖에 없습니다. 이를 받아들이지 않는 사람은 우리가 실행하는 식의 산수를 할 수 없고, 이런 산수를 기반으로 하는 공동체에서 누락되거나 정신적 장애자로 살아갈 수밖에 없기 때문입니다.

'10+2=12'가 되었건 '물은 H_2O다'가 되었건, 그런 기본적인 명제들을 옳다 그르다 판단하고 그에 따라 추론과 행동을 하는 것은 언어를 기반으로 하는 모든 실행체계에서 핵심적이고 필수적입니다. 그런데 5장에서 좀 길게 이야기했지만 옳다, 그르다는 개념 자체도 정의하려면 참 힘들고 그것을 가르치는 것도 보통 일이 아닙니다.

'옳다', '그르다', '맞다', '틀리다' 등의 말을 아직 모르는 아기에게 어떻게 그 의미를 가르칠 수 있을까요? 우선 확실히 옳거나 그른 구체적 명제들을 어느 정도 확립해야 합니다. 그러고 나서는 그런 명제를 염두에 둔 상태에서 '옳다'는 개념을 가르칠 수 있을 것입니다. 그러면 그 구체적 명제들의 옳고 그름을 어떻게 확립시켜 주지요? 이는 동물을 훈련하는 과정과 크게 다르지 않을 것이라 봅니다. 아기가 옳은 소리를 했을 때 긍정적인 반응을 보이는 수밖에 없습니다. "그렇지" 하면서 웃으며 환성을 지른다든지, "잘했어" 하고 안아준다든지, 하다못해 미소를 지어주거나 고개라도 끄덕여주는 것입니다. 결국, 또 언어의 기반은 무언의 메시지와 행태에 있는 것으로 보입니다.

언어에 관한 논의를 종합해보겠습니다. 우리가 언어를 사용할 때, 또 일상적 언어가 아니라도 수학과 같은 기호체계를 사용할 때 어떤 규칙을 정하고 따르고 가르치는 일은 아주 중요합니다. 비트겐슈타인은 규칙이란 우리가 사회적으로 동의해서 공유하는 어떤 암묵적인 행태行態를 기반으로 하지 않으면 의미가 없다는 결론을 내렸습니다. 그렇기 때문에 언어나 다른 기호체계만으로 과학지식을 다 표현하고 습득하고 전달할 수 있다는 생각은 잘못입니다. '무엇을 의미하는가'는 '무엇을 하는가'를 기반으로 하기 때문입니다.

지식에 들어가는 은유법

지식을 단순히 사실적으로만 서술하고 배울 수 없는 데는 중요한 이유가 또 한 가지 있습니다. 과학지식에도 은유metaphor가 필요합니다. 문학에서 사용하는 직유법, 은유법의 그 은유인데 대개 이런 식으로 정의됩니다: "비유법의 하나로, 행동, 개념, 물체 등을 그와 유사한 성질을 지닌 다른 말로 대체하는 일. 대상을 간접적이며 암시적으로 나타낼 수 있기에, 상대에게 대상을 낯설게 하고 강렬한 인상으로 전달할 수 있다."[6] 그러나 지금 제가 이야기하고자 하는 것은 문학적 기법의 문제가 아닙니다. 특히 '상상의 날개를 펼친다'는 식으로 멋을 부리기 위해 쓰는 은유가 아니라, 의사표현 자체에 유용하도록 핵심적으로 박혀 있는 은유를 말합니다. 과학지식 내부에* 과연 그런 은유법이 있을까요? 정말 있습니다.

요즘 은유를 논의하는 많은 사람들은 레이코프George Lakoff와 존슨Mark Johnson의 은유론을 기점으로 합니다.[7] 이들은 인간의 모든 개념 체계에 속속들이 은유가 박혀 있다고 주장합니다. 우리가 글자 그대로 이야기한다고 할 때도 사실 많은 은유적 표현을, 은유라는 것조차 느끼지 못하고 종종 씁니다. 예를 들어 사람이 귀가 '어둡다'고 하는데, 이는 청각상태를 시각상태에 빗대어 은유적으로 표현한 말입니다. 누가 뭘 좀 이해했는지를 물을 때 우리는 알아 '들었냐'고 하는데 이해가 꼭 귀로 들어서 되는 것은 아닙니다. 이렇게 팽배한 은유적 표현에는 문화적 차이도 확실히 있습니다. 영어에는 귀가 '어둡다'는 표현은 없고, 알아들었냐고 하는 말은 통상 '보이냐'고 묻습니다(Can you see? 또는 Do you see?).

공간적인 은유는 특히나 많습니다. 우리는 뭐든지 '앞으로' 잘하겠다고 합니다. 미래를 '앞으로'라고 표현하는 것은 참으로 팽배한 은유입니다. 그러나 미래를 이야기할 때 꼭 '앞으로'라는 은유를 써야만 하는 것은 아닙니다. 정반대로 미래를 뒤로 말하는 은유도 있습니다. 밥 먹기 전에 손을 씻으라고 하는데, 그 '전'은 한문의 '앞 전(前)' 자입니다. 그러니까 '전후'로 이야기할 때는 과거가 앞이고 미래가 뒤입니다.** 순수한 우리말로도 손을 씻은 뒤에 밥을 먹으라고 할 수 있습니다. 방향은 차치하고라도, 우리는 왠지 시간의 순서를 공간적 은유를 써서 표현하는 버릇이 들어 있습니다.

* 여기서 '내부'라 한 것부터가 은유이다. 어디의 속이라는 말인가?

** 고대 그리스인은 미래가 뒤쪽에서 닥쳐와 우리 뒤통수를 치고 앞으로 나아간다는 개념을 가지고 있었다고 한다.

더 중요하면서도 더 이상한 예로 물건 값이 '올랐다'는 말을 들 수 있습니다. 온도도 '올랐다'고 합니다. 도대체 비싼 것과 위에 있는 것이 무슨 상관이 있고, 가열하는 것과 올라가는 것이 또 무슨 관계가 있습니까? 더워지면 온도계 속의 액체가 팽창해서 유리관 속에서 올라가기 때문일까요? 석연치 않습니다. 요새 전광판에 표기되는 온도계는 숫자만 나오지, 뭐가 오르내리지 않습니다. 9장에서 잠시 언급했듯이 더워질수록 온도를 나타내는 숫자가 작아지는 온도계도 있었습니다. 더 근본적인 것은 우리가 수량 자체를 '높다, 낮다'고 생각하는 은유입니다. '하나, 둘, 셋' 하면서 더 많아지는 것과 공간적 위치가 올라간다는 것은 잘 생각해보면 논리적으로 아무 연관이 없습니다. 그런데도 불구하고 우리는 많음과 높음을 거의 본능적으로 연관 짓고 있습니다. 레이코프와 존슨은 이를 인간이 지구의 중력장 속에 땅에 붙어서 살고 있는 존재들이기 때문이라 해석합니다. 그런 상황에서 자연히 경험은 뭔가 물질적인 것이 쌓이면 땅에서부터 시작해서 양이 늘어갈수록 그 더미의 높이가 높아진다는 것입니다. 이 해석이 인간의 심리와 정신 상태를 정확히 파악한 것인지 제가 확실히 판단할 자신은 없습니다. 그러나 기본적 설득력은 있는 주장입니다. 만약 인간이 박쥐나 해파리 같은 존재라면 많다, 적다를 위, 아래에 비유하지는 않으리라 생각됩니다. 인간의 몸으로 인간들이 대개 하는 행위를 하면서 우리는 인간적인 은유를 익히고, 자연의 모든 면을 그러한 은유를 통해서 이해합니다.

그런데 은유를 전혀 쓰지 않고 이야기할 수는 없을까요? 예를 들어 '귀가 어둡다'고 표현하지 않고 그냥 '소리가 잘 안들린다'고 하면 좀 재미는 없을지 몰라도 의사소통에 문제는 없습니다. 시간도 앞이나 뒤로 말하지 않고, 그냥 미래는 '나중에'라고, 과거는 '먼저'라고 표현하면 글자 그대로의 의미만 전달되지 않을까요? 그러나 그렇게 쉽게 은유를 빼버릴 수 없는 경우가 많습니다. 예를 들어 신제품이나 새로운 이론이 '나왔다'고 하는데, 그 역시 은유입니다. 도대체 어느 속에 있다가 나왔다는 말입니까? 그러나 나왔다고 하지 않으면 그 의미를 뭐라고 표현하겠습니까? 더 심각한 것은 과학에서 가장 중요한 자연의 수량화 자체가 은유라는 사실입니다. 3장에서 수량화에 대한 논의를 했을 때, 수량화란 불가산명사를 가산명사로 둔갑시키는 일이라고 했습니다. 그것은 다시 말하면, 자연에서 일어나는 현상과 그 모든 질적인 성질을 숫자로 은유하는 것입니다. 이렇게 여러 가지로 생각해볼 때 우리의 일상적, 또 과학적 사고체계에 깊숙이 박혀 있는 이 은유들이 필수적이냐 아니냐를 심각하게 물어야 합니다. 쉽게 결판날 논쟁은 아닙니다.

개념의 창조와 발달

적어도 새로운 개념을 창조해나가는 과정에서는 은유가 필수적이라고 주장한 사람들이 있습니다. 그리 널리 주목을 받지는 못했는데, 저는 상당히 중요한 주제라고 보고 있습니다. 영국의 과학철

* **헤시** 케임브리지 대학에서 과학철학과 과학사를 가르쳤고, 필자가 지금 가지고 있는 교수직의 전, 전, 전임자이다. 포퍼, 쿤, 핸슨 등과 함께 영어권 과학철학에서 논리실증주의의 전통을 뒤엎은 주요 인물로 인식되고 있고, 선구적인 여성 과학철학자이다.

학자 **헤시**Mary Hesse*는 과학에서 사용되는 이론적 모델의 구성과 작용을 논하면서, 은유의 창조적 기능을 설명합니다. 모델을 만든다는 것은, 우리가 이론적으로 다루고자 하는 미지의 대상을 좀 친숙한 것에 비유해서 표현해보려는 시도라고 할 수 있습니다(미지의 대상이란 5장에서 이야기했던 관측 불가능한 대상과도 뜻이 통합니다). 그 친숙한 것은 구체적 물건일 수도 있고(원자를 당구공으로 표현할 때와 같이), 또 추상적인 것일 수도 있습니다(물질의 행태를 점 같은 입자로 표현하고 그 입자들의 운동을 지배하는 연립미분방정식을 세울 때와 같이). 헤시는 과학적 모델은 긍정적 비유positive analogy, 부정적 비유negative analogy, 중립적 비유neutral analogy를 포함하는 3중구조를 가지고 있다고 해설합니다. 그중 중립적 비유를 시험하고 발달시키면서 지식은 자라난다고 합니다.[8]

예를 들어서 음향학이나 광학에서 파동이론의 핵심은 소리나 빛이 호수나 바다에서 이는 물결처럼 뭔가 진동하는 것이고, 파장과 주파수가 있다는 개념입니다. 그것은 긍정적 비유입니다. 그러나 공기를 통해 전파되는 소리나 태양과 지구 사이를 오가는 빛이 물결처럼 물을 매체로 하지 않는다는 것은 누구나 인정하는 사실이고 부정적 비유입니다. 그러나 빛이 전파되는 데 매체가 있는지, 또 빛이나 소리가 물결처럼 횡파transverse wave인지 아니면 종파longitudinal wave인지는 처음에는 확실치 않은 중립적 비유였습니다. 그런 중립적 비유가 긍정적인지 부정적인지를 밝혀내는 것은 과학

연구의 큰 과제입니다.

또 한 가지 예를 들자면 2장에서 이야기했던 보어의 유명한 원자모델은, 그때까지 미지의 영역이었던 원자의 내부구조를 잘 알려진 태양계의 구조에 비유해서 표현합니다. 원자의 핵 주위에 전자가 있는 것을 태양계에서 태양 주위를 행성이 도는 것에 비유한 모델입니다. 여기서 긍정적 비유는 그 체계의 가운데에 크고 무거운 것(태양이나 원자핵)이 있고, 그 주위를 가벼운 것들(행성이나 전자들)이 돈다는 기본구조입니다. 부정적 비유를 말하자면, 전자가 행성들이 가지고 있지 않은 많은 성질들을 지니고 있다는 것입니다. 행성은 전하도 띠고 있지 않고, 보어 모델 내의 전자처럼 허용된 궤도가 제한되어 있지도 않습니다. 그런 점에서 비유가 맞지 않는다는 것을 잘 알면서도 무시하고 모델을 씁니다. 가장 흥미로운 부분은 역시 여기서도 중립적 비유, 즉 비교되는 두 시스템이 비슷한지 안 비슷한지 아직 모르는 부분입니다. 예를 들어 전자의 궤도가 행성의 궤도와 같은 모양인지 아닌지는 처음에 몰랐습니다. 그렇기 때문에 보어는 원래 원형 궤도로 생각했다가 그 모델이 나중에 수정된 것입니다. 조머펠트Arnold Sommerfeld는 전자의 궤도를 원으로 보지 않고 타원으로 봤습니다. 태양계의 행성 궤도는 타원인데, 전자의 궤도도 타원이라고 가정해보니 모델을 더 개선할 수 있었습니다. 헤시는 그렇게 확실하지 않은 부분을 연구하고 검증하면서 과학의 지식이 자라난다고 주장하였습니다.

보어의 원자모델 발전과정에서 한 가지 참 재미있는 사건은 스핀spin 개념의 탄생입니다. 스핀은 글자 그대로 회전(자전)한다는 말이었고, 원자의 태양계 모델에서 시작된 중립적 비유였습니다. 지구가 태양 주위를 1년에 한 번씩 도는 공전뿐 아니라 자체의 축을 중심으로 하루에 한 번씩 도는 자전을 하듯, 전자도 자전할 수 있지 않겠느냐고 생각해볼 수 있습니다. 그런데 전하를 띤 물체가 회전을 하면 자성magnetism을 띨 것이고, 그렇게 생각하니 전자가 실제로 띠고 있는 자성을 설명하는 데 큰 도움이 되었습니다. 그렇게 유용하게 적용되면서, 스핀 개념이 굳어졌습니다. 그런데 재미있게도 물리학 이론이 더 발달하면서 전자가 자전한다는 개념은 폐기되어 버렸습니다. 양자역학에서는 전자를 비롯한 모든 입자가 그렇게 당구공처럼 회전할 수 있는 강체rigid body가 전혀 아니기 때문입니다. 현대물리학에서의 스핀은 자전과는 아무런 상관이 없습니다. 그러나 스핀 개념이 처음 나올 때는 그 자전의 은유가 필요했었고, 아직도 사용되는 '스핀'이라는 용어는 그 개념의 은유적인 출처를 표시해주고 있는 것입니다.*

헤시와 비슷하게 과학에서 은유가 갖는 중요성을 강조한 사람으로 **홀튼** Gerald Holton **을 들 수 있습니다. 홀튼은 '은유는 미지의 세계로 가는 유일

* 누가 처음으로 이 아이디어를 냈는지 묻는다면 답하기가 좀 복잡하다. 1925년에 크로니히Ralph Kronig라는 독일 물리학자가 전자의 자전 가능성에 착안했는데, 처음에는 사실적이지 못한 아이디어라고 배척받았다고 한다. 역설적이게도 크로니히의 아이디어에 특히 혹평을 했던 파울리Wolfgang Pauli는 나중에 스핀 개념을 발달시키는 데 결정적 공헌을 했다.

** **홀튼** 홀튼은 비엔나 태생의 유태인으로, 1930년대에 나치 정권이 들어설 때 오스트리아를 탈출하였다. 하버드 대학 물리학과에서 박사학위를 받았고, 그곳에서 일생 교편을 잡았다. 한때 미국 과학사, 과학철학 계에서 동년배고 하버드 물리학과 동창생이었던 쿤과 쌍벽을 이뤘었는데, 나중에 쿤만 엄청나게 유명해지고 만 것은 유감이다. 홀튼 교수는 필자를 박사후 연구원으로 발탁해주고 많은 것을 가르쳐준 개인적 은인이기도 하다.

한 다리'라고 멋지게 표현했습니다.[9] (그 말 자체도 은유법을 쓴 것입니다—미지의 세계가 글자 그대로 저쪽에 있는 것도 아니고, 우리가 정말 다리를 놓아서 가는 것도 아니니까요.) 과학연구를 하면서 전혀 새로운 현상에 부딪혔을 때 우리에게는 그러한 것들을 서술할 적합한 개념조차 없기 때문에, 이미 가지고 있는 개념을 은유적으로 사용해서 표현할 수밖에 없다는 것입니다.*** 인간이 자신의 경험이나 이미 가지고 있는 개념체계를 기반으로 하지 않고, 갑자기 정말 전혀 새로운 개념을 만들어낼 수는 없다는 것입니다. 여기서 직유도 아니고 은유가 필요한 이유는 직유적으로 표현하려면 A가 가진 성질 a는 B가 가진 성질 b와 비슷하다고 명확히 말할 수 있어야 하는데, 홀튼이 말하는 그러한 상황에서는 B가 무엇이고 어떤 성질을 가지고 있는지 충분히 아는 것이 없기 때문입니다. 그래서 원자를 생각할 때 아주 작은 당구공으로 여기고, 소리나 빛을 생각할 때 물결로 이해하는 등의 행동을 할 수밖에 없다는 것이지요. 보어의 상황도 그러했습니다. 그에게는 원자의 구조에 대해 말할 수 있는 언어 자체가 없었는데, 이것을 태양계에 비유함으로써 기본적 서술을 할 수 있게 되었습니다. 그러나 그 은유가 어느 정도까지 적합할지는 몰랐고, 거기서 헤시가 말하는 중립적 비유가 발동되어 연구를 계속하는 데 도움을 주었습니다.

*** 엄격한 실증주의 입장에서 관측사실만을 이야기한다면 이런 문제가 없을지 모르지만, 과학이 대개 그렇게는 실행되지는 않는 것 같다.

과학의 역사를 보면 정말 엄청나게 많은 새로운 개념들이 계속 생겨납니다. 과학의 본성은 지식을 늘려가려는 열망이기 때문입니다. 그 지식을 늘려가는 과정에서 여러 가지 이유로 새로운 개념을 창출해나갑니다. 그 과정은 세 가지로 볼 수 있습니다.

첫째, 과학자들은 항상 이미 성취한 것에 만족하지 않고 더 나아가려고 합니다. 한 이론이 여기서 잘 적용되면 저기서도 적용해보자는 진취적 충동을 느낍니다. 뉴튼이 태양계의 움직임을 훌륭히 설명하고 나서 그에 만족하지 않고, 자신이 밝혀낸 법칙을 '만유인력universal gravitation'이라면서 전 우주에 적용하겠다는 포부를 펼쳤듯이 말입니다. 쿤이 말하는 정상과학도 항상 만족하지 않고 더 문제를 풀다가 결국은 실패합니다. 자업자득이라고도 할 수 있는데, 그것이 과학의 본성입니다.

둘째, 이론의 발달이나 연장과 상관없이 새로 마구 튀어나오는 현상들이 있는데, 이를 이해하기 위해서는 새로운 개념이 필요합니다. 예를 들어 뢴트겐Wilhelm Röntgen이 X선을 발견하고 퀴리 부부Marie and Pierre Curie와 베크렐Henri Becquerel 같은 사람들이 방사능을 발견했을 때, 그것은 정말 이론으로 예측한 것도 아니고 막말로 하면 원하지도 않던 현상이었습니다. 신기하기도 했지만 도대체 무슨 개념으로 이런 현상들을 이해할지 하는 골치 아픈 일을 만든 것입니다.

셋째, 과학자는 경험하지 못한 상황을 상상하기도 합니다. 특히 아인슈타인 같은 사람은 '사고 실험thought experiment'을 많이 하기로 유명했습니다. '내가 빛을 올라타고 갈 수 있다면 그 빛이 어떻게 보일까?' 하는 등의 상상을 하는 과정에서 새로운 개념이 나오고, 경험과 상관없는 이론의 발전도 이루어집니다. 또 한편으로는 '서로 다른 이론이 만날 때 어떻게 하면 전체적인 정합성을 유지할 수 있을까?' 하는 고민을 하다가 새로운 개념이 생기기도 합니다.

이런 여러 가지 과정을 통해 과학은 새로운 개념을 계속 만들어가는데, 그 모든 과정에서 은유법이 필요합니다. 그런데 은유는 위에서 말한 솜씨와 통하는 점이 있습니다. 왜냐하면 어떻게 해서 그러한 은유법을 발동시켜 새로운 상황을 설명할 수 있는 개념을 창조하느냐고 물었을 때, 거기에는 어떤 설명서가 있는 것도 아니고 정해진 방법이 있는 것도 아닙니다. 그러면 과학자들이 솜씨를 발휘해서 창조해나가야 하는데, 그것을 창조하는 과정은 어떻게 이루어지는 것일까요? 대부분의 과학철학자들은 이런 논의는 하지 않습니다. 별로 할 말이 없기 때문입니다. 그러나 저는 여기에 대한 문제의식이라도 전달하고자 합니다.

탐구와 창의력의 교육

과학지식을 만들고 키우는 데 이렇게 언어나 수학공식으로 표현되지 않는 요소가 많다는 것은 여러 가지 의미를 함축하고 있습니다. 특히 교육을 생각할 때 중요합니다. 솜씨를 가르치고 배우는 과정은 어떻게 이루어질까요? 폴라니는 도제관계를 통해 이루어진다고 했는데 어떻게 보면 현실성이 없습니다. 소수의 엘리트만 교육하는 상황이 아니라면 어떻게 1 대 1로 스승과 제자의 긴밀한 관계가 이루어질 수 있겠습니까? 정상과학을 가르치는 과정에 대해 쿤도 폴라니와 비슷한 입장을 취했는데, 쿤은 꼭 개인적으로 스승에게 배운다기보다 패러다임을 모방하는 과정에서 그에 관련된 내용뿐 아니라 과학을 하는 솜씨도 배운다고 강조하였습니다. 실험하는 방법이나 문제를 푸는 기술 등은 교과서에 다 적혀 있지 않고, 다 적을 수도 없습니다. 잘된 결과를 모방하면서, 잘못했을 때 꾸중도 들어가면서 배우는 것입니다. 그 배우는 과정을 일일이 다 말로 표현할 수는 없습니다.

기존의 지식과 방법을 습득하는 것은 그렇다 치고, 그렇다면 새로운 개념을 만들어내는 창의성은 어디에서 배울까요? 1장에서 이미 살펴보았듯 포퍼는 쿤의 정상과학을 거침없이 비판했습니다. 정상과학적 교육은 기존의 패러다임에 세뇌를 당한 인물을 만들고, 그런 인물들은 창의적인 일을 하지 못할 것이라 했습니다. 거기에 대해 쿤이 두 단계로 반박을 했는데, 우선 정상과학 자체가 창의적인 작업이라고 지적했습니다. 포퍼는 쿤이 말하는 퍼즐 풀기를 굉장히 천박하게 보았는데 쿤은 전혀 그러지 않았습니다. 정상과학의 퍼즐 풀기는 아주 재미있고도 유용한 작업입니다. 그러면 기존의 패러다임을 엎어버리는 혁명적인 창의성은 어디서 나올까요? 쿤은 그러한 창의성은 필요하면 결국 생긴다고 주장했습니다. 앞길이 막히면 다른 방향을 생각하게 되고, 그런 상황에서라야 혁명적 창의성은 진정한 가치를 발휘합니다. 틀은 함부로 깨는 것이 아닙니다. 정상과학이 잘되고 있으면 과학혁명을 일으킬 필요가 없고, 엉뚱한 새로운 생각은 의미가 없습니다. 정상과학이 위기에 처했을 때, 과학자들은 할 수 없이 궁리 끝에 전혀 다른 방식으로 문제를 풀게 된다는 것입니다. 다른 식으로 해봐야만 할 어떤 특별한 이유 때문에 어쩔 수 없이 틀을 깨야만 그 의미도 있고 진정한 효과도 있는 것입니다.

인간의 창의성은 실제로 해결해야 할 절박한 문제가 생겼을 때 저절로 발휘됩니다. 저는 이것을 '필요는 발명의 어머니'라는 말의 진정한 의미로 생각합니다. 실제로 생활하면서, 또는 일하면서 어려운 일에 부딪혔는데 남이 해결해주지 않고 자기 스스로 해결하고자 할 때 진정한 창의력을 발휘하고 배울 수 있습니다. 우리가 다음 세대의 창의성을 길러주고 싶다면, 우선은 그런 창의성을 발휘할 수 있는 실제 상황을 마련해주어야 합니다. 부모가 다 돌봐주고 아무 어려움 없도록 뒷받침해줄 테니 공부만 열심히 하라고 하는 것은 창의성을 죽이는 지름길입니다. 딴짓하지 말고 빨리 창의력 학원이나 열심히 다니라는 말이 나올까 봐 두렵습니다. 물론, 창의성을 요하는 상황을 인위적으로 만들어 창의성 훈련을 할 수도 있겠지만, 왜 그래야 합니까? 우리 세상에는 풀어야 할 크고 작은 어려운 문제들이 산적해 있습니다. 학생들도 그런 데 도전해본다면, 성과를 크게 올리지는 못하더라도 경험과 훈련은 될 것입니다. 학생들도 진짜 사회와 과학의 문제를 풀어낼 수 있습니다. 극단적인 예를 들자면 옛날에 어린 대학생들이 목숨까지 걸어가며 얼마나 창의적으로 학생운동을 해내었습니까? 얼마나 크고 중요한 일을 이룩했습니까? 이제 사회가 많이 안정되었으니, 그런 비극적인 위험은 막아줄 수 있으리라 봅니다. 어려서부터 인생의 진짜 문제들과 부딪히게 해주고, 크게 다치지만 않게 보호할 수 있습니다. 그러고 나서 그 상황에서 자생적으로 솟아나는 창의력을 위에서 찍어 누르고 옆에서 잡아 앉혀서 소멸되게 하지만 않으면 됩니다.

이것이 제가 해석하는 쿤의 창의성 논의입니다. 정말 문제가 생겼을 때 창의성이 발휘되니까 그때까지 기다리면 되고, 창의성 훈련을 하고 싶다면 능동적으로 실제 문제를 찾아서 들어가면 됩니다. 그런데 역시 아직도 좀 석연치가 않습니다. 자생적인 창의성을 인간이 가지고 있다 해도, 그것이 더 잘 발휘될 수 있도록 도울 수는 없을까요? 여기서 쿤이 짤막하게 내놓은 유용한 관찰결과가 있습니다. 과학혁명이 일어날 때 많은 경우에 핵심적인 새로운 아이디어를 내는 사람은 젊은이거나 아니면 다른 과학을 하다가 분야를 옮겨 새로 들어온 사람인 경우가 많다고 했습니다. 쿤이 든 예는 아니지만, 왓슨과 함께 DNA의 이중나선 구조라는 새로운 아이디어를 내놓은 크릭을 생각해봅시다. 그는 물리학을 연구하다가 분자생물학으로 넘어가서 생물학자들이 갖고 있던 고정관념에 강하게 구애받지 않는 연구를 했습니다.

더 광범위하게 해석해보면, 기존의 패러다임이 제시하는 것과는 조금 다른 경험과 사고방식이 어느 정도 저변에 깔려 있어야 혁명적인 새로운 아이디어를 내놓을 수 있다고 봅니다. 진짜로 정상과학만 배워가지고는 아주 특출한 사람이 아닐 경우 깊은 창의성을 발휘하기 힘들 것입니다. 창의성이 솟아나는 사람들의 집단을 만들려면 각각 서로 다른 다양한 경험을 갖도록 해주어야 합니다. 창의력 있는 사회를 만들려면 획일주의를 타파해야 합니다. 너무 당연한 말로 들릴 수도 있습니다. 그러나 과학에서 다원주의를 이야기하는 것은 드뭅니다. 다원주의를 실행하면 과학적 창의력이 더 솟아나고, 과학의 의미가 확장되고, 과학의 진보도 더 빨라지지 않겠느냐 하는 것이 다음 12장의 주제입니다.

11장 요약

- 창의적 사고가 어떻게 이루어지는가를 이해하려면 과학철학은 지식의 정당화뿐 아니라 지식의 발견 과정에 다시 주의를 기울여야 한다.
- 지식 습득에 있어 가장 중요한 관측, 언어 사용, 규칙 따르기 등의 과정에는 모두 솜씨가 필요하고, 그 솜씨를 습득하는 법은 말로 완전히 설명할 수 없다.
- 과학적인 개념과 표현에도 은유가 많이 들어가고, 특히 전혀 새로운 현상에 부딪힐 때는 아는 상황에서 쓰던 개념을 기반으로 하여 은유적 표현과 모델을 쓰면서 시작할 수밖에 없다.
- 창의성은 절박한 문제에 부딪힐 때 자연스레 발휘된다. 그러한 상황에서 남다른 생각을 할 수 있는 능력은 색다른 삶을 살고 있어야 갖추어진다.

12장

다원주의적 과학

다원주의의 전망

지금까지의 논의를 종합해보면, 과학에는 절대적인 지식이란 없고 지식을 가장 잘 획득할 수 있는 절대적인 방법도 없습니다. 각각 개인과 소집단의 다양한 관점과 필요에 따라 질문 자체도 달라지고, 그렇기 때문에 다른 종류의 대답이 나올 수밖에 없습니다. 과학이 유일무이한 진리를 추구하고 또 그러한 진리를 발견할 수 있다는 생각은 굉장히 멋진 꿈이었습니다. 과학의 초창기에 뉴튼 같은 사람은 이론 하나만 잘 만들면 신이 정말 어떻게 우주를 창조했는가 하는 섭리를 알 수 있으리라는 꿈을 가졌었습니다. 멋진 꿈이지만 결국 환상에 지나지 않았습니다.

저는 그 꿈에 대응하는 다른 비전을 제시해보고자 합니다. 다원주의pluralism입니다. 같은 분야 내에서도 여러 종류의 과학자들이 여러 가지 방법으로 동시에 여러 방향의 지식을 추구할 수 있고, 그럼으로써 인간의 창의성을 최대로 발휘하고 자연으로부터 최대의 가르침을 받을 수 있습니다. 여러 문인이나 예술가들이 같은 주제를 가지고 다양한 표현을 함으로써 인간의 문화적 잠재력을 최대로 발휘하는 것과 크게 다르지 않습니다.

과학에 대한 다원주의를 조금 더 정확히 정의해보자면, 과학의 한 분야 내에서도 가능한 한 여러 가지 실천체계를 발달시키고 유지하는 것이 좋다는 입장입니다. 여기서 '좋다'는 것은 과학이 가질 수 있는 다양한 목적을 달성하는 데 효과적이라는 말입니다. '가능한 한'이라고 토를 단 이유는 우리가 무한정으로 많은 수의 체계를 유지할 여력은 없다는 한계를 인정하기 때문입니다. 과학의 '실천체계system of practice'라는 말은 제가 지어낸 것인데 과학을 실행하는 어떤 특정한 행태를 가리킵니다. 이것이 어떤 의미인지는 여기서 약간 더 설명할 필요가 있습니다(당장은 필요 없을 것 같아도 나중에 진행할 논의에 도움이 되기 때문입니다). 실천체계는 '인식활동epistemic activity'들로 구성됩니다. 과학자들이 행하는 인식활동에는 여러 종류가 있는데, 주어진 물질을 화학적으로 분석하거나 원하는 물질을 합성하거나 미분방정식을 풀거나 동식물을 분류하거나 기압을 측정하거나 어떤 현상의 원인을 파악하거나 어떤 가설을 통계적으로 검증하거나 이론적 모델을 만드는 등 아주 다양합니다. 실천체계란 이런 인식활동들이 무작위로 뭉뚱그려져 합쳐진 것이 아니라, 어떤 전반적 목적을 달성하기 위해 체계적으로 조직된 것을 말합니다(이 실천체계 개념은 쿤의 패러다임 개념과 비슷한 점이 많은데, 어떤 차이가 있는지는 차차 더 뚜렷이 드러날 것입니다).

이제 다시 다원주의를 생각해봅시다. 한 과학 분야에서도 여러 가지의 실천체계를 발달시키고 유지하는 것이 좋다는 주장인데, 아마 조금 생소하고 말이 안 되는 것처럼 들리기도 할 것입니다. 보통들 생각하는 과학의 모습은 일원주의를 기반으로 하고 있습니다. 과학에는 정답이 있고, 그 정답을 말해주는 옳은 이론이 있고, 현재 우리가 아직 진리를 얻지는 못했더라도 과학은 그 진리를 향해 나아간다는 것이 우리가 상식적으로 가지고 있는 과학의 이미지입니다. 그러나 그런 느낌에 대한 여러 가지 반론은 이미 실재론을 논의하며 5장에서 제시하였고, 7장에서 10장에서는 구체적인 사례를 통해서 과학에서 한 가지 정답을 찾는다는 것이 우리가 보통 생각하듯이 그렇게 간단하지 않다는 이야기를 했습니다. 그러나 과학에 대한 일원주의적인 직감은 이미 여러분의 머릿속에 강력하게 박혀 있을 것이고, 제 머릿속에도 아직 남아 있습니다. 그것을 이제 차차 없애보고자 합니다.

다원주의의 타당성을 우선 농담으로 한번 표현해보겠습니다. 어느 초등학교에서 글짓기 대회를 했는데, 지정된 주제가 '우리 집 강아지'였습니다. 그 주제로 어떤 학생이 써낸 글을 보고 선생님이 이렇게 물었습니다. "이거, 너희 누나가 낸 글과 한 글자도 안 틀리고 똑같아. 그대로 베꼈지?" 그랬더니 이 아이가 한다는 말이 "아뇨, 같은 개거든요" 했다는 겁니다. 이 이야기를 듣고 웃겠지만, 많은 과학자들과 철학자들은 사실 실재와 과학이론의 관계에 대해 종종 그런 식으로 이야기합니다. 우리가 모든 과학에서 다루는 대상은 결국 하나뿐인 우주이니까, 옳은 이론은 궁극적으로 단 한가지일 수밖에 없다고 합니다. 그러면 많은 사람들이 대개 끄덕끄덕하는데, 그렇게 받아들이지 않고 이제 "아, 역시 똑똑한 분들이라 농담도 잘하십니다" 하고 웃어줄 수 있는 문화적 역량이 생겨야 한다고 봅니다.

과학지식의 천하통일?

다원주의가 그럴듯하게 들리기도 하겠지만, 즉시 반론을 제기하는 분들도 있을 것입니다. '과학의 발전과정을 보면 점점 통일이 되어가고 있지 않는가? 과학이 발전하면서 더욱더 많은 것들이 같은 원리로 설명되어가고 있지 않은가? 특히 현대물리학이 이루어놓은 것들을 보면 그런 추세가 확실하지 않은가?' 물리학은 19세기 중반부터 통합하는 성과를 많이 올렸습니다. 패러데이는 전기와 자기를 같은 현상으로 이해하기 시작했고, 그 후에 맥스웰은 빛이 전자기파라고 해석하여 전자기학과 광학을 통합했습니다. 20세기에 양자역학이 나와서 원자구조를 통해서 화학의 기초원리를 물리적으로 이해할 수 있게 되었고, 분자생물학이 나와서 생물학에서 가장 중요하게 여겼던 유전과 진화 등의 기초원리를 화학적으로 밝혀냈습니다. 이런 사례들을 생각할 때 기초 물리학만 제대로 하면 모든 과학을 그리로 환원할 수 있으리라는 느낌을 충분히 받을 수 있습니다.

현대물리학이 과학을 통일한다는 꿈에 관련된 재미있는 일화가 있습니다. 영국의 저명한 물리학자 러더포드Ernest Rutherford가 이렇게 이야기했다고 합니다: "과학이란 물리학이 아니면 우표 수집에 불과하다."[1] 진짜 훌륭한 과학은 물리학의 법칙을 토대로 모든 결론을 유도해내는 것이고, 그렇지 않으면 그냥 잡다한 사실을 모아서 분류하는 작업에 불과하다는 것입니다. 예를 들어 자연사나 천문학 등의 분야는 그저 성실히 관측해서 사실을 수집하는 것이고, 그런 수준을 넘어서려 한다면 물리학 이론을 동원해서 모든 것을 물리학적으로 이해하는 방법밖에는 없다는 말입니다. 그렇게 다른

러더포드 Ernest Rutherford, 1871-1937

▲ 그림 12-1 러더포드

© Bain News Service at Wikimedia.org

뉴질랜드 농촌의 가난한 집안에서 태어났습니다. 장학생으로 뉴질랜드 캔터베리 대학을 졸업했고, 영국 케임브리지 대학으로 유학하여 톰슨의 지도하에 대학원 공부를 했습니다. 캐나다 맥길 대학과 영국 맨체스터 대학에서 교편을 잡으며 중요한 연구를 한 후 케임브리지로 돌아와서 1919년부터는 캐븐디쉬 연구소 소장을 역임하며 명성을 떨쳤습니다. 러더포드는 방사능 연구로 저명했고, 또 그 방사선 중 알파선을 원자에 쏘는 실험을 통해 원자핵을 발견했습니다. 알파선을 이루는 알파입자는 양성자 두 개와 중성자 두 개가 뭉친 것이고, 헬륨원자의 핵과 같습니다. 러더포드는 그 알파입자를 다른 원자에다 쏘았을 때 궤적이 크게 휘는 것을 관찰했습니다. 그렇다면 그 원인은 원자 내부에 아주 밀도 높고 양전기를 띤 '핵'이 있어서 같은 양전기를 띤 알파입자를 강하게 밀어내는 것이 틀림없다고 추정했습니다. 원자핵 주위를 전자들이 돌고 있다는 러더포드의 '태양계' 모델은, 2장과 11장에서 논의한 보어의 원자모델의 기반이 되었습니다. 또 러더포드의 실험방식은 20세기 중후반에 대성한 실험입자물리학 실험의 시초가 되었습니다.

과학자들에게 거의 모욕적인 말을 했는데, 러더포드는 그에 대한 벌을 받았는지 노벨 물리학상은 받지 못하고 대신 화학상을 받았습니다. 방사능이 나올 때 붕괴하는 원자가 화학적으로 변환된다는 것을 밝혀낸 공로를 인정받은 것입니다. 화학도 제대로 하면 물리학이니까 화학상도 괜찮다고 스스로를 위로했을까요?

러더포드 같은 사람의 태도를 일부 과학사학자나 과학철학자들은 '물리학 제국주의'라고 비난합니다. 물리학이 제일 훌륭하고 다른 과학들을 다 정복하고 하나로 통일할 것이라는 생각은, 마치 칭기즈칸이 모든 나라를 정복해서 천하통일을 하려고 했던 것과 같다고 달갑게 보지 않았습니다. 그런데 과학철학자들도 물리학 제국주의에 물들어 있는 경우가 많습니다. 5장에서 실재론 논의를 할 때 소개했던 미국 철학자 퍼트넘과 그의 동료 오픈하임Paul Oppenheim은 다음과 같이 환원론reductionism적인 과학의 질서를 제시했습니다[2]: 사회적인 집단은 모두 개인들이 모여 이루어진 것이고, 동물 개인은 세포가 모여 이루어진 것이고, 세포는 분자로, 분자는 원자로, 원자는 소립자로 이루어진 것이다. 소립자 물리학을 잘 연구해서 응용하면 원자가 어떻게 생겼는지를 알 수 있고, 원자를 잘 알면 원자들 간의 결합으로 생기는 분자를 이해할 수 있고 그렇게 해서 결국은 단계적으로 모든 사회과학까지 입자물리학으로 환원할 수 있다는 꿈입니다. 물론 오픈하임과 퍼트넘이 과학이 그러한 통일을 이미 이룩했다는 환상에 빠졌던 것은 아니고, 미래에 꼭 그렇게 될 것이라고 장담한 것도 아니지만, 그들의 논문을 보면 그런 환원적 통일을 '작업가설working hypothesis'로 하자고 제안하고 있습니다. 또 과학의 역사를 볼 때 그 작업가설이 어느 정도 타당하다는 경험적 증거도 꽤 있다고 주장합니다.

그러나 통일로 나가는 과학의 성적표가 다 100점은 아닙니다. 아인슈타인도 말년에 '통일장이론unified field theory'을 이룩하기 위해 오랜 세월을 노력했지만 결국은 실패하고 죽었습니다. 아인슈타인 이후에는 물리학자들이 아주 다른 방향으로 길을 뚫어서, 입자물리학의 '표준모델standard model'을 통해 많은 성과를 올렸습니다. 하지만 일반상대론과 양자이론을 통합하는 양자중력 이론은 아직 미결상태입니다. 그 과업이 결국 성사될지도 모르고, 안 될지도 모릅니다. 또 더 재미있는 문제는 물리학을 통일하는 데 많은 기여를 한 그 최신 이론들이 물리학이 다른 과학을 정복하는 데는 별 도움을 주지 못하고 있다는 것입니다. 예를 들어서 지금까지 물리학이 화학을 정복한 가장 큰 성과는 양자화학인데, 1920년대에 나온 슈뢰딩어의 양자역학 이론을 기반으로 한 것입니다. 그 후로 나온 더 발달된 물리학 이론들은 화학을 정복하는 데 별 도움을 주지 못했습니다. 예를 들어서 슈뢰딩어 이론을 쓰지 말고 더 훌륭한 양자 장이론과 쿼크이론을 써서 화학을 하라고 하면 큰 난관에 부딪힐 것입니다. 사실 물리학 내부에서 봐도 그런 비슷한 문제들이 있습니다. 고체물리학 같은 분야를 연구하는 분들에게 물어보면 그 소립자 이론은 자신들에게 별로 쓸모가 없다고 합니다.[3] 예를 들어 요즘 한창 떠오르는 주제인 고온 초전도체 등을 연구하려면 그 영역에서 적용되는 나름대로의 개념과 이론을 만들어주어야지 표준모델을 응용하려고 하면 일이 안 된다는 것입니다. 이렇듯 물리학

내에서도 통일이 미달된 지점이 있습니다.

과학사를 잘 살펴보면, 과학자들이 뭔가 자신 있다고 말할 때 주의해야겠다고 느끼게 하는 사건들이 여기저기서 보입니다. 미국인으로서 처음 노벨 물리학상을 받았던 마이클슨Albert Michelson이 그 좋은 예입니다. 그는 1894년에 시카고 대학에 새로 설립된 라이어슨 물리학 연구소Ryerson Physical Laboratory의 초대 소장으로 취임하면서 기념 연설을 했는데, "물리 과학physical science의 가장 중요한 법칙과 사실이 이제 다 발견되었고 너무나 굳게 정립되어서, 새로운 발견에 의해 그것들이 무너지고 교체될 가능성은 거의 없다. 미래에 나올 수 있는 발견은 소수점 아래 여섯 자리에서 찾아야 한다"고 했습니다.[4] 무슨 말이냐면, 중요한 이론과 현상은 이미 다 알아냈기 때문에 이제 100만분의 1의 정밀도를 기할 일밖에 남지 않았다는 뜻이었습니다.

자신만만하게 내뱉은 이 이야기는 빈말이 아니었습니다. 마이클슨의 특기는 정밀한 측정이었고, 특히 빛의 속도를 기가 막히게 측정해냈습니다. 그와 관련된 마이클슨-몰리 실험Michelson-Morley experiment이라는 유명한 실험이 있습니다. 이는 19세기에 가정되었던 빛의 매체인 에테르 안에서 지구가 어떤 속도로 움직이고 있는지를 측정하고자 하는 실험이었습니다. 그 원리는 쉽게 말하자면 다음과 같습니다. 빛이 에테르 속에서 치는 파동이고 지구는 에테르 안에서 움직이고 있다고 가정합시다. 우리가 지구를 타고 광선의 근원지 쪽으로 다가가면서 빛의 속도를 잰다면, 움직이지 않는 사람이 재는 것보다 더 빠르게 나올 것입니다. 또 반대로 지구가 광선의 근원지에서 물러나고 있다면 우리가 지구상에서 잰 광속은 실제 값보다 더 낮게 나올 것입니다. 그런데 마이클슨과 그의 동료 몰리Edward W. Morley가 아주 정밀하게 다른 방향으로 오가는 빛의 속도를 측정했는데, 아무 차이를 검출해내지 못했습니다. 지구상에서 측정한 광속이 지구의 운동방향이나 속도에 아무런 영향을 받지 않는다는 결과가 나온 것입니다.

이 당혹스러운 결과를 놓고 다들 고민하고 있었는데 아인슈타인은 그 고민을 거부하고, '광속은 무조건 불변하다'는 것을 전제로 특수상대성이론을 세우고, 에테르라는 개념 자체가 필요 없다고 했습니다. 어떻게 보면 문제를 해결한 것이 아니라 그 문제 자체를 거부한 것입니다. 이 결과를 보면 강한 아이러니를 느낄 수 있습니다. 마이클슨은 19세기 고전물리학을 굳게 믿었고, 그것을 더 정확하고 완벽하게 만들기 위해 정밀한 측정에 헌신했습니다. 그런데 마이클슨-몰리 실험의 결과는 고전물리학을 엎어버리는 아인슈타인의 이론이 널리 받아들여지는 데 큰 기여를 했습니다. 마이클슨 자신은 죽을 때까지 아인슈타인의 이론을 탐탁찮게 여겼고, 계속 고전물리학이 훌륭하다고 보았습니다. 이것은 특별히 마이클슨만 생각이 굳어서 그랬던 것은 아닙니다. 물리학의 대혁명이 20세기 초에 일어나기 바로 전에 여러 훌륭한 물리학자들이 물리학의 굵직한 내용은 다 알려졌다고 자신했습니다. 그러다가 뒤통수를 크게 맞았습니다. 우리도 지금 현재 신봉하는 이론이 나중에 변할 리 없다고 믿고 싶은 유혹을 뿌리쳐야 합니다.

쿤의 논의로 다시 돌아가보겠습니다. 1장에서 설명했듯이 쿤은 패러다임의 독점설을 내세웠습니다. 일원주의적 사고로, 정상과학 상태에서는 각 과학 분야에 패러다임이 한 개뿐이라고 주장했습니다. 그 상태에서 새로운 패러다임이 등장하면 신-구 패러다임 간에 싸움이 일어나고 결국 둘 중 하나는 죽어야 합니다. 쿤의 과학사와 과학철학은 정상과학에 복수의 패러다임이 공존할 수 없다는 전제를 가지고 있습니다. 그에 반대되는 제 의견은, 그렇게 독점하지 않아도 정상과학의 이점을 충분히 살릴 수 있다는 것입니다. 쿤이 말한 정상과학의 이점은 패러다임이 정립되고 그에 모든 사람이 동의하면 쓸데없는 철학적 논쟁 따위로 기력을 소모할 필요 없이 패러다임이 정해준 문제들을 깊이 집중해서 풀고 효과적으로 연구의 성과를 올릴 수 있다는 것입니다. 경쟁 패러다임이 없어야 과학자들이 정신을 빼앗기지 않는다는 생각입니다. 그 말도 일리는 있지만 제 생각에는 경쟁 패러다임이 있더라도 보통은 자기 패러다임 내에서 집중된 연구를 하다가 가끔씩 타 패러다임을 추종하는 사람들과 논쟁하며 자기 패러다임의 기본적 전제를 재검토하는 것도 충분히 가능합니다. 이는 상식적인 생각이고 라카토쉬나 라우단 등 다른 과학철학자들도 이미 많이 제시했던 의견이지만, 쿤의 이론에 대한 상당한 도전이고 과학자들도 그리 달갑게 받아들이지 않을 수 있습니다.

쿤이 말하는 과학혁명은 패러다임 사이의 경쟁 내지 투쟁을 통해 이루어지는데(4장 참조), 제가 볼 때는 그렇게 패러다임 간에 싸움이 났을 때 나올 수 있는 결과는 적어도 다섯 가지가 있습니다.

패러다임이 교체되어서 쿤 식의 과학혁명이 일어날 수도 있습니다. 아니면 기존 패러다임이 도전을 이겨내고 계속 유지될 수도 있습니다. 또 사실 쿤도 이야기했듯이 과학의 분야 자체가 분화되는 결과를 낳을 수도 있습니다. 생물에서 종의 분화가 이루어지듯 패러다임 하나에서 새로운 패러다임이 갈라져 나오면서 두 개가 각각 발전되어 서로 다른 영역을 차지하고 계속 뻗어나갈 수 있습니다. 예를 들어 8장에서 말했듯이, 물을 H_2O로 정립한 유기화학의 구조론은 그대로 나아갔고, 그와 다른 경향의 사람들은 다른 문제의식과 방법론으로 물리화학이라는 분야를 새로 만들었습니다. 그래서 유기화학에서 다루지 않는 화학반응의 메커니즘 등을 연구하면서 다른 길을 뚫었습니다. 분화해서 둘 다 잘 공존했고, 각각 유용한 역할을 했습니다. 과학이 근래에 발전하는 양상을 보면 전문 분야의 수가 이런 식으로 계속 늘어나고 있지, 물리학이 정복해서 합병하는 식으로 줄어들고 있지 않습니다.

경쟁관계의 패러다임들이 완전히 분화하지 않고 한 분야 내에서 공존할 수도 있습니다. 간단한 예를 들자면, 광학에서 빛의 입자설과 파동설은 오랫동안 싸우면서 공존했습니다. 각각 패러다임의 역할을 해주었던 것입니다. 쿤은 이는 예외적인 경우이고 대부분은 하나의 패러다임이 독점하게 된다고 주장했는데, 설사 지금까지의 과학사가 그러한 경향이 있었다고 하더라도 꼭 그렇게 해야만 과학을 할 수 있다는 결론은 나오지 않습니다. 경쟁관계의 패러다임이 공존하는 것이 더 좋을 수 있습니다. 7장에서 화학혁명의 역사를 이야기할 때 저는 이러한 다원주의적 입장에서 결론을 냈었습니다. 플로지스톤 패러다임이 소멸되었는데, 그렇게 없애지 않고 산소 패러다임과 동시에 발전시켰더라면 화학이 더 좋은 결과들을 더 빨리 얻을 수 있었을 것 같다는 것입니다.

패러다임 간의 상호작용에서 나올 수 있는 또 한 가지 결과는 잡종이 생기는 것입니다. 예를 들어서, 방금 이야기했던 빛의 파동설과 입자설이 20세기에 와서는 입자와 파동의 이중성을 전제로 하는 양자역학으로 흡수되었습니다. 결국은 입자설과 파동설 중 어느 한쪽이 이긴 것이 아니라 둘이 합쳐져서 새로운 패러다임으로 변형되어버린 것입니다. 이런 식으로 과학사를 들여다보면 상당히 흥미롭습니다. 앞으로 많은 연구가 필요한 부분이라고 생각합니다.

이런 여러 가지 논의를 종합해보면, 과학이 발전하면서 꼭 계속 더 통일되는 것은 아닌 듯합니다. 또 쿤이 전제로 한 패러다임의 독점체제가 항상 성립되지도 않으며, 그러한 일원주의가 꼭 이롭지도 않다는 결론을 얻게 됩니다.

다원주의의 이점

이제 과학의 다원주의가 왜 유리하며 어떤 이득을 가져다주는지 좀 더 체계적으로 살펴보겠습니다. 다원주의의 이득을 크게 두 가지로 나누어 '관용의 이득'과 '상호작용의 이득'이라고 하겠습니다.

관용의 이득

여기서 관용이란 한 과학 분야를 지배적인 한 실천체계가 독점하지 않고 다른 실천체계도 공존할 수 있게끔 학문을 추구하는 형태를 말합니다(이제부터 꼭 쿤에 관한 논의만은 아니므로, 패러다임 대신 앞서 설명한 '실천체계' 개념을 쓰겠습니다). 그렇게 관용적으로 과학을 할 때 나오는 이득은 네 가지가 있습니다.

첫째, 관용은 예측불허의 상황에 대비하는 보험입니다. 과학의 발전도 사회의 발전과 마찬가지로 여러 가지 길이 가능하고, 그중 어느 길이 미래에 어떤 성과를 가져다줄지 예견하기란 정말 힘듭니다. 5장에서 라우단의 '비관적 귀납'을 통해 보았듯이, 아주 성공적이던 이론도 나중에 폐기된 경우가 많고, 라우단은 대부분의 이론은 그런 운명을 맞는다고 보았습니다. 또 어느 이상한 가능성이 발전해서 좋은 결과를 나타낼지도 모릅니다.

저희 아버님께서 즐겨 하시는 말씀이 있습니다. '어느 구름에서 비 올지 모른다.' 할머니께서 항상 그러셨다는데 누구에게나 다 잘해두면 나중에 요긴할 때 누가 덕을 줄지 모른다는 의미입니다. 과학에서도 비슷합니다. 그러니까 우리가 정말 유일무이한 진리를 추구한다고 하더라도, 어느 구름에서 비 올지 모르기 때문에 여러 가지 가능성을 키워놓는 것이 좋지 않겠습니까? 쿤은 과학자들이 한 가지 가능성을 추구해서 막다른 골목까지 이른 후에야 또 다른 가능성을 고려한다고 주장했는데 제 생각에는 여러 가지 가능성을 얼마든지 동시에 추구할 수 있습니다.

예측불허인 미래에 대비하려면 어떤 일이 닥쳐도 대처할 수 있도록 유연성을 유지하는 것이 중요한데, 개인들 각각이 가질 수 있는 유연성에는 한계가 있습니다. 그래서 공동체적 차원에서 다양성을 유지하는 것이 중요합니다. 개개인은 경직되어 있더라도, 서로 다른 방향으로 다양하게 경직되어 있다면 상황이 바뀔 때마다 그에 적합한 사람들이 나와서 긴요한 역할을 해낼 수 있을 것입니다.

사회사를 보면 전혀 현실성 없고 미친 소리 같은 것도 상황이 바뀌면 당연한 진리로 간주될 수 있습니다. 민주주의도, 남녀평등도, 노예해방도 모두 다 그렇게 이루어졌습니다. 과학에서도 마찬가지입니다. 처음에는 정말 말이 안 되게 들렸던 이론들이 나중에는 정설이 되곤 합니다. 지동설이 그랬고, 원자론도 그랬고, 대륙이동설도 그랬고, 진화론도 물론 그랬습니다. 상대성이론, 양자역학, 빅뱅이론, 초끈이론…… 전부 기묘한 이야기로 들렸던 것이 나중에는 정설이 되었습니다. 또 정설이 나중에 이단으로 변하기 십상입니다. 지금 현재 판단할 때 가장 훌륭해 보이는 이론만이 진리로 가는 유일한 길이라고 여기는 것은 오만하고 미숙한 생각이고, 필요 이상의 경직성을 불러일으킵니다. 사회적 차원에서 그런 경직성을 방지하기 위해서 다원주의가 필요한 것입니다.

둘째, 관용은 지적 분업을 가능하게 해줍니다. 거창한 진리추구를 떠나서 실천할 수 있는 과학의 임무를 생각해보면 지적 분업의 필요성이 명백해집니다. 예를 들어 '만유인력'의 법칙을 세워서 전 우주의 작동원리를 정립하고자 했던 뉴튼의 꿈은 20세기를 거치면서 철저히 깨졌습니다. 그러나 그렇다고 해서 그 훌륭한 뉴튼역학을 아주 팽개쳐버리겠습니까? 아닙니다. 일상생활 범위부터 태양계 정도 스케일까지는 뉴튼역학을 아직도 잘 쓰고 있습니다. 스케일이 아주 작아지면 양자역학을 쓰고, 아주 커지면 일반상대론을 씁니다. 속도가 높아지면 특수상대론을 씁니다. 그런데 환원주의자들은 이렇게 주장하겠지요—원칙적으로는 상대론적 양자역학 이론을 잘 세우면 필요한 모든 내용을 표현할 수 있고, 다루는 대상이 복잡해질 때 계산하기가 힘들어지는 것뿐이다. 그렇게 말하기는 쉽지만, 양자역학으로 로켓을 쏠 수는 없습니다. 양자역학이 진짜 진리냐 하는 생각을 떠나서 말이지요. 우리가 실제로 어떤 이론을 써서 어떤 일을 할 수 있는가를 생각해보면, 로켓을 쏘는 과학은 아직 뉴튼역학이라는 것이 명백합니다.

한 가지 아주 다른 종류의 예로 온도의 측정을 봐도 이런 분업의 형태가 잘 나타납니다. '국제 실용 온도 스케일International Practical Temperature Scale'을 보면, 한 가지 기준으로 이루어지지 않습니다. 온도의 영역에 따라 다른 기준을 쓰고 있습니다. 옛날에도 기본적 상황은 마찬가지였습니다. 아무리 수은 온도계를 선호하는 사람이라도 수은이 영하 40도 정도가 되면 얼어버리고 영상 355도 정도가 되면 끓어버린다는 것은 인정하고 그 한도를 넘어가면 다른 방법을 쓸 수밖에 없습니다. 기체 온도계를 쓴다고 해도, 기체도 극저온에서는 액화되고 초고온에서는 해리되어버립니다. 금속의 전기저항 변화를 통해서 온도를 재는 방법도 있는데, 그것도 극저온에서는 초전도현상이 일어나 못 쓰게 되고 초고온에서는 금속이 녹아버립니다. 어디서나 완벽하게 적용되는 방법은 없습니다. 그래서 국제 실용 온도 스케일은 여러 가지 다른 기준들을 각각 가장 잘 적용되는 곳에서 사용하면서 엮어놓은 것입니다.

이것도 쿤의 논의와 연결해보면, 4장에서 이야기했던 비정합성의 일면이 표현되는 것입니다. 각 패러다임마다 서로 잘 푸는 문제가 따로 있고 그 푸는 방법과 잘 풀었는지를 판단하는 기준이 서로 다릅니다. 그렇다면 자연스럽게 분업을 하도록 해주면 됩니다. 7장에서 화학혁명을 이야기할 때, 플로지스톤 이론이 더 잘 설명하는 현상도 있었고, 새로운 발견을 더 잘 촉진한 부분도 있다고 했습니다. 산소 이론이 틀린 점도 있었고 해결하지 못한 문제도 있었습니다. 그 반면, 산소 이론이 물론 더 훌륭했던 면도 틀림없이 있습니다. 그러면 두 이론을 다 유지했다면 각각 잘하는 것을 하면서 화학 전체는 더 풍부하고 훌륭한 학문이 되지 않았겠느냐는 생각입니다. 8장에서 보았듯이 유기화학과 물리화학이 갈려서 공존했을 때 화학은 더 훌륭하게 발전했고, 그것은 성공사례라고 봅니다. 소위 화학혁명을 일으켜서 라봐지에와 그의 동료들이 플로지스톤 이론을 말살해버린 것을 저는 불행한 일이라고 생각합니다. 지적 분업을 하면서 충분히 화목하게 공존할 수 있었습니다.

셋째, 관용적으로 과학을 하면 한 가지 목적도 여러 방식으로 달성할 수 있습니다. 그러한 다발적 성취도 중요합니다. 좀 비유해서 말하자면, 영양가만 제대로 갖추면 사람은 항상 같은 것을 먹어도 아마 별 탈 없이 건강을 유지하고 살 수 있을 것입니다. 그러나 얼마나 재미없고 빈곤한 삶이겠습니까? 다양하게 즐기면서 먹음으로써 우리의 삶은 윤택해집니다. 과학도 비슷합니다. 고전물리학도 뉴튼이 처음 했던 것과는 아주 다른 개념을 사용해서 표현한 라그랑쥐Joseph-Louis Lagrange 식, 해밀튼William Rowan Hamilton 식의 역학이 있고, 그리 잘 알려지지는 않았지만 헤르츠 식도 있습니다. 이 체계들은 기본적 내용은 같지만 같은 상황을 다루면서도 다른 종류의 직관적 이해 및 설명을 가능케 하고, 다른 종류의 문제들을 가장 효과적으로 풀어냅니다. 그래서 물리학도들은 적어도 라그랑쥐, 해밀튼 식의 역학은 다 배웁니다. 양자역학도 하이젠베르크, 슈뢰딩어, 디랙Paul Adrien Maurice Dirac, 파인만 모두가 각기 다른 체계를 세웠습니다. 물리학을 공부할 때 이런 여러 가지 체계를 배우고 같은 현상이나 같은 문제도 여러 가지 방법으로 설명하고 풀어내는 것이 저에게는 큰 재미였습니다.

화학혁명을 볼 때도, 같은 현상을 산소 이론으로도 플로지스톤 이론으로도 해석해보고 또 현대적 이론으로도 다시 해석해보면 정말 재미있고, 화학적 현상을 관찰하고 이해하는 우리의 눈을 깊고 풍부하게 해줍니다. 그런데 이런 이야기를 하면 일원주의나 환원주의적 입장을 가진 사람들은 한 가지 방법으로 정답을 내면 됐지, 왜 같은 답을 다른 방식으로 다시 낼 필요가 있느냐 할 것입니다. 그것은 정말 과학을 너무 제한된 눈으로 보아서 그렇습니다. 어떤 한 가지의 답을 내는 것뿐 아니라, 인간이 자연을 이해하는 것을 돕고 그럼으로써 문화생활을 윤택하게 해주는 것도 과학의 중요한 역할이라고 생각합니다.

넷째, 관용은 또 우리가 여러 가지 목적을 달성할 수 있도록 도와줍니다. 과학의 목표나 기능은 한 가지만이 아닙니다. 좁은 의미에서 지식을 쌓는 작업만 보더라도, 현상을 기술하는 기능과 현상을 이해하는 기능을 따로 생각해야 합니다. 또 과학은 관측된 현상을 다루는 것뿐 아니라 관측이 불가능한 내용까지도 알아내야 한다는 실재론적 입장도 있습니다. 그리고 과학이 지식 자체를 목적으로 하기도 하지만, 응용을 위해 지식을 쌓기도 합니다. 게다가 과학에는 자연에는 없는 현상을 창조해내는 기능도 있습니다. 과학이 가진 그러한 여러 가지 기능을 한 가지로 환원하려는 것은 무리입니다. 각 기능을 충족시키는 데 특이하게 적합한 방법이 있을 것이고, 같은 기능을 충족시키고자 할 때도 사람마다 다른 식으로 추구할 수도 있습니다. 예를 들어 같은 현상을 다루는 모델을 만든다 해도 어떤 사람은 우아한 수학적 구조를 추구할 것이며, 어떤 사람은 기계적 메커니즘을 동원한 직관적 이해를 추구할 것입니다.

이에 관한 재미있는 일화가 있습니다. 프랑스의 유명한 물리학자 및 과학철학자였던 뒤엠Pierre Duhem은 20세기 초에 영국인들은 물리학을 할 줄 모른다고 헐뜯었습니다. 그들은 항상 천박하게 기계적인 모델을 만들고 있다고 지적했습니다. 유명한 예로, 맥스웰도 전자기학을 이해하기 위해서 바퀴가 돌아가고 베어링이 끼어서 움직이는 식으로 에테르의 구조를 상상했습니다. 뒤엠은 그런 과학방법론을 경멸했고 유치한 그림을 그려야만 뭔가를 이해할 수 있는 영국인의 지성은 넓기는 한데 얕다고 평가했습니다. 그 반면 프랑스인의 지성은 깊기 때문에 추상적인 수학만 있으면 되고, 그림을 그릴 필요 없이 공식을 세워서 풀면 된다고 했습니다. 몇 년 후 1차대전 중 뒤엠은 한 걸음 더 나아간 국수주의를 발휘하여, 독일인들은 과학도 명령에 무조건 복종하는 식으로 한다며 비난을 퍼부었습니다. 이는 특히 아인슈타인이 특수상대성이론을 전개한 방식에 대한 혹평이었습니다. 위에서 말한 대로 아인슈타인은 광속이 관측자의 운동상태와 상관없다는 전제로 이론을 발달시켰습니다. 뒤엠은 그에 대해 아인슈타인과 그의 추종자들은 그 이상한 전제를 비판적으로 평가할 생각은 하지 않고 그렇게 정해놓은 후 거기서 논리적으로 도출되는 결론이면 아무리 이상하더라도 그냥 다 받아들인다며 불만을 표출했습니다. 프랑스인이라면 그렇게 의식 없는 물리학은 하지 않으리라 주장했습니다.[5]

국수주의적 편견을 제쳐놓고 보더라도 뒤엠의 생각은 편협합니다. 왜 각자 성향대로 과학을 이해하고 실천하면 됐지, 꼭 한 가지 형식으로 해야 한다고 생각했을까요? 그에 대한 명쾌한 정당화는 하지 못했습니다. 그런데 많은 사람들이 뒤엠 식의 직감을 가지고 있습니다. 과학을 하는 방법에는 가장 좋은 것이 단 한 가지 있을 것이라는 느낌입니다. 그러나 제가 많은 공부를 해보고 곰곰이 생각해본 결과, 그런 유일한 방법이란 찾을 수 없습니다. 그보다는 관용적 태도를 가지고 과학을 여러 가지 다른 방식으로 할 수 있다는 것을 인정하고 서로를 방임하고 각각 좋은 길을 찾을 때, 종합적으로 더 훌륭한 결과를 얻을 수 있으리라 생각합니다.

상호작용의 이득

관용의 이득은 제가 보기에는 명백합니다. 그러나 수준 높은 다원주의를 실행하려면 관용으로 그쳐서는 안 됩니다. 관용이 가져다주는 이득과는 또 달리, 서로 다른 실천체계 간에 교류하면서 얻는 상호작용의 이득도 중요합니다. 지금까지 과학에도 여러 갈래의 길이 있을 수 있으며 각각의 길에서 찾는 다른 종류의 이득이 있다고 이야기했는데, 진정한 다원주의라면 그렇게 따로 노는 가능성만을 고려해서는 부족합니다. 다른 길을 걷는 사람들 사이의 교류도 추구해야 합니다. 일반 사회를 봐도 그렇습니다. 예를 들어 우리가 관용적으로 '그래, 너희 소수민족들 우리가 죽이고 구박하지 않을 테니까 너희끼리 잘 살아' 하는 것이 가장 기본적인 다원주의적 태도이겠지만, 거기서 멈춘다면 좀 실망스럽습니다. 더 높은 차원의 다원주의라면 '당신들은 자립적인 공동체를 만들어 살되, 우리와 교류하면서 서로 얻는 것은 없을까 생각해봅시다' 하는 발상이 나와야 하지 않겠습니까? 과학에서도 비슷하다고 생각합니다. 서로 다른 실천체계 간에 유익한 교류를 할 수 있는 방법에는 적어도 세 가지가 있습니다.

첫째, 요즘 유행하는 말로 다른 체계 간에 융합이 이루어질 수 있습니다. 서로 다른 체계를 독립적으로 유지하면서 어떤 특정한 일을 성취할 필요가 있을 때 같이 끌어다가 쓰는 것입니다. 이 개념을 추상적으로 이해하기는 조금 힘들기 때문에 한 가지 예를 들겠습니다. 요즘 길 찾는 내비게이션navigation을 많이들 쓰지요. 그것은 정말 20세기 말기 과학의 기가 막힌 업적입니다. '전 지구 측위 시스템global positioning system, GPS'을 기반으로 한 것인데, 지구 주위에 많은 인공위성을 띄우고 거기서 원자시계를 돌리는 것이 기본구조입니다. 그런데 위성을 발사하고 조정하는 원리는 위에서 말했듯이, 아직도 뉴튼역학입니다. 그 반면 원자시계의 작동원리는 양자역학입니다. 게다가 그 원자시계는 상대성이론을 써서 수정해주어야 합니다. 왜냐하면 지구의 중력장 내에서의 그 시계 위치와 또 시계가 실려 있는 위성의 운동속도에 따라 시계가 가는 속도가 달라지는데, 그것을 수정하려면 일반상대성이론과 특수상대성이론을 둘 다 끌어들여야 합니다. 그렇게 복잡하게 융합된 이론적 기반을 가지고 운영되는 시스템으로부터 지구상 우리에게 현 위치를 가르쳐주는 신호가 내려옵니다. 그러면 우리는 내비게이션을 보면서, 뉴튼역학도 모르던 사람들처럼 지구는 평평한 것으로 생각하며 운전을 하거나 길을 걷습니다. 그러니까 이는 전근대적인 관념부터 고전역학과 몇 가지의 20세기 첨단 물리학 이론까지 전부 잘 뭉뚱그려서 융합한 훌륭한 실천체계입니다.

그런데 생각해봅시다. 한 가지 훌륭한 이론을 새로 내놓을 수 있으면 그것만을 기반으로 내비게이션을 만들 수 있을까요? 물론 원칙적으로 가능할지도 모릅니다. 그러나 제가 상상하는 범위 내에서는 그런 가능성이 없을 것 같습니다. 심각하게 그런 시도를 해보는 사람도 없습니다. 내비게이션에 들어가는 여러 이론체계는 각기 다 독립적으로 훌륭한 정합성이 있고, 섣불리 그 이론들을 통합하려 했다가는 죽도 밥도 되지 않을 위험이 크기 때문입니다. 그

대신 독립적인 체계를 다원주의적으로 유지하면서, 필요에 따라 그때그때 융합해서 응용하는 것으로 GPS와 같은 큰 성공을 거두고 있는 것입니다. 노이랏은 산불 하나를 끄려고 할 때도 온갖 분야의 과학을 다 동원해서 융합해야 한다고 주장했는데(6장 참조), 이것도 같은 이야기입니다.*

* 미국의 과학철학자 미첼Sandra Mitchell은 이와 비슷한 주장을 펼치면서 '융합적 복수주의'를 지향하고 있다.[6]

두 번째 교류법은 채택입니다. 여러 가지의 실천체계가 있을 때, 각각 이루는 성취도뿐 아니라 이루는 업적의 종류도 다를 것입니다. 그렇기 때문에 좋은 것이 있으면 옆집에서 빌려서 쓴다는, 원칙적으로는 아주 간단한 이야기입니다. 그런데 실제로 하자고 보면 그렇게 단순한 일은 아니지요. 한 체계에 좋은 것이 있다고 해도 다른 체계로 가져가면 잘 적용되지 않는 경우가 많고, 채택이 가능하다고 해도 보통은 자기 체계에 맞게 각색하거나 재해석해야 합니다. 외국에서 뭔가를 많이 들여다 쓴 우리나라의 현대사에서는 아주 많이 경험한 일이지요. 그러나 잘하면 유용하게 가져다 쓸 수 있는 것들이 많습니다. 또 화학혁명의 예로 돌아가보면, 라봐지에는 프리스틀리가 플로지스톤 이론을 기반으로 만든 '탈 플로지스톤 공기'를 가져다가 '산소'로 재해석했습니다. 이처럼 라봐지에는 플로지스톤 체계에서 많은 것을 채택하여 자신의 체계를 발달시키는 데 아주 유용하게 썼습니다. 그 과정에서 프리스틀리의 공을 인정하지 않은 것이 개인적인 차원에서 좀 파렴치하게 느껴지지만, 채택했다는 행동 자체는 하나도 나쁘지 않았습니다. 상대편이 잘해서 유용한 결과를 냈는데 가능하다면 가져다가 적응시켜 쓰지 않을 이유가 어디 있습니까?

세 번째 형태는 경쟁입니다. 서로 다른 과학적 실천체계들이 경쟁을 해서 이기고 지고 하는데, 과학철학자들은 대개 이 경쟁을 너무 단순하게 생각합니다. 어떻게 말하면 100미터 달리기처럼 생각해서 '땅!' 소리와 함께 제일 먼저 간 사람이 이기고, 나머지는 진다는 식의 이미지를 가지고 있습니다. 그런데 실제 경쟁을 보면 100미터 달리기도 그렇게 단순하지 않습니다. 서로 옆을 보고, 옆 사람이 어떻게 하는가에 따라서 나의 행태가 달라집니다. 경제적 경쟁이라면 그 상호작용이 더 명백합니다. 제일 단순한 차원을 봐도 경쟁관계에 있는 회사끼리 서로 더 팔기 위해서 가격을 낮추는 다툼을 합니다. 그런 기초적 수준에서라도 과학에서 경쟁이 정말 어떻게 이루어지고, 경쟁관계의 실천체계 간에 어떻게 영향을 주고받는가를 자세히 이야기해줄 수 있다면 과학철학의 논의가 많이 발전될 것입니다. 그러한 연구를 아직 제가 많이 해보지는 않았고, 남아 있는 과제입니다.

물론 경쟁은 파괴적일 수도 있지만, 일반적으로 경쟁이 없을 때 나오기 쉬운 안일함과 느슨함을 막아줍니다. 이는 경쟁의 기본적 이득입니다. 쿤의 말대로 정상과학에서 하나의 패러다임이 독점을 하고 있다면, 검증이 제대로 안 된 이론을 믿어도 그만이고, 변변치 않은 논의가 당연한 것처럼 받아들여질 수도 있습니다. 그 반면 경쟁체계가 있다면 상대편에서 비판을 해올 것에 대비하여 우리 자신의 추론도 더 명확하게 해야 하고, 실험도 더 물 샐 틈 없이 해야 하고, 또 저쪽에서 훌륭하게 달성한 목표가 있으면 우리도 그것을 달성하려는 시도를 해봐야 합니다. 그런 상호작용을 바탕으로 여러 실천체계들이 서로 앞을 다투는 경쟁관계를 이룬다면, 쿤이 말하는 패러다임의 이점과 포퍼가 말하는 비판정신의 이점을 둘 다 취할 수 있다고 생각합니다.

다원주의에 대한 우려

지금까지 다원주의의 장점만 늘어놓았는데, 이제 더 조심스레 다원주의에 대해 흔히들 말하는 여러 가지 경계와 우려에 대해 짚고 넘어가고자 합니다.

첫째, 과학이 한 가지로 통일되지 않으면 세상이 난장판이 되지 않겠느냐는 우려가 있습니다. 다들 자기 마음대로 원하는 것을 믿고 자기 마음대로 방향을 정해서 연구한다면 과학이 완전히 혼란 상태에 빠지지 않겠습니까? 또 그렇게 되면 과학이 가진 사회통제 기능도 잃지 않겠습니까? 생물학이랍시고 창조론이 설치고, 엉터리 의술이 퍼져서 환자들을 기만하고, 지구온난화도 자기 느낌에 맞지 않으면 부인하고, 정책은 이해관계에 좌지우지되고, 개인의 인생계획은 미신에 의지하는 그런 사태가 벌어지지 않겠습니까? 그런데 이런 걱정은 잘 생각해보면 다원주의에 대한 우려가 아니

* 이래도 좋고 저래도 좋다고 하면, 결국 힘 있는 사람이나 이미 정립된 체제의 지배를 저항 없이 받아들일 위험도 있다.

고, 상대주의relativism에 관한 경계입니다.

적어도 제가 이해하는 의미로서의 다원주의와 상대주의는 전혀 입장이 다릅니다. 상대주의란 판단을 거부하는 입장으로 볼 수 있습니다. '그래, 너도 좋고, 네 말도 맞고, 난 상관없어' 하는 태도인데, 다원주의는 그렇지 않습니다.* 다원주의가 표방하는 것은 한 가지만 하지 말자는 것이지, 아무거나 하자는 것은 아닙니다. 몇 가지의 체계를 동시에 유지함으로써 얻을 수 있는 관용의 이점과 상호작용의 이점을 추구하는 것이지, 모든 체계를 다 허용하자는 것은 아닙니다. 그러니까 다원주의를 추구하면 과학도 사회도 난장판이 되리라는 우려는 할 필요가 없습니다. 다원주의는 하나가 아닌 여러 개의 체계를 원하는 입장이지만, 여러 개라 해도 현실적으로 유지할 수 있는 체계의 수는 한정되어 있기 때문에, 우리가 판단해서 가장 훌륭하고 전망 있는 체계들을 골라내야 합니다. 그러나 다원주의 자체가 그 판단의 기준을 줄 수는 없습니다. 그것은 일원주의를 한다고 해도 마찬가지입니다. 일원주의 자체가 판단의 기준을 주지 않습니다. 그 기준의 문제는 다원주의자나 일원주의자 모두가 풀어야 하는 중요한 과제입니다. 다만 상대주의자는 판단이 필요 없기 때문에 그 기준을 정하는 문제로 고민할 필요도 없습니다.

그러나 우려는 또 있습니다. 우리 사회나 우리 과학이 그렇게 여러 가지의 체계를 유지할 수 있는 여력이 있을까요? 일단 연구비와 시설부터 나눠 가져야 하고, 얼마 되지 않는 훌륭한 인재들도 여러 체계로 흩어지고, 그러면 힘이 분산되어서 일이 잘 안 되지 않을까요? 제 생각에는, 현대사회에서 적어도 어느 정도까지는 다원주의적으로 과학을 할 수 있습니다. 과학자들이 느끼기에는 항상 연구비도 시설도 인재도 다 부족하겠지만, 사실 제가 볼 때는 각 분야에서 한 가지 실천체계만 골라서 추진해야 할 정도로 현대사회가 빈곤하지는 않습니다. 어떻게 보면 지금은 너무나 많은 사람들이 같은 것을 좇고 있다고 볼 수 있습니다. 첨단을 걷는 인기 주제라고 하면 다들 몰려드는데 그 수백 명, 수천 명의 사람들이 다 훌륭한 성과를 올릴 수 있는 것은 아니라고 봅니다. 어떻게 보면 그런 군중심리적 경향 때문에 인력도 재력도 편중된 과잉투자로 낭비하고 있습니다.

약간만 좀 풀어줘도 괜찮지 않을까요? 소위 가이아Gaia 이론, 즉 지구 전체가 하나의 생물이라는 그런 엉뚱한 이론의 창시자인 영국의 러블럭James Lovelock은 이런 착상을 했습니다: 국가에서 주는 과학 예산의 1퍼센트만 약간 이상한 사람들한테 주시오. 자기 같은 별난 사람들한테 100분의 1만 던져주라는 것입니다. 그러면 거기서 무언가 유용한 것이 나오리라고 예측했습니다. 그렇게 해서 혹시 아무런 대단한 성과가 안 나오면 예산의 1퍼센트를 버린 것인데, 충분히 실패를 감당할 수 있는 수준의 투자로 볼 수 있습니다. 2000년도 새해에 다들 미래가 어떨까 이야기할 때 이 사람이 영국 신문에 글을 써서 제안한 내용입니다. 정말 생각해볼 만한 일입니다. 현재 많은 국가와 사회집단은 과학의 다양한 실천체계를 유지할 수 있는 여력을 가지고 있다고 봅니다. 특히 이론적인 대안들을 유지하는 데는 자원이 그리 크게 많이 들지 않습니다. 그냥 이상한 생각하는 교수 몇 명 연구원 몇 명 놔두고 마음대로 생각하라고 풀어주고, 연구실과 월급이나 주면서 알아서 연구하라고 하면 됩니다. 그것은 다른 방식의 연구지원에 비하면 별 대단한 비용은 아닙니다.

셋째, 충분한 자원이 있다고 해도 정말 다원주의적으로 과학을 하는 것은 정신적으로 불가능하리라는 우려도 있습니다. 우선 심리적으로 볼 때, 여러 가지 방식의 사고를 한꺼번에 하는 것은 심한 혼동을 일으키기 때문에 불가능하지 않을까요? 그러한 우려에 대해서는 두 가지로 답할 수 있습니다. 첫째, 다원주의적 관용이 목적이라면 어떤 개인도 여러 가지 실천체계를 동시에 사용할 필요는 없습니다. 각 개인은 한 방향으로 집중해서 생각하되, 다른 사람들이 자기들 나름대로 생각하는 것만 나서서 막지 않으면 됩니다. 둘째, 한 사람이 여러 가지 체계를 배우고 거기에 따라 생각할 수 없다는 것은 지나치게 비관적인 생각입니다. 위에서 말했듯이, 물리학자들은 고전역학이나 양자역학을 여러 형식으로 배워서 동시에 알고 잘 사용합니다. 제가 화학혁명을 공부하면서 플로지스톤 이론에 따라서 모든 것을 생각하는 법을 배웠지만, 그 과정에서 라봐지에 식으로 생각하거나 현대화학으로 생각하는 능력을 잃어버린 것은 절대 아닙니다. 조금 다른 이야기지만, 다국어를 상용할 수 있는 사람들이 있는 것과 비슷합니다. 예를 들어 캐나다에서는 영어와 불어가 둘 다 공식언어고, 정말 그 두 언어를 자유자재로 동시에 구사하는 사람도 꽤 있습니다. 미국으로 이민 간 한국인들도 옛날에는 혼동되어서 영어를 제대로 못 배우지 않을까 하는 우려를 하면서 많은 경우 자녀들에게 한국어를 가르치지 않았습니다. 그것이 기우라는 것을 이제는 많이들 깨달았고 요즘은 영어와 한국어를 둘 다 유창하게 하는 세대가 잘 자라나고 있습니다.

개인의 심리와 능력은 그렇다고 치고, 사회적 차원의 우려도 있는데 일축하기 힘듭니다. 과학자들이 뿔뿔이 흩어져서 서로 다른 실천체계를 마음 놓고 추구한다면, 과학자의 공동체가 아주 분산되어버리지 않을까요? 이것은 사실 다원주의 자체에 심각한 의문을 던져주는 문제입니다. 왜냐하면 수준 높은 다원주의는 다른 실천체계 사이에서 상호작용의 이득을 추구해야 한다고 했는데, 서로 너무 다른 식으로 생각한다면 그런 유익한 교류를 할 수조차 없을 것입니다. 그렇기 때문에 다원주의를 생각 없이 함부로 할 수는 없습니다. 진정한 다원주의를 위해서는, 모든 사람이 아주 기본적으로 공유해야 할 것이 있습니다. 다원주의적인 공동체를 유지하기 위해서는 몇 가지 요인이 필요합니다. 우선 서로를 이해하려 하고 서로에게서 배우려 하고 서로 협조하려 하는 성숙한 태도가 필요합니다. 그뿐 아니라 서로간의 교류를 가능하게 하는 기본적 공통언어가 있어야 할 것이고, 거기에는 기초적 수학도 포함됩니다. 또 수량화를 위한 측정기구와 측정단위들이 정립되어야 합니다(3장 참조). 이런 공유된 요인들은 과학에서만 필요한 것이 아닙니다. 다원주의적 사회에서는 꼭 필요합니다. 거기에 대한 논란도 일어나고 그러면서 점차 변화하기도 하지만, 항상 어떤 시점에 서라도 뭔가 논쟁 없이 안정되게 공유된 것이 어느 정도는 있어야 할 것입니다. 논쟁 자체에 공통언어와 기본개념이 필요하지 않겠습니까? 그러나 그런 아주 기본적인 교류의 수단을 공유한다고 해서 다양성이 전혀 없어질 정도로 사고와 실천이 제약되는 것은 절대 아닙니다.

겸허의 과학

과학의 초창기에는 많은 과학자들이 패기만만한 야심을 보였습니다. 데카르트가 자신의 인식론적 판단으로 모든 지식의 토대를 세우겠다고 한 것이나, 뉴튼이 온 우주에 적용되는 중력법칙을 세웠다고 한 것이나, 왓슨과 크릭이 DNA 구조를 통해 생명의 모든 비밀이 풀리리라 생각한 것과 같은 꿈은 과학의 청년기에 적당한 것이었습니다. 이제는 과학이 많은 경험을 쌓았고, 또 앞으로 더 많은 경험을 쌓을 것입니다. 그러면서 과학의 행태는 자신만만한 젊은이의 오만함이 점점 없어지는 방향으로 형성될 것입니다. 현대로 나아갈수록 더 많은 과학자들이 겸허하게 과학을 하고 있습니다. 어떤 특정한 주제 하나를 잡아서 연구하여 뭔가를 좀 배워보겠다는 것이지, 영원한 진리를 들먹이면서 '내가 혁명을 일으켜서 모든 것을 밝히겠다!' 하는 사람은 소수가 되었습니다. 이런 패기 없는 태도를 제가 학생 때는 불만스럽게 느꼈지만, 이제 저도 경험을 조금 쌓은 학자가 되어보니 그것이 지혜로운 일이 아닌가 생각합니다.

자연이란 무궁무진한 듯하고, 인간은 분명히 한정된 존재입니다. 인도에서 전해 내려오는 '장님 코끼리 만지기' 설화를 들어봤을 것입니다. 시각장애인이 코끼리가 어떻게 생긴 동물인가를 알아내기 위해 코끼리를 만져보았습니다. 그중 어떤 사람은 코끼리의 다리를 만져보고서 코끼리란 기둥같이 생긴 동물이라고 했고, 어떤 사람은 귀를 만져보고 부채같이 생겼다 했고, 어떤 사람은 꼬리를 만져보고서 끈같이 생겼다 했다는 이야기입니다. 이것은 시각장애자를 비하하는 것이 아니라, 이 설화에 나오는 장님은 미미한 존재인 인간을 전반적으로 대표합니다. 그런 의미에서, 우리는 모두 장님입니다. 인간의 모든 감각을 동원해도 관측 불가능으로 남아 있는 무궁무진한 우주를 그래도 알고 이해해보려는 인간의 노력이 바로 과학입니다. 상황을 그렇게 생각하고 나면 자연히 겸허해집니다. 그런데 이 겸허한 태도에서 끌어낼 수 있는 교훈은 또 여러 가지가 있습니다. 가장 쉬운 것은 아무것도 알 수 없다는 회의주의로 빠져드는 것입니다. 그러나 다원주의의 입장은 다릅니다. 우리가 코끼리를 더듬는 장님들이라면, 장님이라도 여러 명을 동원해서 협력하는 수밖에 없습니다. 서로 분업을 해서 다양한 다른 부분을 더듬고, 그렇게 해서 알아낸 내용을 서로 비교하고 토의해서 다듬어야 합니다.

좀 다른 비유를 해보자면, 인간이 갖는 자연에 대한 지식이란 '단면적'일 수밖에 없습니다. 3차원적인 물건의 모습을 2차원적으로 나타내야 한다면, 특정한 각도에서 그릴 수밖에 없습니다. 우리가 보통 그림을 그릴 때는 한 각도에서 보이는 물체의 표면 상태를 묘사합니다. 건축이나 과학에서 더 정밀하게 한다고 하면, 일정한 각도와 위치에서 그 3차원적인 구조를 자른 것 같은 단면도를 그릴 것입니다. 아주 정확히 그릴 수 있지만, 3차원적 물건의 2차원적 일면에 불과합니다. 그 한계를 이겨내는 방법은 여러 군데의 단면을 여러 각도에서 그리는 것입니다. 그렇게 해서 얻은 각종의 단면도를 종합하면 물체의 3차원적 구조를 알아내는 훌륭한 결과를 얻을 수 있습니다. 요즘 의학에서 단순한 엑스레이 사진 대신 찍는 CT(또는 CAT) 스캔이 바로 이런 식의 원리를 이용한 것입니다.

7장에서 화학혁명의 영예로운 패배자로 등장했던 프리스틀리는 이 맥락에서 아주 좋은 교훈을 남겨주었습니다. "우리는 뭔가 하나를 발견할 때 그로써 그전에는 상상도 못했던 여러 가지를 볼 수 있게 된다." 여기서 볼 수 있게 된다고 한 것은, 알게 된다는 말이 아니라 우리가 아직 무엇을 모르는지가 보인다는 것입니다.

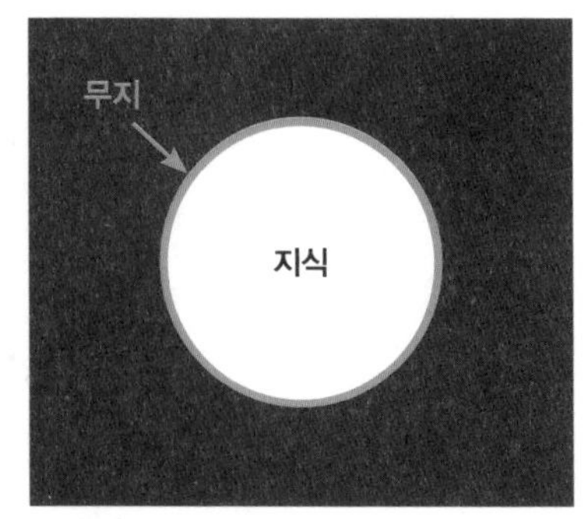

▲ 그림 12-2 프리스틀리가 준 과학지식의 확장 이미지

옛날에는 우리가 그걸 모른다는 것도 몰랐던 내용들입니다. 정말 아무것도 모르는 사람들은, 자기들이 뭘 모르는지도 모릅니다. 프리스틀리는 이를 멋진 비유로 표현했습니다: "어둠 속에 빛이 동그랗게 비쳐진 면적이 클수록, 그 환한 부분을 둘러싼 어두운 경계선의 길이도 늘어난다." 제가 한번 그려보았습니다(그림 12-2). 중간에 빛이 비친 부분은 우리가 가지고 있는 지식입니다. 그리고 그 지식의 경계는, 알고 싶어하지만 아직 모르는 의문점들입니다. 그 밖의 정말 암흑지대는 우리의 상상을 벗어나고 뭘 모르는지도 모르는 그런 지역입니다. 그런 의미에서, 지식이 늘어날 때 무지함도 늘어난다는 것입니다. 원이 커질수록 원주(원의 둘레)도 길어질 수밖에 없습니다. 광대하고 오묘한 우주 앞에서 과학을 하는 인간이 가져야 할 겸허함을 보여주는 참 좋은 이미지입니다. 이 상황을 비관적으로 볼 수도 있겠습니다—알면 알수록 모르는 것만 더 늘어나는데 더 알아서 무엇 하느냐? 그러나 프리스틀리의 태도는 정 반대였습니다.* "그래도 우리는 빛을 더 얻게 될 때 감사해야 한다. 왜냐하면 그럼으로써 우리는 모르는 것을 보고 연구하는 만족을 더 많이 찾을 수 있기 때문이다. 신과 신의 창조물은 무한한 것이므로, 우리는 끝없이 탐구하며 진보할 수 있다. 이것은 정말로 숭고하고 영광스러운 전망이다."[7]

그래서 프리스틀리의 겸허한 과학철

* 필자와 친분이 있는 영국의 과학철학자 길리스Donald Gillies 선생은 이 상황에 대해 프리스틀리와는 또 다른 방식으로 낙관적 해석을 내렸다. 원이 커지면서 원주도 길어지지만 원주와 면적의 비율은 줄어든다. 즉 무지의 절대량은 늘더라도 상대적으로 볼 때 과학이 발전할수록 무지에 비해 지식이 많아진다는 것이다(원의 반지름이 r이라면 면적은 πr^2, 원주는 $2\pi r$이므로, 원주를 면적으로 나누면 $2/r$이고, 그 비율은 반지름 r이 커질수록 줄어든다).

학에 의하면 과학을 하면 할수록, 우리가 알면 알수록, 모르는 것에 대한 질문이 더 많이 나오고 그렇기 때문에 탐구하는 기쁨을 끝없이 느낄 수 있습니다. 과학은 무슨 진리를 알아내고 나면 끝나는 것이 아니라 배우면 배울수록 연구할 내용이 더 늘어나는 사업입니다. 그것을 깨달은 겸허함은 다원주의의 기초가 됩니다. 이렇게 넓고 무궁무진한 것을 배우는데 자기가 뭐 그리 잘나서 본인이 추구하는 특정한 방향에서 모든 답이 나오겠습니까? 그러한 믿음은 오만하고 유치합니다.

획일적 사회를 넘어서

과학적 다원주의는 사회적 다원주의와 깊은 관련이 있습니다. 정치에서 다원주의는 전혀 새로운 이야기가 아닙니다. 기본적 수준의 다원주의는 민주사회의 기반입니다. 우선 복수 정당제를 민주정치의 원칙으로 하고 있는 데서 알 수 있습니다. 문화적 차원의 다원주의도 이제 많이 받아들여지고 있습니다. 각각 장단점을 가진 여러 문화가 같이 교류하며 공존하는 것이 좋다는 생각도, 여러 성향의 사람들이 우리 사회 안에서 다 인간적인 대접을 받고 살아야 한다는 정신도 많이 퍼졌습니다.

그런데 우리가 다원주의적 사회를 지향하면서 일원주의적인 과학의 개념을 유지한다면 불편한 긴장관계가 형성됩니다. 사튼이나 포퍼가 생각했듯이 과학이 정말 인간이 가질 수 있는 최고의 지식체계라면, 또 과학이 인간 문화의 정상으로서 사회 일반에 규범적인 역할을 한다면(1장, 6장 참조), 과학은 일원주의적으로 해야 잘 이루어지는데 왜 우리 사회 전반은 다원주의적이어야 되느냐는 의문이 나올 것입니다. 실제로, 18세기부터 서구에서 강력하게 등장하기 시작한 계몽사상의 한 줄기는 과학적 일원주의와 절대주의를 내포하고 있습니다. 모든 것을 좌지우지하던 비이성적인 종교나 왕권 대신, 진정한 지식을 주는 과학에 절대적 권위를 부여해야 한다는 생각입니다. 우리나라의 상황에서도 옛날에 과학을 했던 사람들은 그런 느낌을 가질 수 있습니다. 군사독재 하에서 정치적인 영향을 받지 않는 객관적인 진리를 갈망했습니다. 그러나 한 가지 절대주의를 다른 종류의 절대주의로 교체할 뿐이라면 애석한 일입니다.

과학의 독재도 독재입니다. 물론 과학보다 더 못한 것이 지배하는 독재보다는 낫겠지요. 하지만 과학에서부터 남들이 그렇다면 그렇고 특히 전문가나 높은 사람이 하는 말이면 무조건 신봉하는 태도를 키운다면, 우리의 일상생활과 정치행태에 아직도 팽배해 있는 권위주의적 태도를 더욱 권장하는 결과를 가져올 것입니다. 반면, 시민들이 진정한 독립적 과학탐구를 배우는 것은 권위주의와 이데올로기에의 맹종을 막는 가장 확실한 길이 될 것입니다. 그러한 교육적 효과를 이루고자 한다면 과학을 다원주의적으로 연구하고 가르치는 것이 최상입니다.

일원주의가 꼭 독단으로 이어진다는 법은 없지만, 그런 위험이 충분합니다. 진리가 하나라고 가정하고 그 상태에서 우리가 가장 신뢰하는 집단이 있을 때, 그 집단이 진리를 알아냈다고 외친다면 그 사람들의 말을 진리로 수용하지 않을 대안은 잘 나오지 않습니다. 진리의 관리자라고 자타가 공인하는 사람들이 자만하지 않고 관용과 유연성을 유지해주기를 바라기란 무리입니다. 과학이 오만하게 경직되어버리면 과학이 갖는 정치적·문화적 가치는 사라질 것입니다. 과학의 목표와 과정과 업적을 다원주의적으로 생각한다면, 그런 위험을 근원에서 제거할 수 있습니다.

다원주의는 사회 여러 방면에서 표출되어야 합니다. 모든 사람의 목표가 동일하면 대다수가 경쟁에서 도태될 수밖에 없고, 그 많은 사람들이 실패자로 낙인찍혀 살아가는 불행한 사회가 됩니다. 그러지 않으려면 우리 각자가 '뒤떨어지면 안 된다'는 강박관념에서 벗어나서 자기의 특유한 장점을 살릴 수 있도록, 서로 다른 다양한 목표를 가지고 살아야 합니다. 한 종목에서 뒤떨어지는 것 같으면 종목을 바꾸라는 이야기입니다. 각자 자기가 잘하는 일을 해야 효과적으로 사회에 기여할 수 있습니다. 또, 자기가 좋아하는 일을 해야 신이 나서 효율적으로 잘할 수 있습니다. 여러 사람이 서로 다른 여러 갈래 길을 뚫고, 그러면서 서로를 격려하고 궁금해하고 자극하는 다원화된 사회야말로 성숙하고 효율적인 사회입니다. 과학이 다원주의적이라면, 그런 훌륭한 사회를 이루어내는 데 물질적인 기여를 넘어서 정신적·철학적·정치적인 기여를 해줄 수 있을 것입니다.

마지막으로, 다원주의에 입각해서 본 철학의 임무에 대해 짤막하게 이야기하고자 합니다. 철학은 분명히 일상생활에서는 대부분

쓸모없습니다. 그러나 쓸모없기 때문에 쓸모 있는 학문입니다. 무슨 말이냐고요? 철학은 꼭 '깊은' 이야기를 하는 것이 아닙니다. 더 중요한 것은 '다른' 이야기를 해야만 한다는 것입니다. 지금 당장은 쓸모없지만 나중에 언젠가 필요할지 모르는 생각이 있습니다. 일상생활에 바빠서 다들 건드리지 못하는 그런 내용들을, 우리 사회에서 누군가는 생각해야 합니다. 그래서 저 같은 사람들을 월급 주어가며 쓰는 것이지, 남들이 알아듣지 못할 소리나 잘난 척하면서 지껄이라고 철학 교수가 있는 것은 아니라고 봅니다. 철학자는 이렇게 남들이 하지 않는 생각을 대신 함으로써 우리 사회가 앞으로 더 탄탄해지고 더 많은 발전을 할 수 있도록 돕는 역할을 합니다. 상투적인 사고에 도전함으로써 사회의 경직화를 막고 사회의 다양화를 촉진하는 것이 철학과 철학자가 가진 중요한 사회적 기능이라는 것이 저의 소견입니다.

12장 요약

- 과학에서 다원주의란 가능한 한 여러 가지의 '실천체계'를 한 분야 내에서도 발달시키고 유지하는 것이 좋다는 입장이다.
- 모든 분야의 지식을 하나로 통일하려는 꿈을 지녀온 과학자, 철학자 들이 많다. 특히 기초물리학을 기반으로 환원적 통일을 이룬다는 생각은 아직 사라지지 않고 있으나 실행과는 거리가 먼 꿈이며, 항상 언급되는 성공사례들도 사실은 그리 단순하지 않다.
- 다원주의가 낳는 '관용의 이득'은 여러 실천체계를 유지함으로써 각각의 체계가 가져다주는 특이한 성과를 다 수확할 수 있음을 말한다. '상호작용의 이득'은 다른 체계들이 서로 교류하면서 얻어지는 성과를 기반으로 한다. 진정한 다원주의는 관용뿐 아니라 상호작용을 촉진한다.
- 다원주의는 무궁무진한 자연 앞에 서는 한정적인 인간의 겸허함을 기반으로 하며, 그 겸허함은 성숙한 과학이 보여주는 태도이다.
- 다원주의는 사회 전반에서 이루어져야 하며, 과학에서도 이루면 요긴하다. 다들 생각하지 않는 질문을 던지는 철학의 기능은 다원주의를 이룩하는 데 중요하다.

감사의 말

책이란 저자가 한 명이라고 해도 여러 사람의 수고가 있어야만 이루어질 수 있습니다. 특히 이 책을 만들어내는 데는 정말 많은 분들의 도움이 필요했습니다.

첫째로, 항상 사랑과 성원을 보내주시는 부모님과 누님, 형님 및 모든 가족들께 감사드립니다. 아내는 항상 같이하는 동반자일 뿐 아니라 이 책에 들어간 몇 가지 중요한 사진을 찍어주는 작가 노릇도 하였습니다.

이 책은 EBS에서 강의를 한 것을 계기로 시작되었는데, '수요포럼 인문의 숲' 배양숙 대표님의 주선이 없었다면 그런 기회는 절대 주어지지 않았을 것입니다.

방송 경험이 전혀 없는 저를 믿고 12강이나 되는 시리즈를 맡겨주신 EBS 유규오 부장님과, 사장님 부사장님 이하 모든 관계자께 감사드립니다. 또 방송제작에 성심성의껏 힘써주신 제작사 '채널

봄'의 송승숙 대표님 및 모든 제작진께 진 빚이 많습니다. 특히 박수진 PD, 박보영 작가, 박운희 작가, 최나리 PD께 감사드립니다.

책 자체의 출간은 EBS 미디어의 장명선 과장님이 정리해주셨고, 기획을 맡으신 DKJS사의 성준명 이사님이 오랜 기간 특별한 신경을 쓰며 많은 수고를 해주셨습니다. 원고 정리와 디자인을 도와주신 담당자들께도 감사드립니다.

인문 분야의 도서로서 이 책의 특유한 점은 직접 실행하는 과학 실험의 내용이 들어갔다는 것입니다. 이를 가능하게 해준 런던 대학 화학과, 케임브리지 대학 화학과와 연세대 융합기술연구소의 여러 분들께 감사드립니다.

끝으로, 제가 지난 20년간 가르쳤던 모든 제자들에게 감사의 말을 전하고 싶습니다. 그들을 가르치는 과정에서 배운 것은 제가 더 많았다는 것을 잘 모르고들 있을 것입니다.

장하석

참고문헌 Reference

1장 | 과학이란 무엇인가

1. Peter Medawar, 『Induction and Intuition in Scientific Thought』 (London: Methuen, 1969), p. 11.
2. 캐나다의 과학철학자 폴 타거드(Paul Thagard)는 점성술이 왜 과학이 아닌지를 심각하게 토론하면서 구획문제를 명쾌하게 풀어주었다. 「Why Astrology is a Pseudoscience」, in Martin Curd and J. A. Cover, eds., 『Philosophy of Science』 (New York and London: Norton, 1998), pp. 27-37.
3. 포퍼가 경험했던 아들러와 아인슈타인의 대조적 모습은 포퍼의 저서 『Conjectures and Refutations』 (London: Routledge, 1963), pp. 44-47에 설명되어 있다.
4. 찬찬히 돌이켜 분석해보면 에딩튼의 관측결과가 확실하게 아인슈타인의 예측과 맞아떨어진 것은 아니라는 연구결과도 있다. John Earman and Clark Glymour, 「Relativity and Eclipses: The British Eclipse Expeditions of 1919 and Their Predecessors」, 『Historical Studies in the Physical Sciences』, vol. 11, no. 1(1980), pp. 49-85.
5. http://news.bbc.co.uk/1/hi/programmes/newsnight/9598802.stm
6. Gerald Holton, 『Thematic Origins of Scientific Though』, revised edition (Cambridge, Mass.: Harvard University Press), p. 255.
7. Carmen J. Giunta, 「Argon and the Periodic System: The Piece That Would Not Fit」, 『Foundations of Chemistry』, vol. 3 (2001), pp. 105-128.
8. "Mopping-up operations are what engage most scientists throughout their careers.", Thomas S. Kuhn, 『The Structure of Scientifid Revolutions』, 2nd ed. (Chicago: University of Chicago Press, 1970), p. 24.
9. 이에 대한 포퍼의 태도는 다음에서 확인할 수 있다. Paul Arthur Schilpp, ed., 『The Philosophy of Karl Popper』, vol. 2 (La Salle: Open Court, 1974),

p. 984.
10. A.F. 차머스 (신중섭, 이상원 역), 『과학이란 무엇인가?』 (서광사, 2003), 9장 참조.
11. Paul Feyerabend, 「Consolations for the Specialist」, in Imre Lakatos and Alan Musgrave, eds., 『Criticism and the Growth of Knowledge』 (Cambridge University Press, 1970), pp. 197-230.
12. Karl Popper, 「Normal Science and Its Dangers」, ibid., p. 53.
13. "to turn Sir Karl's view on its head, it is precisely the abandonment of critical discourse that marks the transition to science." Thomas Kuhn, 「Logic of Discovery or Psychology of Research?」, ibid., p. 6.
14. "an attempt to force nature into the preformed and relatively inflexible box that the paradigm supplies." Thomas S. Kuhn, 『The Structure of Scientific Revolutions』, 2nd ed. (Chicago: University of Chicago Press, 1970), p. 24.

2장 | 지식의 한계

1. 이 부분의 논의를 더 깨끗하게 전개할 수 있도록 도와준 서울대 과학사·과학철학 협동과정 김진영 학생께 감사한다.
2. J. S. Bruner and Leo Postman, 「On the Perception of Incongruity: A Paradigm」, 『Journal of Personality』, vol. 18 (1949), pp. 206-223.
3. Michael Polanyi, 『Personal Knowledge』 (Chicago: University of Chicago Press, 1962), p. 96.
4. Karl Popper, 『The Logic of Scientific Discovery』 (London: Hutchinson, 1959), chapter 5.
5. 영국의 철학자 벤담(Jeremy Bentham)이 언급하였다. John Bowring, ed., 『The Works of Jeremy Bentham』 (Edinburgh: William Tate, 1843), vol. 7, p. 95.
6. 'The man who has fed the chicken every day throughout its life at last wrings its neck instead, showing that more refined views as to the uniformity of nature would have been useful to the chicken.' 『The Problems of Philosophy』 (London: Oxford University Press, 1912), p. 96.
7. A. F. 차머스, 『과학이란 무엇인가?』 (서광사, 2003), 12장 참조.

3장 | 자연의 수량화

1. William Thomson, 「Electrical Units of Measurement」, in 『Popular Lectures and Addresses』, vol. 1 (London: Macmillan, 1889), p. 73.
2. A. C. Crombie, 「Quantification in Medieval Physics」, in Harry Woolf, ed., 『Quantification』 (Indianapolis: Bobbs-Merrill, 1961), pp. 13-30.
3. Henri Bergson, 『Duration and Simultaneity』 (Manchester: Clinamen, 1999) 참조. 또 미국의 과학사학자 히메나 까날레스(Jimena Canales)가 곧 출간할 『The Time Einstein Lost』라는 책도 볼 만하다.
4. 차경아 역, 청람문화사, 1977년(원작 1973년).
5. Data from Gabrie Lamé, 『Cours de physique de l'École Polytechnique』 (Paris: Bachelier, 1836), vol. 1, p. 208(단락 156번).
6. Hasok Chang, 『Inventing Temperature』 (New York: Oxford University Press, 2004) p. 59 참조. 번역본 『온도계의 철학』 (동아시아, 2013년) 133쪽에서는 이 문제를 '규준적 측정의 문제'라 번역했는데, 의미는 정확하지만 조금 알아듣기는 어렵다.
7. 경제사학자 데이비드 란데스(David Landes)의 『Revolution in Time: Clocks and the Making of the Modern World』 (Cambridge, Mass.: Harvard, 1983) 라는 책은 시간 측정의 과학적·철학적 문제들을 시계와 시간의 경제적·문화적 중요성과 함께 재미있게 말해준다.
8. http://en.wikipedia.org/wiki/Newton%27s_method

4장 | 과학혁명

1. Thomas S. Kuhn, 『The Structure of Scientific Revolutions』 (Chicago: University of Chicago Press, 1962, 1970, 1999). 가장 많이 쓰인 것은 1970년에 나온 제2판인데, 1999년에 나온 제3판은 색인이 추가된 것을 제외하고는 제2판과 동일하다.
2. Max Planck, 『Scientific Autobiography and Other Papers』 (New York: Philosophical Library, 1950), p. 13.
3. 영어로 'mob psychology'라고 표현하였다. Imre Lakatos and Alan Musgrave, eds., 『Criticism and the Growth of Knowledge』 (Cambridge:

Cambridge University Press, 1970), p. 178.
4. James Clerk Maxwell, 'Ether', 『Encyclopaedia Britannica』, 9th ed. (1878): http://en.wikisource.org/wiki/Encyclopdia_Britannica,_Ninth_Edition/Ether
5. Thomas S. Kuhn, 『The Structure of Scientific Revolutions』, 2nd ed. (Chicago: University of Chicago Press, 1970), p. 111.
6. 같은 책, p. 94.
7. 같은 책, p. 148.
8. 같은 책, p. 159.

5장 | 과학적 진리

1. Hilary Putnam, 「What is mathematical truth?」, in 『Mathematics, Matter and Method』 (Philosophical Papers, vol. 1) (Cambridge: Cambridge University Press, 1975), p. 73.
2. Hasok Chang, 『Is Water H_2O? Evidence, Realism and Pluralism』 (Dordrecht: Springer, 2012), pp. 240-243 참조.
3. 같은 책, pp. 15-18 참조.
4. Nancy Cartwright, 『How the Laws of Physics Lie』 (Oxford: Clarendon Press, 1983) 참조.

6장 | 과학의 진보

1. George Sarton, 『Introduction to the History of Science』, vol. 1 (Baltimore: Carnegie Institution of Washington, 1927), pp. 3-4. 여기서 사튼은 과학을 '실증적 지식의 획득과 체계화(the acquisition and systematization of positive knowledge)'라고 정의하였다.
2. Otto Neurath, 「Protocol Statements」 [1932/33], in O. Neurath, 『Philosophical Papers 1913-1946』 (Dordrecht: Reidel, 1983), p. 92.
3. Otto Neurath, 「Sociology in the Framework of Physicalism」 [1931], in O. Neurath, 『Philosophical Papers 1913-1946』 (Dordrecht: Reidel, 1983),

p. 59. 노이랏이 여기서 지나가는 말처럼 짤막하게 든 예를 필자가 조금 덧붙여 풀어보았다.

4. Hasok Chang, 『Is Water H_2O? Evidence, Realism and Pluralism』 (Dordrecht: Springer, 2012), pp. 15-18과 거기에 인용한 문헌들 참조.
5. Ludwig Wittgenstein, 『On Certainty』 (New York: Harper, 1969), p. 33 (단락 253번).

1. 인터넷상에서 필자가 이 시기의 과학의 가치에 대해 역설한 강연 비디오를 볼 수 있다. 2009년 5월에 런던 대학(UCL)에서 'Practicing 18th-century Science Today'라는 제목으로 했던 강연이다. https://itunes.apple.com/us/itunes-u/practicing-18th-century-science/id390418226

7장 | 산소와 플로지스톤

1. 다음의 논문을 참조할 수 있다. Mi Gyung Kim(김미경), 「Lavoisier: the Father of Modern Chemistry?」, in Marco Beretta, ed., 『Lavoisier in Perspective』 (Mnchen: Deutsches Museum, 2005), pp. 167-191.
2. Jean-Pierre Poirier, 『Lavoisier: Chemist, Biologist, Economist』, trans. by Rebecca Balinski (Philadelphia: University of Pennsylvania Press, 1998).
3. 'Lavoisier', Chemistry Explained(http://www.chemistryexplained.com/Kr-Ma/Lavoisier-Antoine.html#b#ixzz24GYF6Jtw). 화학에서 나오는 개념을 대중들에게 쉽게 설명하는 웹사이트다.
4. Henry Guerlac, 『Lavoisier-The Crucial Year』 (Ithaca, N.Y.: Cornell University Press, 1961).
5. Herbert Butterfield, 『History and Human Relations』 (London: Collins, 1951), p. 171.
6. Hasok Chang, 『Is Water H_2O? Evidence, Realism and Pluralism』 (Dordrecht: Springer, 2012), p. 4에 더 자세히 인용하였다.
7. Joseph Priestley, 『Experiments and Observations on Different Kinds of

Air』, 2nd ed., vol. 2 (London: J. Johnson, 1774, 1776), pp. 43-47, 102.

8. 캐븐디쉬 연구소의 역사에 대해서는 Dong-Won Kim(김동원), 『Leadership and Creativity: A History of the Cavendish Laboratory 1871-1919』 (Dordrecht: Kluwer, 2002) 참조.
9. Henry Cavendish, 「Experiments on air, part 2」, 『Philosophical Transactions of the Royal Society of London』, vol. 74(1784), pp. 119-153.
10. 화약에 관한 이 흥미로운 일화를 자세히 다룬 과학사 논문이 있다. Seymour H. Mauskopf, 「Gunpowder and the Chemical Revolution」, 『Osiris』, 2nd series, vol. 4 (1988), pp. 93-120.
11. Hasok Chang, 『Is Water H_2O? Evidence, Realism and Pluralism』 (Dordrecht: Springer, 2012), chapter 1.
12. Arthur Donovan, 「Lavoisier and the Origins of Modern Chemistry」, 『Osiris』, 2nd series, vol. 4 (1988), p. 219 참조.
13. Douglas Allchin, 「Rekindling Phlogiston: From Classroom Case Study to Interdisciplinary Relationships」, 『Science and Education』, vol. 6 (1997), 473-509.
14. Thomas S. Kuhn, 『The Structure of Scientific Revolutions』, 2nd ed. (Chicago: University of Chicago Press, 1970), p. 159.

8장 | 물은 H_2O인가?

1. http://time.com/7809/1-in-4-americans-thinks-sun-orbits-earth/
2. Mary Jo Nye, 『Molecular Reality』 (New York: American Elsevier, 1972), p.6에 인용.
3. Christoph Meinel, 「Molecules and Croquet Balls」, in Soraya de Chadarevian and Nick Hopwood, eds., 『Models: The Third Dimension of Science』 (Stanford: Stanford University Press, 2004), pp. 247-275.
4. Mary Jo Nye, 『Molecular Reality』 (New York: American Elsevier, 1972), p. 4 에 인용.

9장 | 물은 항상 100도에서 끓는가?

1. 장하석,『온도계의 철학』, (동아시아, 2013년) 318-329쪽 참조.
2. 동아시아, 2013년. 원전은 Hasok Chang,『Inventing Temperature: Measurement and Scientific Progress』(New York: Oxford University Press, 2004)이다.
3. 더 자세한 내용과 필자가 한 실험내용이 담긴 동영상을 여기서 볼 수 있다. Hasok Chang, 'The Myth of the Boiling Point' http://www.hps.cam.ac.uk/people/chang/boiling/

   2013년 12월에 EBS 강연을 녹화할 때 청중들 앞에서 몇 가지 실험을 선보이고 녹화했는데, 연세대학교 융합기술연구소의 이정숙 박사님, 이우영 소장님, 박세영 학생 등 여러분들이 협찬해주신 덕분이다. 10장에도 그 덕분에 소개한 실험의 내용이 나올 수 있었다.
4. 이 실험과 여러 가지 다른 실험 장면들은 EBS에서 방영된 〈과학, 철학을 만나다〉 다시보기로 시청할 수 있다.
5. 장하석,『온도계의 철학』, (동아시아, 2013년) 55쪽에 인용.
6. 그렇다면 온도계 만들 때 쓰는 섭씨 100도를 정의하는 비등점은 도대체 어떻게 잡았는가? 이 문제는『온도계의 철학』1장에 자세히 논의되어 있다.
7. 'The Myth of the Boiling Point', http://www.hps.cam.ac.uk/people/chang/boiling/
8. Frank P. Incropera and David P. DeWitt,『Fundamentals of Heat and Mass Transfer』, 4th ed. (New York: John Wiley and Sons, 1996); G. F. Hewitt, G. L. Shires, and Y. V. Polezhaev, eds.,『International Encyclopedia of Heat and Mass Transfer』(Boca Raton: CRC Press, 1997).
9. Frank P. Incropera and David P. DeWitt,『Fundamentals of Heat and Mass Transfer』(New York: John Wiley and Sons, 1996), p. 540.

10장 | 집에서 하는 전기화학

1. 전지의 발명을 선언하는 볼타의 논문은, 불어로『런던 왕립학회 학회지』에 게재되었다. 왕립학회 회장이었던 뱅크스(Joseph Banks)에게 보낸 장문의 편지였는데, Banks는 상당히 흥분했었는지 번역도 시키지 않고 제목만 영

어로 붙여서 본문은 불어로 된 것을 급히 그대로 실었다:「On the Electricity Excited by the Mere contact of Conducting Substances of Different Kinds」, 『Philosophical Transactions of the Royal Society of London』, vol. 90 (1800), pp. 403-431. 곧 영어판이 『Philosophical Magazine』, vol. 7 (1800), pp. 289-311에 게재되었는데, 이는 구글북스(Google Books)에 들어가서 검색하면 자유롭게 볼 수 있다. 손에 충격을 받는 실험결과는 293쪽, 또 다른 여러 가지 감각에 관한 결과는 302쪽부터 장황하게 설명되어 있다.

2. Samuel Lilley,「Nicholson's Journal(1797-1813)」, 『Annals of Science』, vol. 6 (1948), pp. 78-101 참조.
3. Thomas S. Kuhn,「What Are Scientific Revolutions?」, in 『The Road Since Structure: Philosophical Essays, 1970-1993, with an Autobiographical Interview』(Chicago: University of Chicago Press, 2000), p. 14.
4. A. J. Croft,「The Oxford Electric Bell」, 『European Journal of Physics』, vol. 5 (1984), pp. 193-194.
5. Charles Sylvester,「Observations and Experiments on Galvanism, the Precipitation of Metals by each other, and the Production of Muriatic Acid」, 『A Journal of Natural Philosophy, Chemistry, and the Arts(Nicholson's Journal)』, vol. 14 (1806), pp. 94-98.
6. 궁금하다면 여기서 동영상을 볼 수 있다: http://www.youtube.com/watch?v=ODf_sPexS2Q
7. 장하석, 『온도계의 철학』(동아시아, 2013년) 6장, 456쪽.
8. Wikipedia, 'Citizen Science' (http://en.wikipedia.org/wiki/Citizen_science) 참조. 국내에서 근래 과학기술의 민주화를 중심으로 일어난 시민과학 운동과 관련은 있지만 의미는 조금 다르다.

11장 | 과학지식의 창조: 탐구와 교육

1. 많은 저서를 남겼지만 가장 대표작은 Michael Polanyi, 『Personal Knowledge』, corrected edition (Chicago: University of Chicago Press, 1962)이다. 초판은 1958년에 출간되었다.

2. Norwood Russell Hanson, 『Patterns of Discovery』 (Cambridge: Cambridge University Press, 1958), p. 14.
3. Michael Polanyi, 『Personal Knowledge』 (Chicago: University of Chicago press, 1962), p. 96 참조.
4. 이후 나오는 비트겐슈타인의 아이디어들은 대부분 『Philosophical Investigations』 (New York: Macmillan, 1958)에서 찾아볼 수 있다.
5. L. S. Vigotsky, 『Mind in Society: The Development of Higher Psychological Processes』 (Cambridge, Mass.: Harvard University Press, 1978).
6. '다음 국어사전' http://dic.daum.net/index.do?dic=kor
7. George Lakoff and Mark Johnson, 『Metaphors We Live By』 (Chicago: University of Chicago Press, 1980).
8. Mary Hesse, 『Models and Analogies in Science』 (Notre Dame: University of Notre Dame Press, 1966).
9. Gerald Holton, 「Metaphors in Science and Education」, in 『The Advancement of Science, and Its Burdens』 (Cambridge: Cambridge University Press, 1986), pp. 229-252.

12장 | 다원주의적 과학

1. J. B. Birks, ed., 『Rutherford at Manchester』 (London: Heywood, 1962), p. 108.
2. Paul Oppenheim and Hilary Putnam, 「Unity of Science as a Working Hypothesis」, in H. Feigl, M. Scriven and G. Maxwell, eds., 『Concepts, Theories, and the Mind-Body Problem』 (Minneapolis: U. of Minnesota Press, 1958), pp. 3-36.
3. Philip W. Anderson, 「More is Different: Broken Symmetry and the Nature of the Hierarchical Structure of Science」, 『Science』, vol. 177 (1972), no. 4047, pp. 393-396.
4. Albert Michelson, 『Light Waves and Their Uses』 (Chicago: University of Chicago Press, 1903), pp. 23-24.
5. Pierre Duhem, 『Essays in the History and Philosophy of Science』, trans. and ed. by Roger Ariew and Peter Barker (Indianapolis: Hackett, 1996),

pp. 50-74, 251-276.

6. Sandra Mitchell, 『Biological Complexity and Integrative Pluralism』 (Cambridge: Cambridge University Press, 2003).

7. Joseph Priestley, 『Experiments and Observations on Different Kinds of Air, and Other Branches of Natural Philosophy』, Connected with the Subject, 2nd ed. (Birmingham: Thomas Pearson, 1790), vol. 1, pp. xviii-xix(18-19).

찾아보기 Index

ㄱ

ㄴ

ㅁ

ㅂ

ㅅ

ㅇ

ㅈ

ㅊ

ㅋ

ㅌ

ㅍ

ㅎ

A

장하석의 과학, 철학을 만나다

1판 1쇄 발행 2014년 11월 14일
1판 24쇄 발행 2025년 1월 10일

지은이 | 장하석

발행처 | 이비에스미디어(주)
발행인 | 박성호

판매처 | (주)DKJS
출판등록 | 2009년 11월 18일 (제2009-000323호)
주소 | 서울특별시 강남구 강남대로 84길 23, 1408-2호
문의 전화 | (02)552-3243 **팩스** | (02)6000-9376
이메일 | plus@dkjs.com

ISBN 979-11-986594-2-2 03400

* 이 책은 EBS미디어와 DKJS가 공동으로 기획, 제작한 도서입니다.